职业教育电子信息类专业系列教材

Altium Designer 17应用与实训

倪　燕　主编

科学出版社

北　京

内 容 简 介

本书是学习 Altium Designer 17 电路板设计软件的入门图书。全书共分 11 个项目，主要包括认识 Altium Designer 17、原理图设计基础、原理图设计、原理图设计提高、创建原理图元件、电气规则检查及相关报表、PCB 设计基础、PCB 设计、PCB 设计提高、元件封装与元件库和电路仿真系统等内容。

本书以实际操作为例，采用一步一图的形式，全面、形象地向读者介绍电路原理图及印制板设计的全过程，力求使从来没有接触过 Altium Designer 软件的初学者能根据图示对照轻松学习，在很短的时间内学会并设计出电路原理图及印制板图。书中配有 100 多个微课，读者可通过扫码观看学习。www.abook.cn 上提供下载与本书配套的教学 PPT 课件、思考与练习答案，以及每个项目的拓展训练。

本书面向技工学校、三年制中职、五年一贯制高职等职业院校电子信息类专业学生，也可作为初学者、专业电路设计人员及相关专业人员的自学用书。

图书在版编目（CIP）数据

Altium Designer 17 应用与实训/倪燕主编. —北京：科学出版社，2020.3

（职业教育电子信息类专业系列教材）

ISBN 978-7-03-064649-1

I.①A… II.①倪… III.①印刷电路－计算机辅助设计－应用软件 IV.①TN410.2

中国版本图书馆 CIP 数据核字（2020）第 039511 号

责任编辑：陈砺川　赵玉莲 / 责任校对：陶丽荣

责任印制：吕春珉 / 封面设计：耕者设计工作室

科 学 出 版 社 出版

北京东黄城根北街 16 号

邮政编码：100717

http://www.sciencep.com

三河市骏杰印刷有限公司印刷

科学出版社发行　各地新华书店经销

*

2020 年 3 月第　一　版　开本：787×1092　1/16

2020 年 3 月第一次印刷　印张：22 1/2

字数：450 000

定价：63.00 元

（如有印装质量问题，我社负责调换〈骏杰〉）

销售部电话 010-62136131　编辑部电话 010-62135763-1028

前　言

Altium Designer 是 Altium 公司继 Protel 系列产品之后推出的高端设计软件。这套软件通过把原理图设计、电路仿真、PCB 设计、布局和布线、信号完整性分析等技术完美整合，为设计者提供了全新的设计解决方案，使设计者可以轻松进行设计。熟练使用这款软件必将大大提高电路设计的质量和效率。

本书以 Altium Designer 17 汉化版为基础，以实际操作为例，采用一步一图的形式讲解，使初学者能根据图示对照轻松学习，可以少走很多不必要的弯路，快速建立信心，给渴望快速了解和操作软件的初学者一个走捷径的机会。全书内容讲解翔实，图文并茂，力求简单易懂。

《Protel DXP 2004 应用与实训》（倪燕，科学出版社）第一～第三版相继出版后获得好评，畅销市场经久不衰。为了与时俱进，作者在保持一贯编写思路的基础上，及时对书中软件版本进行了升级，重新梳理并更新了软件应用与实训的内容，由此有了本书的诞生。

本书具有以下特点。

1）内容合理，适合自学。本书定位以设计初学者为主，为适应职校学生的现状，首先对软件的基本操作、文件管理和编辑环境进行介绍，然后才开始原理图设计、图形符号绘制、PCB 板设计等内容的讲述。编写模式采用基础知识加实例的形式，内容由浅入深，入门与实战相结合。作者根据自己多年的教学经验及心得，及时给出总结和相关提示，以帮助读者迅速掌握知识。

2）微课讲解，通俗易懂。为了提高学习效率，作者将教学过程和实例录制了 100 多个教学微课。视频录制时采用模仿实际授课的形式，在各知识点的关键处给出解释、提醒和注意事项，以及专业知识和经验的提炼，使读者在高效学习的同时，更多体会绘图的乐趣。

3）层次结构严谨，脉络清晰。在整体架构上，按照绘制简单的原理图—创建元件—原理图转换成电路板（PCB）—对 PCB 布局布线—创建元件封装—电路仿真—学会一些常用的 PCB 高级技巧的逻辑关系递进，由易到难，循序渐进，每一步的操作不是单纯枯燥的理论知识，而是用实例来说明。利用实例将各项目之间既相对独立又前后联系的内容，如小信号放大电路的内容，既用作讲解 PCB 内容，又作为思考与练习的实际操作训练；多谐振荡器的内容，既用作实际操作的综合训练题，又作为仿真分析的实例。

4）理实一体化。在介绍软件的基本用法之后，立即进行实践训练。以尽量详细的步骤和细致的提示，帮助读者一步一步进行实例操作，提高读者的动手能力。在各个项目任务中，配上实例不仅解释了各种操作命令，对于重要和难度大的命令还给出相应的实例和运用的技巧提示。绝大部分任务后都有针对性的工作页引领的实训练习。每个项目结束时又加上大量练习帮助读者巩固消化所学内容。书中对理论知识的讲述，搭配相应的例题和习题，使读者在练习的基础上更好地掌握理论知识，可以说真正地做到了理实一体化。读者在学习操作的过程中潜移默化地掌握了软件应用技巧。

5）注重知识的融会贯通。本书不是孤立地讲述某个操作命令，而是始终将命令和实例结合在一起，以利于对操作的理解。在带领读者快速学会软件的各种操作命令之后，接下来的设计实例操作帮助读者加深理解，领会命令的含义。在项目的最后精心设计一个综合实例把一个项目或几个项目，甚至于整本书的内容串联起来，学生通过综合实例能把各个重要的知识点联系起来，快速上手做到学以致用。

本书还配有 PPT 课件、思考与练习的答案以及每个项目的拓展知识点或训练。读者可以通过 www.abook.cn 网站下载使用。

全书参考学时为 84～120，具体项目及学时安排请参考下表。

项目	学时	项目	学时
项目一　认识 Altium Designer 17	4～6	项目七　PCB 设计基础	8～12
项目二　原理图设计基础	6～8	项目八　PCB 设计	8～12
项目三　原理图设计	10～14	项目九　PCB 设计提高	10～12
项目四　原理图设计提高	8～12	项目十　元件封装与元件封装库	10～12
项目五　元件与原理图库	6～8	项目十一　电路仿真系统	8～10
项目六　电气规则检查及相关报表	6～8		

由于作者水平有限，书中难免有疏漏和不妥之处，敬请广大读者批评指正。

目　录

项目一

认识 Altium Designer 17

学习目标

Altium Designer 17 是一款专业的电路设计软件，它结合了原理图、ECAD 库、规则和限制条件、BOM、供应链管理、ECO 流程和世界一流的 PCB 设计工具，成为大多数电子设计者的首选。

通过本项目的学习，了解 Altium Designer 17 软件，熟悉工作环境、文档组织结构和文件管理。

知识目标

- 了解印制电路板的设计流程。
- 了解 Altium Designer 17 相关知识。
- 熟悉 Altium Designer 17 原理图编辑环境。
- 掌握文件管理系统。

技能目标

- 掌握项目文件的创建、命名和保存。

任务一　Altium Designer 17 概述

情　景

Altium Designer 17 与以往的 Protel DXP 软件有何不同？有何特点？

讲解与演示

知识 1　Altium Designer 简介

Altium Designer 主要是原 Protel 软件开发商 Altium 公司推出的一体化电子产品开发系统，运行于 Windows XP、Windows 7 操作系统。这套软件通过把原理图设计、电路仿真、PCB 绘制、拓扑逻辑自动布线、信号完整性分析和设计输出等技术完美融合，为设计者提供了全新的设计解决方案，熟练使用这一软件必将使电路设计的质量和效率大大提高。

Altium Designer 除了全面继承包括 Altium Designer 99SE、Altium Designer DXP 在内的先前一系列版本的功能和优点外，还新增加很多高端功能。该平台拓宽了板级设计的传统界面，全面集成了 FPGA 设计功能和 SOPC 设计实现功能，从而允许工程设计人员能将系统设计中的 FPGA 与 PCB 设计及嵌入式设计集成在一起。Altium Designer 提供了唯一一款统一的应用方案，综合了电子产品一体化开发所需的所有必需技术和功能，使得 Altium Designer 成为电子产品开发的完整解决方案——一个既满足当前，也满足未来开发需求的解决方案。

知识 2　Altium Designer 17 特点

本书以 Altium Designer 17 汉化版进行介绍，该软件最新中文版的特点如下。

1. PCB 布线增强——ActiveRoute

通过高性能的指导性布线技术，在短时间内进行高质量的 PCB 布线。

2. 背钻孔

通过对钻孔的完全控制，减少高速设计时对信号完整性的干扰。

3. 动态选择与动态铺铜

通过便捷的编辑模式及自定义边界，节约修改多边形铺铜的时间。

4. Draftsman 功能增强

从同一基准进行标注；丝印、SMD 和通孔焊盘可以用不同颜色显示。

5. 动态交互探测

拥有强大的交互式选择和交互式探查功能。在原理图中选中器件，PCB 可以直接移动布局。

拓　展

拓展　Altium Designer 17 发展史

拓展部分详细内容，可从网站 www.abook.cn 下载学习。

任务二　熟悉 Altium Designer 17 软件界面

情　景

Altium Designer 17 软件界面包含了几个部分？各有何作用？

讲解与演示

知识 1　Altium Designer 17 界面

熟悉 Altium Designer 17 软件界面

Altium Designer 17 启动后便可进入软件界面，如图 1.1 所示。该界面包括标题栏、菜单栏、工具栏、导航栏、工作面板、工作区和状态栏 7 个部分。

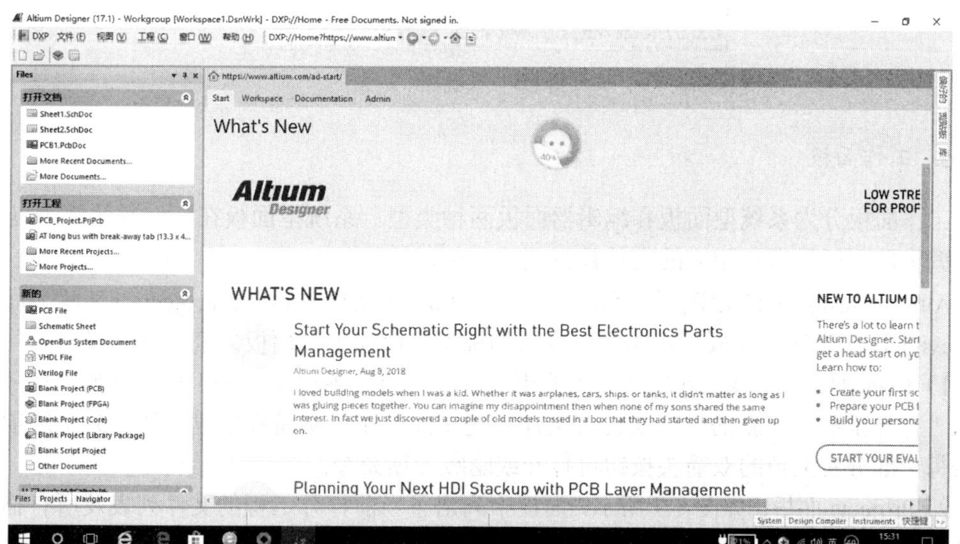

图 1.1　Altium Designer 17 软件界面

知识 2　软件界面组成及作用

1. 标题栏

如图 1.2 所示，显示了该软件的标志、当前打开的工程项目、文件及授权用户。

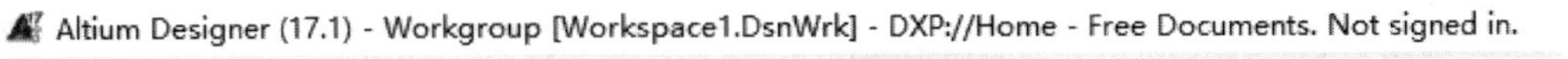

Altium Designer (17.1) - Workgroup [Workspace1.DsnWrk] - DXP://Home - Free Documents. Not signed in.

图 1.2　标题栏

2. 菜单栏

如图 1.3 所示，Altium Designer 17 设计系统对不同类型的文档进行操作时，菜单栏也相应发生改变。单击菜单项或按其后面字母可打开下级子菜单。

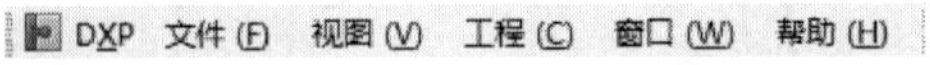

DXP　文件 (F)　视图 (V)　工程 (C)　窗口 (W)　帮助 (H)

图 1.3　菜单栏

3. 工具栏

图 1.4　工具栏

如图 1.4 所示，工具栏只有 3 个按钮，分别用于打开任意文档、打开任何存在的文件、打开工作区文件控制面板。

注意　打开不同文件后的菜单栏和工具栏是不同的，与没有打开任何文件的操作界面的显示也是不同的。

4. 导航栏

如图 1.5 所示，导航栏用于链接软件内的各个页面。

DXP://Home?https://www.altiun

图 1.5　导航栏

5. 工作面板

工作面板分为系统型面板和编辑器面板两种类型。系统型面板在任何时候都可以使用，编辑器面板只有在相应的文件被打开时才可以使用。

Altium Designer 17 启动后，系统自动激活 Files（文件）面板、Projects（工程）面板和 Navigator（导航）面板。单击面板底部的标签可以在不同面板之间相互切换。

1）Files 面板。如图 1.6 所示，主要用于打开、新建各种文件和工程，分为“打开文档”、“打开工程”、“新的”、“从已有文件新建文件”和“从模板新建文件”5 个选项。单击每一部分右上角的双箭头按钮可打开或隐藏各项命令。

2）Projects 面板。如图 1.7 所示，面板中列出了当前打开工程的文件列表及所有临时文件。

3）Navigator 面板。如图 1.8 所示，该面板主要功能是分析和编译原理图，查找原理图中的错误，以及快速定位元件、网络及冲突。在未对原理图进行分析和编译前，Navigator 面板均为空。

编辑器面板以按钮的方式出现在应用窗口右侧边缘处，将在以后的原理图设计和 PCB 设计中详细讲解。工作面板有自动隐藏显示、浮动显示和锁定显示 3 种显示方式。在每个面板的右上角有 3 个按钮，▼按钮用于在各种面板之间进行切换操作，、按钮用于改变面板的显示方式，×按钮用于关闭当前面板。直接单击工作区右下方的面板标签 System | Design Compiler | Instruments | 快捷键 可以打开各种面板。

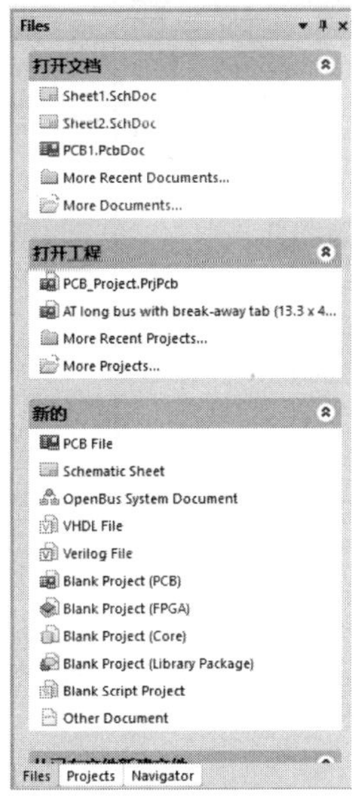

图 1.6　Files 面板

图 1.7　Projects 面板

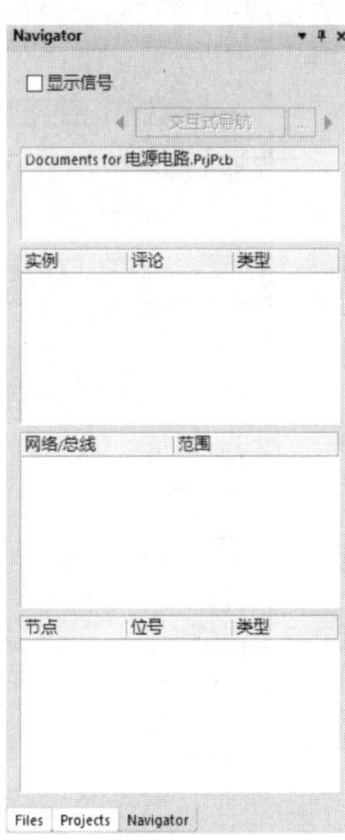

图 1.8　Navigator 面板

6. 工作区

工作区位于界面的中间，是编辑各种文档（原理图、PCB 图）的区域。

7. 状态栏

状态栏位于软件界面最下面。

任务三　Altium Designer 17 文件管理系统

情　景

用 Altium Designer 17 软件可以绘制电路图，但电路图先得有地方存放才行，尤其当各种类型的图很多时，更需要分门别类地保存，否则再要找出来可就麻烦了。为了能够更好地进行电路设计，需要了解 Altium Designer 17 的文档组织和文件管理。

讲解与演示

知识 1　新建工程文件

文件管理系统

第 1 步，在如图 1.1 所示界面下，执行“文件”→“新的…”→“工程”命令，弹出如图 1.9 所示“新工程”对话框。

图 1.9　“新工程”对话框

第 2 步，单击 OK 按钮，建立一个默认名为 PCB_Project.PrjPcb 的新工程。如图 1.10 所示。

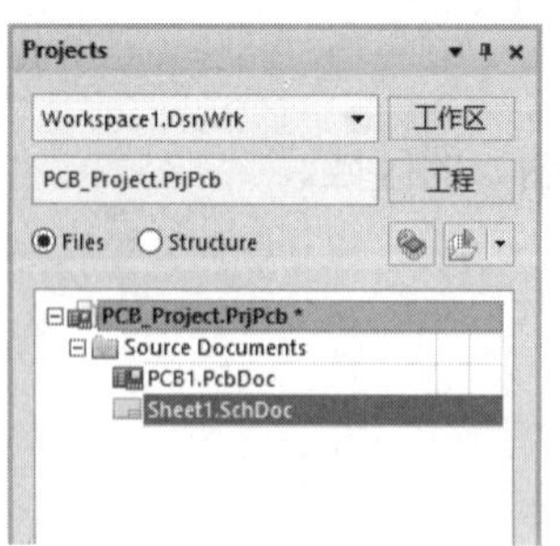

图 1.10　新建的工程

第 3 步，保存。执行“文件”→“保存工程为”命令或右击工程名，在弹出的快捷菜单中选择“保存工程为”命令，即完成该工程的保存。

第 4 步，执行“文件”→“新的…”→“原理图”命令，系统在当前工程下新建一个默认名为“Sheet1.SchDoc”的原理图文件，并在工作区窗口中打开。

第 5 步，执行“文件”→“新的…”→“PCB 文件”命令，系统在当前工程下新建一个默认名为“PCB1.PcbDoc”的 PCB 文件，并在工作区窗口中打开。

第 6 步，保存。分别执行“文件”→“保存”命令，保存新建的原理图文件和 PCB 文件，完成一个 PCB 工程项目的建立，如图 1.10 所示。

创建工程文件也可以在 Files 面板“新的”选项组下单击 Blank Project（PCB）选项直接创建，或者“从模板新建文件”选项组下单击 PCB Project 选项利用模板创建。

知识 2 重命名工程项目

第 1 步，选中建立的工程 PCB_Project.PrjPcb，再执行“文件”→“保存工程为”命令或右击，在快捷菜单中选择“保存工程为”命令。

第 2 步，弹出如图 1.11 所示 Save[PCB_Project.PrjPcb]As…对话框，选择合适的路径，在“文件名”框中输入文件名，例如“电源电路”。

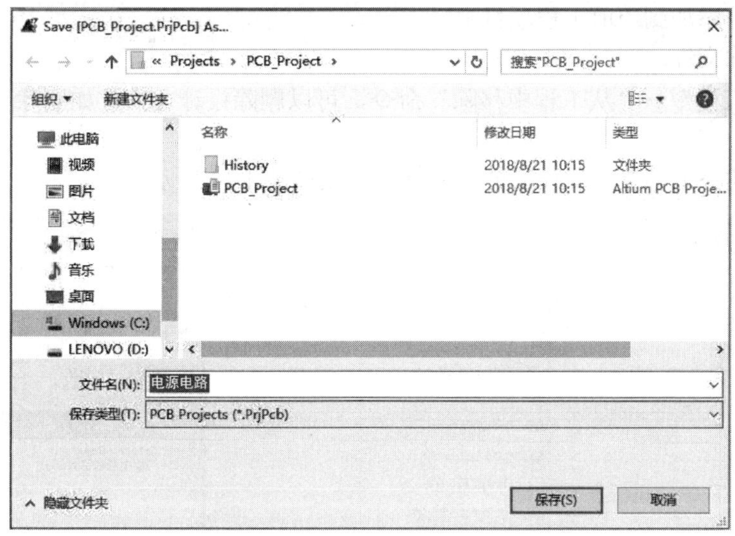

图 1.11 工程文件重命名对话框

第 3 步，单击“保存”按钮，工程被更名为“电源电路.PrjPcb”。

第 4 步，选中原理图文件 Sheet1.SchDoc，执行“文件”→“另存为”命令或右击，在快捷菜单中选择“另存为”命令。在弹出的对话框中输入文件名“电源电路”。

第 5 步，参照原理图文件修改方法，将 PCB 文件改名为“电源电路.PcbDoc”。

重命名后的 PCB 工程文档组织结构如图 1.12 所示。

图 1.12 重命名后的 PCB 工程

知识3　添加或删除文件

（1）添加文件

执行“工程”→“添加新的…到工程”→“Schematic”命令，如图1.13所示。可将新设计文件添加到当前工程项目中，添加的新文件默认名为“Sheet1.SchDoc”。

执行“工程”→“添加已有文档到工程”命令，即可从弹出的对话框中选择一个原有的设计文件添加到当前工程项目中。

（2）删除文件

执行“工程”→“从工程中移除”命令，可以删除设计文件，如删除文件“电源电路.PcbDoc”。

经过上述添加和删除操作后的工程项目面板如图1.14所示。

图1.13　添加新文件命令

图1.14　添加和删除文件后

删除文件操作，并没有将该文件从计算机中真正删除，只是成为自由文件出现在 Free Documents（自由文档）文件夹中。只有将文件从 Free Documents 文件夹中删除时，文件才会彻底删除。

综上所述，Altium Designer 17 的 Projects 面板中提供了两种文件——工程文件和设计时生成的自由文件。设计时生成的文件可以放在工程文件中，也可以放在自由文件中。因为自由文件在存盘时是以单个文件的形式存入，而不是以工程文件的形式整体存盘，所以也被称为存盘文件。

工作页

实训　创建工程项目、添加或删除文件

1. 创建一个工程项目的步骤

创建一个工程项目 XX.PrjPcb，保存于 D 盘根目录下，在该工程项目下进行创建、添加或删除文件操作并简述其操作步骤，记录于表1.1中。

表 1.1 创建工程、添加或删除文件

文件	操作步骤
创建工程项目 XX.PrjPcb	
创建原理图文件 XX.SchDoc	
创建 PCB 文件 YY.PcbDoc	
添加文件 YY.PcbDoc	
删除文件 XX.SchDoc	

2. 实际操作

将创建操作的文档组织结构和进行添加或删除文件后的文档组织结构分别填写在表 1.2 中。

表 1.2 创建、进行添加或删除文件的文档组织结构

文档组织结构		
创建文件	添加文件	删除文件

3. 收获和体会

将创建、添加或删除文件后的收获和体会写在下面空格中。

收获和体会：

4. 工作评价

将创建、添加或删除文件后的工作评价填写在表 1.3 中。

表 1.3 工作评价表

评定人	工作评价	等级	评定签名
自己评			
同学评			
老师评			
综合评定等级			

________年________月________日

拓 展

拓展 文件自动存盘设置

拓展部分详细内容，可从网站 www.abook.cn 下载学习。

思考与练习

一、判断题（对的打“√”，错的打“×”）

1. Altium Designer 17 启动后便可进入软件界面。 （ ）
2. Altium Designer 17 软件只能用来绘制电路原理图。 （ ）
3. Altium Designer 17 软件界面有 5 个组成部分。 （ ）
4. Altium Designer 17 标题栏显示了软件的标志、当前工作打开的工程。 （ ）
5. Altium Designer 17 设计系统对不同类型的文档操作时，菜单栏不会改变。 （ ）
6. 一个工程项目可以包含多个设计文件。 （ ）
7. 打开不同文件后的菜单栏和工具栏是不同的。 （ ）
8. 关闭面板，可单击面板右上角的“×”。 （ ）
9. 状态栏位于工作窗口最上面。 （ ）
10. 工作面板有自动隐藏显示、浮动显示和锁定显示 3 种显示方式。 （ ）

二、填空题

1. Altium Designer 17 启动后便可进入软件界面，该界面包括________、________、导航栏、工具栏、工作面板、________和状态栏 7 个部分。

2. 工作面板分为________面板和________面板两种类型。________面板在任何时候都可以使用，________面板只有在相应的文件被打开时才可以使用。

3. Altium Designer 17 启动后，系统自动激活________面板、Projects 面板和 Navigator 面板。

4. Projects 面板中列出了当前打开工程的文件列表及所有________文件。

5. 工作面板有自动隐藏显示、________显示和________显示 3 种显示方式。

6. Projects 面板中提供了两种文件——工程文件和设计时生成的________文件。

7. 执行“________”→“________”→“________”命令，建立一个默认名为 PCB_Project.PrjPcb 的 PCB 工程项目。

8. 执行“________”→“________”命令，可对项目文件重命名。

项目二 原理图设计基础

学习目标

熟悉原理图编辑系统的操作，可以在制作原理图时，更加熟练地运用 Altium Designer 17 工具。

本项目简单地介绍 Altium Designer 17 原理图设计的流程、原理图编辑器窗口操作、图纸设置、元件库操作等设计原理图的准备工作。

知识目标

- 了解原理图设计流程。
- 了解原理图编辑环境。
- 熟悉 Altium Designer 17 原理图编辑器结构和功能。
- 熟悉图纸的设置。
- 掌握元件库中元件的查找。

技能目标

- 能对原理图图纸进行设置。
- 掌握元件库的装载和卸载。
- 掌握查找元件的方法。

任务一　原理图编辑器界面

情　景

工程项目和各类文件创建好后，打开不同的文件对应着不同的界面。接下来该先学习哪种文件呢？我们先来认识原理图编辑器界面及原理图缩放。

讲解与演示

知识 1　原理图设计流程

电路原理图设计是整个电路设计的基础，它描述了一个具体电路中各个元件的连接关系，不涉及具体元件的封装、位置和电路板的尺寸、结构等。

原理图设计的基本流程如下。

1）新建原理图文件。确定所要设计电路的具体实现方式，在集成开发环境中新建原理图设计文件。

2）设置原理图工作环境。启动原理图编辑器，了解工作界面中的菜单栏与工具栏，根据所设计电路的复杂程度，设置原理图图纸大小及版面。

3）放置元件。从元件库中选取需要的元件放置到图纸上，并进行调整、修改。

4）连线。根据实际电路，将放置的元件用具有电气意义的导线、符号连接起来，构成一张完整的原理图。

5）放置注释。放置一些说明性的文字、图形或图片等，突出显示该电路图的主题，提高可读性。

6）保存文档并打印输出。

知识 2　原理图编辑器界面说明

原理图编辑器界面

打开原理图文件“*.SchDoc”，如项目一中的“电源电路.SchDoc”，即可打开如图 2.1 所示的原理图编辑器。当空白原理图纸打开后，工作区发生了变化。主工具栏增加了一组新的按钮，并且菜单栏增加了新的菜单项。

1. 菜单栏

原理图编辑环境中的菜单栏如图 2.2 所示，在设计过程中，对原理图的各种编辑操作都可以通过菜单栏中的相应命令来完成。

2. 工具栏

执行“视图”→“工具栏”命令，显示如图 2.3 所示的子菜单，从中可以选择相应的工具栏。

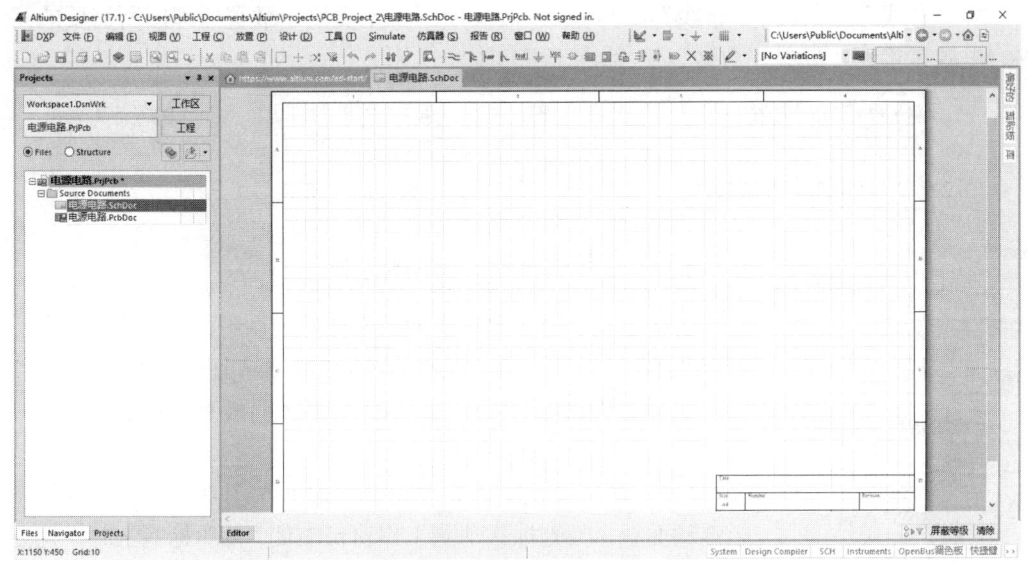

图 2.1 原理图编辑器

DXP 文件 (F) 编辑 (E) 视图 (V) 工程 (C) 放置 (P) 设计 (D) 工具 (T) Simulate 仿真器 (S) 报告 (R) 窗口 (W) 帮助 (H)

图 2.2 原理图编辑环境中的菜单栏

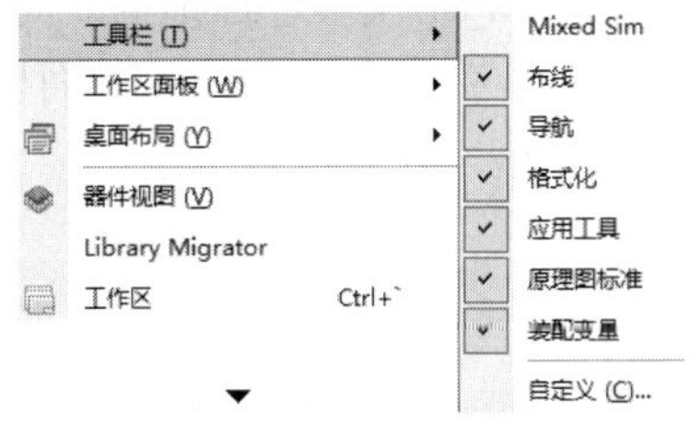

图 2.3 工具栏

1）“原理图标准”工具栏。图 2.4 所示为“原理图标准”工具栏，提供了一些常用的文件操作快捷方式，如保存、打开、打印、缩放、复制和粘贴等。执行“视图”→“工具栏”→“原理图标准”命令或在工具栏或菜单栏的空白处右击，可以使该工具栏显示或隐藏。如果将光标悬停在某个按钮图标上，则该按钮所要完成的功能就会在图标下方显示出来。其他工具栏操作方法与此相同。

图 2.4 “原理图标准”工具栏

工具栏前面有“√”标志表示该项已被选中，对应的工具将出现在工具栏中。

2）“应用工具”工具栏。“应用工具”工具栏如图 2.5 所示。包含绘图工具、元件排列等多个子菜单项，用于在原理图中绘制所需要的标注信息，不代表电气连接。

3）“布线”工具栏。“布线”工具栏如图 2.6 所示，主要用于放置原理图所需要的元件、电源、接地、导线、总线、连接端口等工具。

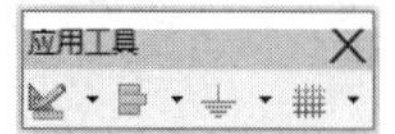

图 2.5　“应用工具”工具栏

图 2.6　“布线”工具栏

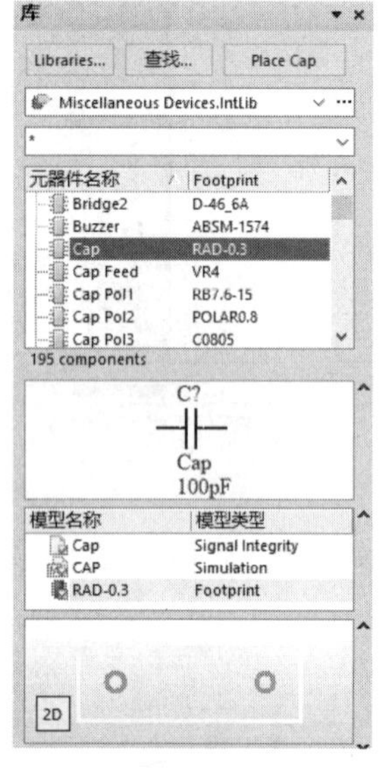

图 2.7　元件库管理器

3. 工作窗口和工作区面板

工作窗口是进行电路原理图设计的工作平台。在该窗口中，可以新绘制一个原理图，也可以对现有的原理图进行编辑和修改。

在原理图设计中经常用到的工作区面板有 Projects 面板、“库”面板、Navigator 面板。

“库”面板（也称为元件库管理器）如图 2.7 所示。这是一个浮动面板，当光标移动到工作窗口右侧“库”标签上时，就会显示该面板，也可以直接单击工作区右下方的面板标签 System，在弹出的选项中选中“库”或执行“视图”→“工作区面板”→“System”→“库”命令。在该面板中可以浏览当前加载的所有元件库，也可以在原理图上放置元件，还可以对元件的封装、SPICE 模型和 SI 模型进行预览，同时还能够查看元件供应商、单价和生产厂商等信息。Projects 面板和 Navigator 面板在项目一中已有所了解，在此不再赘述。

知识 3　原理图缩放

原理图缩放

绘图过程中，设计者需要经常查看整张原理图或只看某一个局部，为了更好地看清楚电路图，就需要经常改变显示状态，将工作窗口（即绘图区）放大或缩小。所有缩放窗口的命令都集中于“视图”菜单中，如图 2.8 所示。使用菜单命令缩放图纸还可以利用快捷键，按菜单项后标注的字母即可，如“适合文件”可以按字母 V→D。

以下为其他几种绘图区的缩放方式。

（1）使用工具栏命令

在“原理图标准”工具栏中，图标 可缩放图纸。当鼠标在图标上停留 1～2s，会自动显示该图标命令，单击即可执行该命令。

（2）使用键盘操作

按 PgUp 键放大；按 PgDn 键缩小；按 Home 键居中；按 End 键更新；按↑、↓、←、→键可上下左右移动。

（3）使用“图纸”原理图小窗口

在原理图设计环境中，单击工作区右下方面板标签中的 SCH 项，如图 2.9 所示，单击“图纸”（在“图纸”项前打√），打开如图 2.10 所示的“图纸”原理图小窗口，拖动该窗口下面的滑块即可对原理图进行缩放。

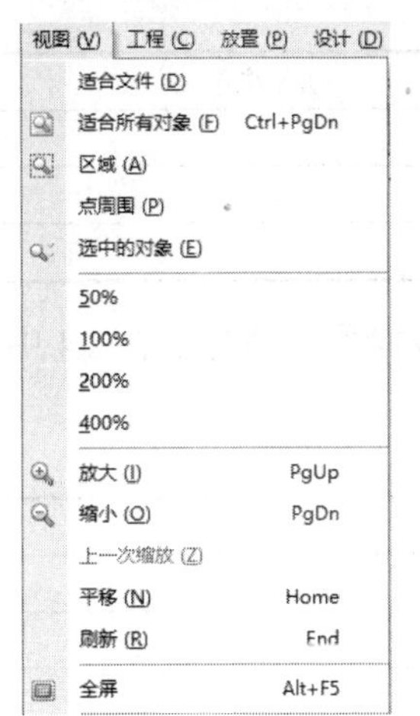

图 2.8 缩放菜单

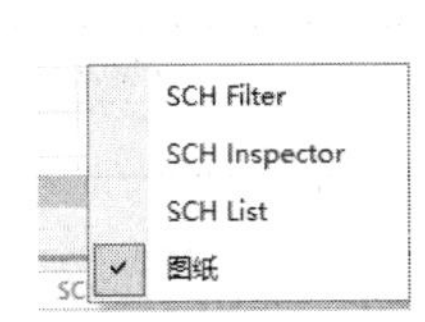

图 2.9 “图纸”标签

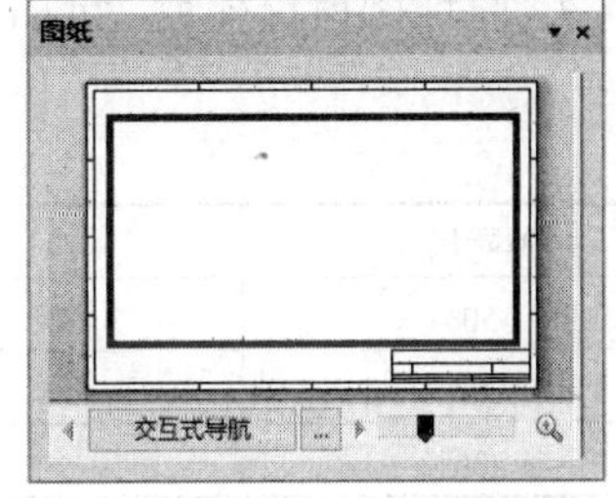

图 2.10 “图纸”原理图小窗口

工作页

实训 原理图编辑器界面操作

1. 认识原理图编辑器界面

菜单栏、工具栏的下级子菜单打开有哪几种方式？

2. 实际操作

1）菜单栏。以“文件”和“编辑”命令为例填写在表 2.1 中。

表 2.1 菜单栏

菜单栏	打开方式	下级子菜单及功能
文件		
编辑		

2）工具栏。以“应用工具”工具栏为例练习工具的操作，并把结果填写在表 2.2 中。

表 2.2 工具栏

工具栏	操作方式		绘图子菜单
应用工具	显示		
	隐藏		

3）工作面板。把打开和关闭工作区面板的步骤填写于表 2.3 中。

表 2.3　工作区面板

工作区面板	打开操作	关闭操作
Projects 面板		
“库”面板		
Navigator 面板		

4）原理图窗口缩放。试用几种不同的方式对原理图进行缩放操作并填写于表 2.4 中。

表 2.4　原理图窗口缩放

原始尺寸	缩放方式
50%	
100%	
200%	

3. 收获和体会

对原理图编辑器操作后的收获和体会写在下面空格中。

收获和体会：

4. 工作评价

把对原理图编辑器界面操作的工作评价填写在表 2.5 中。

表 2.5　工作评价表

评定人	工作评价	等级	评定签名
自己评			
同学评			
老师评			
综合评定等级			

＿＿＿＿年＿＿＿＿月＿＿＿＿日

任务二　原理图图纸的设置

情　景

设计一张原理图，就得有一张图纸，而且这张图纸最好个性化一点，不仅要大小合适，还要让别人知道设计者是谁。同样，在电脑上画原理图也得有一张具体的图纸，且图纸中应该包含图纸的大小、标题信息以及颜色等。

讲解与演示

知识 1　图纸选项

图纸选项

创建一个原理图文件后，执行“设计”→“文档选项”命令或者右击工作区，选择“设计”→“选项”→“文档选项”命令，弹出如图 2.11 所示的“文档选项”对话框。在该对话框中，有“图纸选项”、“参数”、“单位”和“模板”4 个选项卡，利用其中的选项可进行如下设置。

图 2.11　“文档选项”对话框

1. 图纸大小

设置图纸的大小，Altium Designer 17 提供了标准风格和自定义风格两种方法。

1）标准风格。在“图纸选项”选项卡的“标准风格”区域，单击“标准风格”右边的下三角按钮，弹出如图 2.12 所示所有图纸的标准类型。选择需要的标准图纸号，然后单击“确定”按钮，即可完成图纸大小的设定。

标准图纸默认为 A4。其中 A0～A4 为公制标准；A～E 为英制标准；OrCAD A～E 为 OrCAD 标准；其他标准还有 Letter、Legal、Tabloid 三种。

2）自定义风格。在“图纸选项”选项卡的“自定义风格”区域，选中“使用自定义风格”复选框，激活各选项，如图 2.13 所示。改变图示参数的数值即可自定义图纸大小。

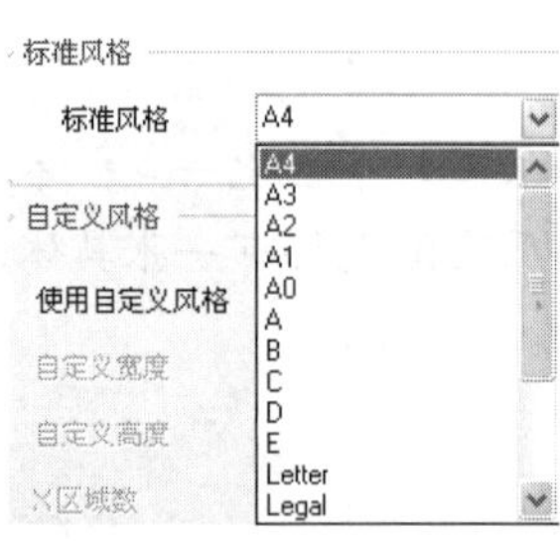

图 2.12　选择 A4 标准图纸

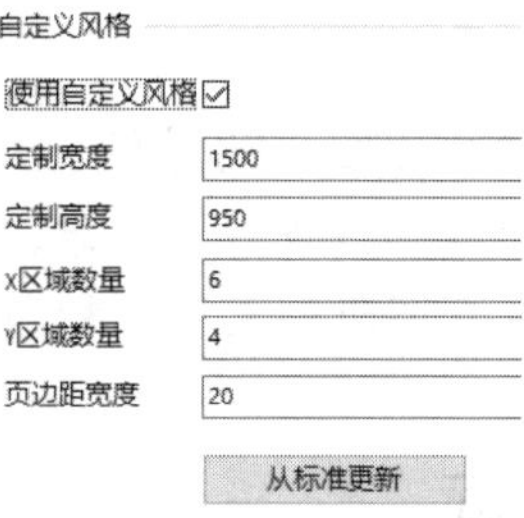

图 2.13　自定义图纸大小

要显示 X、Y 区域的坐标分格数，必须设定足够的页边距宽度，否则将无法正常显示。图 2.13 中 X、Y 区域数量分别为 6、4，页边距宽度为 20。

2. 图纸方向

在“图纸选项”选项卡的“选项”区域，单击“方向”右侧的下三角按钮，在弹出的下拉列表中选择 Landscape（横向）或 Portrait（纵向），如图 2.14 所示。通常情况下，绘图及显示设为横向，打印根据需要设为横向或纵向。

3. 图纸标题栏

在“图纸选项”选项卡的“选项”区域，单击“标题块”右侧的下三角按钮，如图 2.15 所示，可切换标题栏格式。Altium Designer 17 提供了 Standard（标准格式）和 ANSI（美国国家标准协会支持格式）两种标题栏模式，如图 2.16 和图 2.17 所示。

图 2.14　设置图纸方向

图 2.15　设置图纸标题栏

Title		
Size A4	Number	Revision
Date:		Sheet　of
File:	C:\Users\..\电源电路SchDoc	Drawn By:

图 2.16　Standard 模式标题栏

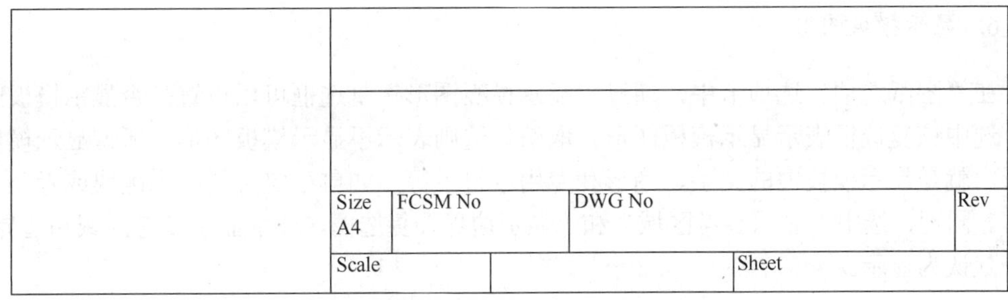

图 2.17 ANSI 模式标题栏

4. 图纸颜色

图纸颜色包括边框颜色和图纸颜色。

1）“边框颜色”选项用来设置图纸边框的颜色。单击“边框颜色”右侧的颜色框，弹出“选择颜色”对话框，如图 2.18 所示。该对话框包含“基本的”“标准的”“定制的”3 个选项卡。“基本的”选项卡中的“颜色”列出了当前可用的 239 种颜色，并定位于当前所使用的颜色。如果希望变更当前使用的颜色，可直接在“颜色”或“自定义颜色”栏中用鼠标单击选取，然后单击“确定”按钮完成选择。

边框的默认颜色是黑色，通常保持黑色不变；如果觉得颜色不够丰富，可以单击“选择颜色”对话框中的“标准的”和“定制的”选项卡，选择喜欢的颜色。

2）“图纸颜色”选项用来设置图纸底色。设置方法与“边框颜色”相同。通常可设置为长期观看而不易使眼睛疲劳的淡黄色。

5. 系统字体

系统字体为图纸插入的汉字或英文设置字体。系统默认字体为 Times New Roman 常规 10 号字。单击图 2.11 中的“更改系统字体”按钮，弹出“字体”对话框，如图 2.19 所示，可设置系统所使用文本的字体、字形、大小、颜色、效果等。

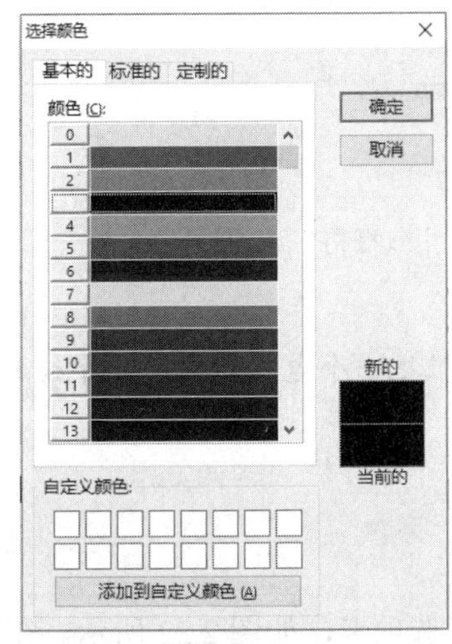

图 2.18 “选择颜色”对话框

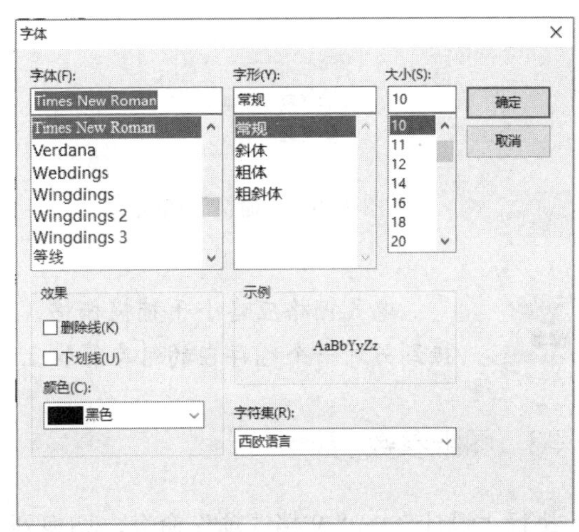

图 2.19 “字体”对话框

6. 显示模板图形

在"图纸选项"选项卡中，通过"显示模板图形"复选框可以设置是否显示模板图形。选中该复选框表示显示模板图形，取消勾选则表示不显示模板图形。所谓显示模板图形，就是显示模板内的文字、图形和专用字符串等，如自己定义的标志区块或者公司标志。同理，选中"显示参考区域"和"显示边界"复选框，表示显示参考区域和边界，系统默认为显示。

知识 2 图纸栅格

图纸栅格参数

栅格是PCB设计中的一个基本概念，在Altium Designer 17原理图设计界面看到的网格便是栅格的一种。栅格的存在为元件的放置、电路的连线等设计工作带来极大的方便。

1. 栅格

在图2.11中，"栅格"栏中的选项可用来设置捕捉栅格及可见栅格的尺寸，如图2.20所示。"捕捉"选项用来改变光标的移动间距，单位是mil（注：$1\text{mil}=2.54\times10^{-5}\text{m}$，下同）。选中此项表示光标以"捕捉"右边的设置值为基本单位移动；不选此项，则光标以1mil为基本单位移动。"可见"选项用来设置可见栅格的尺寸，以及是否显示可见栅格。一般将可见栅格的尺寸和捕捉栅格的尺寸设为一致。因为捕捉栅格是看不到的，必须以可见栅格作为参考。

2. 电气栅格

设置是否采用电气栅格，以及电气栅格的作用范围，如图2.21所示。当"使能"复选框被选中后，系统自动以"栅格范围"输入框内所设定的数值为半径，以当前光标所指位置为圆心，搜索可连接的电气节点。

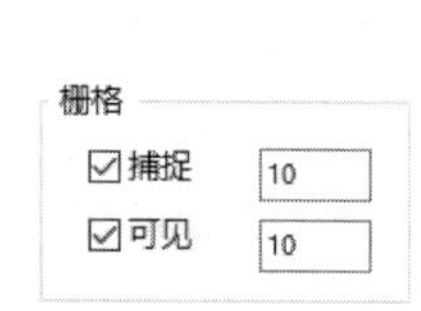

图2.20 "栅格"选项

图2.21 "电气栅格"选项

电气栅格应略小于捕捉栅格，否则将很难把一个电气对象（如导线）连接到另外一个已存在的对象管脚上。

知识 3 图纸参数

执行"设计"→"文档选项"命令，切换到"参数"选项卡，如图2.22所示。在该选项卡中，可以分别设置文档的各个参数属性。例如，设计公司名称、地址、图样的编号、图样的总数、文件的标题名称及日期等。如在 DocumentName（文件名称）参数上双击，可直接输入图纸名称“电源电路”。

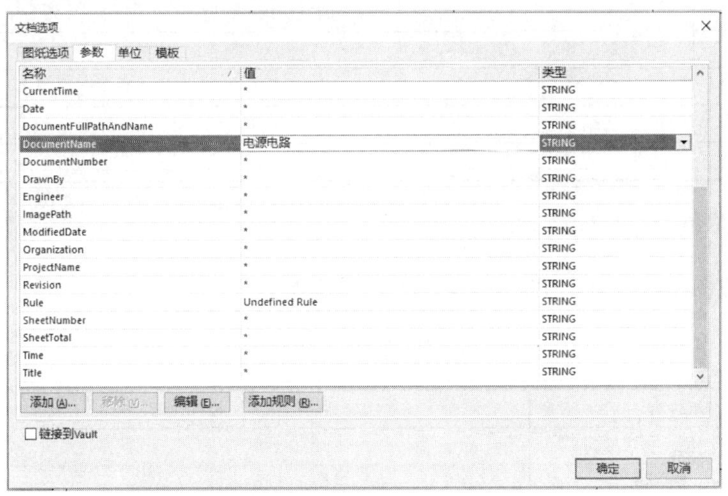

图 2.22 “参数”选项卡

具有这些参数的设计对象可以是一个元件、元件的管脚和端口、原理图的符号、PCB 指令或参数集。每个参数均具有可编辑的名称和值，如图 2.23 所示打开 Orgnization（作者）参数的“参数属性”对话框，在“值”文本框中输入“张三”，单击“确定”按钮，即可完成对作者的设置。使用“添加”按钮可以向列表添加新的参数属性；使用“移除”按钮可以从列表中移去一个参数属性；使用“编辑”按钮可以编辑一个已经存在的属性。

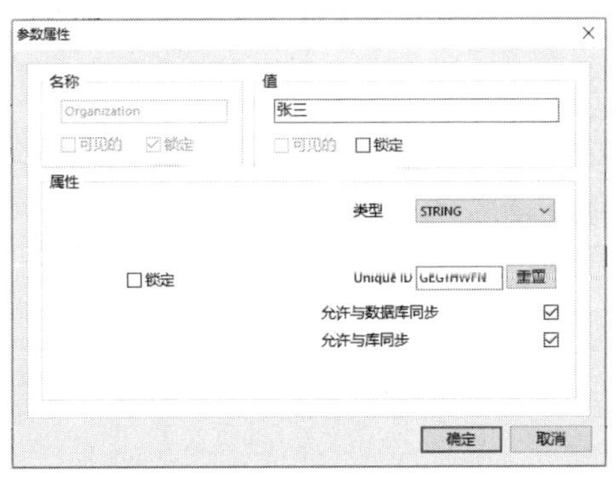

图 2.23 “参数属性”对话框

工作页

实训 原理图图纸的设置

1. 原理图图纸

图纸的设置使用什么菜单？把对图纸设置在“图纸选项”中的具体位置填写在表 2.6 中。

表 2.6　图纸设置

设置选项	图纸选项卡位置
标准风格	
图纸方向	
边框颜色	
字体	

2. 实际操作

设置原理图图纸选项，并将操作步骤填写在表 2.7 中。

表 2.7　图纸设置操作

设置图纸内容	操作步骤
设定标准 A4 图纸，显示横向	
自定义图纸宽 1000，高 560，X、Y 区域数为 6、4，页边距宽 15	
边框颜色为红色，图纸颜色为黑色	
栅格捕捉 10，可见 20，电气栅格 6	

3. 设置标题栏

1）原理图图纸取消标题栏操作步骤。

2）设置个性化标题栏，并在标题栏中输入图纸名称、公司名称、地址，自己的姓名作为作者名。

4. 收获和体会

将设置图纸选项后的收获和体会写在下面空格中。

收获和体会：

5. 工作评价

将设置图纸选项工作评价填写在表 2.8 中。

表 2.8 工作评价表

评定人	工作评价	等级	评定签名
自己评			
同学评			
老师评			
综合评定等级			

________年________月________日

拓 展

拓展 设计个性化的标题栏

拓展部分详细内容，可从网站 www.abook.cn 下载学习。

任务三 关于元件库

情 景

设计一个电源电路，电路中有电阻、电容、二极管、晶体管等。如果在 Word 中设计，即使只是画一个电阻，既要画矩形框，又要画管脚线，稍不当心，线就放不到矩形框的中间位置，非常麻烦。在 Altium Designer 17 中电阻、电容等常用元件都是现成的，它们存放在元件库中。

常用的电子元件符号都可以在 Altium Designer 17 的元件库中找到，将其放置在图纸的适当位置即可。

讲解与演示

知识 1 元件库的分类

Altium Designer 17 元件库中的元件数量庞大，分类明确。元件库采用两级分类方法。

一级分类：以元件制造厂家的名称分类。

二级分类：厂家以元件用于何种电路（如模拟电路、逻辑电路、微控制器、A/D 转换芯片等）分类。

对于特定的设计项目，可以只调用几个元件厂商中的二级分类库，减轻系统运行的负担。因此，若要在元件库中调用一个元件，首先应知道该元件的制造厂家和该元件的分类，以便在调用之前把包含该元件的元件库载入系统。

知识 2　装载/卸载元件库

装载/卸载元件库

1. 装载元件库

第 1 步，执行“设计”→“添加/移除库”命令，如图 2.24 所示，或者单击“库”面板左上角的 Libraries（元件库）按钮，弹出如图 2.25 所示的“可用库”对话框。

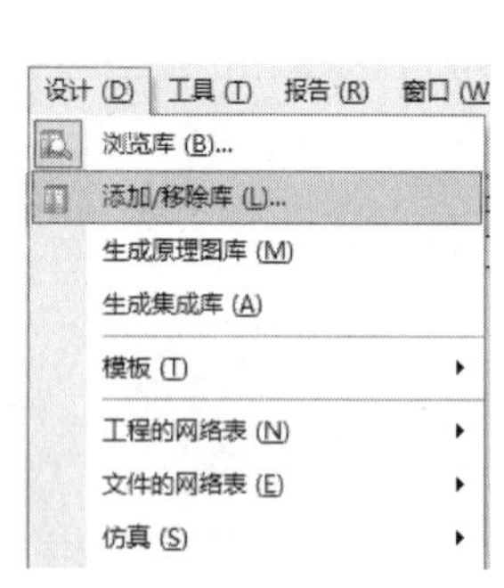

图 2.24　装载元件库菜单

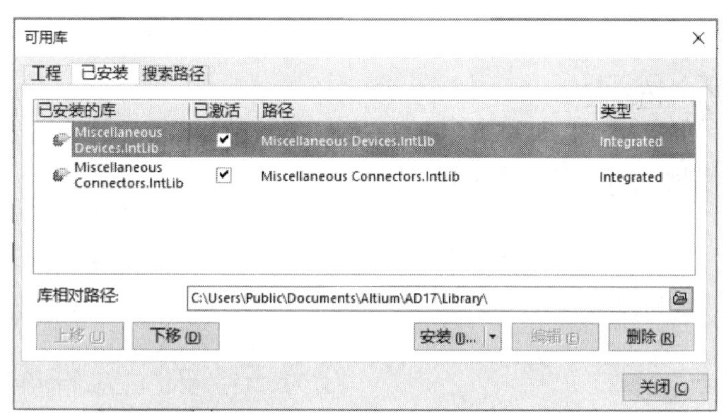

图 2.25　“可用库”对话框

可以看到此时系统已经装载了两个元件库，即 Miscellaneous Devices.IntLib（通用元件库）和 Miscellaneous Connectors. IntLib（通用接插件库）。

第 2 步，在“已安装”选项卡中，单击“安装”按钮，选择“从文件中安装”，系统弹出如图 2.26 所示的“打开”对话框。

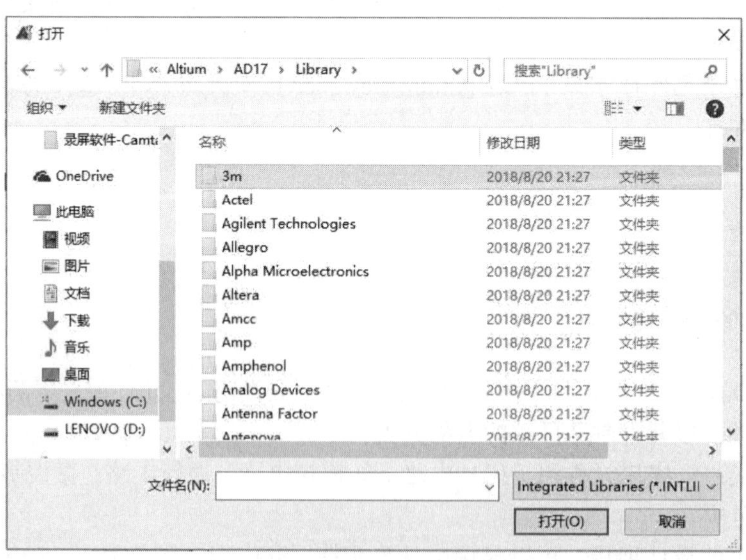

图 2.26　“打开”对话框

第 3 步，双击需要装载的元件厂商的一级元件库文件夹。例如，Motorola 文件夹，窗口中将显示摩托罗拉公司产品的二级子库名称，如图 2.27 所示。

图 2.27　二级了库名称

第 4 步，选中需要装载的元件库，如 Motorola Analog Comparator.IntLib（摩托罗拉模拟比较器），单击“打开”按钮，即装载了该元件库，如图 2.28 所示。选中的库文件出现在“可用库”对话框的“已安装的库”列表框中，成为当前活动的库文件。重复上述步骤，可依次添加不同的库文件。

第 5 步，单击“关闭”按钮。关闭“可用库”对话框。此时装载的元件库都显示在“库”面板中，可以选择使用。

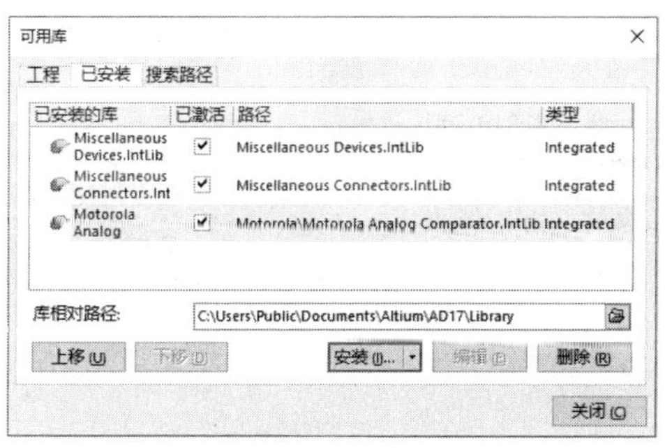

图 2.28　添加库文件后的对话框

2. 卸载元件库

第 1 步，在图 2.28 中，选中想要卸载的元件库。

第 2 步，单击“删除”按钮，即可将该元件库删除。

第 3 步，单击“关闭”按钮，完成卸载元件库操作。

注意

卸载元件库只是表示在该项目中不再引用此元件库，并没有真正删除。“可用库”对话框中有 3 个选项卡，“工程”选项卡列出的是当前项目自行创建的库文件；“已安装”选项卡列出的是系统中可用的库文件；“搜索路径”选项卡列出的是元件库的存盘位置。“上移”和“下移”按钮用来改变元件库排列顺序。

知识 3 浏览元件库

浏览元件库

执行“设计”→“浏览库”命令，如图 2.29 所示，或者单击设计工作区右侧边缘的“库”标签，均可以启动如图 2.30 所示的“库”面板。

该面板提供了如下一些信息。

1）最上方 3 个按钮：Libraries（元件库）、“查找”和“Place 2N3904”，表示元件库管理的 3 种功能，即装载或卸载元件库功能、查找和放置元件功能。

2）第 1 个下拉列表框，列出了已添加到当前开发环境中的所有集成库。

3）第 2 个下拉列表框为元件过滤下拉列表框，用来设置匹配条件，以便于在该元件库中查找设计所需的元件。

4）第 3 个下拉列表框为元件信息列表，包括元件名称及 PCB 封装模型（Footprint）信息。

5）中间展示区为所选元件的原理图模型展示。

6）展示区下方区域为所选元件的相关模型信息。包括模型名称和模型类型，封装模型（Footprint）、信号完整性模型（Signal Integrity）、仿真模型（Simulation）。

7）最下方区域为所选元件的 PCB 模型展示。

8）元件的供应商、制造商、描述和单价等。

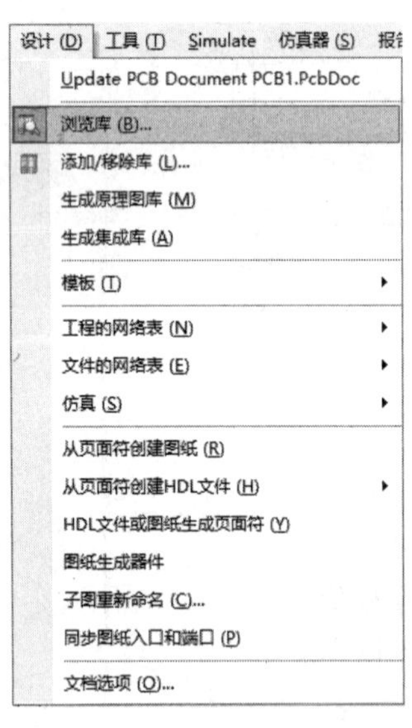

图 2.29 “浏览库”命令

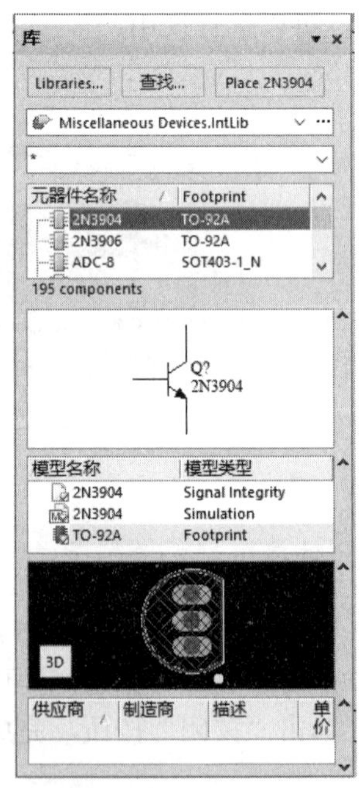

图 2.30 “库”面板

知识 4 查找元件

查找元件

Altium Designer 17 集成开发环境提供了友好的元件搜索功能，可以帮助人们快速定位元件及其元件库。下面以晶体管 2N2222A 为例说明查找步骤。

第 1 步，在图 2.30 中单击“查找”按钮或执行“工具”→“查找器件”命令，弹出“搜索库”对话框，如图 2.31 所示。

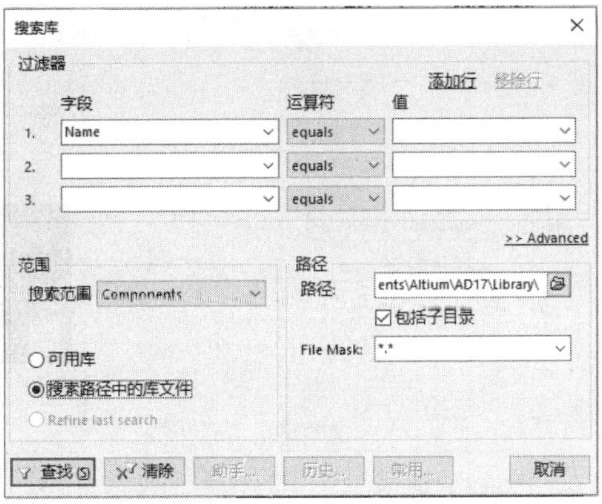

图 2.31 “搜索库”对话框

第 2 步，在该对话框中设置元件搜索的范围和参数。

1）“范围”区域选择所要进行搜索的范围。

“搜索范围”区域用于选择查找类型，在下拉列表中可以选择 4 种查询类型：Components（元件名称）、Footprints（元件封装）、3D Models（3D 模型）和 Database Components（数据库元件）；“可用库”勾选表示在当前加载的所有元件库中查找；“搜索路径中的库文件”勾选表示在右边“路径”栏中给定的路径下搜索元件。

2）“路径”区域可以指定搜索的路径，在“范围”区域中选择“搜索路径中的库文件”选项时才可用。

3）Advanced（高级）选项：用于进行高级查询，单击弹出如图 2.32 所示对话框，在对话框上方的文本框中可以输入一些与查询内容有关的过滤语句表达式，有助于使系统进行更快捷、更准确的查找。例如，在此输入“*2N22*”。

第 3 步，设置完成后，单击“查找”按钮，即可进行搜索。

搜索结果显示在“库”面板中，图 2.33 所示为搜索到的元件 2N2222A，从中可以看到符合搜索条件的元件名称、所在的元件库、元件描述、元件符号预览和各种模型的显示。若搜索到的元件所在元件库未装载，则在放置时会出现图 2.34 所示 Confirm（确认）对话框，询问是否装载该元件库。单击“是”按钮，则元件所在的库文件被装载。单击“否”按钮，则只使用该元件而不装载其所在元件库。通常根据该元件在电路中的用途决定是否加载该元件库。不过，如果一次载入过多的元件库，将会占用较多的系统资源，同时也会降低应用程序的执行效率，所以最好只载入必要而且常用的元件库，其他特殊元件库在需要时再载入。

图 2.32 Advanced（高级）选项

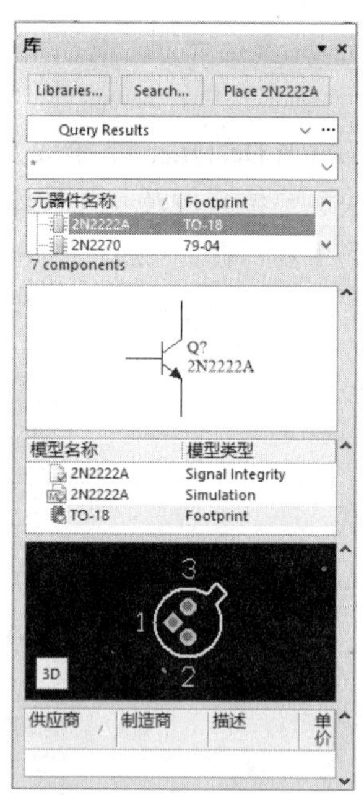

图 2.33 元件搜索结果

图 2.34 加载元件库确认对话框

工作页

实训 元件库操作

1. 元件库管理器

将元件库管理器面板中第一栏的主要功能简要填写在表 2.9 中。

表 2.9 元件库管理器面板

名称	功能
Libraries	
查找	
Place…	

2. 实际操作

元件库的装载/卸载和查找元件的具体操作，并将操作步骤填写在表 2.10 中。

表 2.10　元件库操作

元件库操作	操作步骤
安装库 FPGA　Memories.IntLib	
卸载库 FPGA　Memories.IntLib	
查找 NPN 晶体管	
查找 LM555J	

3. 收获和体会

将操作元件库后的收获和体会写在下面空格中。

收获和体会：

4. 工作评价

将操作元件库工作评价填写在表 2.11 中。

表 2.11　工作评价表

评定人	工作评价	等级	评定签名
自己评			
同学评			
老师评			
综合评定等级			

________年________月________日

拓　展

拓展　快速查找元件技巧

拓展部分详细内容，可从网站 www.abook.cn 下载学习。

思考与练习

一、判断题（对的打“√”，错的打“×”）

1．电路原理图设计是整个电路设计的基础，它还涉及具体元件的封装。　（　　）

2．电路原理图设计的第一步是新建原理图文件。（ ）

3．电路原理图元件之间的连线必须用具有电气意义的导线。（ ）

4．Altium Designer 17 设计系统对不同类型的文档操作时，工具栏不变。（ ）

5．工具栏前面有“√”标志表示该项已被选中，对应的工具就不会出现在工具栏中。（ ）

6．工作窗口是进行电路原理图设计的工作平台。（ ）

7．在放置元件之前要先加载完元件库并在库中找到要放置的元件。（ ）

8．图纸大小设置有标准风格和自定义风格两种方法，标准图纸默认为A4。（ ）

9．图纸颜色设置包含“基本的”“标准的”“定制的”三个选项卡。（ ）

10．因为不知道要用多少元件，所以最好尽可能多地载入元件库备用。（ ）

二、填空题

1．打开原理图文件，即打开了________。

2．原理图编辑器窗口，按字母________可打开“文件”子菜单，按字母________可打开“视图”子菜单。

3．应用工具栏包含________、________等多个子菜单项。

4．通过________面板可以浏览当前加载的所有元件库。

5．所有缩放窗口的命令都集中于________菜单中。

6．要放大窗口，可以按________键。

7．通常情况下，绘图及显示设为________，打印设为________。（填：横向或纵向）

8．栅格选项可用来设定________栅格和________栅格。

9．图纸大小有________风格和________风格两种。

10．图纸设计公司名称、地址等可通过命令________→________→________选项卡设置。

三、简答题

1．简述电路原理图设计的基本流程。

2．简述装载元件库的基本流程。

3．简述元件库工作面板能实现哪些功能。

4．简述添加 Motorola 公司的 Motorola DSP 16-Bit.IntLib 元件库，然后卸载该元件库的操作步骤。

5．简述查找电位器的操作步骤。

项目三 原理图设计

学习目标

设计原理图就是将元件符号放置在原理图图纸上，然后用导线或总线将元件符号中的管脚连接起来，建立正确的电气连接。

通过本项目的学习，了解元件的放置及对元件参数的属性设置；理解对象的选取、取消、移动、旋转、复制、剪贴、删除等操作；元件的连接；电源/接地和接点的放置；使用绘图软件绘制电路总线、总线入口，学习网络标签、端口和ERC指示符的放置。

知识目标

- 掌握元件的放置及属性设置。
- 熟悉对象的编辑。
- 理解导线和总线等概念及设置方法。

技能目标

- 能绘制完整的电路原理图。

任务一 关 于 元 件

情 景

前面对于绘制原理图的准备工作——菜单、工具栏的使用、图纸的设置及元件的查找，了解得差不多了。绘制原理图，首先必须把需要的元件放到图纸上，也就是元件的基本操作。

讲解与演示

知识 1 放置元件

放置元件

下面以晶体管 2N2222A 为例，叙述元件的两种放置方法。

1. 通过“库”面板放置

第 1 步，单击图 2.33 所示“库”面板右上角的“Place 2N2222A”按钮或选中元件的同时右击，也可以在元件管理器列表中双击元件名。

第 2 步，光标变成十字状，同时晶体管悬浮在光标上，如图 3.1 所示。

第 3 步，移动光标到图纸的合适位置，单击完成元件的放置。

第 4 步，右击或按 Esc 键结束放置。

2. 通过菜单放置

第 1 步，执行“放置”→“器件”命令，弹出如图 3.2 所示“放置部件”对话框。

第 2 步，单击对话框中“物理元件”下拉列表框右侧的“选择”按钮，弹出如图 3.3 所示“浏览库”对话框，在元件库 ST Discrete BJT .IntLib 中选择 2N2222A 选项。

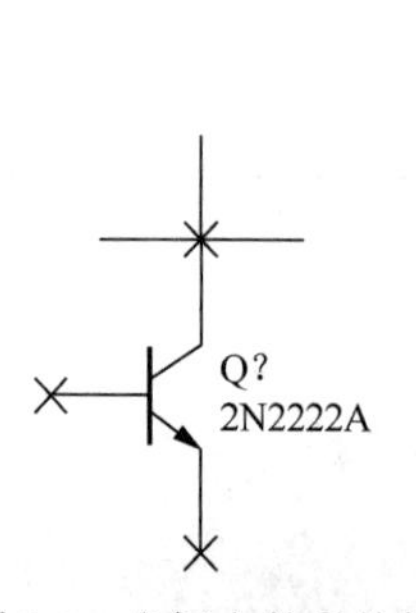

图 3.1 光标上的晶体管

图 3.2 “放置部件”对话框

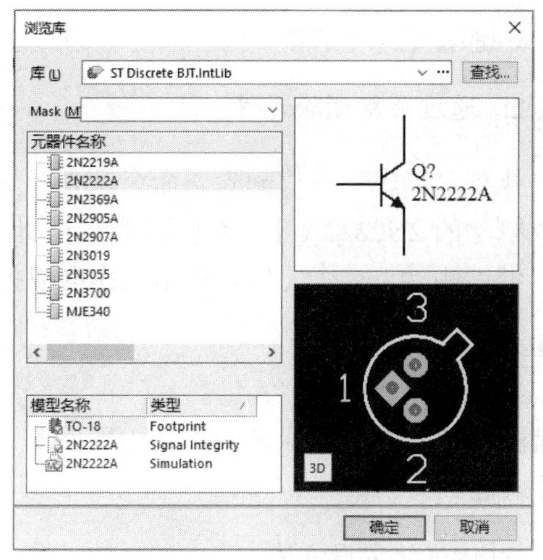

图 3.3 选择放置的元件

第 3 步，单击“确定”按钮，在“放置部件”的对话框中将显示选中的内容，如图 3.2 所示。

对话框中还显示了被放置元件的部分属性。

“逻辑符号”文本框：用于设置该元件在库中的名称。

“位号”文本框：用于设置被放置元件在原理图中的标号。这里放置的元件为晶体管，因此采用 Q 作为元件标号。

“注释”文本框：用于设置被放置元件的说明。

“封装”下拉列表框：用于选择被放置元件的封装。如果元件所在的元件库为集成元件库，则显示集成元件库中该元件对应的封装，否则还需要另外给该元件设置封装信息。当前被放置元件不需设置封装。

第 4 步，单击“确定”按钮，光标指针带着该元件处于放置状态，单击放置元件。

放置完一个元件后，这个元件又会出现在光标指针上，以便于连续放置该元件；右击或者按 Esc 键可终止相同元件放置。“放置部件”对话框自动弹出，还可以选择其他元件。

第 5 步，单击“取消”按钮，关闭对话框，退出元件放置状态。

Altium Designer 17 还提供了其他几种快捷方式放置元件：单击“布线”工具栏中的按钮；右击工作区，选择“放置”→“器件”命令；使用键盘命令，按两次 P 键。

知识 2 删除元件

放置完所需的元件后，发现有些元件放得多余了，需要删除。在 Altium Designer 17 可以直接删除，也可以通过菜单删除。

1. 直接删除一个元件

在工作窗口选中对象，如 2N2222A，晶体管周围会出现虚线框，如图 3.4 所示，按

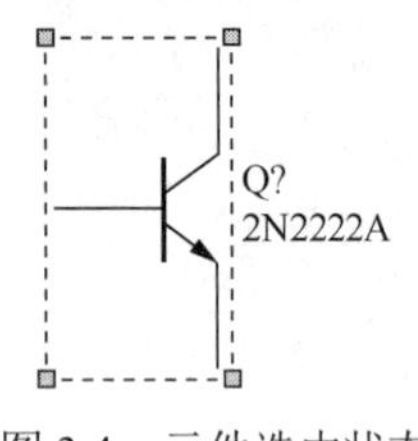

图 3.4 元件选中状态

Delete 键即可实现删除。

2. 通过菜单删除元件

执行“编辑”→“删除”命令，光标变成十字状，将光标移到所要删除的 2N2222A 上，单击即可删除。此时光标指针仍为十字状，可以继续删除下一个元件。右击工作区或按 Esc 键退出该操作。

知识 3 设置元件属性

设置元件属性

刚放置的元件参数是默认值，在具体原理图设计中要对其进行正确的编辑和设置，即设置元件属性。

1. 进入“元件属性”对话框的常用方法

1）在未放置元件时，元件对象处于浮动状态，按 Tab 键。

2）在已放置元件上右击，在弹出的菜单中选择 Properties（属性）命令。

3）在已放置元件上双击。

4）执行菜单中“编辑”→“改变”命令，在原理图编辑窗口，光标变为十字状，在目标元件上单击。

2. Properties for Schematic Component in Sheet（元件属性）对话框

Properties for Schematic Component in Sheet 对话框如图 3.5 所示，包含五个区域：Properties 区域、“Link to Library Component”（库链接）区域、“Graphical”（图形）区域、Parameters（参数）区域及 Models（模型）区域。在此只需关注“属性”区域的 Designator（标识符）选项、Comment（注释）选项和 Graphical 区域的 Orientation（方向）选项，其余一般为默认状态。

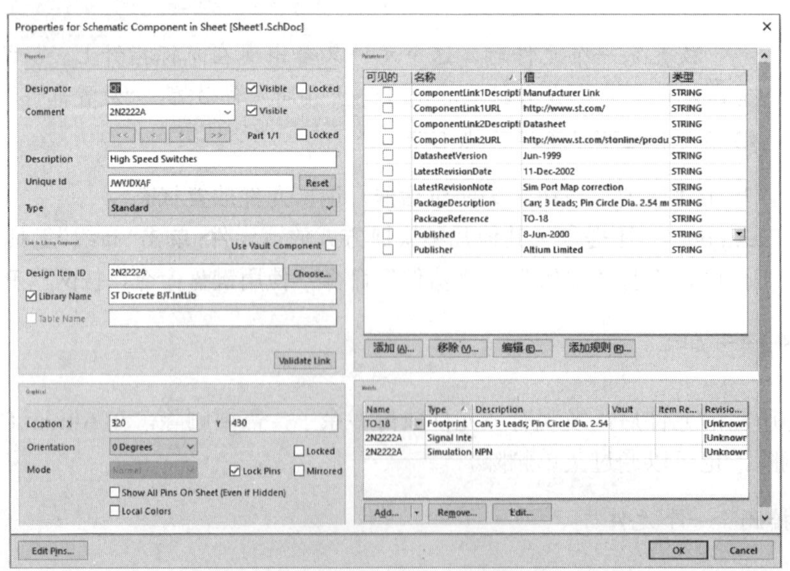

图 3.5 元件属性对话框

1）Designator。元件的标号，用来区别不同的元件。选中 Visible（可视）复选框，可以显示该标号；选中 Locked（锁定）复选框，则无法编辑该项。对一般元件，常用大写英文字符串+数字的形式，如 R1、C1 等；对多组件元件，常用元件标识+零件号的形式，如 74LS00 内部四个与非门分别用 U1A、U1B、U1C、U1D 或 U1：1、U1：2、U1：3、U1：4 表示。在 Designator 栏中输入 Q1 将其值作为第一个元件序号，单击放置，下一个晶体管会悬浮在光标上，同时标记为 Q2，以此类推，每放置一个元件序号自动递增一个。

未对当前元件分配标识时，元件放置后其标识显示为 U？，U？A，U？：1，R？等形式，如图 3.1 中的 Q？。所有元件放置完毕后，可以使用自动编号或重新编号功能对元件编号。

2）Comment。对元件的说明，如 5k、100μF 等。“可视”和“锁定”功能同上。

3）Orientation。设定元件旋转角度，以旋转当前编辑的元件。可从其下拉列表中选取 0 Degrees、90 Degrees、180 Degrees、270 Degrees，即 0°、90°、180°、270°；右边 Mirrored（被镜像的）复选框选中可将元件镜像处理。图 3.6 所示为在原始元件的基础上应用不同的旋转角度及镜像后的效果。

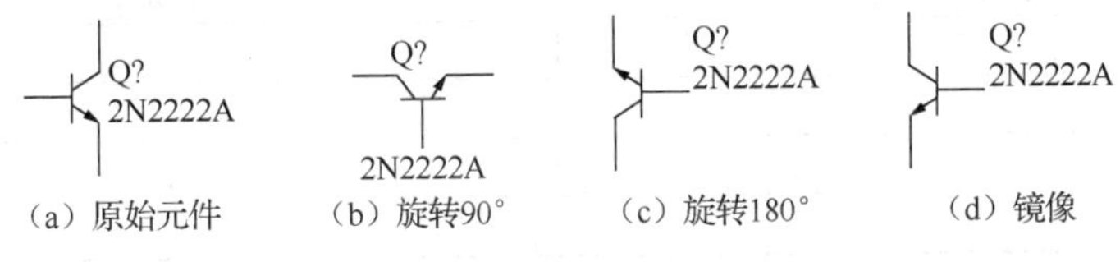

图 3.6　元件的旋转和镜像

在元件处于悬浮状态时，连续按空格键可以实现元件的旋转操作，按 X 键使元件沿 X 轴左右翻转，按 Y 键使元件沿 Y 轴上下翻转。

工作页

实训　元件操作

1. 放置元件的方法

任意选择放置元件的 3 种方法，并将操作步骤简要填写于表 3.1 中。

表 3.1　放置元件方法

放置元件方法	操作步骤

2. 实际操作

放置如图 3.7 所示元件，并编辑元件属性。

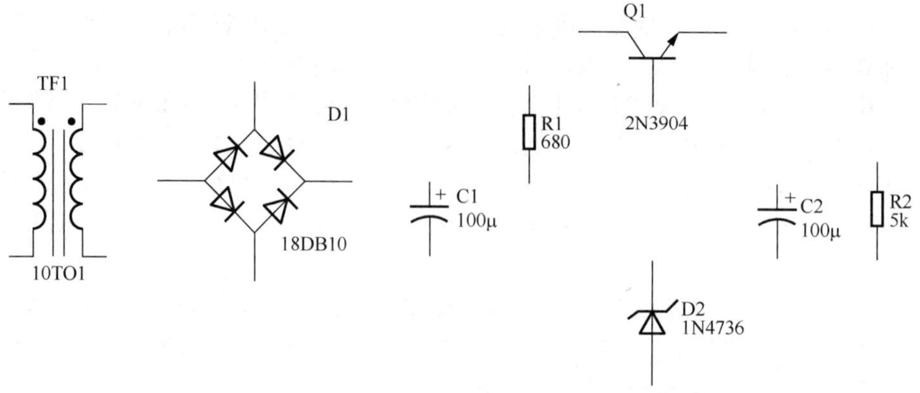

图 3.7　放置元件并编辑属性

1）查找、放置元件，并将查找、放置步骤填写于表 3.2 中（提示：以上元件所在元件库均为 Miscellaneous Devices.IntLib）。

表 3.2　查找、放置元件操作步骤

查找元件步骤	放置元件步骤

2）编辑元件属性。双击要修改的对象，弹出该对象的属性对话框。为得到图 3.7，把设置记录于表 3.3 中。

表 3.3　元件属性编辑

元件名称	Designator（标识符）	Comment（注释）
变压器		
电桥		
电阻		
电容		
稳压二极管		
晶体管		

元件属性一般只修改标识符和参数值。

3）查找并放置如图 3.8 所示多组件元件 LM358AD。

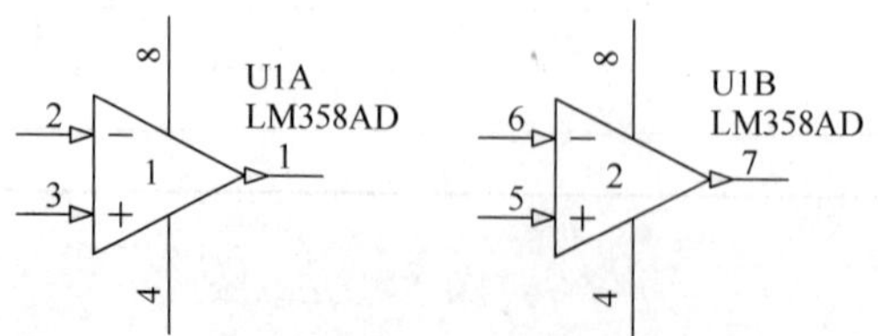

图 3.8　多组件元件 LM358AD

3. 收获和体会

将放置、编辑元件属性的收获和体会写在下面空格中。

收获和体会：

4. 工作评价

将放置、编辑元件属性的工作评价填写在表 3.4 中。

表 3.4 工作评价表

评定人	工作评价	等级	评定签名
自己评			
同学评			
老师评			
综合评定等级			

________年________月________日

拓 展

拓展 Properties for Schematic Component in Sheet（元件属性）对话框

拓展部分详细内容，可从网站 www.abook.cn 下载学习。

任务二 电源/接地符号

情 景

凡是电路必须有电源，绘制电路原理图，图中也要有电源才行。下面学习原理图中如何放置电源/接地符号以及如何设置它们的属性。

讲解与演示

知识 1　放置电源/接地符号

电源/接地符号

电源和接地是电路设计中的电源系统，是电路图中不可缺少的组件，统称为电源端口。在原理图中，电源和接地符号被当作一类部件看待，其放置的方法是相同的。启动放置电源端口，可以执行“放置”→“电源端口”命令，也可以在“配线”工具栏上单击放置 GND 电源端口图标或 VCC 电源端口图标，还可以在“应用工具”的工具栏上单击，在弹出的如图 3.9 所示的子菜单上选取。

放置电源端口步骤如下。

第 1 步，执行“放置”→“电源端口”命令，光标指针变成十字状并浮动着一个电源符号，如图 3.10 所示。

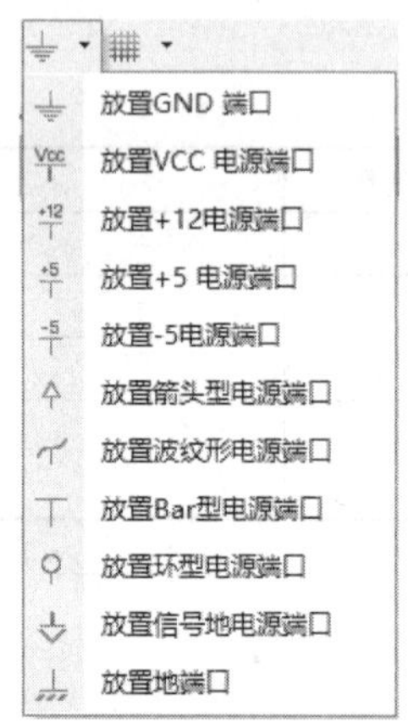

图 3.9　电源及接地子菜单

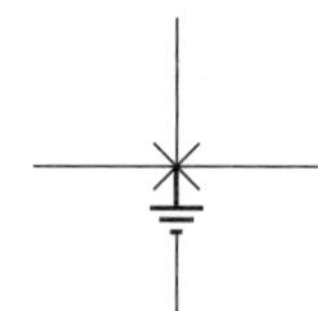

图 3.10　放置电源符号时光标形状

第 2 步，光标移到欲放置电源端口的位置，光标处“×”形标记变成红色，单击完成放置。

第 3 步，光标仍为放置状态，移动光标到其他位置，可继续放置另一个电源端口。

第 4 步，右击工作区或按 Esc 键，退出放置电源端口状态。

知识 2　设置电源/接地符号属性

双击已放置好的电源/接地符号，或者在放置状态下按 Tab 键，弹出“电源端口”属性对话框，如图 3.11 所示。该对话框中各部分的功能如下。

1）颜色。设置电源/接地符号的颜色。通常保持默认设置。

2）定向。设置电源/接地符号方向。有 0 Degrees、90 Degrees、180 Degrees、270Degrees 四个方向，也可以在放置状态时按空格键实现方向旋转，每按一次逆时针方向转 90°。

3）位置。定位 X、Y 的坐标，设定电源/接地符号的位置，一般采用默认值。

4）样式。设置电源端口符号风格。单击下拉菜单，弹出一个列表，如图 3.12 所示。

电源/接地符号有 11 种类型可供选择，其外形如图 3.13 所示。

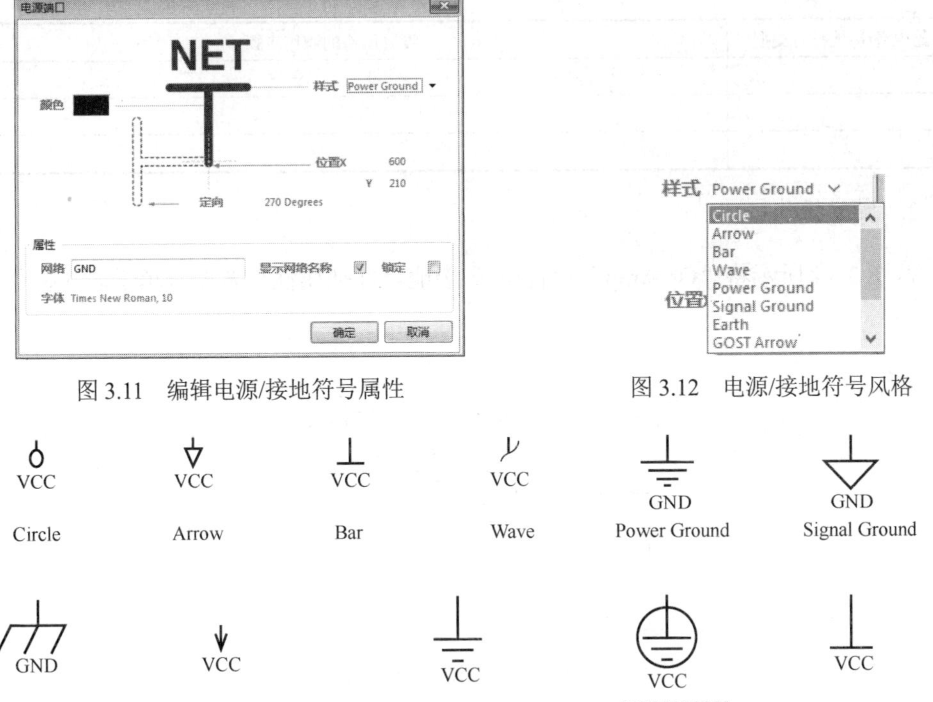

图 3.11 编辑电源/接地符号属性

图 3.12 电源/接地符号风格

图 3.13 电源/接地符号的类型

5）网络。电源/接地符号所在的网络。这是电源/接地端口最重要的属性，确定了该电源/接地符号的电气连接特性。

1）一个原理图文件中只要“网络”相同，则所有的这些电源之间存在着电气连接特性。

2）“样式”只改变符号的外观，不改变电气连接特性。

3）当原理图中某些元件的电源管脚为隐藏状态时，系统默认将其连接到具有相同“网络”的电源端口上。

工作页

实训 电源/接地符号操作

1. 电源/接地符号

电源/接地符号样式共有几种类型？任选 3 种并将设置符号属性的操作步骤填于表 3.5 中。

表 3.5　放置电源/接地符号

放置电源/接地符号类型	设置风格的操作步骤

2. 实际操作

按图 3.14 所示将“Op Amp”设置电源/接地，并把属性设置要求填于表 3.6 中。

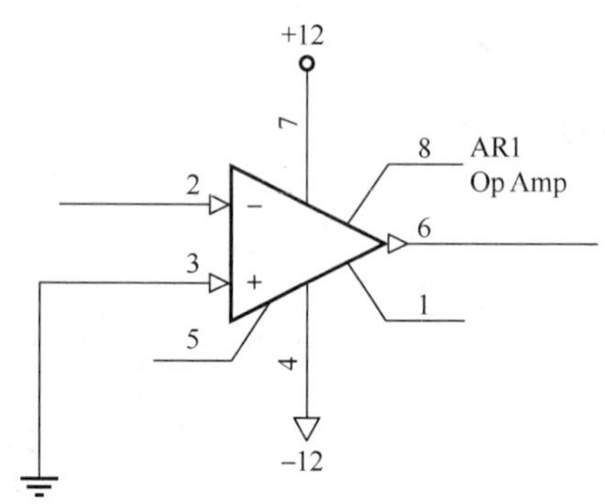

图 3.14　电源/接地设置

表 3.6　电源/接地设置

电源/接地		设置电源属性	
电路中位置	符号	网络	样式
与“Op Amp”7 脚相连的电源			
与“Op Amp”3 脚相连的电源			
与“Op Amp”4 脚相连的电源			

3. 收获和体会

将设置电源/接地符号属性的收获和体会写在下面空格中。

收获和体会：

4. 工作评价

将设置电源/接地符号属性工作评价填写在表 3.7 中。

表 3.7　工作评价表

评定人	工作评价	等级	评定签名
自己评			
同学评			
老师评			
综合评定等级			

__________年__________月__________日

任务三　元件的连接

情　景

在原理图中，放置了元件和电源/接地符号，如果没有用导线进行连接，那只是杂乱无章的一堆元件，没有具体的意义。只有把它们按照电路设计的要求建立网络的实际连通性，相应管脚之间具有了电气连接，电路才能发挥其应有的作用。

讲解与演示

知识 1　绘制导线

导线

导线是指具有电气连接关系的一种原理图组件，是原理图中最重要的图元之一。绘制原理图工具中的导线具有电气连接意义，它不同于绘图工具中的画线工具，后者没有电气连接意义。

绘制导线的步骤如下。

第 1 步，执行菜单“放置”→“线”命令，或者直接单击“布线”工具栏中“放置线”图标≈，光标变成十字状，如图 3.15 所示。

第 2 步，将光标移到需要建立连接的一个元件管脚上，光标处将出现如图 3.16 所示的红色“×”形标记，表示可以从该点绘制导线，即导线的起点。

第 3 步，单击或按 Enter 键确定导线的第一个端点。

第 4 步，移动光标，随着光标的移动将出现尾随光标的导线，如图 3.17 所示。

第 5 步，将光标移动到下一个转折点或终点，单击或按 Enter 键确定导线的第 2 个端点，如图 3.18 所示。同时，该点也成为了下一段导线的起点，继续移动光标绘制第 2 条导线。

第 6 步，右击，结束两个元件管脚之间的导线绘制。

此时系统仍处于绘制导线状态，将光标移到新导线的起点，再按前面的步骤绘制。

画完所有导线后，可以右击工作区或按 Esc 键，退出绘制导线状态，光标由十字状变成箭头形状。

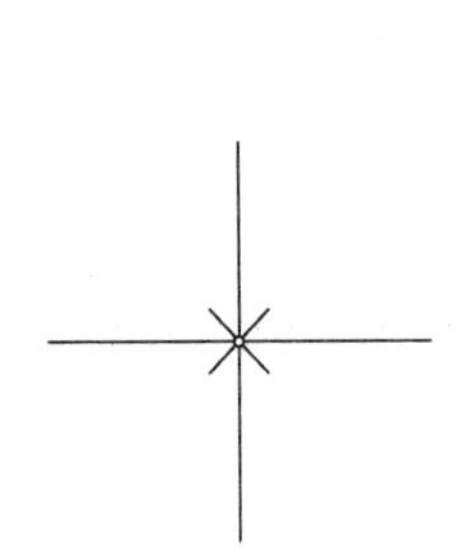

图 3.15　光标指针的状态

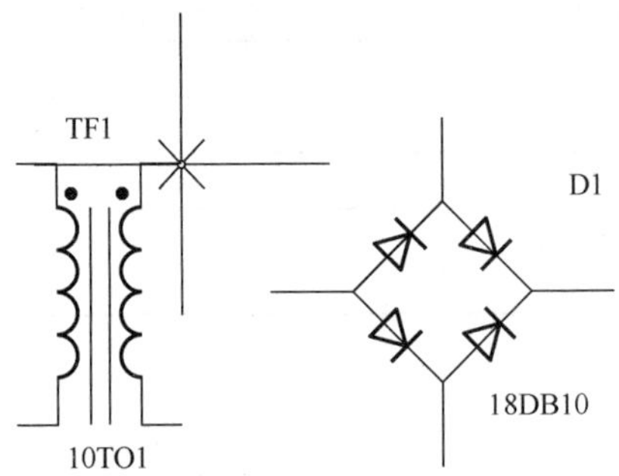

图 3.16　放置导线的起点

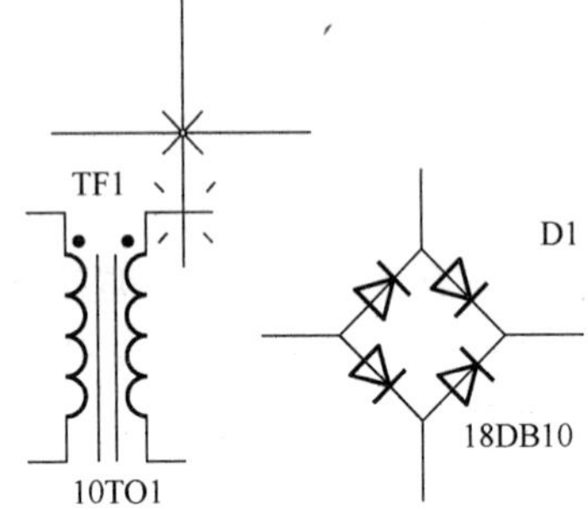

图 3.17　放置导线的转折点

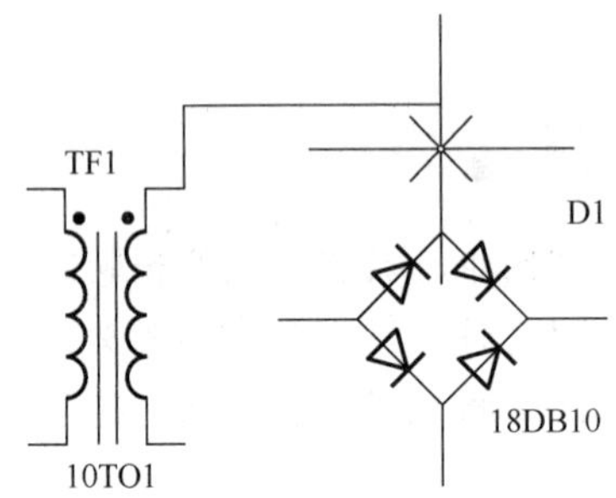

图 3.18　放置导线的终点

1）导线的起始点一定要设置到元件的管脚上，否则绘制的导线将不能建立电气连接。

2）每次转折都需要单击或按 Enter 键。

3）绘制原理图的过程中，按空格键可以切换画导线模式。画导线模式有 4 种，分别为直角走线、45° 走线、任意角度走线和自动走线。

知识 2　设置导线属性

双击绘制好的导线或在绘制导线状态下按 Tab 键，进入“导线”对话框，如图 3.19 所示。

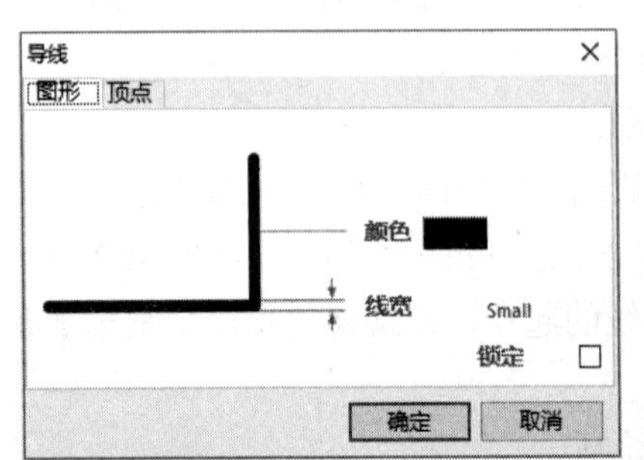

图 3.19　“导线”对话框

该对话框中主要对导线的线宽和颜色进行设置。

1）线宽：设置导线的宽度。单击右边的下拉按钮，可打开一个下拉列表，列出了 4 种宽度标准：Smallest（最细）、Small（细）、Medium（中）和 Large（粗）。导线的宽度应参考与其相连接的元件管脚线的宽度进行选择，系统默认的宽度为 Small（细）。

2）颜色：设置导线的颜色。单击颜色右边的色块后，屏幕会出现“颜色设置”对话框。选择所要的颜色，单击“确定”按钮，即可完成导线颜色的设置。用户也可以单击“颜色设置”对话框中的自定义按钮，选择自定义颜色。

单击“确定”按钮，完成导线的属性设置。一般情况下不需要设置导线属性，采用默认设置即可。

知识 3　导线的操作

导线是原理图上的一种对象，对于对象的各种操作一般都可以应用于导线上。选中导线后可以很方便地执行移动、删除、剪切、复制等操作。除了以上操作外，导线还可以进行拖动操作。

1. 延长（或缩短）导线

第 1 步，在选中的一根导线上单击，如图 3.20（a）所示。

第 2 步，移动光标到导线的端点，按住鼠标左键即可拖动导线，如图 3.20（b）所示是向右拖动，导线延长；若向左拖动，则为缩短。

第 3 步，松开鼠标，导线仍为选中状态。

第 4 步，在空白处单击，即可退出此操作，如图 3.20（c）所示。

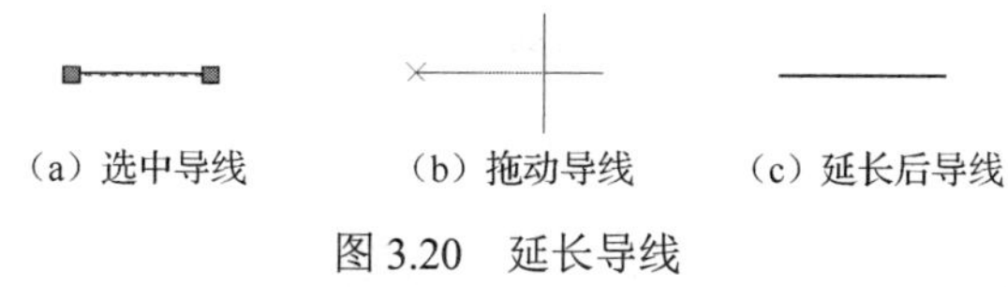

（a）选中导线　（b）拖动导线　（c）延长后导线

图 3.20　延长导线

2. 改变转折点

改变转折点操作步骤与延长（或缩短）导线操作第 1、3、4 三步相同，区别在于第 2 步鼠标应移到导线的转折点。其变化过程如图 3.21 所示。

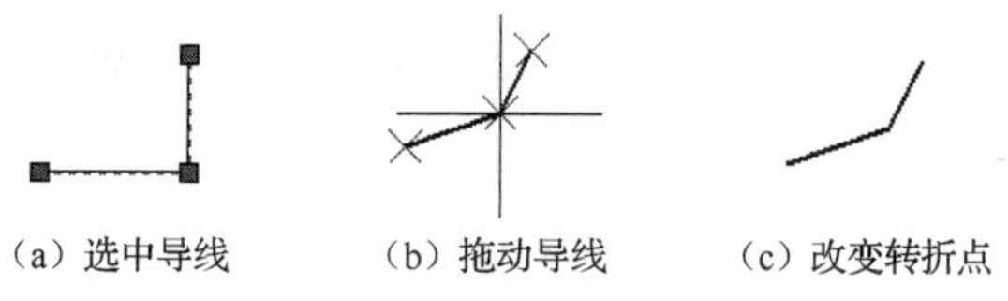

（a）选中导线　（b）拖动导线　（c）改变转折点

图 3.21　改变导线转折点

知识 4　接点

接点

在原理图设计中，接点就是线路的连接点，主要完成两条相交导线之间的电路连接。通常情况下，系统在 T 形交叉处会自动放置接点，但是在十字形交叉处不会自动放置接点，如图 3.22 所示。如果用户想让十字形交

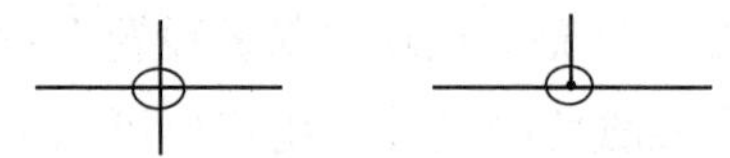

（a）十字形交叉无接点 （b）T形交叉有接点

图 3.22 电路接点

叉的两条导线之间存在电气连接关系，就需要手动添加接点。

1. 放置接点

放置接点的操作步骤如下。

第 1 步，执行“放置”→“手工接点”命令，光标变成十字状，中间出现一个小红点，同时接点浮于光标上，如图 3.23 所示。

第 2 步，将光标移到欲放置接点的位置，单击即可放置接点。

第 3 步，光标仍处于放置接点状态，单击可连续放置多个接点。

第 4 步，放置完毕后，右击工作区或者按 Esc 键退出该操作。

2. 设置接点属性

在放置接点状态下按 Tab 键或直接双击已放置的接点，打开如图 3.24 所示“连接”属性对话框。该对话框中包括以下选项。

1）颜色。选择接点的显示颜色。

2）位置。接点中心点的 X 轴和 Y 轴坐标。

3）尺寸。选择接点的显示尺寸，提供了 Smallest（最小）、Small（小）、Medium（中）和 Large（大）4 种尺寸。

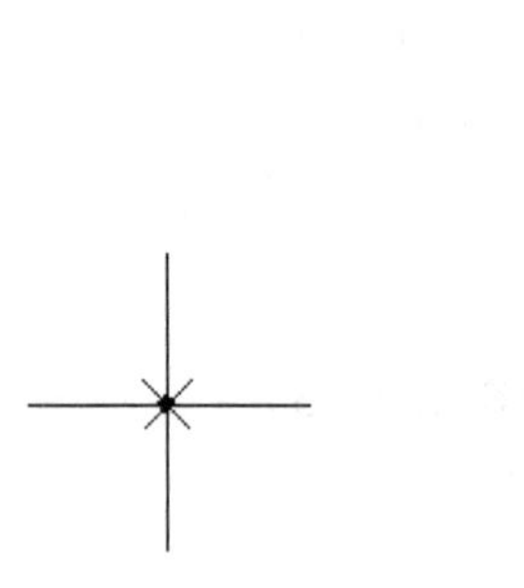

图 3.23 电路接点

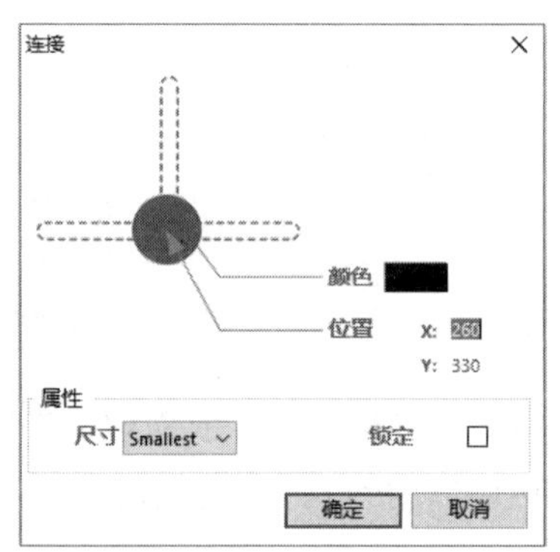

图 3.24 “连接”属性对话框

工作页

实训 元件的连接操作

1. 绘制导线操作步骤和设置属性

欲绘制如表 3.8 中要求的导线，把操作步骤和属性设置填于该表中。

表 3.8 绘制导线操作步骤和属性设置

导线	操作步骤	属性设置
黄色细线		
红色粗线		

2. 连接元件并放置电源/接地符号

把图 3.7 中的元件用导线连接起来，并放置电源/接地符号，完成后如图 3.25 所示。把绘制导线和放置接地符号的步骤及属性设置填于表 3.9 中。

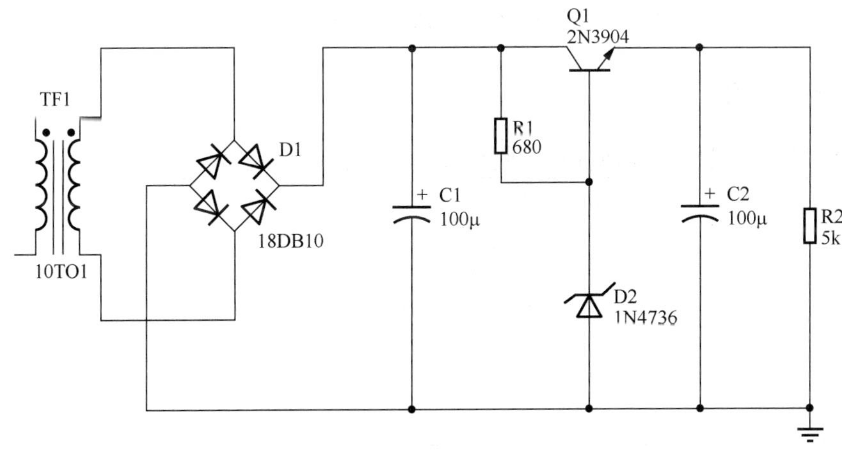

图 3.25 连接导线、放置电源/接地符号后的电源电路

表 3.9 绘制导线和放置接地符号的步骤

绘制导线步骤	设置导线属性	放置接地符号步骤	设置接地符号属性

3. 设计比例放大电路

设计如图 3.26 所示比例放大电路。

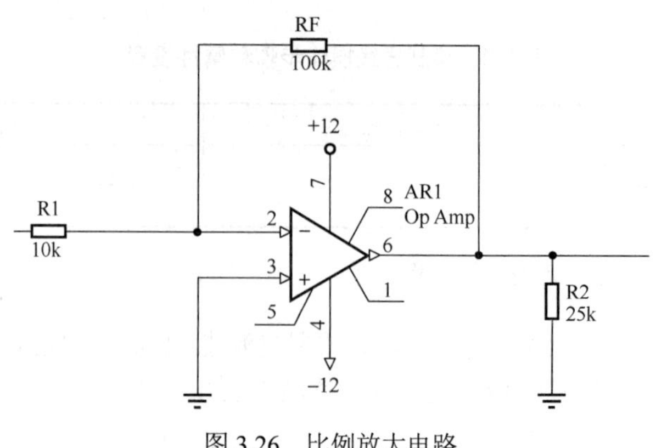

图 3.26 比例放大电路

4. 收获和体会

把绘制导线和设置导线属性后的收获和体会写在下面空格中。

收获和体会：

5. 工作评价

将绘制导线和设置导线属性工作评价填写在表 3.10 中。

表 3.10 工作评价表

评定人	工作评价	等级	评定签名
自己评			
同学评			
老师评			
综合评定等级			

________年________月________日

任务四 对象的编辑

情 景

在绘制原理图的过程中，经常会出现找错元件，或者多放置元件等情况。有时，原理图中元件一多，开始放置时的位置只是估计的，随后需要将放置的对象移动到合适的位置并旋转到合适的方向，那应该怎么办呢？编辑对象可以轻松地解决这些难题。

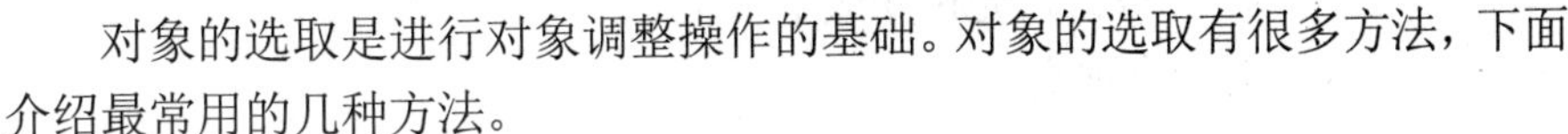

知识 1 选取对象

选取对象

对象的选取是进行对象调整操作的基础。对象的选取有很多方法，下面介绍最常用的几种方法。

1. 直接选取对象

选取对象最简单、最常用的方法是直接在图纸上拖出一个矩形框，框内的对象全部被选中。选取的步骤如下。

第 1 步，在图纸的合适位置按住鼠标左键，光标变成十字状。

第 2 步，拖动光标到合适位置，形成一个矩形框，如图 3.27 所示。

第 3 步，松开鼠标，即可将矩形框区域内所有对象选中，如图 3.28 所示。

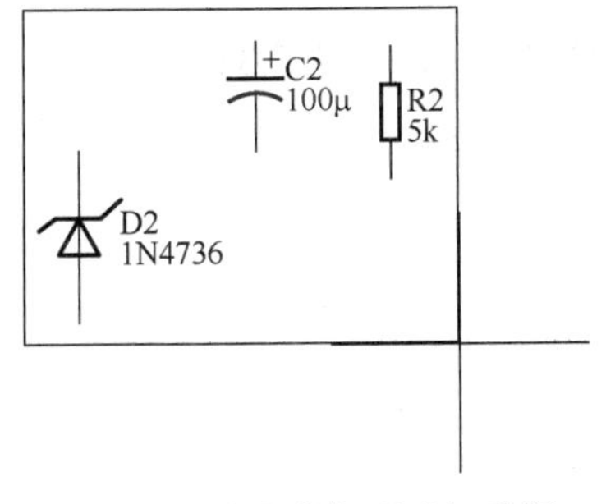

图 3.27 按住鼠标形成矩形框

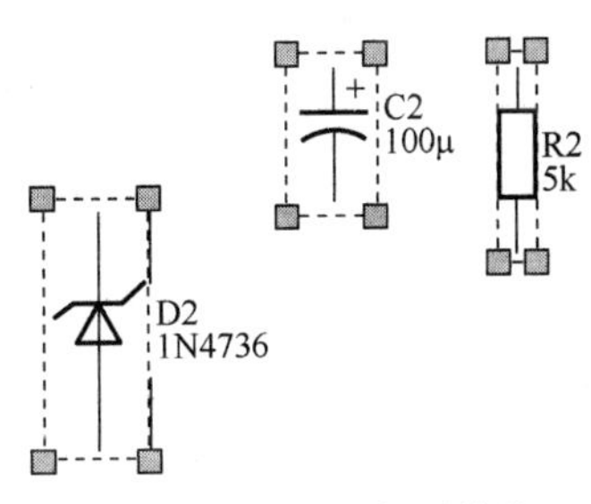

图 3.28 选取对象后效果

1）选取单个对象，只需在工作窗口中用鼠标单击该对象，选中状态如图 3.29 所示；选取分散的多个对象，可以按住 Shift 键不放，然后分别用矩形框将多个对象选取，如图 3.30 所示。

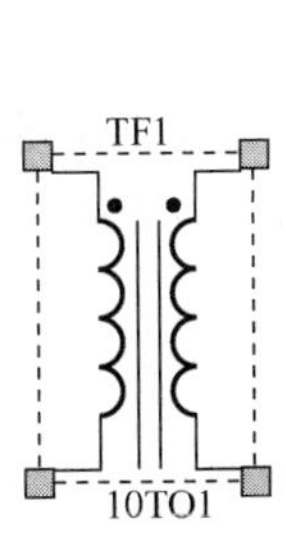

图 3.29 选中状态

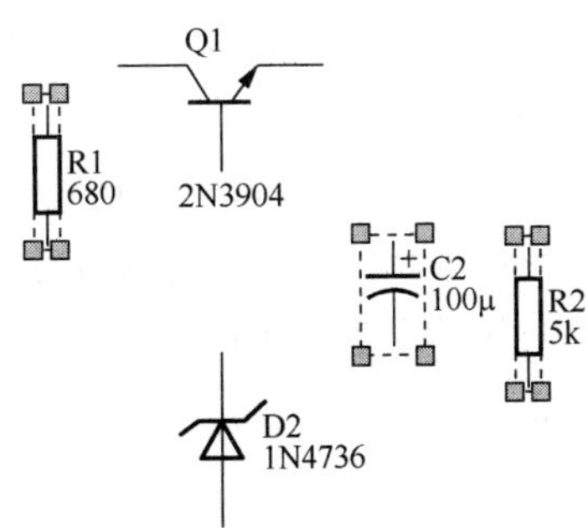

图 3.30 选取分散对象后效果

2）被选中对象可以有一个蓝色或绿色矩形框标志，表明该对象被选中，绿色框的对象为当前选中的对象。

3）拖动矩形框过程中，不能将鼠标松开，光标应一直保持为十字状，且对象必须完全被包含在矩形框内。

2. 使用工具栏上的选取工具

使用原理图标准工具栏上的区域选取工具⬚进行区域选取。操作步骤如下。

第 1 步，单击标准工具栏⬚按钮，光标变成十字状。

第 2 步，单击确定区域的一个顶点。

第 3 步，移动光标，在工作窗口中将显示一个矩形框。

第 4 步，单击确定区域的对角顶点，此时在区域内的对象将全部处于选中状态。右击或者按 Esc 键将退出该操作。

执行该操作进行区域选取时，不需要一直按住鼠标，只需要在区域的左上角和右下角单击即可。

3. 使用菜单中相关命令选取

在菜单“编辑”→“选择”中有几个关于选取的命令，如图 3.31 所示。

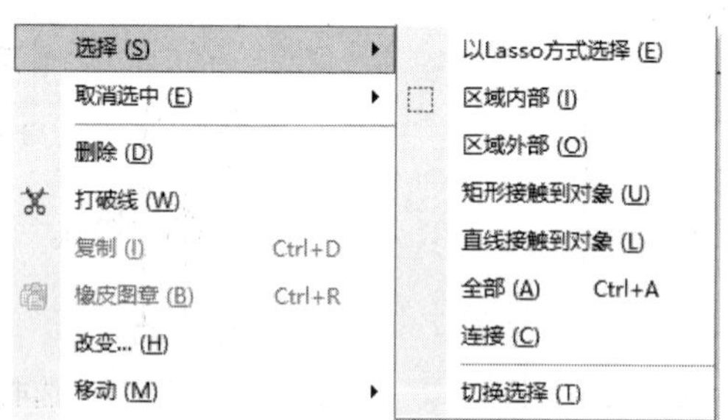

图 3.31　菜单中的选取命令

1）区域内部：选取规划区域内的对象，功能上等价于工具栏上的区域选取工具⬚。

2）区域外部：规划区域外的所有对象全部被选中，与“区域内部”命令相反。

3）矩形接触到对象：图纸区域画一矩形框，矩形框内所有对象被选中。

4）直线接触到对象：图纸区域画一直线，直线接触到的所有对象被选中。

5）全部：选取图纸内所有对象。

6）连接：选取指定的导线。使用该命令时，只要相互连接的导线就都被选中。

7）切换选择：通过该操作，可以转换对象的选中状态，即将选中的对象变成没有选中的，将没有选中的变为选中的。

知识 2　取消选择

已经选中对象后，想取消对象的选中状态，可使用如下两种方法解除对象的选取。

1. 使用快捷方式取消选择

工作窗口中如果有被选中对象，在窗口的空白区域单击或者单击工具栏上的取消选择工具 ，即可取消对当前所有对象的选中状态。

2. 使用菜单中的相关命令取消选择

取消对象的选择可以使用“编辑”→“取消选中”命令来实现，如图 3.32 所示。大多数时候用户并不经常使用这些菜单项，而是直接在工作窗口的空白处单击取消所有对象的选中状态，然后再重新进行选择。

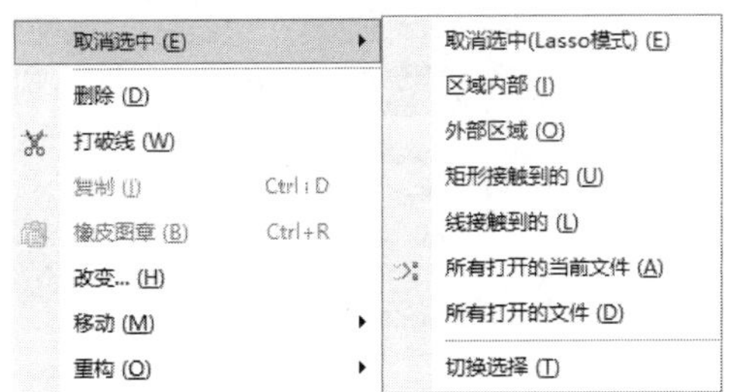

图 3.32 “取消选中”子菜单

知识 3 移动对象

移动对象

对象的移动可以分成平移和层移两种情况。平移是指对象在同一个平面里移动；层移是指当一个对象将另一个对象遮盖住的时候，需要移动对象来调整对象间的上下关系。简单的移动操作可以通过鼠标直接完成，但移动操作比较复杂时，就需要用“移动”子菜单了。下面介绍常用的对象移动方法。

1. 直接移动

第 1 步，选中想要移动的对象。

第 2 步，光标指向被选取的对象，当光标指针变成十字状后，单击同时拖动鼠标。

第 3 步，将对象拖到合适位置，再松开鼠标，完成移动操作。

完成移动操作后，对象仍处于选中状态；用此法也可移动其他图形，如线条、文字标注等。若要移动单个对象，不需要选中，直接将光标移动到对象上按住鼠标左键，光标变成十字状后，拖动对象到合适位置，再松开鼠标左键即可。

2. 使用工具栏上的移动工具

第 1 步，选取欲被移动的对象。

第 2 步，单击标准工具栏上的移动工具按钮 ，光标变成十字状。

第 3 步，光标定位到已选中的一个对象上单击，此时对象浮动在光标上。

第 4 步，移动对象到目标位置，单击即可完成移动操作。

在使用工具移动对象的过程中，右击或者按 Esc 键可以退出对象的移动。

3. 菜单中的移动命令

单击“编辑”菜单，选择“移动”菜单项可看到如图 3.33 所示的“移动”子菜单。

图 3.33 “移动”子菜单

拖动：使用此菜单命令，拖动时与对象相连的导线将同时被移动，而不会出现断线的情况。假设要移动如图 3.34（a）所示的对象，具体操作步骤如下。

第 1 步，执行“编辑”→“移动”→“拖动”命令，光标变成十字状。

第 2 步，单击需要拖动的对象 TF1。

第 3 步，移动光标到目标位置，再单击，即完成拖动操作，如图 3.34（b）所示。拖动过程中，TF1 和 TF1 上连接的所有导线都会跟着移动，不会断线。

第 4 步，右击工作区，退出命令。

其他菜单命令请读者自行操作并分析比较。

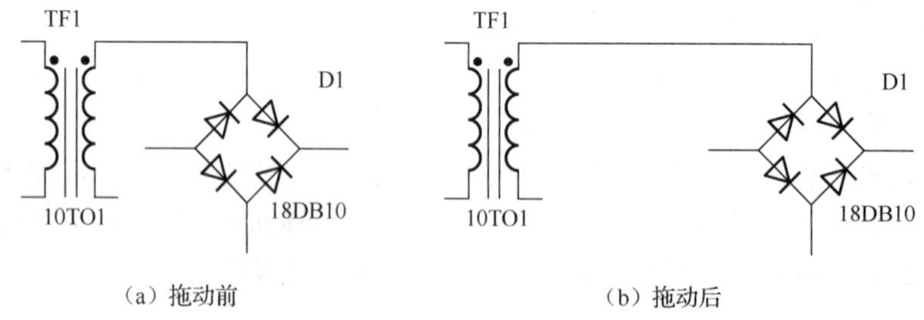

（a）拖动前　　（b）拖动后

图 3.34 拖动对象

知识 4 旋转对象

旋转对象

在原理图的设计过程中，对象的旋转就是改变对象的方向，是使用非常频繁的一个编辑操作。进行旋转操作主要是为了使整个原理图界面更加美观大方，或者是为了使连线的操作更加简单方便。旋转操作分为普通的旋转操作和镜像操作两种。在元件的属性编辑中已经学过对单个对象的旋转和镜像操作，下面介绍关于多个对象的旋转操作。

1. 直接旋转

第 1 步，选取需要旋转的对象，如图 3.35 所示。

第 2 步，松开鼠标后按空格键，使对象按 90° 的步距角以逆时针方向旋转，如图 3.36 所示为按一次空格键，如图 3.37 所示为按三次空格键。

第 3 步，转到合适位置后，在窗口空白处右击退出对象选取状态。

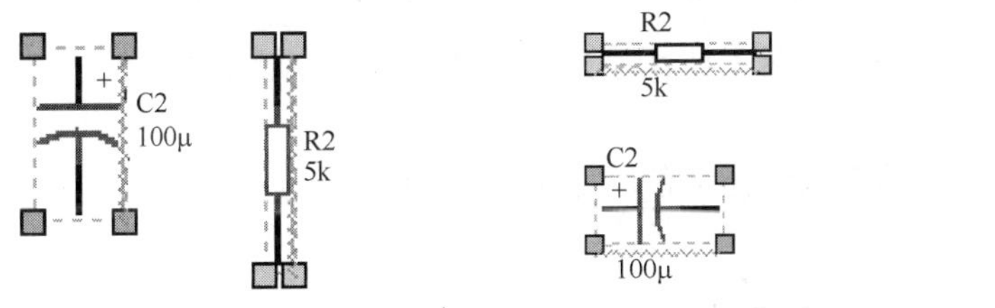

图 3.35 旋转前对象　　图 3.36 逆时针旋转 90°　　图 3.37 顺时针旋转 90°

对单个对象旋转时，直接单击对象选中，然后松开鼠标，按空格键逆时针旋转。

2. 通过菜单命令实现

菜单“编辑”的子菜单“移动”下包含了一些跟旋转对象相关的命令，如图 3.38 所示。

图 3.38 旋转对象菜单命令

以上两个命令操作方法相同，唯一区别是旋转方向相反。

知识 5 对象的排列和对齐

对象的排列和对齐

在布置元件时，为了使电路图美观以及连线方便，应将元件摆放整齐、清晰，这就需要使用排列和对齐功能。

对象的排列和对齐命令主要集中在“编辑”→“对齐”菜单项下，如图 3.39 所示，分成水平方向对齐和垂直方向对齐两大部分。水平方向的对齐有左对齐、右对齐、水平中心对齐和水平分布；垂直方向的对齐有顶对齐、底对齐、垂直中心对齐和垂直分布；另外还有对齐到栅格上。其操作步骤均类似。

1. 水平方向上的对齐

下面以图 3.41 为例，讲述水平方向左对齐命令的操作步骤。

第 1 步，选取需要进行左对齐的对象，如图 3.41 所示的 4 个元件。

第 2 步，选择“编辑”→“对齐”→“左对齐”命令，或者单击“实用工具”工具栏上的“对齐工具”，在弹出的工具选项中选择左对齐图标，如图 3.40 所示。

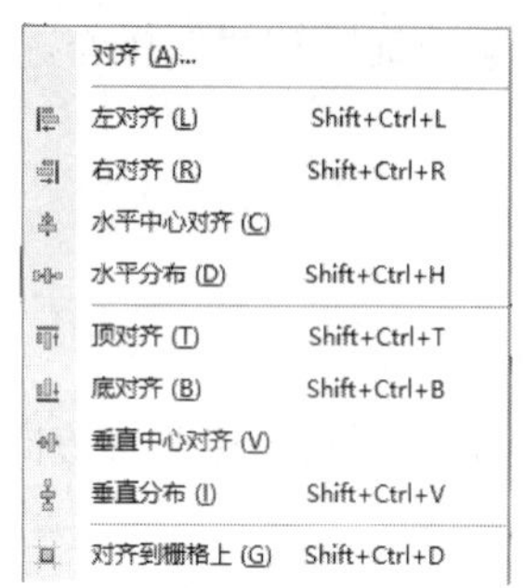

图 3.39 “排列”子菜单下的菜单项

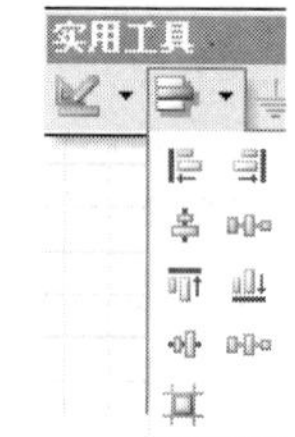

图 3.40 “实用工具”工具栏

第 3 步，执行了左对齐命令后，图 3.41 所示的 4 个被选取元件最左边处于同一条直线上，如图 3.42 所示。

第 4 步，在空白处单击取消对象选择状态，完成对齐操作。

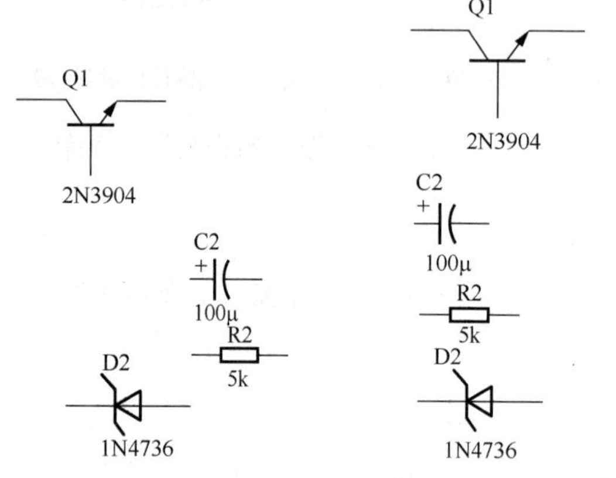

图 3.41 执行排列前的对象 图 3.42 左对齐后的对象

如果被选取的对象同时在水平位置上，则左对齐后会出现对象重叠现象。

2. 垂直方向上的对齐

垂直方向上的对齐与水平方向上的对齐类似，同样，当被选取对象同时在垂直位置上时，对齐后会出现对象重叠现象。

3. 同时在水平和垂直方向上对齐

同时在水平和垂直方向上的对齐，操作步骤如下。

第 1 步，选取对象，如图 3.41 所示。

第 2 步，选择“编辑”→“对齐”命令，弹出“排列对象”对话框，如图 3.43 所示。对话框分为“水平排列”和“垂直排列”两部分，分别用来设置水平和垂直方向上的排列对齐方式。

第 3 步，设置对话框“水平排列”为“右侧”，“垂直排列”为“平均分布”。

第 4 步，设置完毕后，单击“确定”按钮，结束对齐操作，结果如图 3.44 所示。从图中可以看出，Q1、C2、R2、D2 最右边对齐在同一直线上，且在垂直方向上间隔均匀。

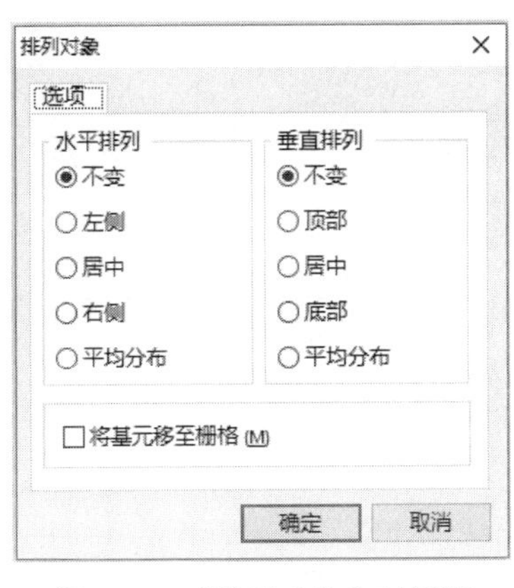

图 3.43 “排列对象”对话框

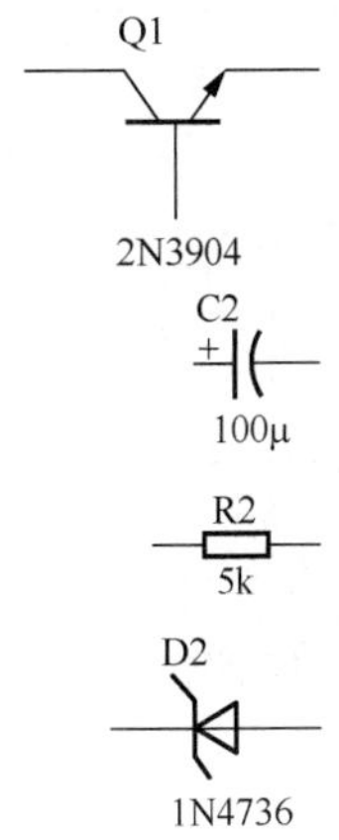

图 3.44 右对齐均匀分布

工作页

实训 编辑对象

1. 对象的移动、旋转和对齐

对象的移动、旋转和对齐有何异同？并将操作要领填写在表 3.11 中。

表 3.11 对象编辑

编辑名称	操作要领
移动	
旋转	
对齐	

2. 实际操作

以图 3.27 为例，做对象的移动、旋转、对齐操作，并将操作步骤填写在表 3.12 中。

表 3.12 对象的移动、旋转、对齐

对象编辑	操作步骤
移动	
顺时针旋转 90°	
逆时针旋转 90°	
左对齐	
顶对齐	
垂直中心对齐	

3. 收获和体会

将编辑对象后的收获和体会写在下面空格中。

收获和体会：

4. 工作评价

将编辑对象的工作评价填写在表 3.13 中。

表 3.13 工作评价表

评定人	工作评价	等级	评定签名
自己评			
同学评			
老师评			
综合评定等级			

______年______月______日

拓 展

拓展 对象的复制、剪切、粘贴、删除

拓展部分详细内容，可从网站 www.abook.cn 下载学习。

任务五 使用电路绘图工具

情 景

在数字电路原理图中经常会出现多条平行放置的导线，由一个器件相邻的管脚连接到另一个器件的对应相邻管脚。为降低原理图的复杂度，提高可读性，设计者可将若干条性质相同的平行线用一条线来表示，这就是总线。通常情况下，为与普通导线相区别，总线比一般导线粗，而且在两端有多个总线引入线和网络标记。

讲解与演示

知识 1 绘制总线

绘制总线、入口、网络标签

总线是多条平行导线的集合，也就是用一条粗线来表示数条性质相同的导线，它类似于计算机系统的数据总线、地址总线及控制总线。在原理

图绘制中，总线纯粹是为了迎合人们绘制原理图的习惯，其目的仅仅是为了简化连线的表现形式，使图面简洁明了。总线本身并不具有实际电气特性。

图 3.45 是总线及相关概念的示意图。单片机 DS87C520-MCL（所在库：Dallas Microcontroller 8-Bit.IntLib）和 A/D 转换芯片 MAX118CPI（所在库：Maxim Converter Analog to Digital.IntLib）的数据线（D0～D7）就是采用网络标签、总线和总线分支线在电气上连接在一起的。

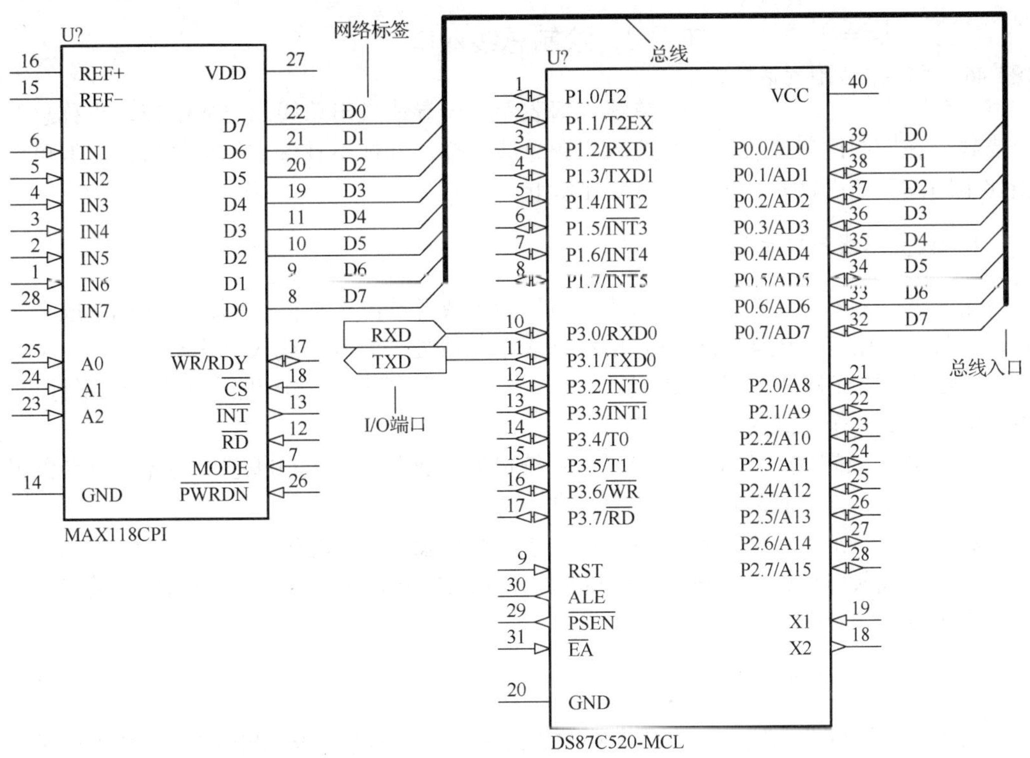

图 3.45 总线及相关概念示意图

1. 总线的绘制

总线的绘制方法与导线绘制基本相同，具体操作步骤如下。

第 1 步，执行“放置”→“总线”命令或者单击工具栏图标，光标变成十字状。

第 2 步，单击确定起点，再次单击确定固定点和终点。

第 3 步，右击结束当前总线的绘制。此时光标仍处于放置总线状态，可继续放置其他总线。

第 4 步，右击或按 Esc 键退出总线放置。

总线末端最好不要超出总线入口。

2. 总线的属性设置

在放置总线状态下按 Tab 键，或在已放置的总线上双击，打开“总线”属性对话框，

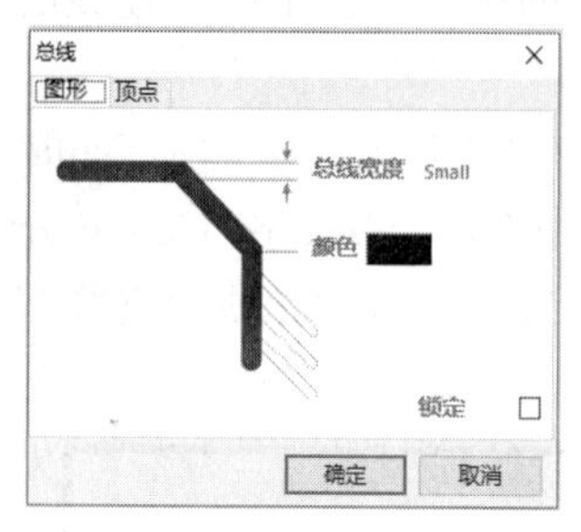

图 3.46 “总线”属性对话框

如图 3.46 所示。在该属性对话框中，可以设置总线的宽度、颜色等属性。系统默认总线宽度为粗线。

3. 改变总线的走线模式

在光标处于画线状态时，按 Shift+空格键可自动转换总线的拐弯样式。

知识 2 绘制总线入口

总线入口表示单一导线进出总线的出入端口，也称总线分支线，在图中用斜线表示。总线入口跟总线一样，同样不具备实际电气特性，但可以美化电路图，使电路看上去更具有专业水准。

1. 放置总线入口步骤

第 1 步，执行“放置”→“总线入口”命令或者单击工具栏图标，光标变成十字状，并且上面附有一段 45° 或 135° 的线，表示系统处于绘制总线入口状态。

第 2 步，将光标移动到所要放置总线入口的位置，光标处将出现红色的“×”形标记，单击即可完成一个总线入口的放置。

第 3 步，放置完一个总线入口后，系统仍处于放置总线入口状态，将光标移动到另一位置，重复操作直到放置完所有需要的总线入口。

第 4 步，右击工作区或者按 Esc 键，退出放置总线入口状态。

放置总线入口过程中，按空格键可使总线入口方向逆时针旋转 90°；按 X 键左右翻转；按 Y 键上下翻转。

2. 总线入口的属性设置

双击已放置好的总线入口，或者在放置总线入口的状态下按 Tab 键，打开“总线入口”属性对话框，如图 3.47 所示。

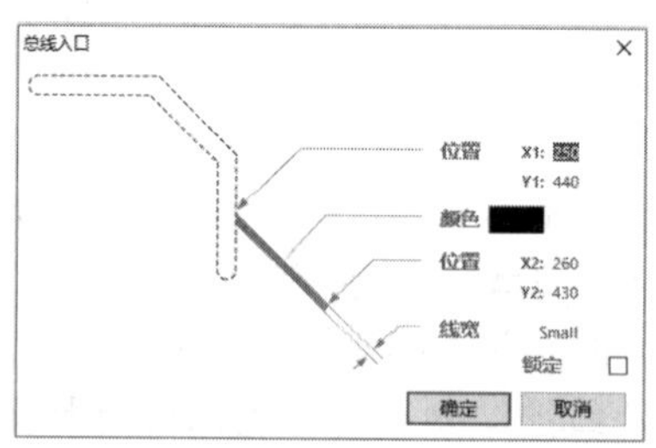

图 3.47 “总线入口”属性对话框

在该对话框中，“线宽”设置总线入口的宽度，系统默认用 Small（细）；“颜色”设置总线入口的颜色；“位置”X1、Y1 和 X2、Y2 设置总线入口起点和终点的 X 轴和 Y 轴坐标值。

知识 3 放置网络标签

总线中聚集了多条并行导线，怎样来表示这些导线之间的具体连接关系呢？在比较复杂的原理图中，有时两个需要连接的电路距离很远，甚至不在同一张图纸上，这时又该怎样进行电气连接呢？这些都要用到网络标签，即通过放置网络标签来建立元件管脚之间的电气连接。

与总线和总线入口不同，网络标签具有实际的电气连接特性。将两个和两个以上没有相互连接的网络，命名为相同的网络标签，在电气意义上它们就属于同一网络。网络标签多用于具有总线结构的电路和层次式电路中，简化线路连接。网络标签的作用范围可以是一张电路图，也可以是一个工程项目中的所有电路图。

1. 放置网络标签的步骤

第 1 步，执行菜单中的“放置”→“网络标签”命令或单击工具栏快捷工具 Net，进入网络标签放置状态，光标呈十字状并浮动着一个初始标签“Net Label1”。

第 2 步，移动光标到网络标签所要指示的导线上，此时光标将显示红色的“×”形标记，提醒设计者光标指针已到达合适的位置。

第 3 步，单击，网络标签将出现在导线上方，即完成一个网络标签的放置。

第 4 步，重复第 2、3 步，为本网络中的其他元件管脚设置网络标签。

第 5 步，右击工作区或按 Esc 键，退出网络标签放置状态。

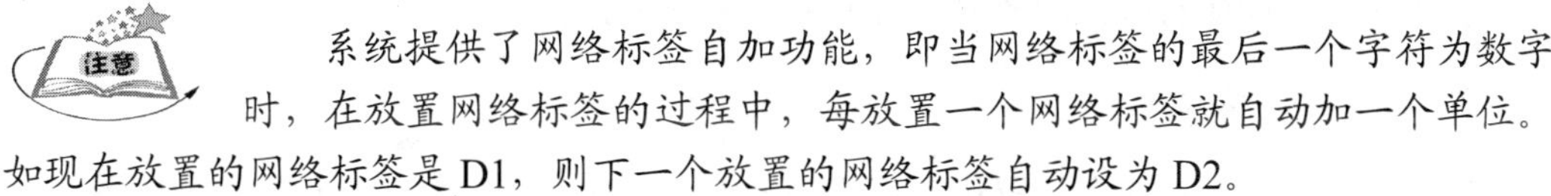

系统提供了网络标签自加功能，即当网络标签的最后一个字符为数字时，在放置网络标签的过程中，每放置一个网络标签就自动加一个单位。如现在放置的网络标签是 D1，则下一个放置的网络标签自动设为 D2。

2. 设置网络标签的属性

双击已放置的网络标签或在放置状态下按 Tab 键，打开“网络标签”属性对话框，如图 3.48 所示。属性中要注意，“网络”是指该网络标签所在的网络，它确定了该标签的电气特性，是最重要的属性。具有相同网络属性值的网络标签，与其相关联的元件管脚被认为属于同一网络，有电气连接特性。

网络标签不能直接放置在元件的管脚上，一定要放置在管脚的延长线上；网络标签是有电气意义的，千万不能用任何字符串代替。

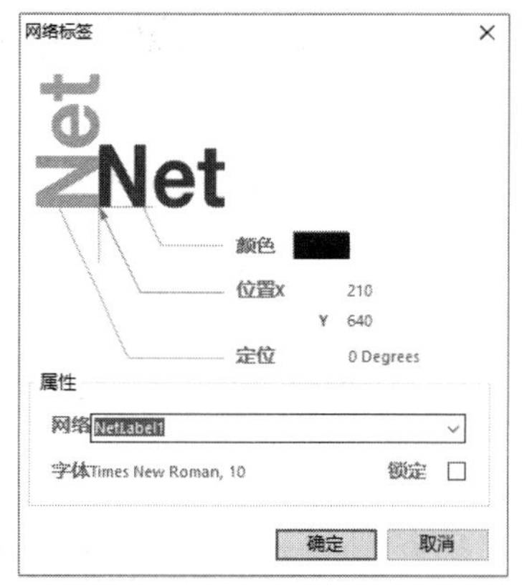

图 3.48 “网络标签”属性对话框

知识 4　放置端口

放置端口

通过导线和网络标签可以使两个网络具有相互连接的电气意义，还有第 4 种电气连接，那就是端口。端口通过导线和元件管脚相连，两个具有相同名称的端口可以建立电气连接。与网络标签不同的是，端口通常表示电路的输入或输出，因此也称输入/输出端口，或称 I/O 端口，常用于层次电路图中。

1. 放置端口步骤

第 1 步，执行“放置”→“端口”命令，或者单击“布线”工具栏图标。

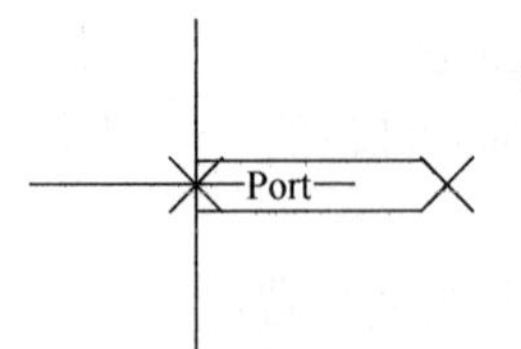

图 3.49　放置端口状态

第 2 步，光标变成十字状，且有一个浮动的端口在光标上随光标移动，如图 3.49 所示。

第 3 步，移动光标到合适位置，光标处将出现红色的“×”形标记，单击确定端口的一端。

第 4 步，移动光标调整端口大小，单击完成一个端口的放置。

第 5 步，光标仍为放置端口状态，移动到其他位置，继续放置另一个端口。

第 6 步，完成所有端口的放置，右击工作区或按 Esc 键退出端口放置状态。

2. 设置端口属性

双击已放置的端口或在放置状态下按 Tab 键，弹出“端口属性”对话框，如图 3.50 所示，下面介绍对话框中几个比较重要的选项。

1）名称。这是端口最重要的属性之一，具有相同名称的端口在电气上是连接在一起的。在该下拉列表框中可以直接输入端口的名称。端口默认值为 Port。

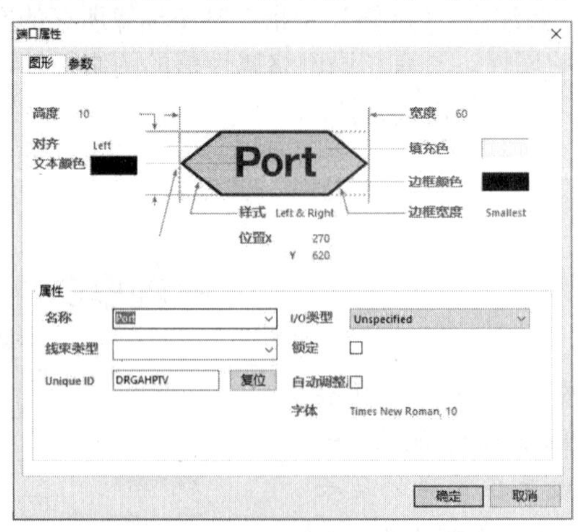

图 3.50　“端口属性”对话框

2）I/O 类型。指定 I/O 端口信号传输的方向。这是设置端口电气特性的关键，为以后的电气规则检查（ERC）提供依据。例如，当两个同属输入类型的端口连接在一起的时候，电气规则检查时，会产生错误报告。单击右侧下拉按钮可以打开如图 3.51 所示下拉列表框。提供 4 种端口类型：Unspecified（未指明）、Output（输出型）、Input（输入型）和 Bidirectional（双向型）。

该选项所设置的类型应与信号传输方向一致。

3）样式。设定端口外形。单击下拉按钮，列表中提供 I/O 端口的 8 种外形，包括 None（Horizontal）（水平）、Left（左）、Right（右）、Left&Right（左和右）、None（Vertical）（垂直）、Top（顶）、Bottom（底）和 Top&Bottom（顶和底）。

4）对齐。用于设置端口名称的位置，包括 Center（居中）、Left（靠左）和 Right（靠右）3 种选择。

端口的其他几个属性，如设置边框颜色、填充色和字体等的操作和元件中的相关操作类似。

设置完毕后，单击“确定”按钮。

对于已放置好的端口，可以不通过属性对话框直接改变其大小。其方法是：单击已放置好的端口，端口周围出现虚线框，然后拖动虚线框上的控制点即可改变大小，如图 3.52 所示。

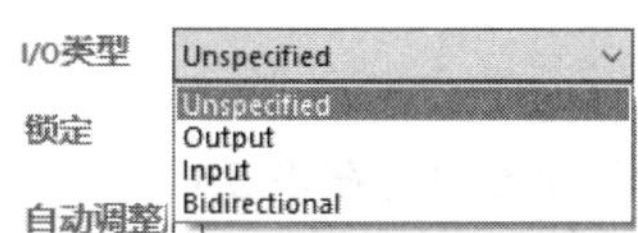

图 3.51 I/O 类型下拉列表框

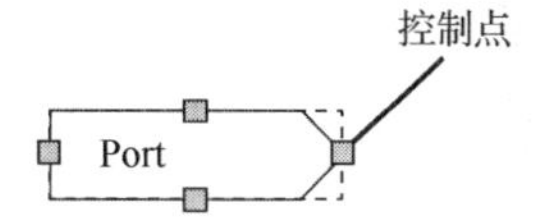

图 3.52 改变端口大小的操作

知识 5 放置忽略 ERC 检查指示符

忽略 ERC 检查指示符，是指在电路设计过程中，系统进行电气规则检查时，有时会产生一些不希望产生的错误报告，这类错误或警告，将被忽略过去，不影响网络报表的生成。例如，系统默认输入型管脚必须连接，但实际应用中某些输入型管脚不需要使用，如果不放置忽略 ERC 检查指示符，系统在编译时就会认为该管脚使用错误，并在该管脚上放置一个错误标记。忽略 ERC 检查点本身并不具有任何的电气特性，主要用于原理图检查。

1. 放置忽略 ERC 检查指示符的步骤

第 1 步，执行“放置”→“指示”→“通用 No ERC 标号”命令或单击“布线”工具栏中的✕按钮。

第 2 步，光标指针变成十字状并带有一个红色“×”形标记，如图 3.53 所示，表示忽略 ERC 检查指示符状态。

第 3 步，移动光标到需要放置忽略 ERC 检查点的位置处，单击即可完成放置。

第 4 步，此时光标指针仍处于图 3.53 所示放置状态，单击可继续放置。

第 5 步，放置完毕后，右击工作区或按 Esc 键退出放置状态。

2. 设置忽略 ERC 检查指示符属性

双击已放置的忽略 ERC 检查指示符或在放置状态下按 Tab 键，弹出“不进行 ERC 检查”属性对话框，如图 3.54 所示。在该对话框中可以对颜色和位置属性进行设置。

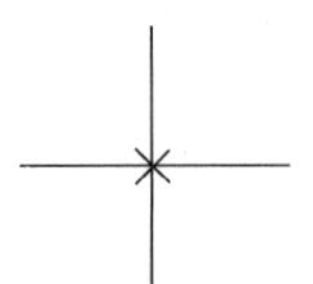

图 3.53 不进行 ERC 检查指示符

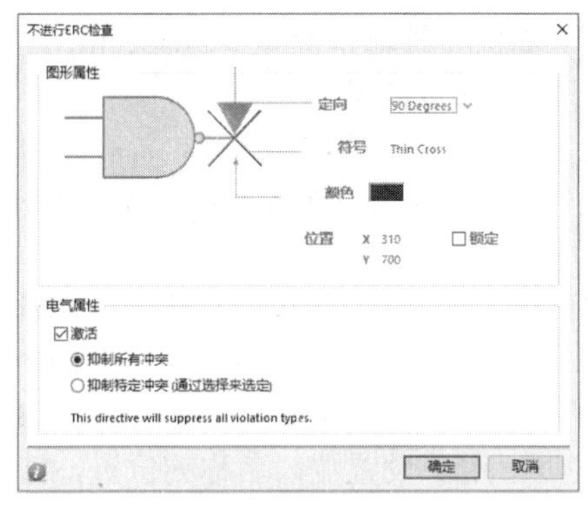

图 3.54 “不进行 ERC 检查”属性对话框

工作页

实训 电路绘图工具的使用

1. 放置端口的步骤

在原理图编辑界面放置端口，并将操作步骤和属性设置填写在表 3.14 中。

表 3.14 放置端口操作步骤和属性设置

端口形状	操作步骤	属性设置		
		端口名	样式	I/O 类型
Data1				
Data2				
Data3				

2. 实际操作

完成如图 3.55 所示电路，并将放置导线、总线、总线入口、网络标签的操作步骤填写在表 3.15 中。

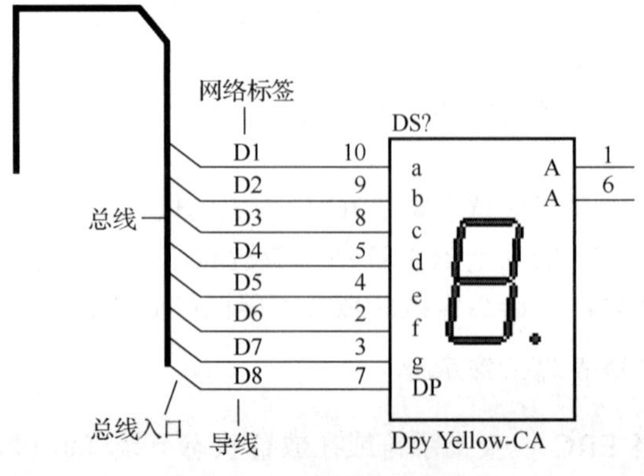

图 3.55 带有总线的电路

表 3.15 放置导线、总线、总线入口、网络标签的操作步骤

过程	操作步骤
绘制导线	
绘制总线	
绘制总线入口	
放置网络标签	

3. 收获和体会

将放置导线、总线、总线入口、网络标签后的收获和体会写在下面空格中。

收获和体会：

4. 工作评价

将放置导线、总线、总线入口、网络标签工作评价填写在表 3.16 中。

表 3.16 工作评价表

评定人	工作评价	等级	评定签名
自己评			
同学评			
老师评			
综合评定等级			

________年________月________日

拓 展

拓展 离图连接、线束连接器、线束入口、信号线束

拓展部分详细内容，可从网站 www.abook.cn 下载学习。

任务六　绘制原理图实例

绘制如图 3.56 所示仪用放大器电路。

绘制原理图实例

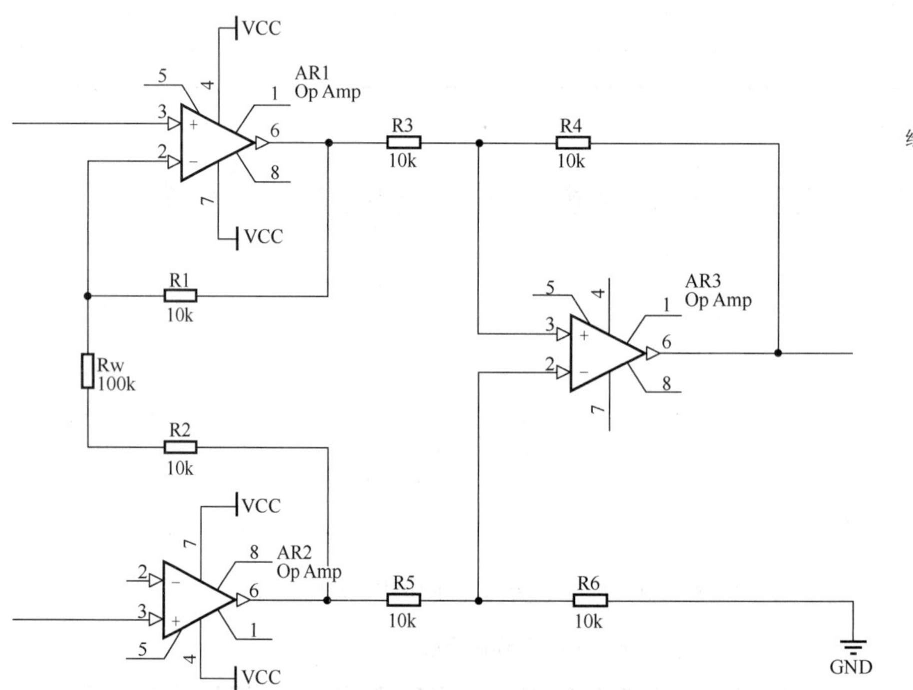

图 3.56　仪用放大器电路

讲解与演示

知识 1　新建一个原理图文档

第 1 步，执行“文件”→“新的”→“工程”命令，系统自动创建一个名为“PCB_Project.PrjPcb”的 PCB 工程文件。

第 2 步，右击工程文件，在弹出的快捷菜单中选择“保存工程为”命令，将新建的工程文件保存为“仪用放大器.PrjPcb”。

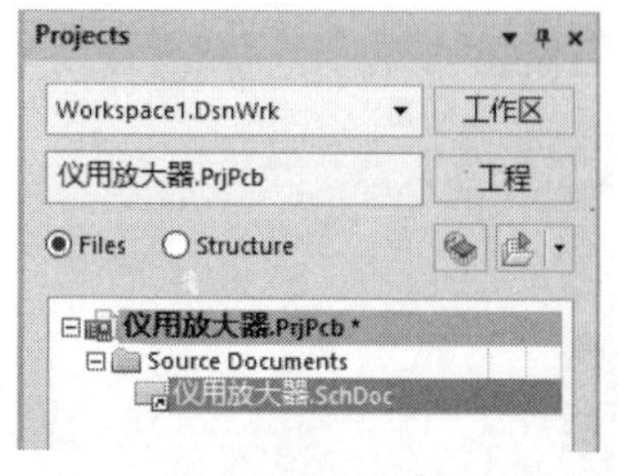

图 3.57　新建的原理图文档

第 3 步，打开工作区面板的“Projects”选项卡，移动光标到“仪用放大器.PrjPcb”上右击，在弹出的快捷菜单中选择“添加新的...到工程”→“Schematic”，创建一个名为“Sheet1.SchDoc”的原理图文件。

第 4 步，执行“文件”→“另存为”命令，重命名原理图文件名为“仪用放大器.SchDoc”。

完成的文档结构如图 3.57 所示。

知识 2 原理图图纸设置

原理图图纸和环境参数可以利用系统默认参数，直接进入下一步设计。

第 1 步，执行“设计”→“文档选项”命令，弹出“文档选项”对话框，如图 3.58 所示。

图 3.58 “文档选项”对话框

第 2 步，选择“图纸选项”选项卡，设置“方向”为 Landscape，“标准风格”为 A4。

在设置图纸栅格尺寸的时候，一般来说，捕捉栅格尺寸和可见栅格尺寸一样大，也可以设置捕捉栅格尺寸为可见栅格尺寸的整数倍。电气栅格的尺寸应该略小于捕捉栅格的尺寸，只有这样才能准确地捕捉电气接点。

第 3 步，从“图纸选项”选项卡切换到“参数”选项卡，可以设置当前时间、日期、设计负责人、设计者、公司名称等项目。

第 4 步，设置完毕，单击“确定”按钮。

知识 3 放置元件及编辑元件属性

第 1 步，添加元件库。本例所需元件均在 Miscellaneous Devices.IntLib 库，系统默认安装。

第 2 步，放置运算放大器。拖动元件列表框滚动条，找到所需元件“Op Amp”，如图 3.59 所示。

第 3 步，单击 Place Op Amp 按钮，返回原理图编辑界面，此时一个浮动的放大器符号随着光标一起移动。

第 4 步，按 Tab 键，弹出如图 3.60 所示元件属性对话框，将对话框中的 Designator 栏“AR?”改为“AR1”。

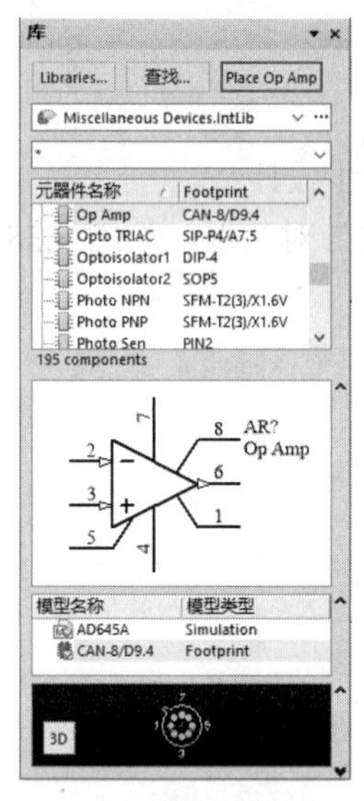

图 3.59 找到放大器 Op Amp

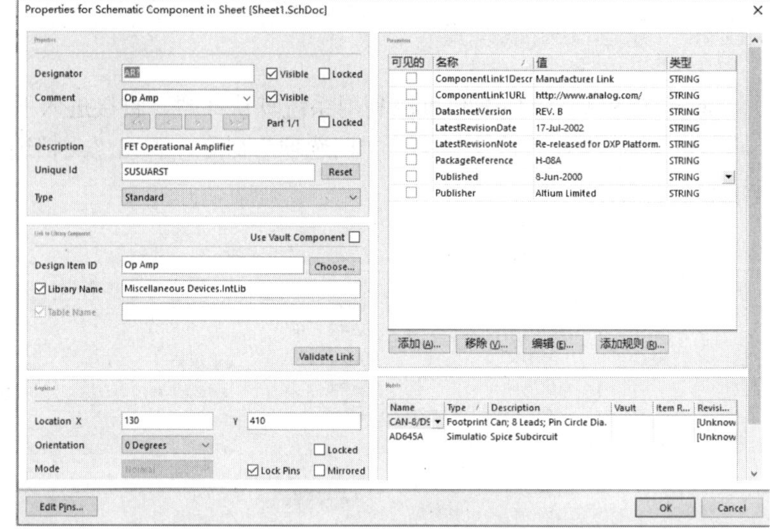

图 3.60 元件属性对话框

第 5 步，单击“OK”按钮，移动光标到原理图中的适当位置，单击放置该元件。

第 6 步，光标仍处于放置状态，再次在适当位置放置另外两个放大器，放置时放大器标识符自动加 1，结果如图 3.61 所示。

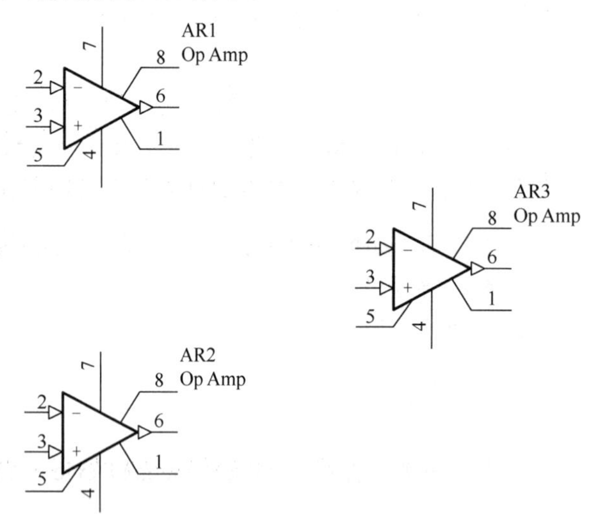

图 3.61 放置放大器

第 7 步，调整放大器。放大器 AR1 和 AR3 符号与原理图中的符号沿 X 轴镜像，选中 AR1，按住鼠标左键不放，同时按 Y 键，AR1 垂直翻转。同理翻转 AR3，得到如图 3.62 所示的结果。

第 8 步，放置电阻元件。采用同样方法放置电阻并修改标识符、数值等参数。

第 9 步，放置电源端口。单击布线工具栏上的 Vcc 按钮，放置电源；单击⏚按钮放置接地。

第 10 步，调整元件位置。放置元件完成后，如果对位置不满意，可以拖动元件调整其位置。调整后的原理图如图 3.56 所示。

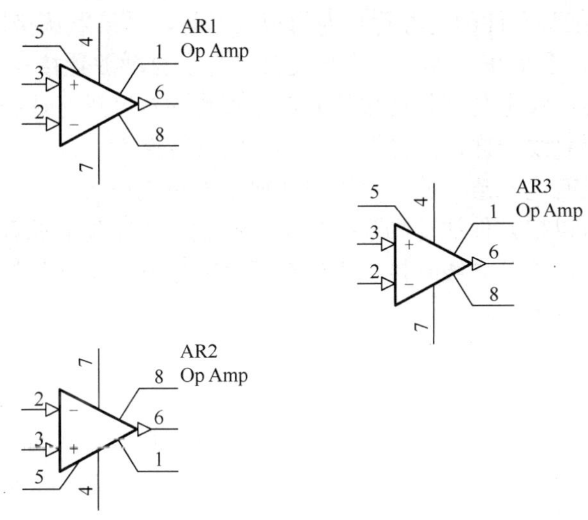

图 3.62　调整放大器

知识 4　连接电路

第 1 步，执行“放置”→“线”命令，或者单击“布线”工具栏中的按钮，光标变成十字状。

第 2 步，移动光标到需要连接元件的管脚处，出现红色星形连接标志，单击确定导线起点。

第 3 步，移动光标到另一个元件的管脚处或转折点，单击确定第二个端点，完成一段导线的绘制。

第 4 步，移动光标，选择新的端点再次绘制导线。

第 5 步，完成所有元件之间的线路连接后，右击或按 Esc 键退出导线的绘制状态。

最终完成如图 3.56 所示的电路图。

思考与练习

一、判断题（对的打“√”，错的打“×”）

1．放置元件可以采用单击配线工具栏中的按钮来完成。（　　）

2．刚放置的元件参数是默认值，在具体的原理图设计中可以不加修改。（　　）

3．元件的标号用来区别不同的元件。（　　）

4．对象的旋转，必须先选取对象。（　　）

5．子设计项目可以是一个可编程的逻辑元件或一张子原理图。（　　）

6．原理图文件编辑器可以为同一个元件创建多达 256 个不同的显示模式。（　　）

7．不管电源和接地符号的“样式”属性是否相同，只要所处的“网络”属性相同，即认为它们处于同一网络，存在着电气连接特性。（ ）

8．当原理图中某些元件的电源管脚为隐藏状态时，系统默认接地。（ ）

9．通常情况下，系统在 T 形和十字形交叉处都会自动放置接点。（ ）

10．导线的宽度应参考与其相连接的元件管脚线的宽度进行选择。（ ）

11．总线入口跟总线一样，同样不具有实际电气特性。（ ）

12．网络标签是有电气意义的，可以用任何字符串代替。（ ）

13．通过导线可以把元件的管脚连接起来，形成一个完整的原理图。（ ）

14．接点固定后，移动导线时接点仍然在原来的地方，不会随导线移动。（ ）

15．对于已放置好的端口，可以不通过属性对话框直接改变其大小。（ ）

二、填空题

1．在元件处于浮动状态时，按________键，可以打开该元件的属性对话框，在该对话框中，包含五个区域：________、________、________、Parameters 区域及 Models 区域。

2．放置元件单击________上相应的元件按钮的图标即可。

3．________或者________可终止相同元件放置。

4．在元件处于悬浮状态时，连续按________键可以实现元件的旋转操作，按________键使元件沿 X 轴左右翻转，按________键使元件沿 Y 轴上下翻转。

5．电源和接地是电路设计中的电源系统，统称为________。

6．对象调整操作的基础是进行________。

7．对象的移动可以分成________和________两种情况。

8．________、________和________可以使两个网络具有相互连接的电气意义。

9．________指定 I/O 端口信号传输的方向；________设定端口外形。

10．端口通常表示电路的________或________。

三、简答题

1．简要概述放置元件的步骤。

2．怎样编辑元件的属性？

3．旋转对象和镜像对象有何不同？

4．使两个网络具有电气连接意义的是哪 3 种方式？它们各有何特点？

四、作图题

1．绘制如图 3.63 所示原理图。

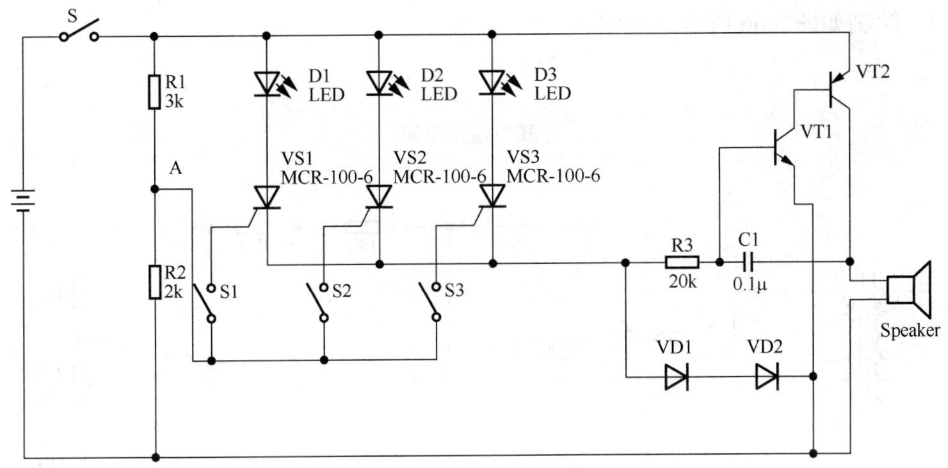

图 3.63 第 1 题图

2．绘制如图 3.64 所示原理图。

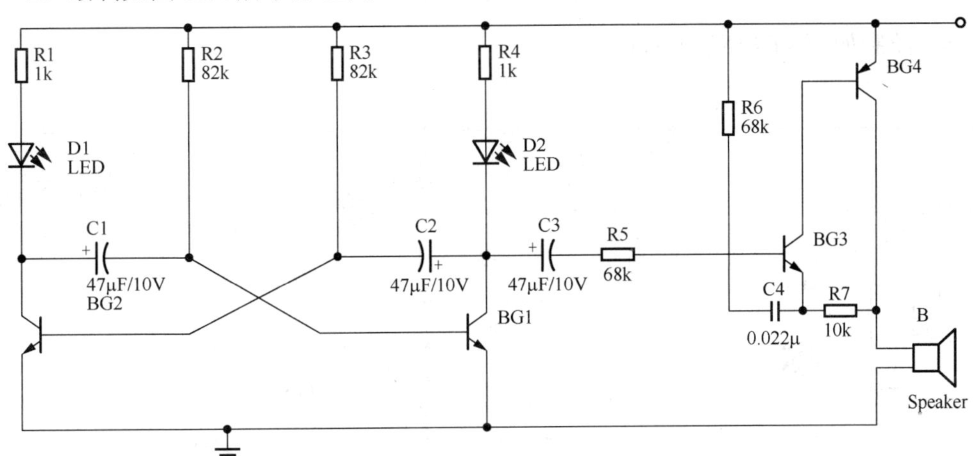

图 3.64 第 2 题图

3．绘制如图 3.65 所示原理图。

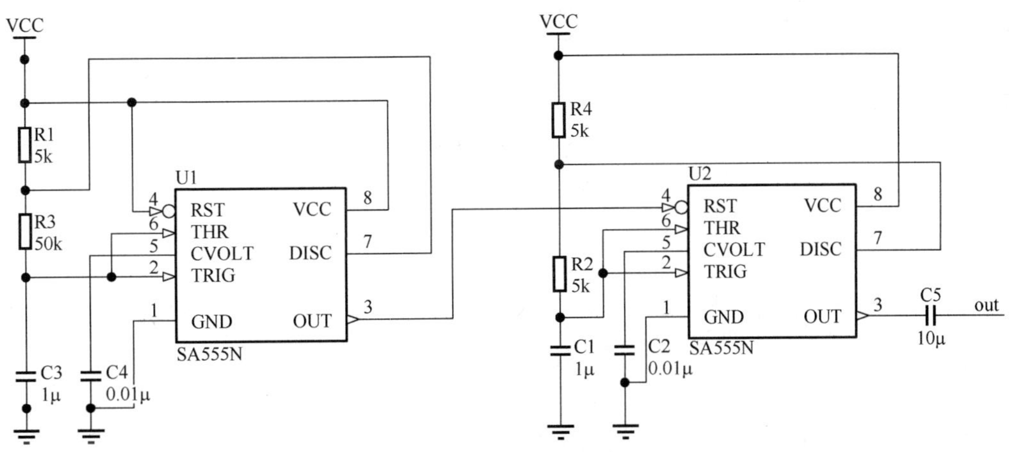

图 3.65 第 3 题图

4．绘制如图 3.66 所示原理图。

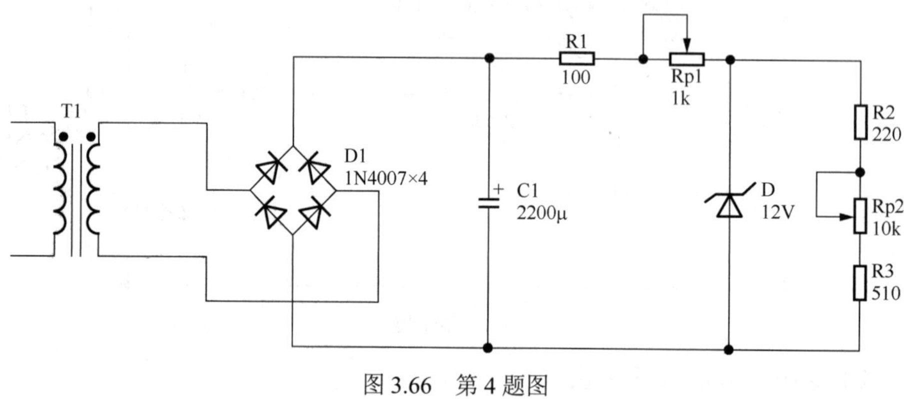

图 3.66 第 4 题图

5．绘制如图 3.67 所示原理图。

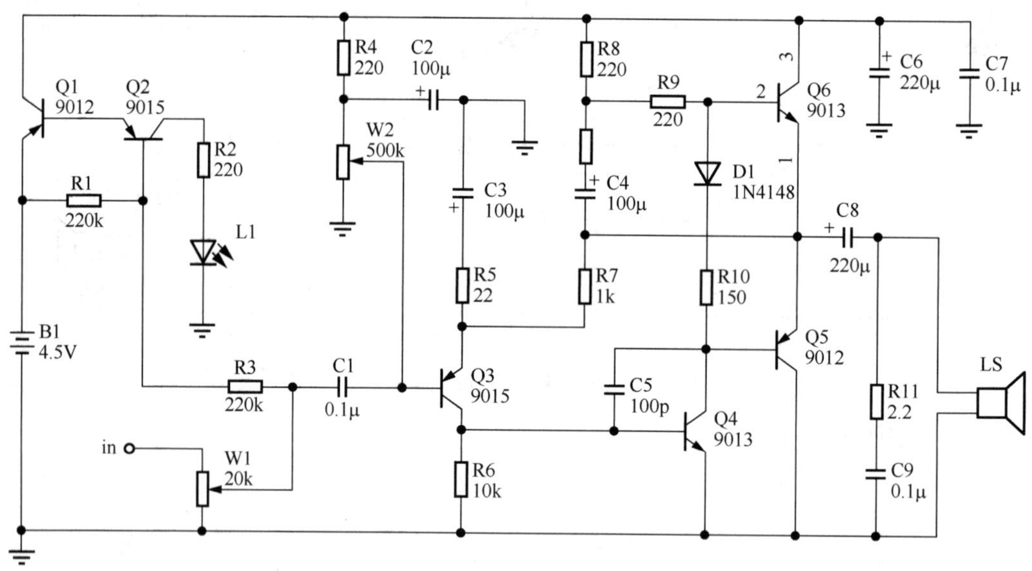

图 3.67 第 5 题图

6．绘制如图 3.68 所示原理图。

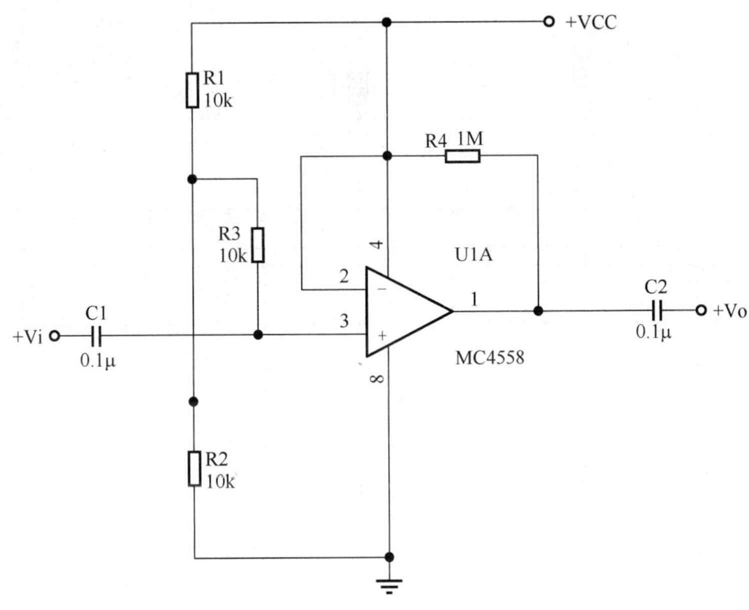

图 3.68　第 6 题图

7．绘制如图 3.69 所示原理图。

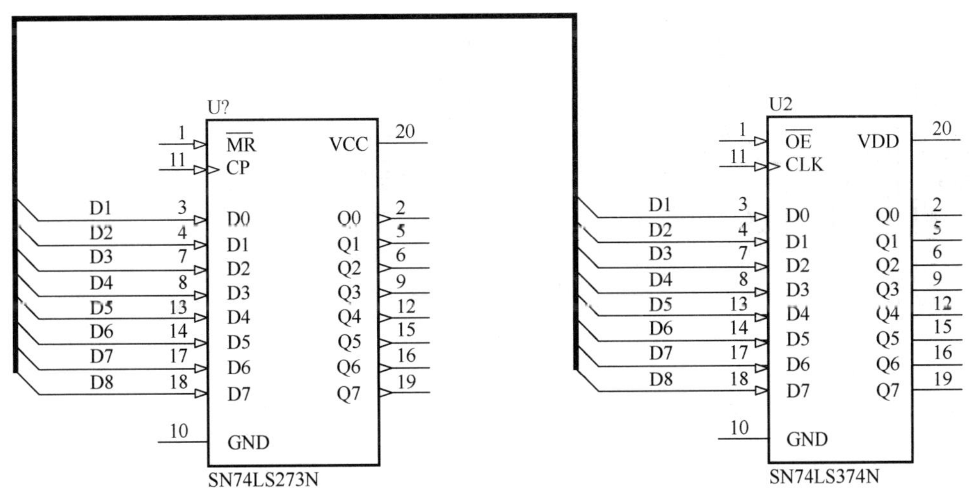

图 3.69　第 7 题图

8．绘制如图 3.70 所示原理图，图中 U1、U2：4002，U3、U4：4011，S1~S4：SW SPDT。

9．绘制如图 3.71 所示原理图，图中 U1：DS80C320MCG（40）所在库为 Dallas Microcontroller 8-Bit.IntLib，U2：74LS373 所在库为 ON Semi Logic Latch.IntLib，U3：27C256 所在库为 ST Memory EpROM 16-512 Kbit.IntLib。

10．绘制如图 3.72 所示原理图。

OUTPUT1
OUTPUT2
OUTPUT3
OUTPUT4
U1A 4002
U1B 4002
U2A 4002
U2B 4002
U3A 4011
U3B 4011
U3C 4011
U3D 4011
U4A 4011
U4B 4011
U4C 4011
U4D 4011
S1 SW SPDT
S2 SW SPDT
S3 SW SPDT
S4 SW SPDT

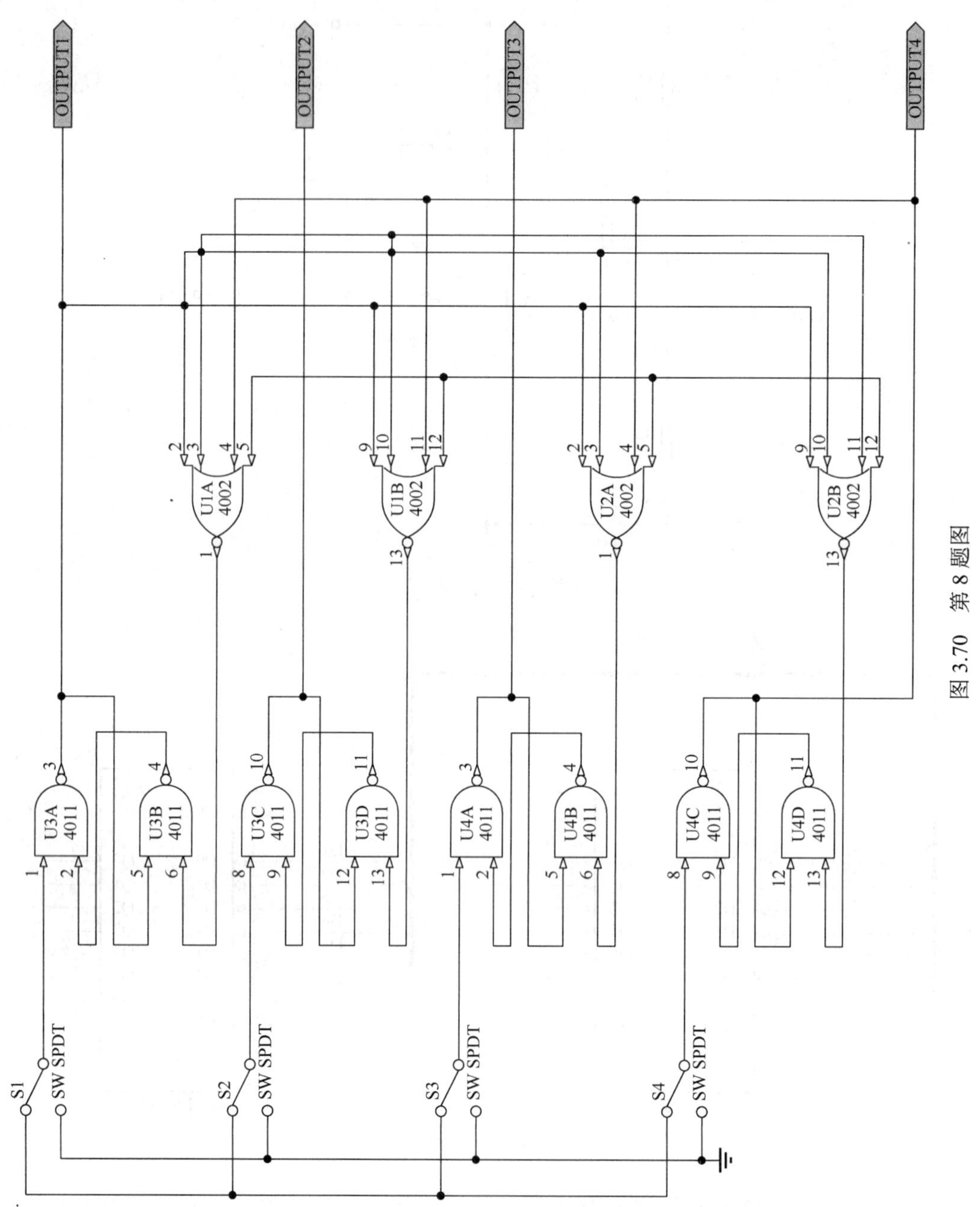

图 3.70 第 8 题图

U1
DS80C320MCG(40)
J2
74LS373
U3
27C256
RXD
TXD
CRY1
18.723MHz
C1
60p
C2
60p
X1
X2
+VCC
S1
SW-PB
R1
200
C3
22μ
RESET
R2
1k

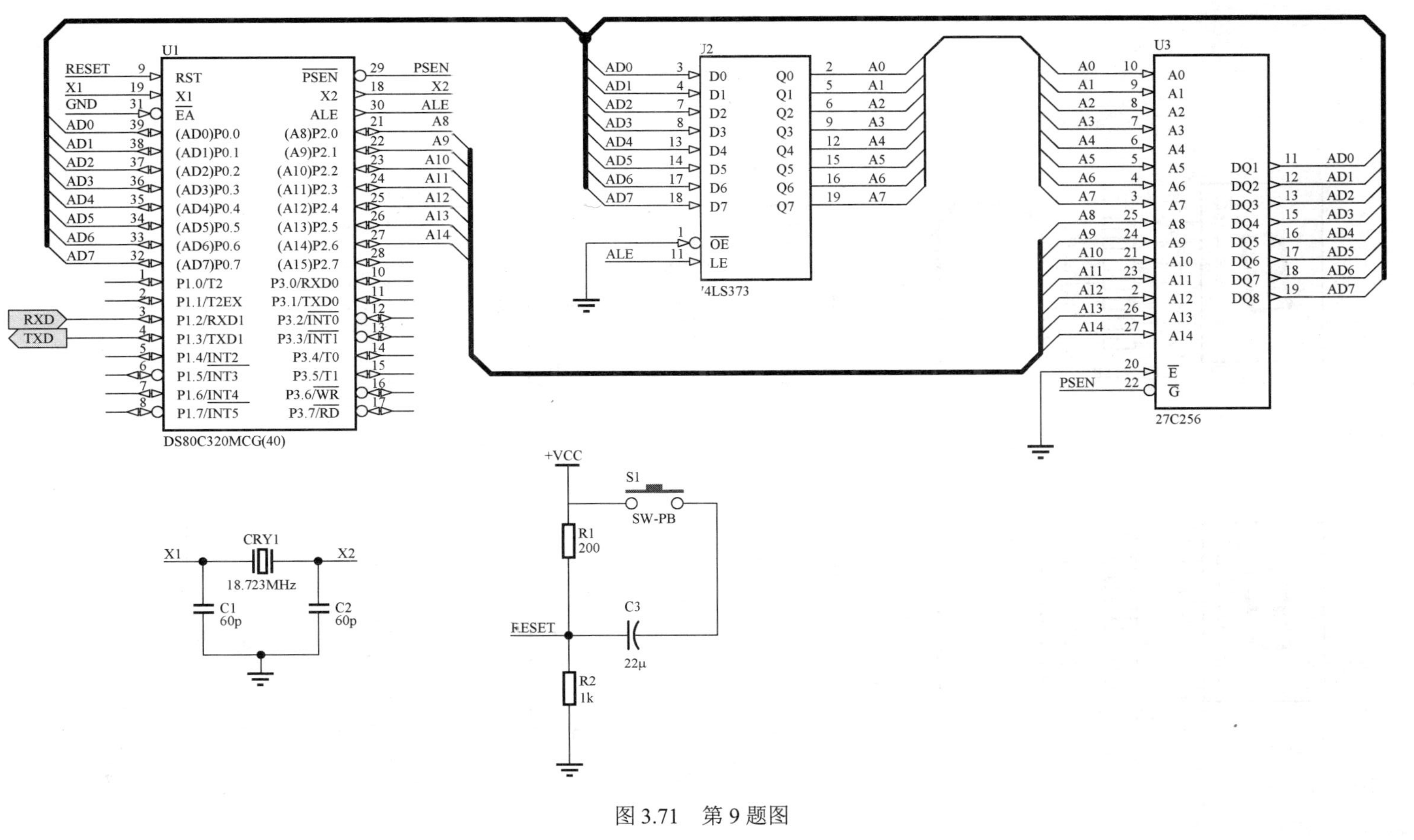

图 3.71 第 9 题图

VCC
D1
D2
R1～R7
R11～R17
1.1k×7
U1
74LS47M
U5
74LS47M
U2
U3
CD40192
R9
10k
R10
10k
R18
10k
S1
S2
S3
P1

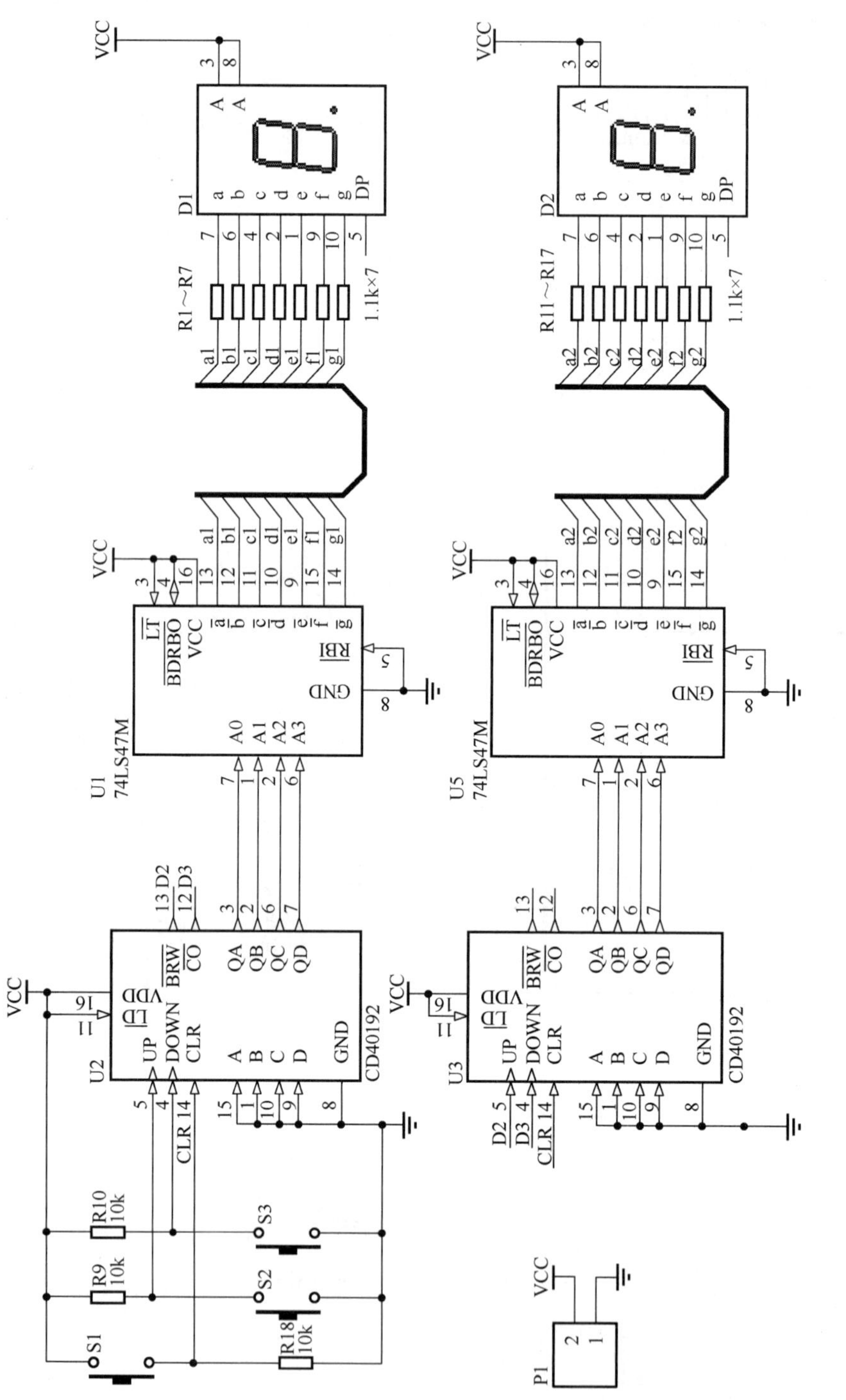

图 3.72 第 10 题图

项目四 原理图设计提高

学习目标

复杂的原理图通常采用层次式结构。原理图还常常需要加上注释以加强理解。

本项目介绍原理图编辑的相关技巧、绘制图形以及层次原理图的设计。原理图在编辑中调整元件管脚以使原理图简洁明了；自动编辑元件标识提高工作效率及精确度；对象的整体编辑适应设计者的特殊需要；使用图形工具绘制直线、多边形、放置字符串和文本框等对原理图进行注释；层次原理图设计思路和步骤；原理图的打印设置。

知识目标

- 理解一些原理图的编辑技巧。
- 如何对原理图进行注释。
- 了解层次原理图的基本概念。
- 熟悉层次原理图的设计过程及层次间的切换。
- 了解原理图打印参数设置。

技能目标

- 会调整元器件的管脚及一些编辑技巧的使用。
- 掌握常用图形工具的操作技能。
- 设计简单的层次原理图。
- 能对原理图打印进行设置。

任务一　原理图编辑技巧

情　景

绘制原理图时，元件管脚之间相对位置不合理会导致连接的导线过长或过于杂乱。此外，在编辑过程中，若添加或删除元件，又会使整个原理图的元件标注出现混乱，如某些元件标识重复使用，某些元件标识不连续等。为了解决这些问题，提高原理图编辑效率，我们来学习一些原理图的编辑技巧。

讲解与演示

知识 1　调整元件管脚

调整元件管脚

元件管脚是反映元件之间电气连接的连接点。有时需要调整元件的管脚位置以减少图纸上导线连接的复杂性。对图 4.1 和图 4.2 比较后可以看出，调整管脚后的原理图更加清晰合理。

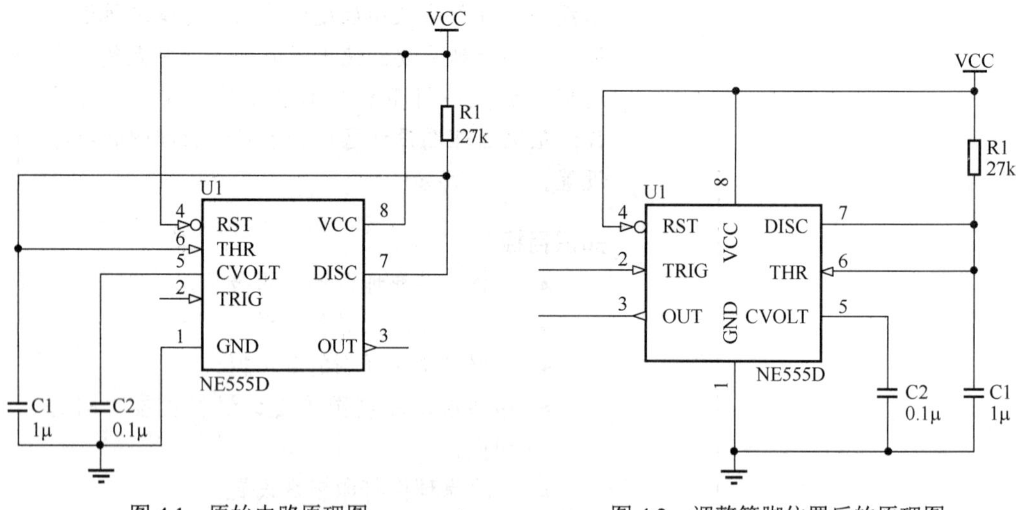

图 4.1　原始电路原理图　　图 4.2　调整管脚位置后的原理图

下面就以图 4.1 和图 4.2 中的集成块 NE555D 为例，讲述调整元件管脚的具体操作步骤。

第 1 步，利用查找元件的方法找到 NE555D（所在库为 ST Analog Timer Circuit.IntLib），在如图 4.3 所示放置状态下按 Tab 键，弹出元件属性对话框。

第 2 步，取消对话框左下角的 Lock Pins（锁定管脚）复选项，如图 4.4 所示，然后单击 OK 按钮。

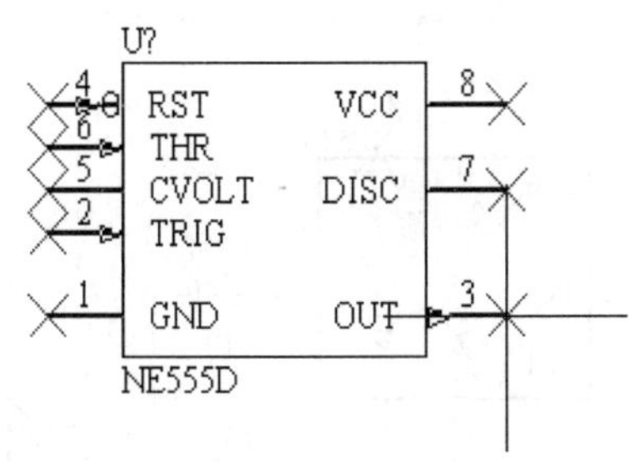

图 4.3　放置 NE555D 状态

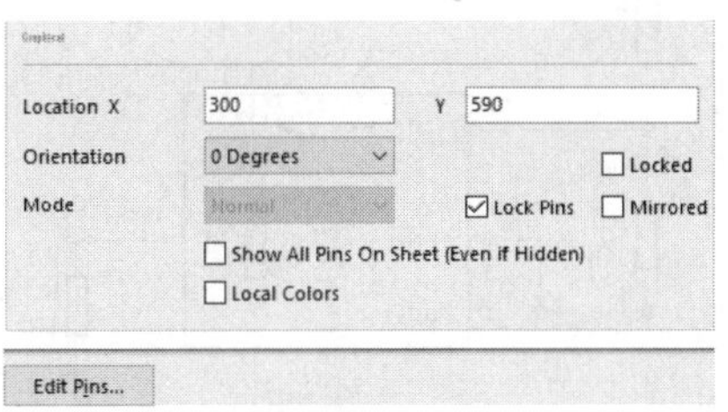

图 4.4　取消锁定管脚

第 3 步，将光标移到欲拖拽的管脚上按下鼠标左键使其处于拖拽状态，如图 4.5 中的管脚 1。

第 4 步，按住鼠标左键不放，拖拽光标移动元件管脚，将其放置到合适位置，如图 4.6 所示。在光标移动过程中，按下空格键可旋转元件管脚。

第 5 步，根据图 4.2 所示，依次移动相关管脚，调整完所有管脚的元件 NE555D，如图 4.7 所示。

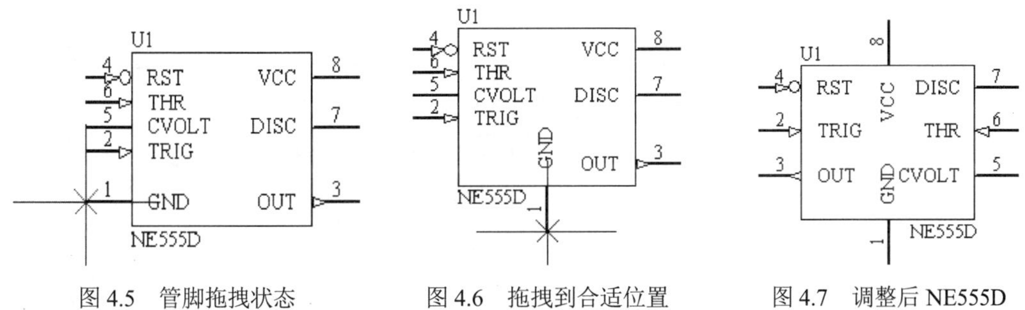

图 4.5　管脚拖拽状态　　图 4.6　拖拽到合适位置　　图 4.7　调整后 NE555D

第 6 步，重新打开元件属性对话框，选中 Lock Pins 复选框，将元件管脚锁定，以免以后由于误操作而引起管脚变动。

至此，按图 4.2 所示原理图要求管脚调整完毕，放置其他器件及连接导线即可完成电路原理图。

知识 2　自动编辑元件标识

自动编辑元件标识

在绘制电路原理图时，标识是识别不同元件的一个重要标志。放置在图纸上的每一个元件都有一个唯一的标识（如 C1 和 R1 等）。Altium Designer 17 提供了自动标注元件标识的功能，不仅提高了效率，还不易出现重复或跳号等现象。

下面以如图 4.8 所示变音警笛 1.SchDoc 为例，说明元件自动标识的操作步骤。

第 1 步，执行“工具”→“标注”→“原理图标注”命令，弹出如图 4.9 所示的“标注”对话框。

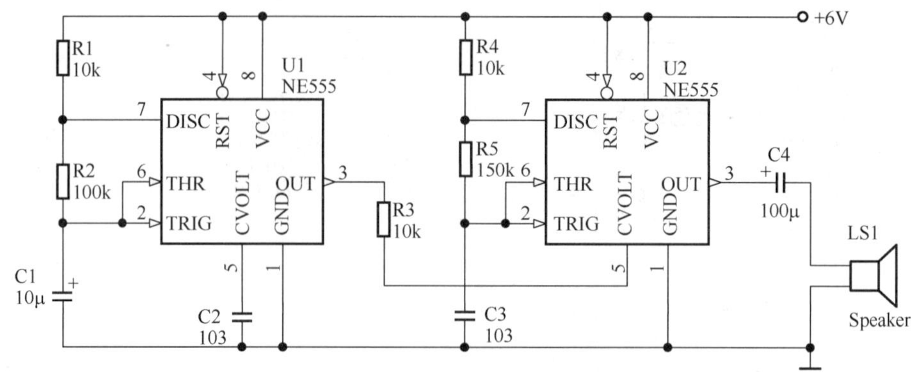

图 4.8　变音警笛 1.SchDoc

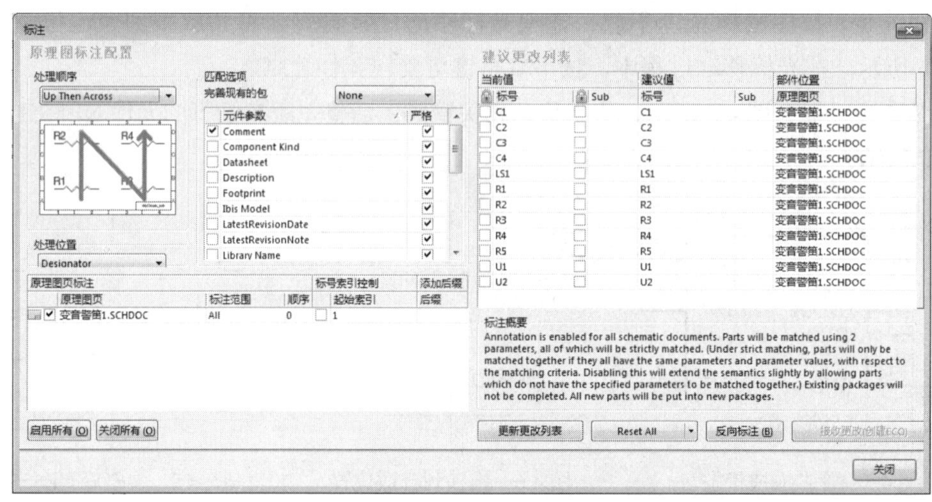

图 4.9　“标注”对话框

“标注”对话框分为两个部分：左侧是“原理图标注配置”，右侧是“建议更改列表”。

1）“处理顺序”区域：定义元件自动标识的规则。单击下三角按钮，在下拉列表中包含 4 种标识规则：Up Then Across（先自下而上，再自左至右）；Down Then Across（先自上而下，再自左至右）；Across Then Down（先自左至右，再自上而下）；Across Then Up（先自左至右，再自下而上）。每一种规则在对话框中都有对应图示，可以进行选择。

2）“匹配选项”区域：从中选择匹配参数以选择更新对象。常用的就是其中的 Comment（注释）选项。

3）“原理图页标注”区域：选择执行自动标识的原理图。对每一张自动标识的原理图都可以设置标识的起始索引值和标识的后缀。通常情况下，选择一个工程项目内所有的原理图一起进行自动标识，以避免标识重复。

4）右侧“当前值”栏中列出了当前的元件编号，“建议值”栏中列出了新的编号。

第 2 步，设置元件标识的更新方式。此例中，“处理顺序”选择 Across Then Up；“匹配的选项”选择 Comment（注释）；“原理图页标注”选择“变音警笛 1.SCHDOC”，若有其他原理图，则把前面的“√”去掉。

第 3 步，完成规则定义后，单击“标注”对话框右下方的 Reset All（全部重置）按钮，弹出如图 4.10 所示 Information 对话框，提示用户多少元件编号可能改变。

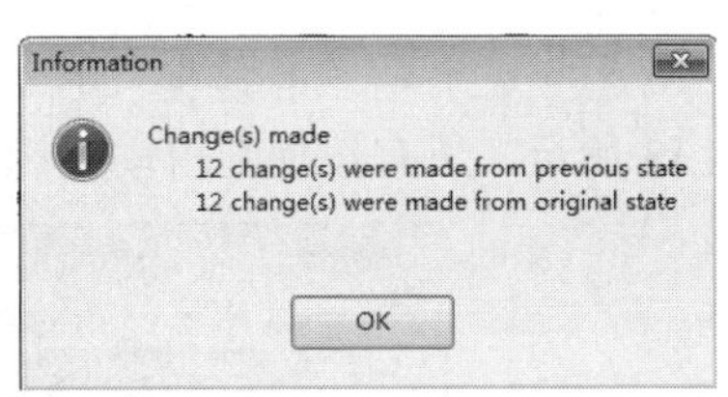

图 4.10 信息对话框

第 4 步，单击 OK 按钮，重置后所有的元件编号将被消除，“建议值”栏中的元件编号均以“？”表示。

第 5 步，单击“更新更改列表”按钮，重新编号，系统将再次弹出 Information 对话框，提示用户有多少个元件编号将发生改变。

第 6 步，单击 OK 按钮，“建议更改列表”中的“建议值”栏可以查看新编号与原编号的具体变化。如果对这种编号满意，则单击“接收更改（创建 ECO）”按钮，在弹出的“工程变更指令”对话框中更新修改，如图 4.11 所示。

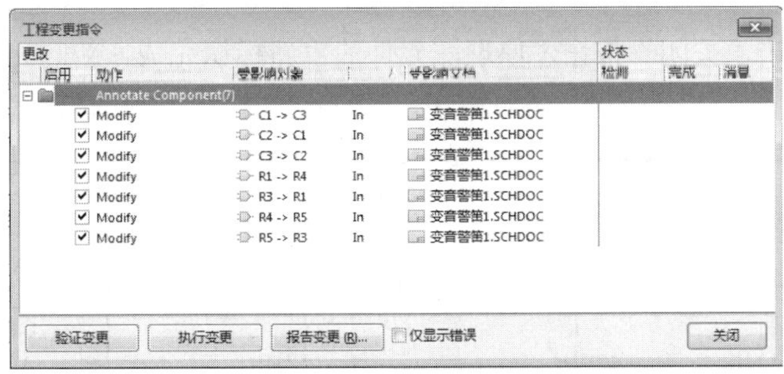

图 4.11 “工程变更指令”对话框

第 7 步，在“工程变更指令”对话框中，单击“验证变更”按钮，可以验证修改的可行性，若可行，在右侧状态检测栏会打上“√”标记。

第 8 步，单击“报告变更”按钮，系统弹出如图 4.12 所示的“报告预览”对话框，在其中可以将修改后的报表输出。单击“导出”按钮可将该报表以 Excel 文件格式保存；单击“打开报告”按钮，可以将该报表打开；单击“打印”按钮，可以将该报表打印输出。

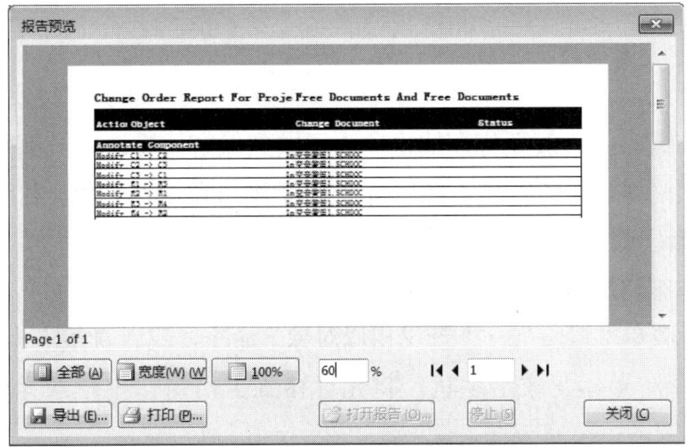

图 4.12 “报告预览”对话框

第 9 步，单击“工程变更指令”对话框中的“执行变更”按钮，即可执行修改，如图 4.13 所示，所有按规则自动标识产生的标识变化将显示出来。

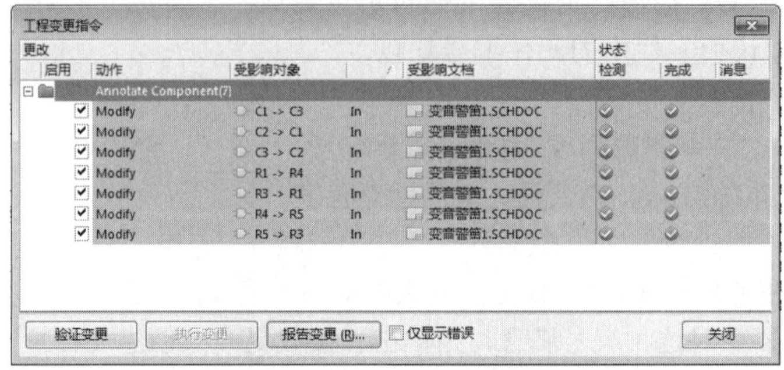

图 4.13　单击“执行变更”按钮

第 10 步，单击“关闭”按钮，原理图元件的重新标识完成，新的元件标识原理图如图 4.14 所示。

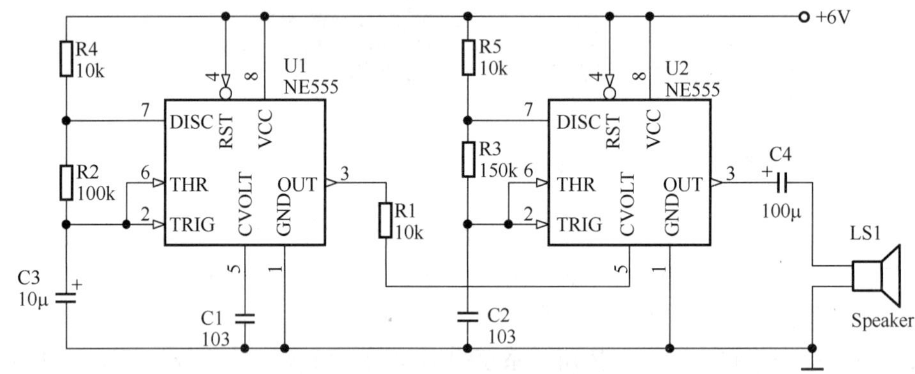

图 4.14　元件标识自动排序后的效果图

通过元件的自动标识后，原理图上的元件标识分布将遵循一定的规则，方便了设计者的管理和查找。

知识 3　隐藏元件参数

隐藏元件参数

原理图设计完成后，一般要打印输出。为了做到保密，设计人员都希望将元件的一些参数隐藏。下面以图 4.15 所示 555 频率可调电路为例，利用对象的整体编辑功能隐藏图中元件参数。

执行对象整体编辑的操作步骤如下。

第 1 步，执行菜单“编辑”→“查找相似对象”命令，或者直接右击工作区执行“查找相似对象”命令，光标变成十字状，将光标移到工作窗口中任意元件的参数上，如图 4.16 所示电容 C2。

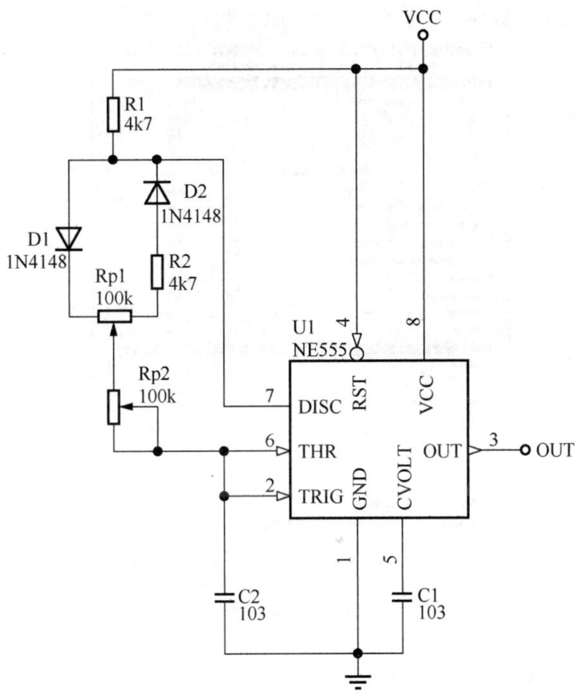

图 4.15　555 频率可调电路

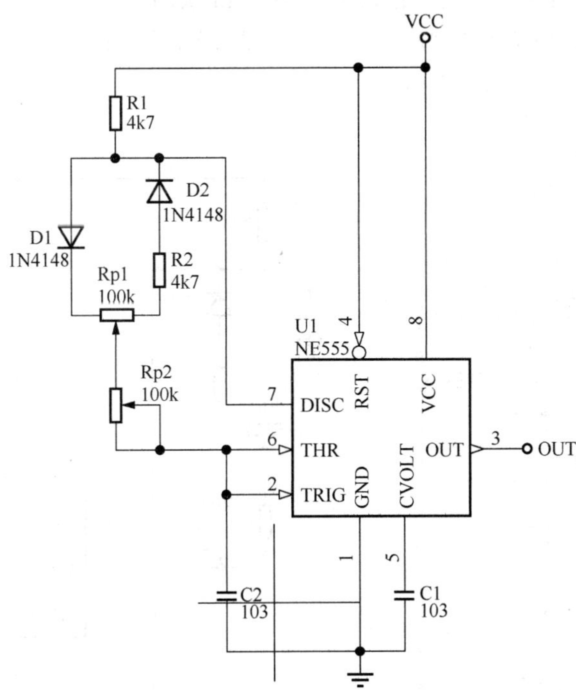

图 4.16　执行“查找相似对象”命令

第 2 步，单击 C2，弹出如图 4.17 所示的“查找相似对象”对话框。

第 3 步，将该对话框中 Parameter Name 选项后的匹配参数设定为 Same，并且选中下方“选择匹配”选项前的复选框，将所有属性参数为 Parameter 的图件选中。

图 4.17 “查找相似对象”对话框

第 4 步，设置完查找的属性参数后，单击“应用”按钮，系统按照查找的参数设定，对当前原理图设计文件中的图件进行查找。

第 5 步，单击“确定”按钮。系统弹出 SCH Inspector 对话框，如图 4.18 所示。

第 6 步，选中图中 Hide 选项后的复选框，然后关闭对话框，即可完成对所有元件参数的隐藏操作，结果如图 4.19 所示。

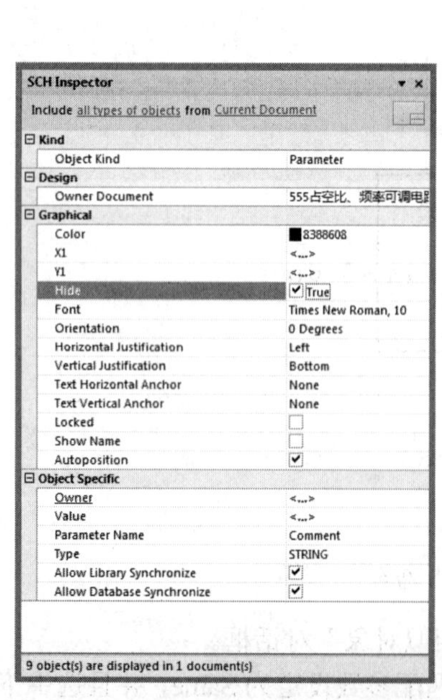

图 4.18 SCH Inspector 对话框

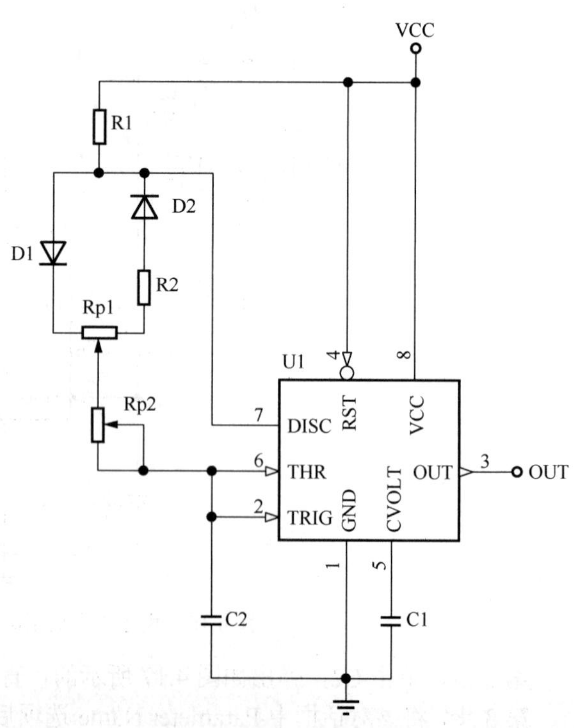

图 4.19 隐藏元件参数的结果

工作页

实训　原理图编辑技巧操作

1. 自动排序操作步骤

绘制图 4.8 所示电路，以“处理顺序”Up Then Across（先自下而上，再自左至右）、Down Then Across（先自上而下，再自左至右）、Across Then Up（先自左至右，再自下而上）的方式分别对元件标识进行自动排序，并将操作步骤填写于表 4.1 中。

表 4.1　自动排序操作步骤

排序方式	操作步骤	
	不同点	相同点
Up Then Across		
Down Then Across		
Across Then Up		

2. 实际操作

做一个调整元件管脚的练习，如图 4.20 所示，并将操作步骤填写在表 4.2 中。

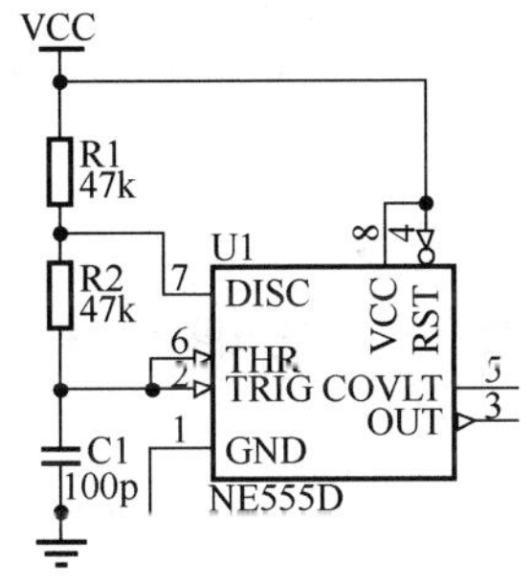

图 4.20　调整管脚练习原理图

表 4.2　调整管脚

管脚号	操作步骤	
	不同处	相同处
4		
5		
7		
8		

3. 隐藏电路元件参数

练习隐藏图 4.8 所示电路元件参数。

4. 收获和体会

将对元件标识进行自动排序与调整元件管脚实训后的收获和体会写在下面空格中。

收获和体会：

5. 工作评价

把对元件标识进行自动排序与调整元件管脚工作评价填写在表 4.3 中。

表 4.3 工作评价表

评定人	工作评价	等级	评定签名
自己评			
同学评			
老师评			
综合评定等级			

______年______月______日

任务二 原理图注释

情 景

完成原理图绘制后，我们常需要对原理图进行注释，即在原理图中加一些说明性的文字或图形，以方便对原理图阅读和检查。在调试电路时，如果在原理图中附上线路点的波形、参数，也将会极大地方便线路的调试工作。

讲解与演示

知识 1 图形工具栏的使用

Altium Designer 17 除了提供一系列具有电气特性的对象外，还提供一系列绘图工具。利用绘图工具绘制的图形不具有任何电气特性，对电路的电气连接没有任何影响。使用绘图工具不仅可以为原理图添加辅助信息，同时也用于为自定义元件画轮廓。

单击“应用工具”栏上“实用工具”图标，弹出如图 4.21 所示的绘图工具，或者执行“放置”→“绘图工具”命令，弹出如图 4.22 所示的子菜单，从菜单中可以看到各项命令与各种图形对象的对应关系。

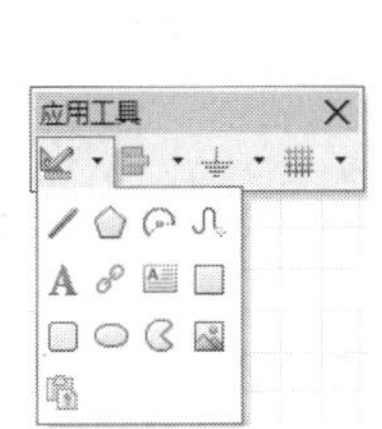

图 4.21　绘图工具栏

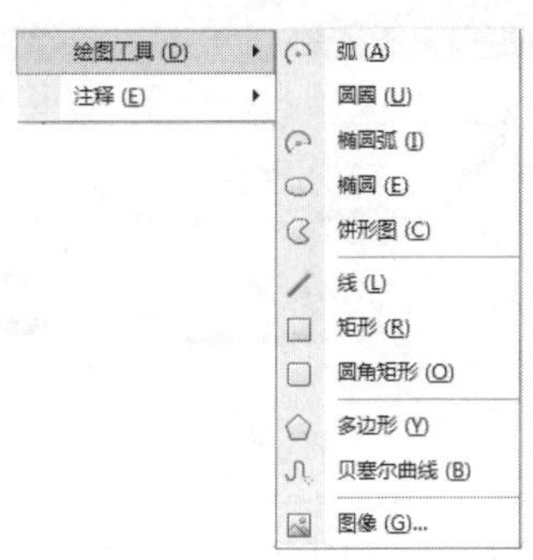

图 4.22　绘图工具子菜单

知识 2　绘制直线

直线（Line）在功能上完全不同于连接元件的导线（Wire）。导线具有电气意义，用来表示元件间的物理连通，而直线不具备任何电气意义。

绘制直线

（1）绘制直线的步骤

第 1 步，执行“放置”→“绘图工具”→“线”命令，或者在“应用工具”工具栏上，单击“实用工具”按钮下的绘制直线图标，光标指针变成十字状。

第 2 步，移动光标到直线的起点，单击确定起点，如图 4.23 所示。

第 3 步，继续移动光标，在工作窗口显示直线，如图 4.24 所示。

第 4 步，到达直线终点，先单击确定直线终点再右击即可绘制好一条直线。

第 5 步，此时光标仍处于绘制直线状态，可以继续绘制其他直线。

第 6 步，绘制完毕，右击或按 Esc 键退出画线状态。

如绘制折线，只需当光标移动到转弯点时单击就可以定位一个拐角；继续移动光标到直线终点单击，如图 4.25 所示。

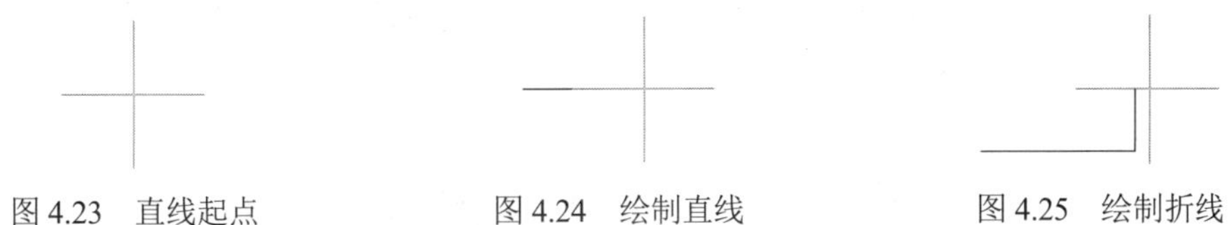

图 4.23　直线起点　　图 4.24　绘制直线　　图 4.25　绘制折线

画直线时，按空格键可以切换走线模式，即水平垂直模式、45° 倾角模式和任意倾角模式。

（2）编辑直线属性

双击已绘制好的直线或在绘制过程中按 Tab 键，弹出如图 4.26 所示的“多段线”对话框。可对直线的线宽、颜色、线条样式等外观特性进行设置。

（3）改变直线的长短或位置

单击已画好的直线，在直线两端或折线转折点各自会出现一个方块，即控制点，如图 4.27 所示，拖动控制点可改变直线的长短，拖动直线本身可改变其位置。

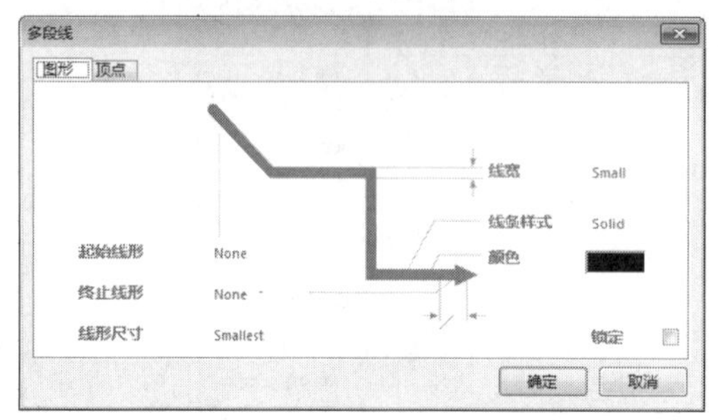

图 4.26　“多段线”对话框

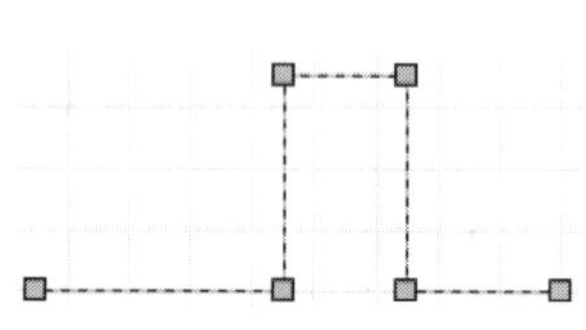

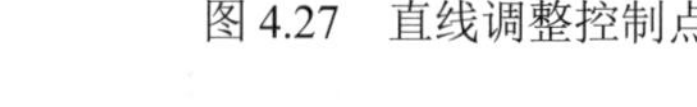

图 4.27　直线调整控制点

绘制不同图形也可以用此法改变图形的形状或位置。

知识 3　绘制多边形

绘制多边形

多边形是指利用光标指针依次定位图形的各个边角所形成的封闭区域。

（1）绘制多边形步骤

第 1 步，执行“放置”→“绘图工具”→“多边形”命令，或者单击“实用工具”工具栏按钮下的绘制多边形图标，光标变成十字状。

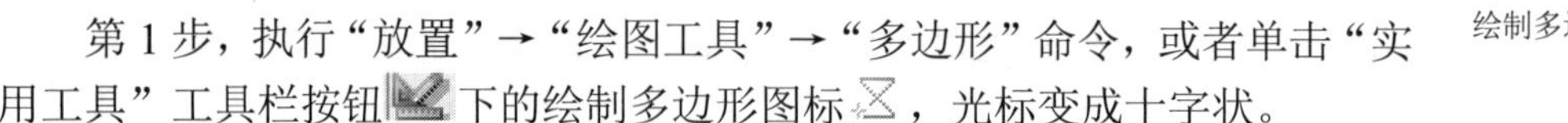

第 2 步，在待绘制图形的一个顶点单击。

第 3 步，移动光标到第二个点单击形成一条直线。

第 4 步，继续移动光标，出现一个随光标移动的预拉封闭区域，如图 4.28 所示。

第 5 步，继续移动光标，依次在多边形其余顶点单击。

第 6 步，确定最后一个顶点后，右击工作区或按 Esc 键，当前多边形绘制完成，如图 4.29 所示。

此时系统仍处于画多边形状态，可进入下一个绘制多边形的过程。完成全部多边形的绘制后，右击工作区或按 Esc 键退出。

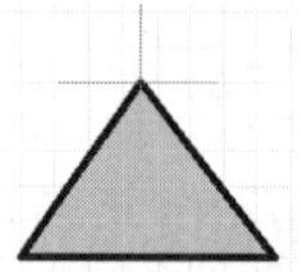

图 4.28　预拉封闭区域

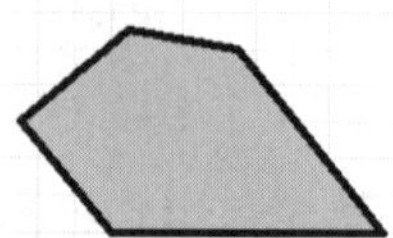

图 4.29　绘制的多边形

（2）编辑多边形属性

双击已绘制好的多边形或在绘制过程中按 Tab 键，即打开如图 4.30 所示的对话框。用户可从中设置该多边形的一些属性，如边框宽度、边框颜色和填充色，以及是否实心、是否透明等。设置完毕后，单击“确定”按钮，完成多边形属性的设置。

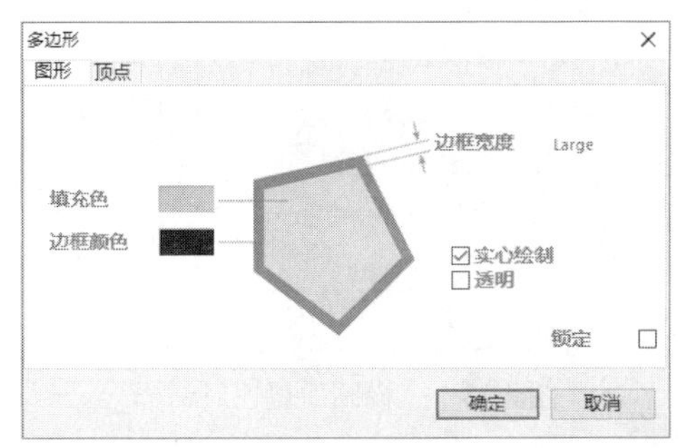

图 4.30　“多边形”属性对话框

知识 4　绘制椭圆

绘制圆和椭圆

圆是椭圆的特殊情况，当椭圆的 X 轴半径和 Y 轴半径相等时即为圆。

（1）绘制椭圆具体步骤

第 1 步，执行“放置”→“绘图工具”→“椭圆”命令，或者单击“实用工具”工具栏按钮下的绘制椭圆图标，光标变成十字状并浮动一个椭圆形状，如图 4.31 所示。

第 2 步，在待绘制图形的中心点处单击，确定椭圆圆心。

第 3 步，光标自动地跳到椭圆横向的圆周顶点，左右移动光标，在合适位置单击，确定 X 轴半径长度。

第 4 步，光标自动地跳到椭圆纵向的圆周顶点，上下移动光标，在合适位置单击，确定 Y 轴半径长度，完成当前椭圆的绘制。

此时仍为绘制椭圆状态，光标移到另一个位置，再按前面的步骤继续绘制下一个椭圆。完成全部椭圆绘制后，右击工作区或按 Esc 键退出绘制状态。

按照上述步骤，把 X 轴半径与 Y 轴半径设置成相等，则可以绘制圆形。已绘制完成的椭圆和圆如图 4.32 所示。菜单中有专用命令“放置”→“绘图工具”→“圆圈”来绘制圆。

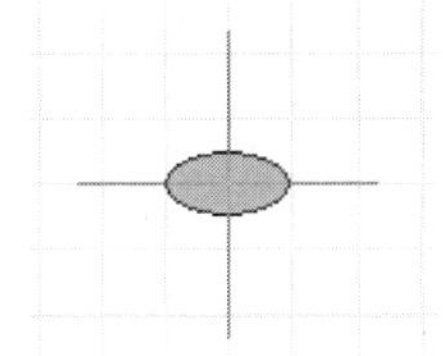

图 4.31　绘制椭圆状态

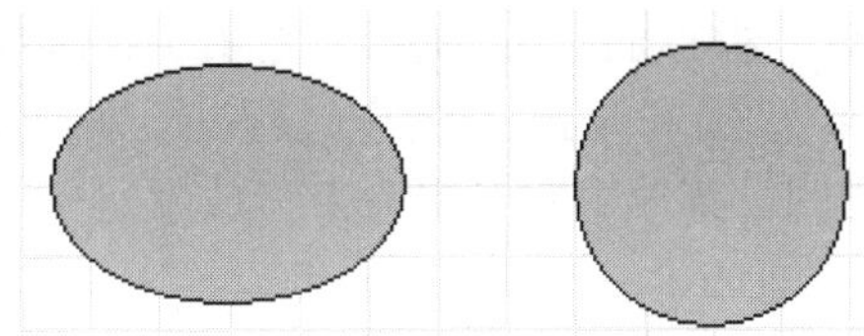

图 4.32　绘制的椭圆和圆

（2）编辑椭圆的属性

双击已绘制好的椭圆，或者在绘制的过程中按 Tab 键，打开其属性对话框，如图 4.33 所示。在“椭圆”属性对话框中可以设置椭圆的边框宽度、边框颜色、填充色、位置和半径等参数。

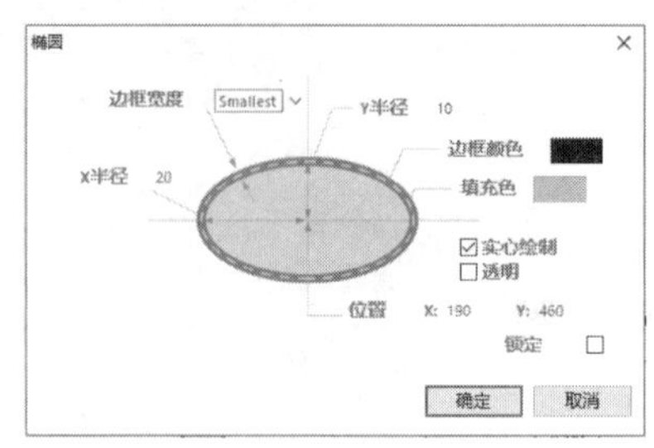

图 4.33 “椭圆”属性对话框

知识 5 绘制圆弧和椭圆弧

绘制圆弧和椭圆弧

椭圆弧边界即为椭圆弧线。绘制椭圆弧线需要确定椭圆的圆心、X 轴半径、Y 轴半径、弧线的起点和终点位置。当椭圆弧的 X 轴半径和 Y 轴半径相等时，椭圆弧线即变为圆弧线。

（1）绘制椭圆弧步骤

第 1 步，执行“放置”→“绘图工具”→“椭圆弧”命令，或者单击“实用工具”工具栏按钮下的绘制椭圆弧图标，光标变成十字状并浮动着一段与上次绘制相同的椭圆弧线形状。

第 2 步，在合适位置单击，确定椭圆圆心，如图 4.34（a）所示。

第 3 步，光标自动地跳到椭圆横向的圆周顶点，左右移动光标，在合适位置单击，确定 X 轴半径长度，如图 4.34（b）所示。

第 4 步，光标自动地跳到椭圆纵向的圆周顶点，上下移动光标，在合适位置单击，确定 Y 轴半径长度，如图 4.34（c）所示。

第 5 步，光标自动跳到椭圆弧线的一端，移动光标到合适位置单击，确定椭圆弧线的起点，如图 4.34（d）所示。

第 6 步，光标自动跳到椭圆弧线的另一端，移动光标到合适位置单击，确定椭圆弧线的终点，如图 4.34（e）所示。绘制完的弧线如图 4.34（f）所示。

此时光标上浮动着一段相同的椭圆弧，光标移到另一个位置，自动进入下一个绘制过程。完成全部椭圆弧线绘制后，右击工作区或按 Esc 键退出绘制状态。

图 4.34 为绘制椭圆弧线的全过程。绘制圆弧时，只需使 X 轴与 Y 轴半径相等，操作步骤与此相同。菜单中有专用命令“放置”→“绘图工具”→“弧”来绘制圆弧。

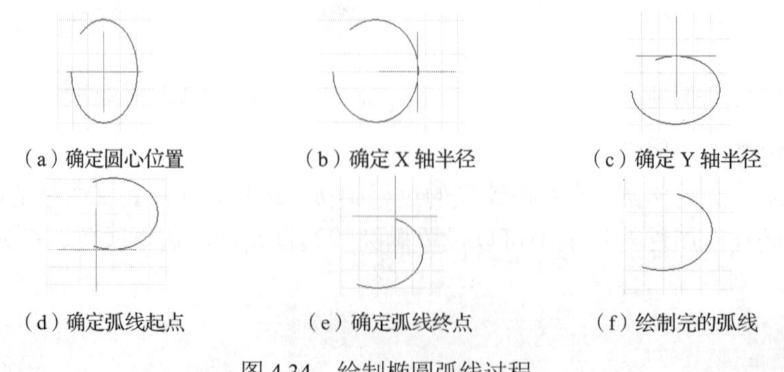

（a）确定圆心位置 （b）确定 X 轴半径 （c）确定 Y 轴半径

（d）确定弧线起点 （e）确定弧线终点 （f）绘制完的弧线

图 4.34 绘制椭圆弧线过程

（2）编辑椭圆弧或圆弧属性

双击已绘制好的椭圆弧或圆弧，或者在绘制的过程中按 Tab 键，打开其属性对话框，如图 4.35 和图 4.36 所示。“椭圆弧”和“弧”属性对话框内容几乎一致，均可以设置线宽、颜色、半径、起止点的角度等，只是椭圆弧有 X 半径和 Y 半径，而圆弧只有一个半径值。

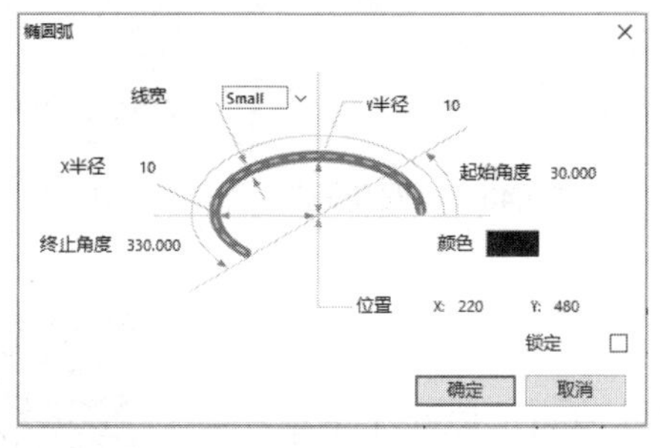

图 4.35 “椭圆弧”属性对话框

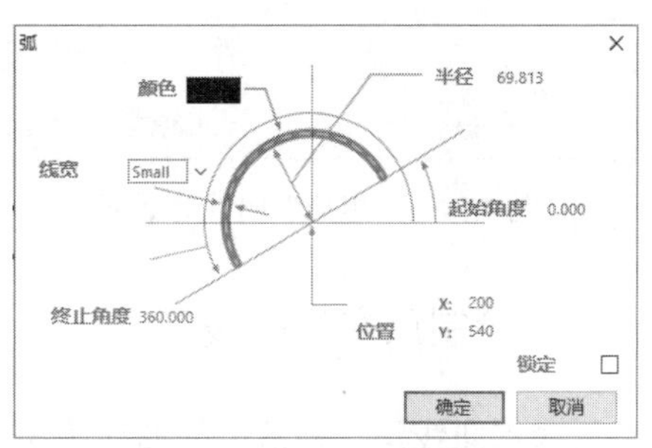

图 4.36 “弧”属性对话框

知识 6 绘制矩形

绘制矩形

矩形分为直角矩形和圆角矩形，它们的差异仅在于其转角是直角还是椭圆弧线。除此之外，两者的绘制方式与属性设置均类似。下面以直角矩形为例，说明其绘制步骤及属性设置。

（1）绘制矩形步骤

第 1 步，执行“放置”→“绘图工具”→“矩形”命令，或者单击“实用工具”按钮下的绘制矩形图标，光标指针变成十字状并浮动着矩形形状，如图 4.37 所示。

第 2 步，将光标移动到适当位置单击，确定矩形的一个顶点。

第 3 步，移动光标到矩形的对角处，再次单击即完成当前矩形的绘制，系统同时进入绘制下一个矩形的状态。

第 4 步，完成所有矩形的绘制后，右击工作区或按 Esc 键，退出画矩形的状态。

已绘制完成的直角矩形和圆角矩形如图 4.38 所示。

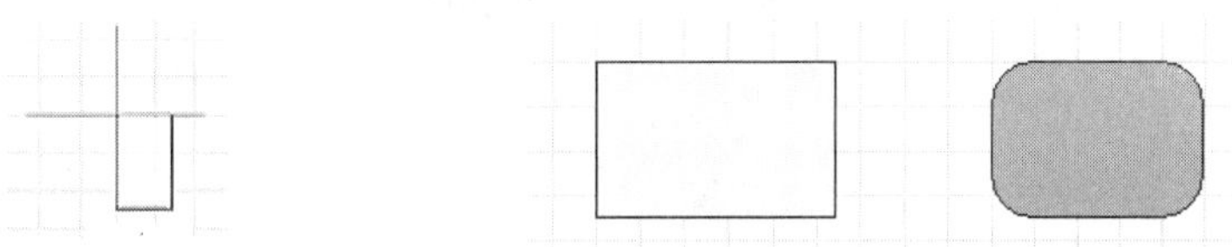

图 4.37 绘制矩形状态　　图 4.38 直角矩形和圆角矩形

（2）设置矩形属性

双击已绘制好的矩形或者在绘制状态下按 Tab 键，弹出如图 4.39 所示“矩形”属性对话框。可以设置边框宽度、边框颜色、位置、填充色等参数。“圆角矩形”属性对话框如图 4.40 所示，除了设置与“矩形”属性相同的参数外，还需设置拐角处椭圆弧半径。

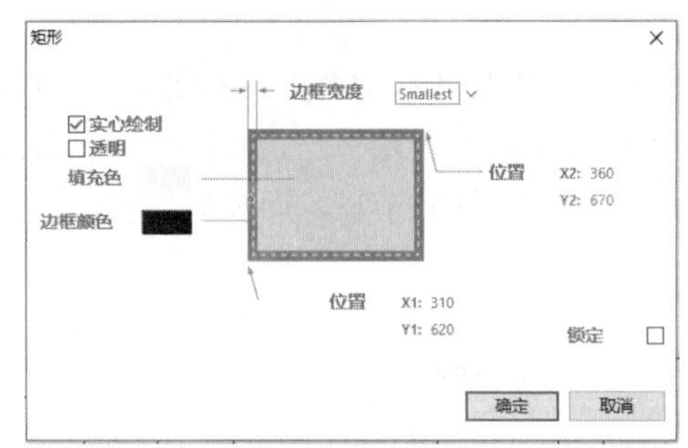

图 4.39 “矩形”属性对话框

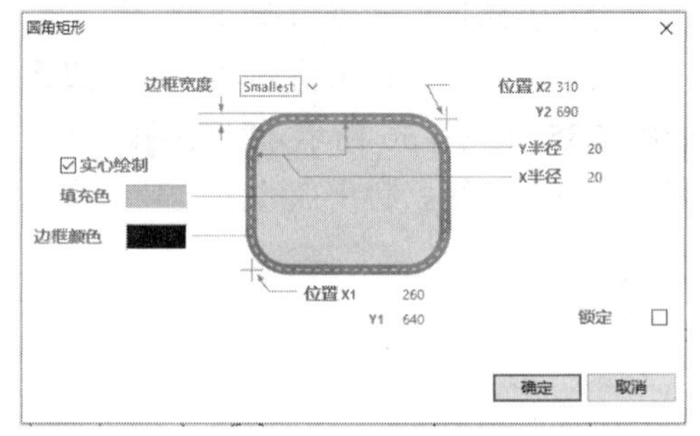

图 4.40 “圆角矩形”属性对话框

知识 7 绘制贝塞尔曲线

绘制贝塞尔曲线

贝塞尔曲线是一种常用的曲线模型，利用该工具可以根据 4 个相互分离的参考点绘制出正弦波、锯齿波、抛物线等曲线。

（1）绘制贝塞尔曲线步骤

第 1 步，执行“放置”→“绘图工具”→“贝塞尔曲线”命令，或者单击“实用工具”按钮下的绘制贝塞尔曲线图标，光标指针变成十字状。

第 2 步，将十字光标移动到所需绘制曲线的起点，单击确定第一个点。

第 3 步，移动光标拉出一条直线，单击确定第二个点，如图 4.41（a）所示。

第 4 步，移动光标可弯曲该直线，当曲线的曲率适当时，单击确定第三个点，如图 4.41（b）所示。

第 5 步，再次移动光标可改变该曲线的弯曲方向，然后单击确定第四个点，再右击完成一段贝塞尔曲线的绘制，如图 4.41（c）所示。

此时系统仍然处于“绘制曲线”的命令状态，用户可以继续绘制其他曲线，也可以右击工作区或按 Esc 键退出。

（2）设置贝塞尔曲线属性

双击已绘制的贝塞尔曲线或在绘制状态下按 Tab 键，弹出“贝塞尔曲线”属性对话框，如图 4.42 所示，可以从中定制曲线的宽度和颜色。

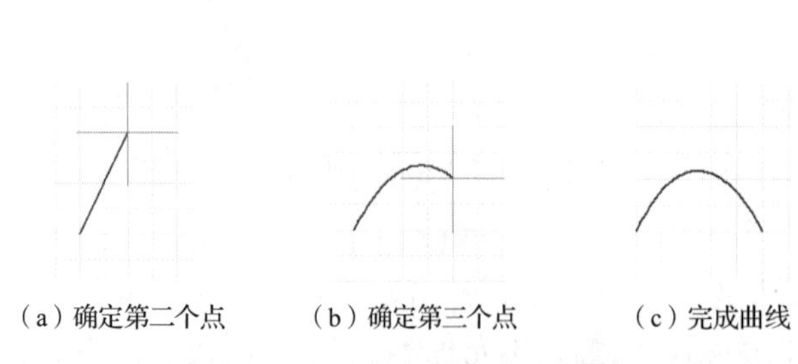

（a）确定第二个点　（b）确定第三个点　（c）完成曲线

图 4.41 贝塞尔曲线绘制过程

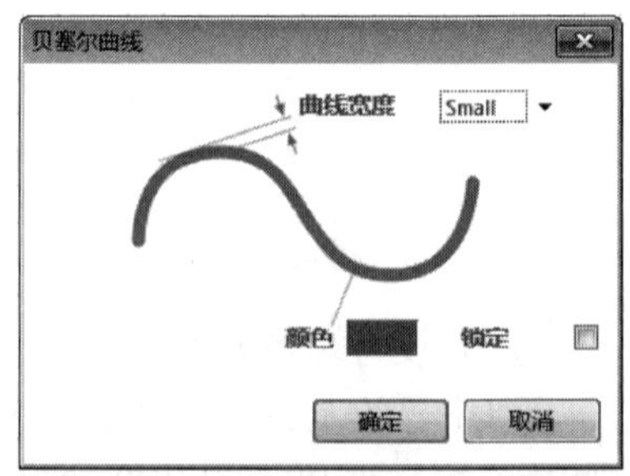

图 4.42 “贝塞尔曲线”属性对话框

知识 8 放置文本字符串

放置文本字符串

在原理图上最重要的注释方式就是文字说明。如果注释文字是单行的，可以直接使用放置文本字符串命令。

1. 放置文本字符串步骤

第 1 步，执行“放置”→“文本字符串”命令，或者单击“实用工具”按钮下的放置文本字符串图标A，光标指针变成十字状并带有一个如图 4.43 所示的文本字符串。

第 2 步，在图纸中移动十字光标，在适当位置单击确定添加文字标注的位置。在图纸中放置的文字标注内容默认为 Text。

第 3 步，放置该文本字符串后，光标上仍带有一个浮动的文本字符串，可以用同样的方法继续放置一个文本字符串。

第 4 步，完成全部放置后，右击工作区或按 Esc 键，退出放置文本字符串状态。

2. 设置文本字符串属性

双击已放置的文本字符串，或者在放置状态下按 Tab 键，弹出“标注”属性对话框，如图 4.44 所示。在“标注”属性对话框中可以设置文本字符串的颜色、位置、方向和对齐方式等参数。其中“文本”用于输入需要显示的字符串。

单击“字体”右边的默认字体“Times New Roman,10”，弹出图 4.45 所示的“字体”设置对话框。在该对话框中可以设置文字的字体、字形和大小等。在放置文本字符串的状态下，按空格键可以改变文本字符串的方向。

Text

图 4.43 字符串状态

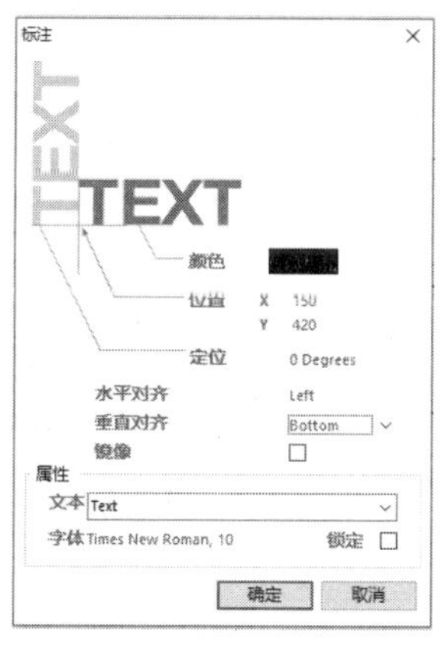

图 4.44 “标注”属性对话框

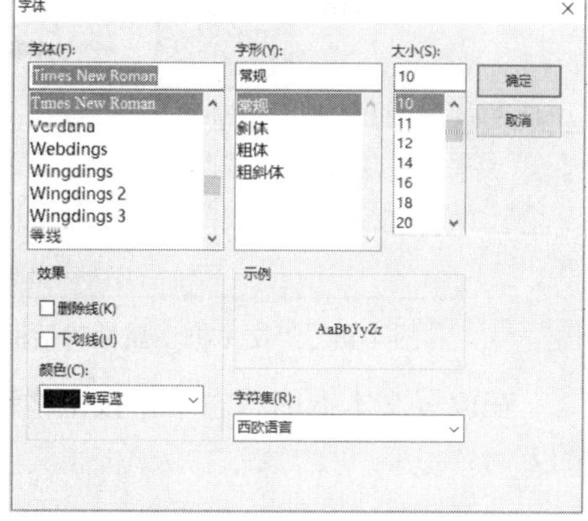

图 4.45 “字体”设置对话框

知识 9 放置文本框

放置文本框

文本字符串放置起来很方便，但是内容比较单薄，通常用于小处的注释。大块的原理图注释需要分成几行，通常采用文本框的方法来实现。

1. 放置文本框步骤

第 1 步，执行“放置”→“文本框”命令，或者单击“实用工具”按钮下的文本框图标，光标指针变成十字状并浮动一个文本框，如图 4.46 所示。

第 2 步，在待放置文本框区域的一个边角处单击确定文本框的一个顶点。

第 3 步，移动光标拖出一个虚线框，单击确定文本框的另一个对角顶点，就放置了一个文本框，如图 4.47 所示，并自动进入下一个放置状态。

第 4 步，完成全部放置后，右击工作区或按 Esc 键，退出放置文本框状态。

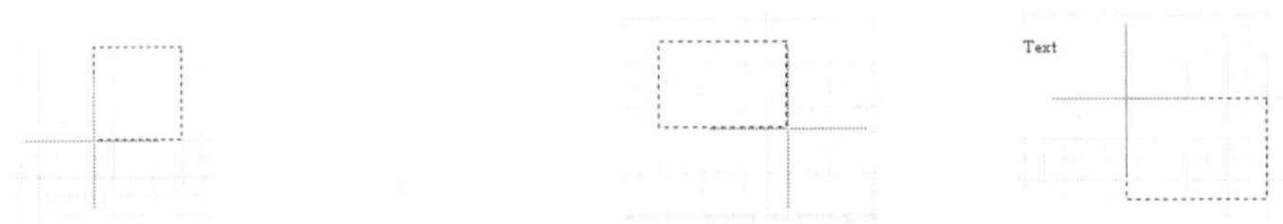

图 4.46　放置文本框状态　　　　图 4.47　放置文本框全过程

2. 设置文本框属性

双击已放置的文本框或在放置状态下按 Tab 键，弹出“文本框”属性对话框，如图 4.48 所示。

在“文本框”属性对话框中可以设置文本框的边框宽度、边框颜色、填充色、位置和排列对齐方式等参数。单击“文本”右边的“变更”按钮，弹出文本输入窗口，如图 4.49 所示，用户可在其中编辑要显示的文字。单击“字体”右边的默认字体“Times New Roman,10”，弹出如图 4.45 所示“字体”设置对话框。“自动换行”复选框用来设置当文字内容超出文本框边界时是否换行。“修剪至区域内”复选框用来设置当文字长度超出文本框边界时，是否截去超出部分。设置完毕，单击“确定”按钮，完成文本框属性的设置。

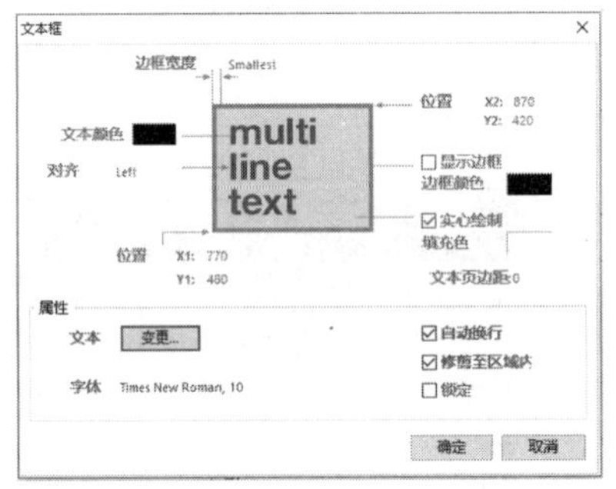

图 4.48　“文本框”属性对话框

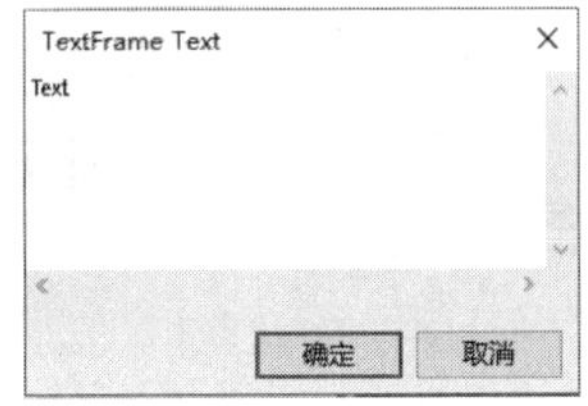

图 4.49　文本输入窗口

在放置文本框的状态下，按空格键可以改变文本框的方向，但不改变文本框内文本的方向。

工作页

实训　绘制图形并放置注释

1. 绘制图形

1）绘制一个圆，半径为 25mm，颜色为色号 224，线宽为“Small”。

2）绘制一个椭圆，以原点为圆心，X 轴半径为 20mm，Y 轴半径为 30mm，边框颜色色号为 227，填充色色号为 219，边框宽度为 Large。

3）绘制一个等腰三角形，底边长为 40mm，高为 28mm，边框颜色色号为 235，透明，边框宽度为 Medium。

4）绘制一个透明矩形，长为 50mm，宽为 40mm，边框宽度为 Smallest。

提示：英制与公制转换，执行“设计”→“文档选项”命令，在弹出的“文档选项”对话框中选择“单位”，勾选“公制单位系统”，状态栏中就出现 mm。

5）绘制如图 4.50 所示的正弦波信号曲线，并将绘制过程操作步骤填于表 4.4 中。

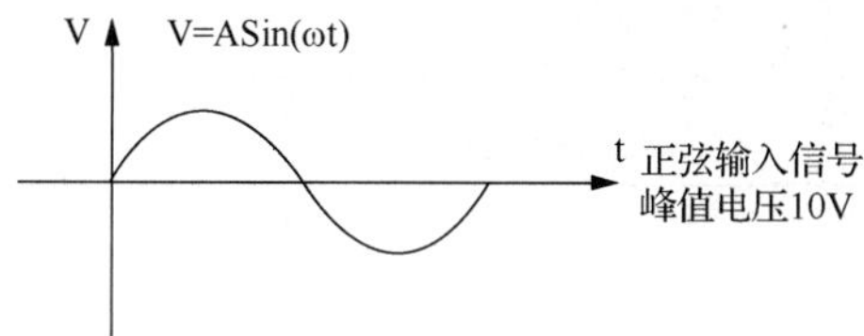

图 4.50　正弦波信号曲线

表 4.4　绘制正弦波信号曲线的操作步骤

绘制过程	图形示例	操作步骤
1）绘制坐标轴（箭头用斜的短直线）		
2）绘制正弦曲线	1 2 3 4 5 6 鼠标单击位置及顺序示意图	
3）放置文本字符串（字体大小为 18）	V　V=ASin(ωt)　t	
4）放置文本框（字体大小为 20）	V　V=ASin(ωt)　t 正弦输入信号 峰值电压10V	

提示：正弦波 4 个点的确定。

在曲线起点即原点处单击，确定第 1 点；将光标从第 1 点向右移动 2 个网格，向上移动 4 个网格，单击确定第 2 点；然后在第 1 点右边水平方向第 4 个网格单击确定第 3 点；第 4 点和第 3 点位置相同，即完成了正半周正弦波的绘制。采用同样方法在第 4 点下面完成负半周的绘制。用此法也可以绘制其他周期的正弦波。

2. 收获和体会

将绘制各种图形并放置注释实训后的收获和体会写在下面空格中。

收获和体会：

3. 工作评价

将绘制各种图形并放置注释后的工作评价填写在表 4.5 中。

表 4.5 工作评价表

评定人	工作评价	等级	评定签名
自己评			
同学评			
老师评			
综合评定等级			

______年______月______日

拓 展

拓展 插入图片

拓展部分详细内容，可从网站 www.abook.cn 下载学习。

任务三 层次原理图

情 景

复杂的电路原理图，图纸规模大，图纸尺寸也很大，要打印和浏览整张图的各部分功能层次结构就比较麻烦。利用层次原理图就可以解决这个问题。

讲解与演示

知识 1 层次原理图概述

在原理图设计过程中，通常把规模较大的原理图分成几部分，按不同的功能模块分别画在几张小图上。这样做不但便于交流，更大的好处是可以使很复杂的电路变成相对简单的几个模块，使电路结构清晰明了，因此大大方便了设计人员进行分工合作、检查电气连接以及修改电路等。由此，引入了层次设计的方法。

Atium Designer 17 提供了强大的层次原理图设计功能，整张原理图可以分成若干个子图，子图还可以再向下细分，如此下去，形成树状结构。同一个工程中，可以包含任意多层原理图。

层次电路设计方法，是一种化整为零、聚零为整的电路图设计方法。原理图的层次化是指由子原理图、方块电路图、母原理图形成的层次化体系。层次原理图的结构可以用图 4.51 来表示。

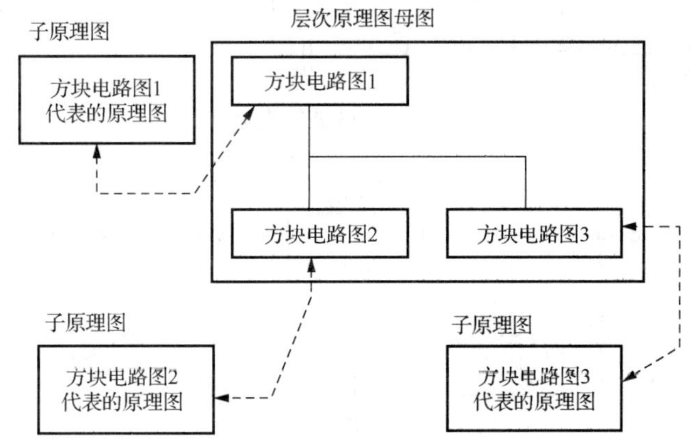

图 4.51　层次原理图结构示意图

从图 4.51 中可以看出，层次原理图的母图以方块电路图来表示各个功能模块，每个方块电路都是一张下层电路图的等价表示，是母图和子图联系的纽带。层次原理图的母图起到连接各子图的作用，其连接方法是通过放置在方块电路中的输入和输出端口来实现。母图中的方块电路图代表本图下一层的子原理图符号。每个方块电路都与特定的子原理图对应，相当于封装了子原理图中的所有电路，将一张原理图简化为一个符号。

层次电路设计方法包括自上而下和自下而上两种。自上而下的设计方法是指首先根据工程结构，把整个电路分解成不同功能的子模块，并画出层次原理图母图，然后再分别画出层次原理图母图中各个方块电路图对应的子原理图，这样一层一层向下细化，最终完成整个工程原理图的设计。自下而上的设计过程正好相反，先设计原理图子图，再设计方块电路图，进而产生母图，这种方法常用于模块设计前不清楚该模块具体有哪些端口的情况。

层次电路图不宜设置过多层次，否则会增加系统的负担。一个工程项目一般只允许设置两层。

知识 2　认识电路

下面以一个两层结构的工程为例，介绍自上而下和自下而上两种层次原理图设计的具体流程。图 4.52 和图 4.53 所示分别是“正弦波发生器”和“三端正、负电源稳压电路”

原理图，“正弦波发生器”的电源由“三端正、负电源稳压电路”提供。在进行电路设计时，把这两个电路看成是母图的两个子图，分别画在不同的两张图纸上。

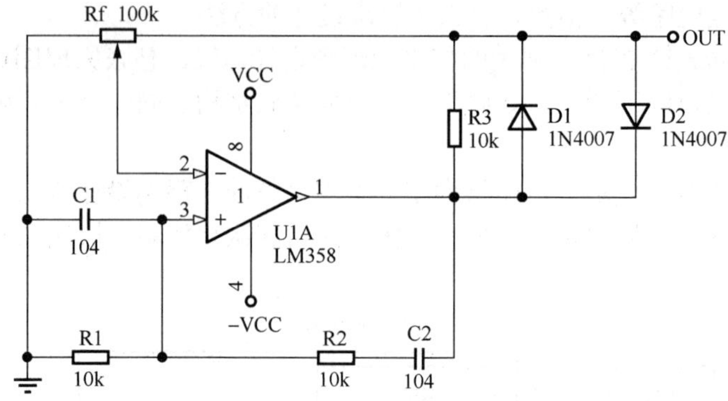

图 4.52　正弦波发生器

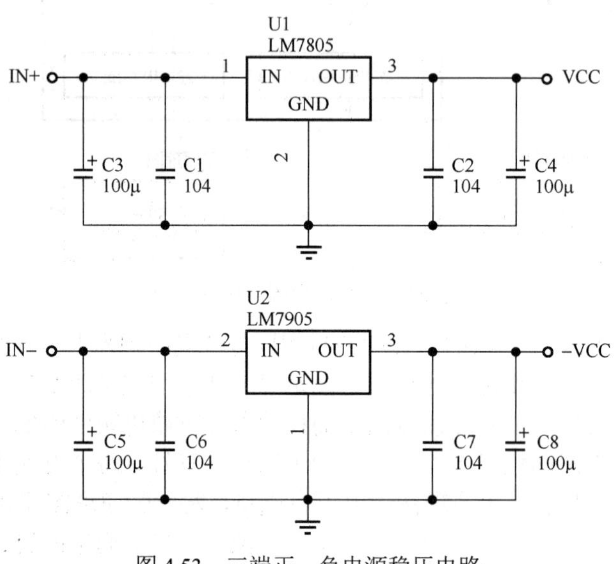

图 4.53　三端正、负电源稳压电路

知识 3　自上而下层次原理图设计

自上而下层次原理图设计

自上而下的设计方法，即由方块电路图产生原理图。设计的具体流程如下。

1. 创建 PCB 工程文件

第 1 步，执行“文件”→“新的”→“工程”命令，创建一个新工程文件。

第 2 步，执行“文件”→“保存工程为”命令，保存创建的 PCB 工程，并命名为 UpToDown.PrjPcb。

所有的层次电路都必须用工程文件来组织，因此，设计一个层次电路的首要任务是创建一个 PCB 工程文件。

2. 创建原理图

（1）创建原理图（母图）

第 1 步，执行“文件”→“新的”→“原理图”命令或选中 UpToDown.PrjPcb 右击，在弹出的快捷菜单中选择“添加新的…到工程”→Schematic 命令，新建层次原理图母图，默认名为 Sheet1.SchDoc。

第 2 步，执行“文件”→“另存为”命令，保存创建的原理图文件，并命名为 UpToDown.SchDoc，采用默认的设计图纸尺寸 A4。其他设置用默认值。建立原理图文件后的工程面板如图 4.54 所示。

（2）放置方块电路

第 1 步，执行“放置”→“页面符”命令，或单击“布线”工具栏上的“放置页面符”按钮，光标变成十字状，并在光标上浮动一个如图 4.55 所示的方块电路。

第 2 步，在放置方块电路图状态下按 Tab 键或双击已放置好的方块电路图，弹出“图表符”属性对话框，如图 4.56 所示。

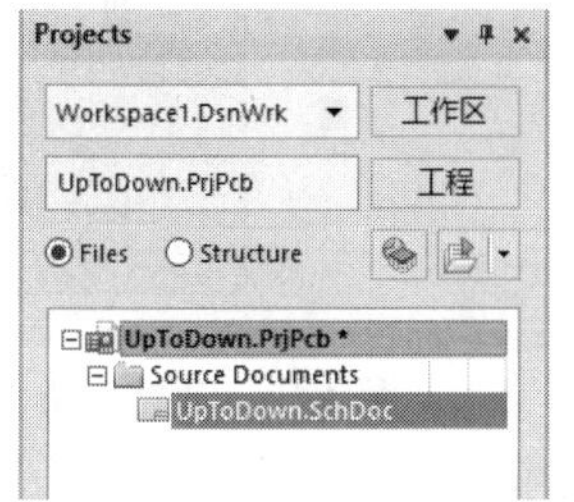

图 4.54　建立层次原理图母图项目面板

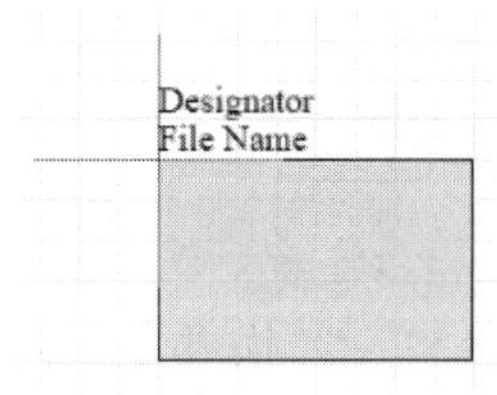

图 4.55　放置方块电路图状态

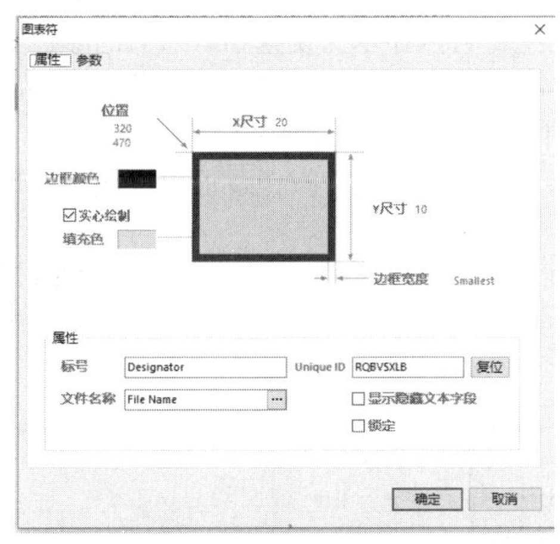

图 4.56　“图表符”属性对话框

第 3 步，在该对话框中，可以显示并设置图纸符号的位置、边框颜色和标号等参数。在“文件名称”文本框中设置文件名为 zxb.schdoc，在“标号”文本框中设置标识符为“正弦波”，单击“确定”按钮，结束图表符的属性设置。

第 4 步，移动光标到原理图编辑界面适当位置处，单击确定方块电路图的一个顶点。

第 5 步，移动光标到合适的位置，单击确定方块电路图的对角顶点。完成一个方块电路的放置。

第 6 步，用同样的方法，继续放置另一个名为“电源”的方块电路图。绘制完成如图 4.57 所示的方块电路原理图。

如需修改已放置的方块电路图，只要双击需要修改的方块电路，打开“图表符”属性对话框，在对话框中直接修改即可。

（3）设置方块电路端口

第 1 步，执行“放置”→“添加图纸入口”命令，或在“布线”工具栏上单击“放置图纸入口”按钮，光标变成十字状。

第 2 步，单击需要放置端口的方块电路，光标处就会出现一个方块电路端口符号，随着光标的移动而移动，并且它只能在方块电路内部的边框上移动。此处选择“正弦波”，如图 4.58 所示。

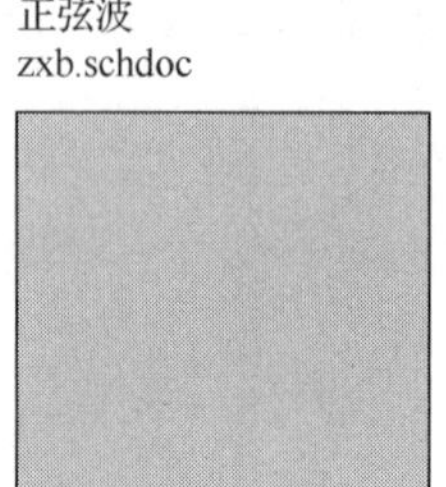

图 4.57 绘制好的方块电路原理图

正弦波
zxb.schdoc

图 4.58 放置方块电路图端口

第 3 步，在放置方块电路端口状态下按 Tab 键或双击已放置的端口，弹出“图表入口”属性对话框，如图 4.59 所示。

第 4 步，在该对话框中，可以显示并设置图纸入口的颜色、位置、样式和名称等属性。此处端口“名称”设置成 VCC，“I/O 类型”选项设置为 Input（输入）型，“侧面”选项设置为 Left（左），“样式”设置为 Right（右）。

第 5 步，设置完毕后，单击“确定”按钮，退出“图表入口”属性对话框，回到放置方块电路端口状态。

第 6 步，在方块电路的适当位置处单击，完成一个名为 VCC 的方块电路端口的放置，如图 4.60 所示。

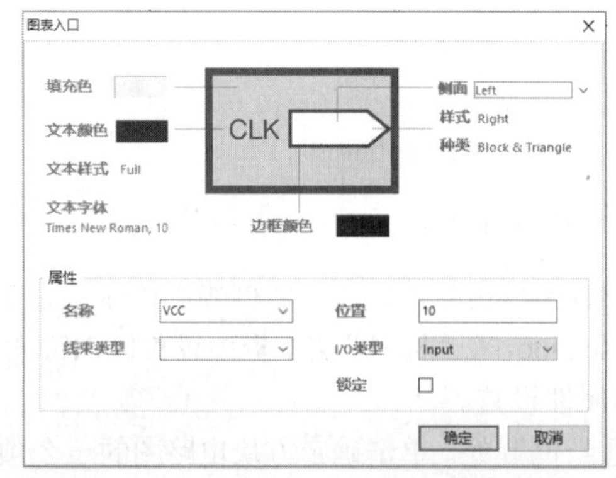

图 4.59 “图表入口”属性对话框

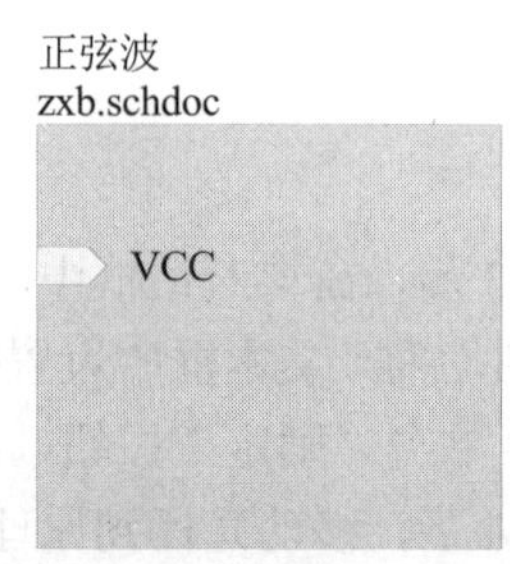

图 4.60 放置 VCC 端口

第 7 步，用同样的方法，继续放置其他端口，并进行相应的设置。

第 8 步，放置完毕后，右击工作区或按 Esc 键，退出放置方块电路端口状态。

第 9 步，将电气关系上具有相连关系的端口用导线或总线连接在一起，即完成了如图 4.61 所示层次原理图母图。

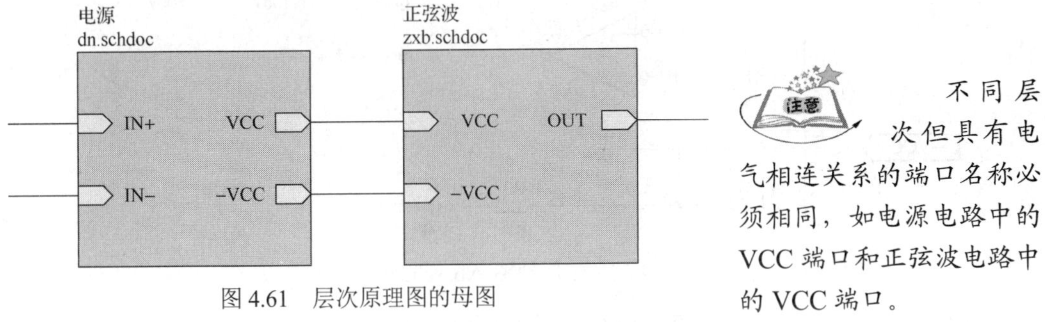

图 4.61　层次原理图的母图

不同层次但具有电气相连关系的端口名称必须相同，如电源电路中的 VCC 端口和正弦波电路中的 VCC 端口。

3. 绘制方块电路对应的子原理图

子原理图与母图通过 I/O 端口发生联系，因此，子原理图的 I/O 端口符号必须与方块电路上的 I/O 端口符号相对应。

第 1 步，执行“设计”→“从页面符创建图纸”命令，光标变为十字状。

第 2 步，光标移到名称为“电源”的方块电路内（注意不要指向端口）单击，系统自动生成一个文件名为“dn.schdoc”的新原理图文件，而且在该原理图中已经自动放置好了 4 个端口方向与方块电路中端口方向一致的输入/输出端口，如图 4.62 所示。

图 4.62　产生的子原理图端口

第 3 步，使用原理图绘制方法，放置各种所需的元件并连接导线，绘制好如图 4.63 所示的原理图。

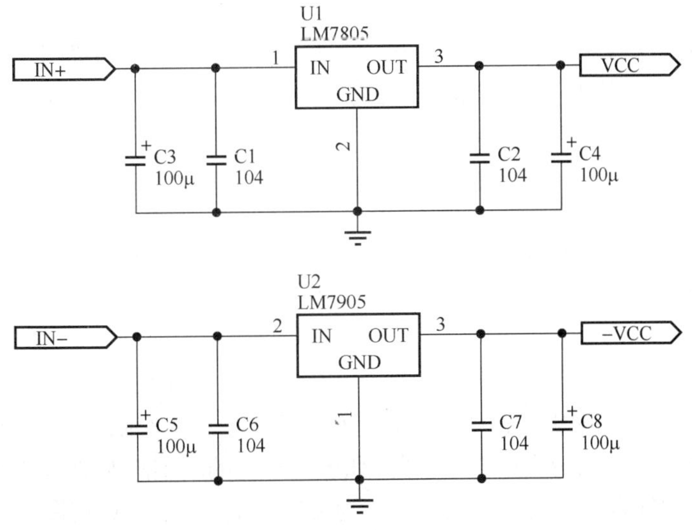

图 4.63　子原理图 dn.schdoc

第 4 步，按照上述方法再绘制如图 4.64 所示的子原理图 zxb.schdoc。

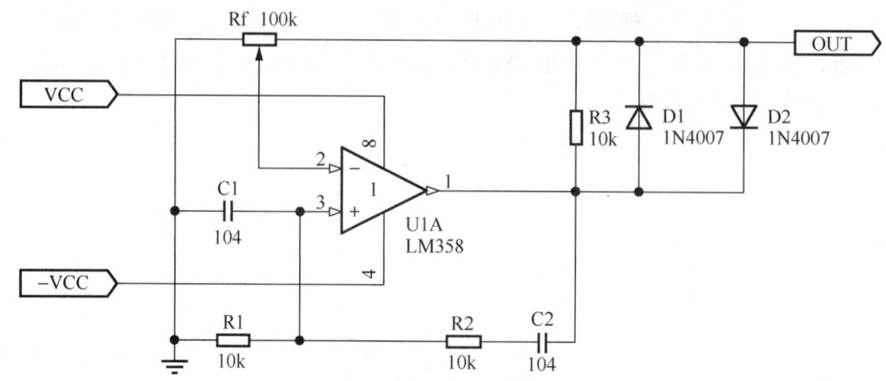

图 4.64　子原理图 zxb. schdoc

第 5 步，保存上述文件，至此完成了整个电路的设计。

对于一张含有方块电路的层次原理图，其中的方块电路其实并没有电气意义，它只代表下层的子原理图，在层次原理图中真正具有电气意义的是方块电路端口。

知识 4　自下而上层次原理图设计

自下而上层次原理图设计

自下而上的层次式原理图设计方法，是先设计原理图子图，再设计方块电路图，最后产生母原理图。Altium Designer 17 提供了快捷的方法，即由一张已设置好端口的原理图子图直接产生方块电路符号。自下而上层次原理图设计的具体操作流程如下。

1. 创建 PCB 工程文件

第 1 步，执行“文件”→“新的”→“工程”命令，创建一个新工程文件。

第 2 步，执行“文件”→“保存工程为”命令，保存创建的 PCB 工程，并命名为 DownToUp.PrjPcb。

2. 创建原理图子图

第 1 步，执行“文件”→“新的”→“原理图”命令或选中 DownToUp.PrjPcb 右击，在弹出的快捷菜单中选择“添加新的…到工程”→“Schematic”命令，创建一个原理图文件。

第 2 步，执行“文件”→“另存为”命令，保存创建的原理图文件为 dn1.SchDoc。

第 3 步，在原理图编辑窗口中，放置元件、连接线路，绘制出具体的原理图，放置 I/O 端口表示子原理图的外部接口。完成一张子原理图的绘制，如图 4.63 所示。

第 4 步，以同样方法绘制另一张文件名为 zxb1.SchDoc 的子原理图，如图 4.64 所示。

3. 创建原理图母图

第 1 步，在已设计好原理图子图的同一目录下，执行“文件”→“新的”→“原理图”命令，创建一个新的原理图文件，并命名为 DownToUp.SchDoc。

第 2 步，在新原理图文件编辑窗口，执行“设计”→“Create Sheet Symbol From Sheet”命令，弹出如图 4.65 所示对话框，系统将列出当前打开的所有原理图。

第 3 步，选择要产生方块电路的文件 dn1.SchDoc，单击 OK 按钮。

第 4 步，系统回到 DownToUp.SchDoc 窗口中，光标指针处“悬浮”着一个方块图，将光标移到适当位置单击，自动生成 dn1.SchDoc 的方块电路。

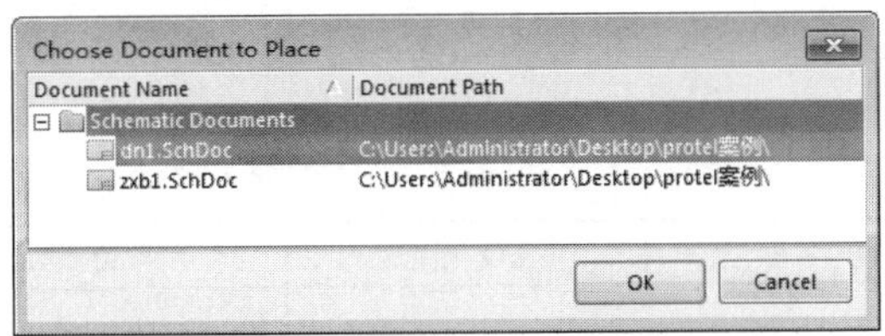

图 4.65　Choose Document to Place 对话框

在此方块电路属性对话框中，“文件名”项一定不能改，否则方块图与原理图就不对应。

第 5 步，重复第 2～第 4 步，选择文件 zxb1.SchDoc，生成名为 zxb1.SchDoc 的方块电路。

第 6 步，根据层次原理图的需要，对方块电路图端口进行适当调整，以便于连线，调整完毕的方块电路如图 4.66 所示。

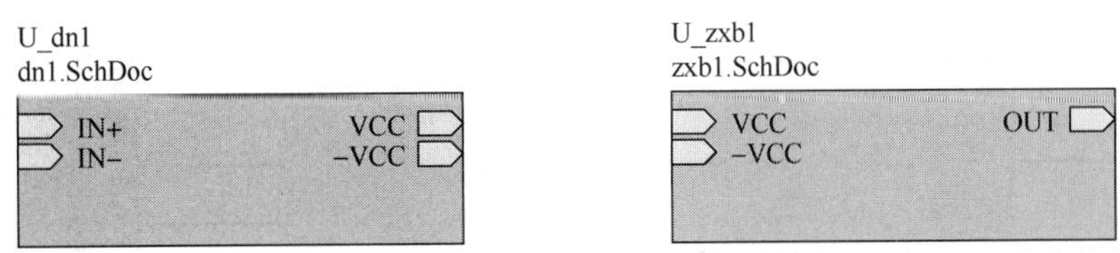

图 4.66　自动产生的方块电路图

第 7 步，根据电路需要，将有电气关系的端口用导线或总线连接在一起，完成母图设计，如图 4.67 所示。

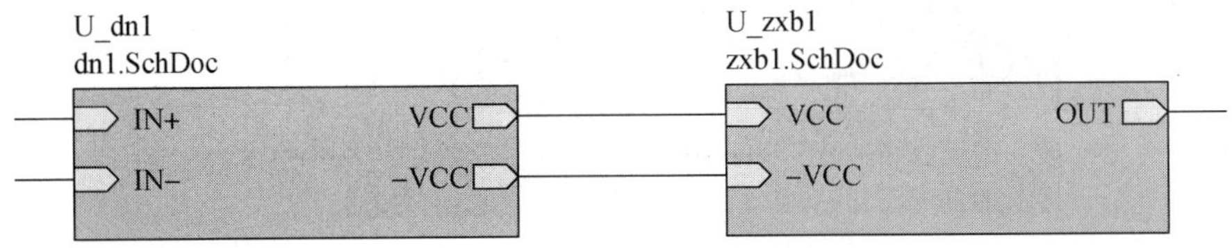

图 4.67　层次原理图母图

总之，对于层次原理图设计，如果在一个模块设计出之前，并不清楚该模块到底有哪些端口，这时采用自上向下的设计方法是没有办法画出一张详尽的总图的，而采用自下而上的方法来设计就非常有效。

工作页

实训　绘制层次原理图

1. 端口设置

设置图 4.61 方块电路端口，并把设置状态填于表 4.6 中。

表 4.6　方块电路端口选项设置

方块电路	端口名称	I/O 类型	边	风格
电源	IN+			
	IN−			
	VCC			
	−VCC			
正弦波	VCC			
	−VCC			
	OUT			

2. 实际操作

绘制如图 4.68 所示的层次原理图（图 4.69 所示为其子图之一），并把操作过程填于表 4.7 中。

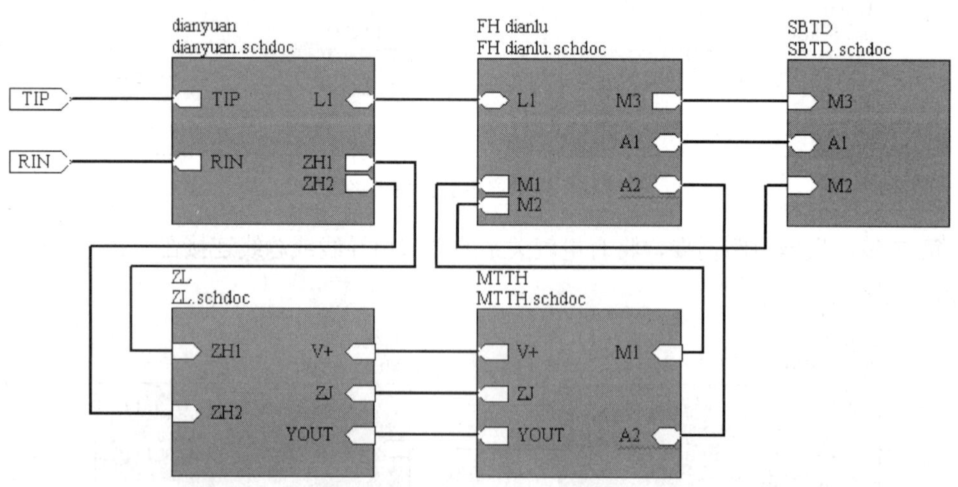

图 4.68　层次原理图母图练习

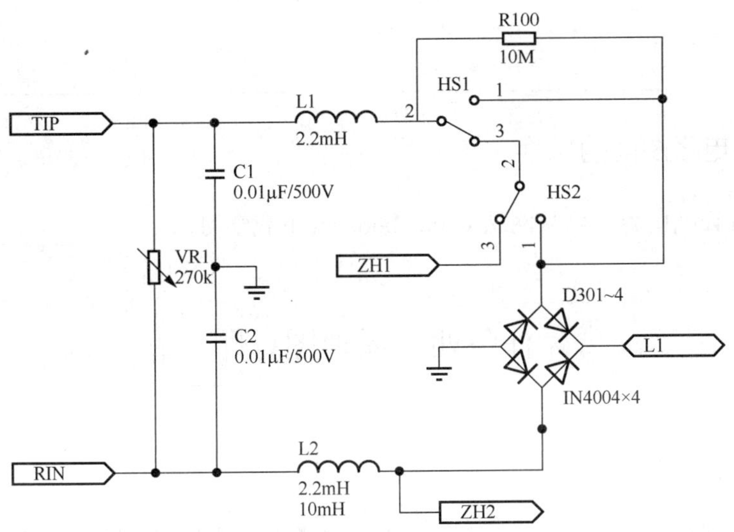

图 4.69 层次原理图母图的子图之一

表 4.7 绘制层次原理图具体操作步骤

操作流程	操作具体步骤
创建 PCB 设计项目	
创建母图	
绘制方块电路对应的子原理图	

3. 收获和体会

将绘制层次原理图后的收获和体会写在下面空格中。

收获和体会：

4. 工作评价

将绘制层次原理图的工作评价填写在表 4.8 中。

表 4.8 工作评价表

评定人	工作评价	等级	评定签名
自己评			
同学评			
老师评			
综合评定等级			

______年______月______日

拓 展

拓展 各层电路图间的切换

拓展部分详细内容，可从网站 www.abook.cn 下载学习。

任务四 原理图打印

情 景

电路图绘制完成后总希望把它打印出来，在屏幕上看到的效果与在纸上所看到的实际感觉总是不一样。可打印出来的原理图经常会跑到图纸的角落去，看上去很不协调。从电路图的打印稿有时可看出一个人的实力，所以一定要养成调整图纸的好习惯。

讲解与演示

知识 1 调整图纸

画好一张电路图后，如只想在图纸合适位置放置，具体操作步骤如下。

第 1 步，执行“设计”→“文档选项”命令，进入如图 4.70 所示原理图“图纸选项”选项卡。

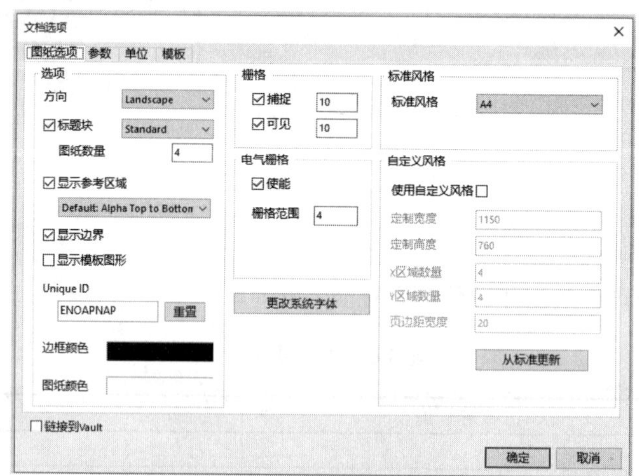

图 4.70 “图纸选项”选项卡

第 2 步，在此不用标题栏，取消“标题块”勾选。

第 3 步，选中“使用自定义风格”复选框。

第 4 步，指定图纸宽度和高度，“定制宽度”栏输入 500，“定制高度”栏输入 350。

第 5 步，单击“确定”按钮，结果发现如图 4.71 所示电路图显示位置不在图纸中。

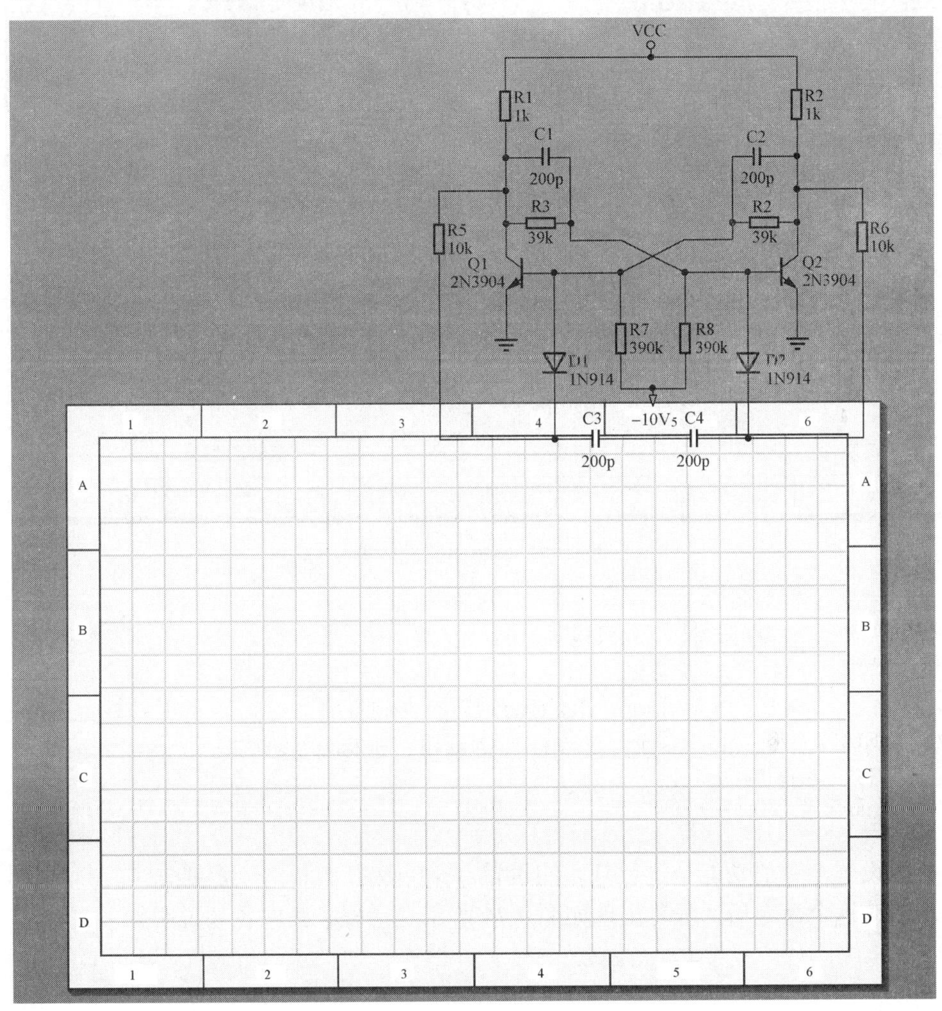

图 4.71　显示位置不在图纸中

第 6 步，执行“编辑”→“选择”→“全部”命令，选取整张电路图。

第 7 步，选中电路图内的任一图件，按住鼠标左键不放，将整个电路拖到图纸中间位置，如图 4.72 所示。

若图纸还是太大，则依前述方法将图纸调小一点。重复这些动作直到图纸合适为止。

第 8 步，执行“文件”→“保存”命令，保存文件。

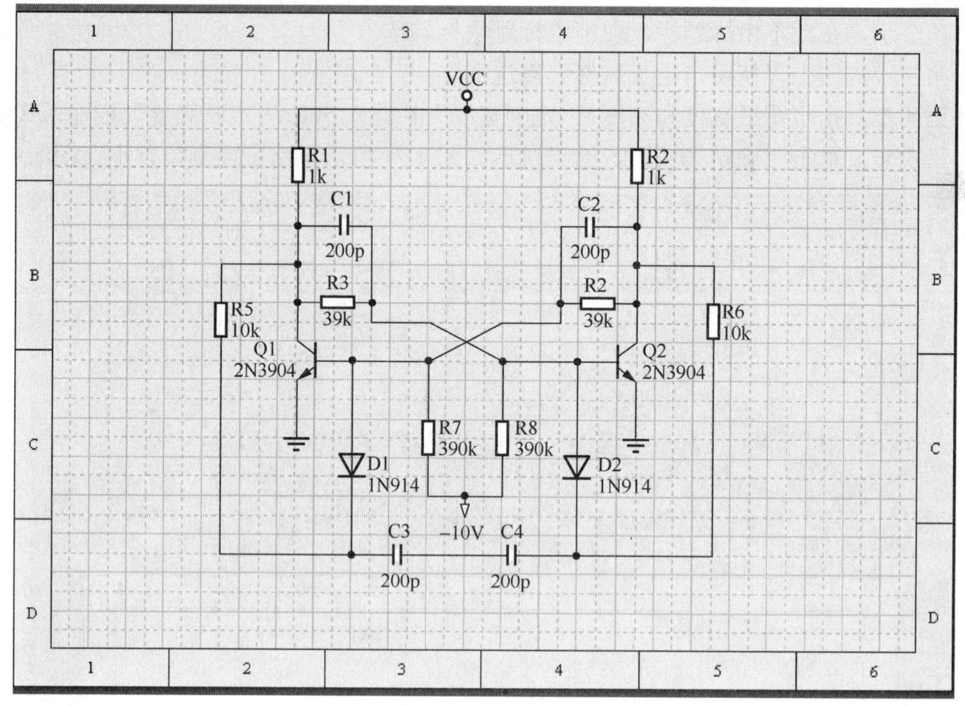

图 4.72　调整电路图位置

知识 2　原理图打印设置

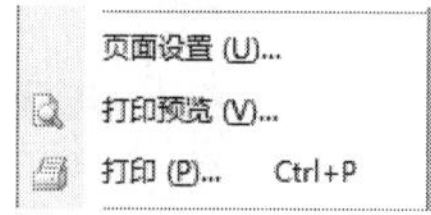

图 4.73　打印相关命令

Altium Designer 17 提供的打印命令，除了工具栏上的按钮外，全部在“文件”菜单里，如图 4.73 所示。

1. 页面设置

页面设置命令的功能是进行打印的设置。第一次打印时，一定要先进行打印页面的设置。启动这个命令后，屏幕出现如图 4.74 所示对话框。其中各项说明如下。

图 4.74　页面设置对话框

1）“打印纸”区域：设置打印纸张的尺寸及方向。可以在“尺寸”字段中指定所要采用的纸张，以及打印的方向是垂直还是水平。

2）“偏移”区域：设置页边距。可以在“水平”字段中指定左边起印点位置，最好选取其右侧的“居中”选项，让所打印的图自动水平居中；在“垂直”字段中指定下方起印点位置，最好选取其右侧的“居中”选项，让所打印的图自动垂直居中。

3）“缩放比例”区域：设置打印比例。“缩放模式”指定打印比例的模式。

4）“校正”区域：设置误差调整量。X、Y 字段分别指定打印机 X 轴、Y 轴打印误差调整量。

5）“颜色设置”区域：设置打印的色彩。“单色”设置以单色打印；“颜色”设置以彩色打印，若是黑白打印机，则会以灰度打印；“灰的”设置以灰度打印。

2. 打印预览

打印预览命令的功能是进行打印预览，启动这个命令后屏幕出现如图 4.75 所示对话框。

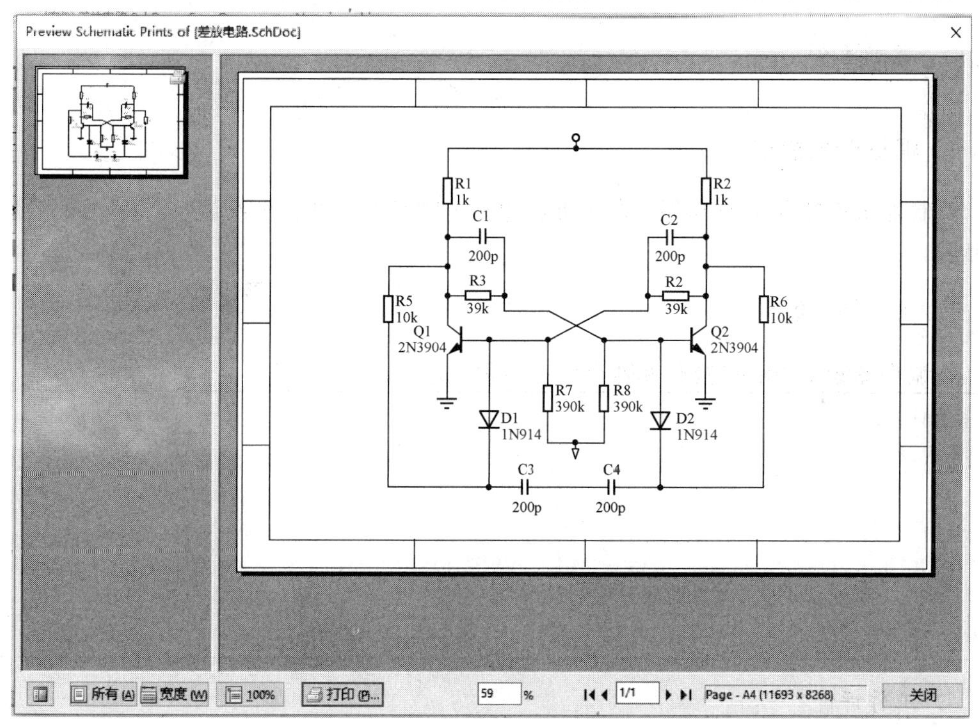

图 4.75 打印预览对话框

该对话框分为两部分，左边为缩图栏、右边为预览区。在缩图栏中列出所有电路图的缩图，选取所要预览的电路图，则该电路图将出现在右边的预览区。预览区所显示的电路图就是该图被打印出来的样子，可以直接在预览区缩放显示比例，按 PgUp 键放大显示比例，按 PgDn 键缩小显示比例。也可由下方工具栏中的工具进行操作。

3. 打印

执行“文件”→“打印”命令的功能是进行打印，启动这个命令后屏幕出现如图 4.76 所示打印对话框。

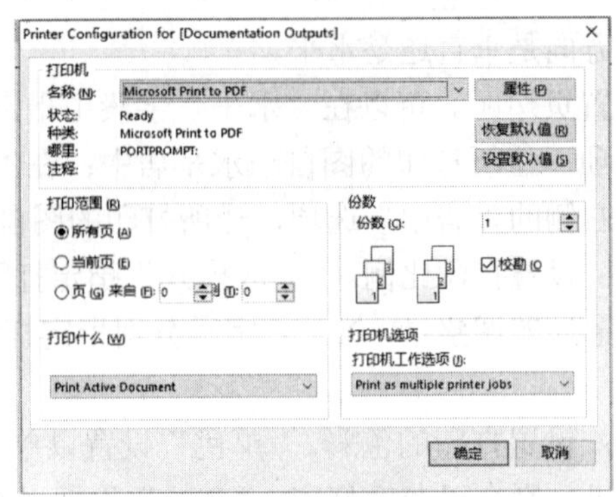

图 4.76　打印对话框

工作页

实训　调整图纸

1. 调整原理图图纸

绘制如图 4.75 所示原理图，在不要标题栏的情况下，进行图纸调整，写出调整图纸的步骤。

2. 收获和体会

将调整图纸实训后的收获和体会写在下面空格中。

收获和体会：

3. 工作评价

将调整图纸的工作评价填写在表 4.9 中。

表 4.9　工作评价表

评定人	工作评价	等级	评定签名
自己评			
同学评			
老师评			
综合评定等级			

________年________月________日

拓 展

拓展 个性化标题栏的功能变量设置及应用

拓展部分详细内容，可从网站 www.abook.cn 下载学习。

思考与练习

一、判断题（对的打“√”，错的打“×”）

1. 调整元件管脚位置有时可以减少图纸上导线连接的复杂性。（ ）
2. 自动标注元件标识功能，使原理图容易出现重复或跳号等现象。（ ）
3. 通常情况下，选择一个项目内所有的原理图一起进行自动标识。（ ）
4. 在 Altium Designer 17 中，绘制圆与椭圆的工具是一样的。（ ）
5. 同一个工程中，可以包含任意多层原理图。（ ）
6. 自下而上的设计方法，即由方块电路图产生原理图。（ ）
7. 设计一个层次式电路的首要任务是创建一个 PCB 设计工程文档。（ ）
8. 方块电路属性对话框中，“文件名”项可以修改。（ ）
9. 层次式电路图不宜设置过多的层次，否则会增加系统负担。（ ）
10. 层次式原理图设计中，方块电路图端口不能移动。（ ）

二、填空题

1. 调整元件管脚是通过　　　　　对话框中取消　　　　　复选项进行的。

2. 旋转元件管脚是在移动管脚过程中，通过按下________完成的。

3. 利用菜单命令________→________可实现对元件参数的隐藏 操作。

4. ________曲线是一种常用的曲线模型，利用该工具可以根据________个相互分离的参考点绘制出正弦波。

5. 图形工具栏中画出来的直线不具有________特性。

6. 如果注释文字是单行的，可以直接使用放置________的命令；大块的原理图注释需要分成几行来放置，通常采用放置________的方法来实现。

7. 原理图的层次化是指由________、________和________形成的层次化体系。

8. 层次电路设计方法包括________和________两种。

9. 画直线时，按________键可以切换走线模式，即________模式、________模式和任意倾角模式。

10. 自下而上的层次式原理图设计方法，先设计________，再设计________，进而产生________。

三、简答题

1. 调整元件管脚的意义。
2. 简要概述如何隐藏元件参数。
3. 如何打开绘图工具栏？
4. 怎样设置贝塞尔曲线的属性？
5. 文字标注分几种类型？
6. 为什么要采用层次原理图设计？层次原理图有哪几种设计方法？
7. 简述自上而下层次原理图设计流程。
8. 简述自下而上层次原理图设计流程。

四、作图题

1. 利用贝塞尔曲线绘制正弦波、抛物线和锯齿波。
2. 在绘制好的原理图下方放置“原理图练习”的说明文字，并设置成楷体 4 号字。
3. 完成图 4.77 所示原理图。

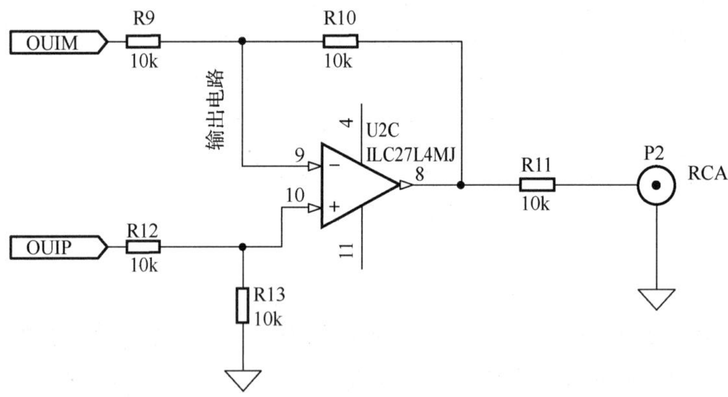

图 4.77　放置注释文字后的原理图

4. 调整元件管脚，绘制图 4.78～图 4.80 所示电路。

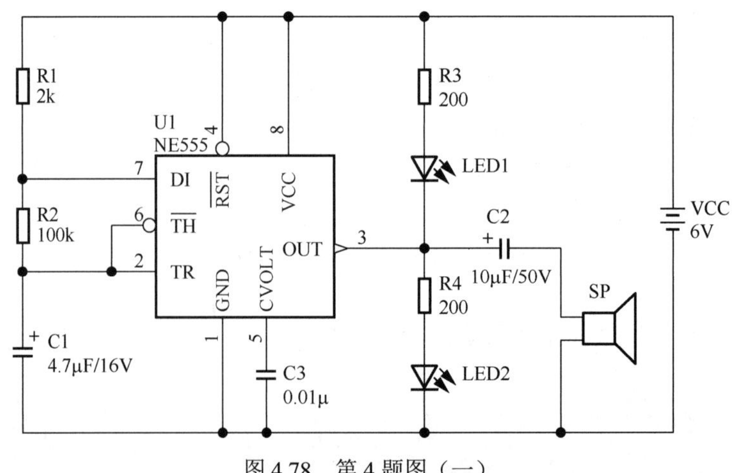

图 4.78　第 4 题图（一）

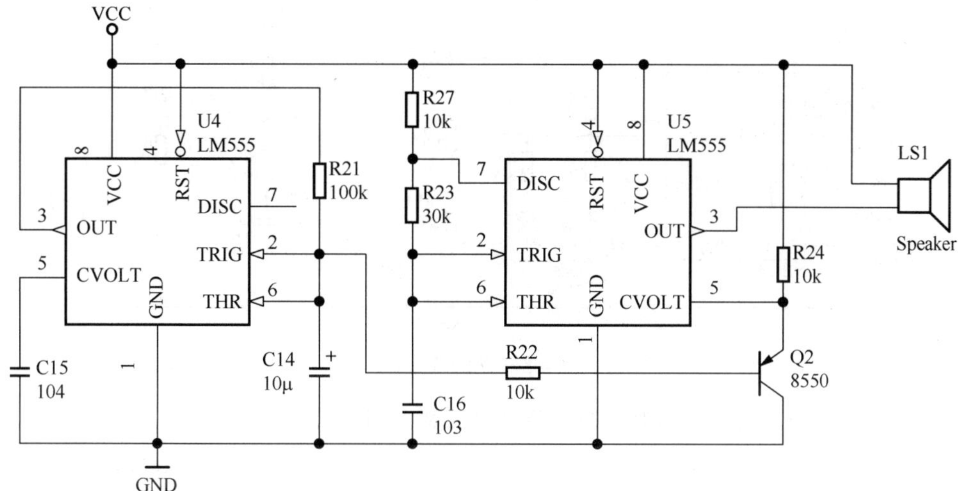

图 4.79 第 4 题图（二）

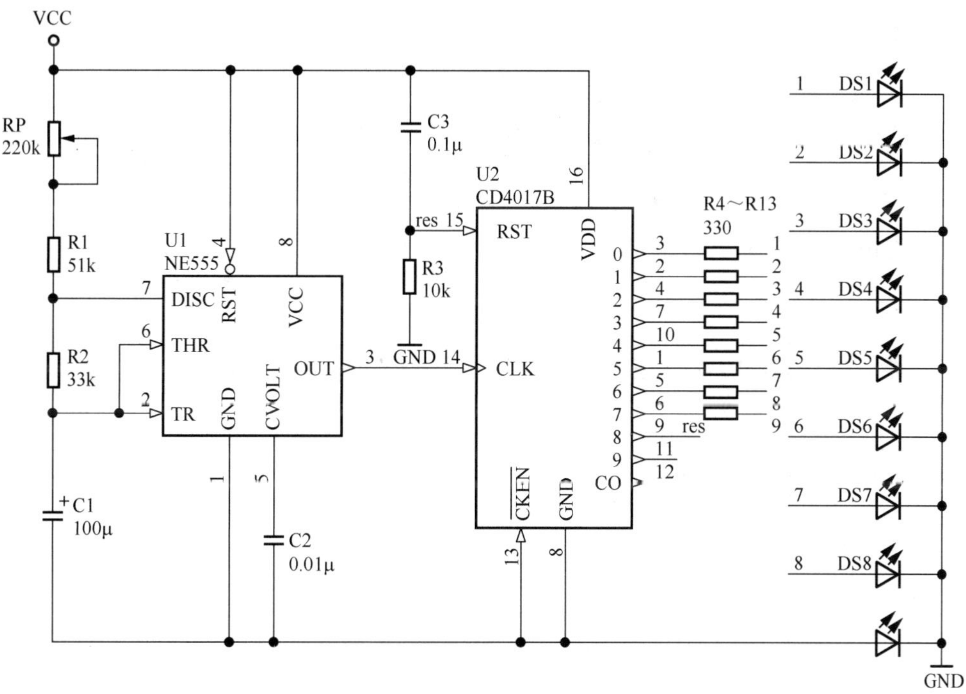

图 4.80 第 4 题图（三）

5．绘制图 4.81 电路，调整元件管脚并能应用自动标识元件。

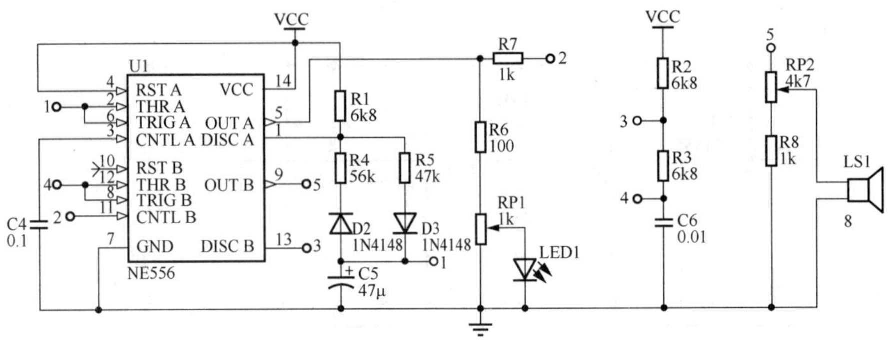

图 4.81　第 5 题图

6．绘制图 4.82 电路，调整元件管脚并能隐藏元件参数。

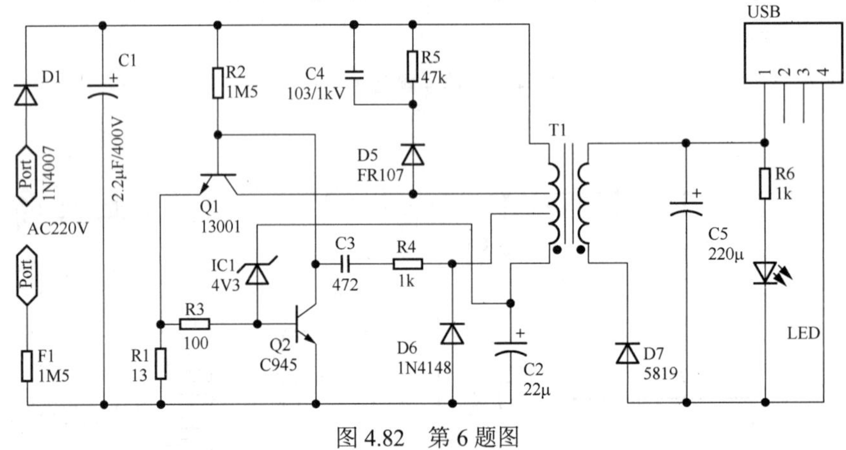

图 4.82　第 6 题图

7．绘制图 4.83、图 4.84 电路并应用自动标识元件、隐藏元件参数。

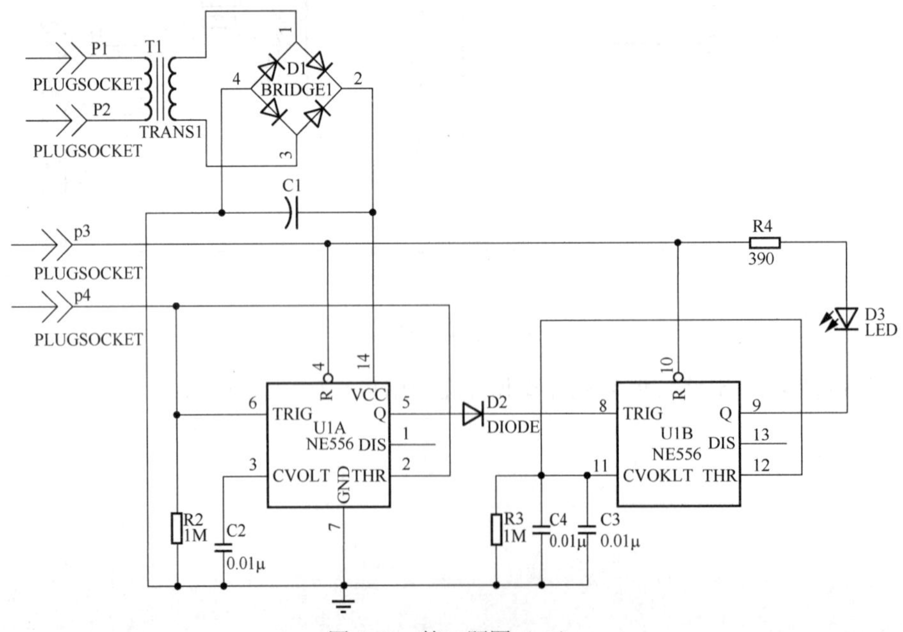

图 4.83　第 7 题图（一）

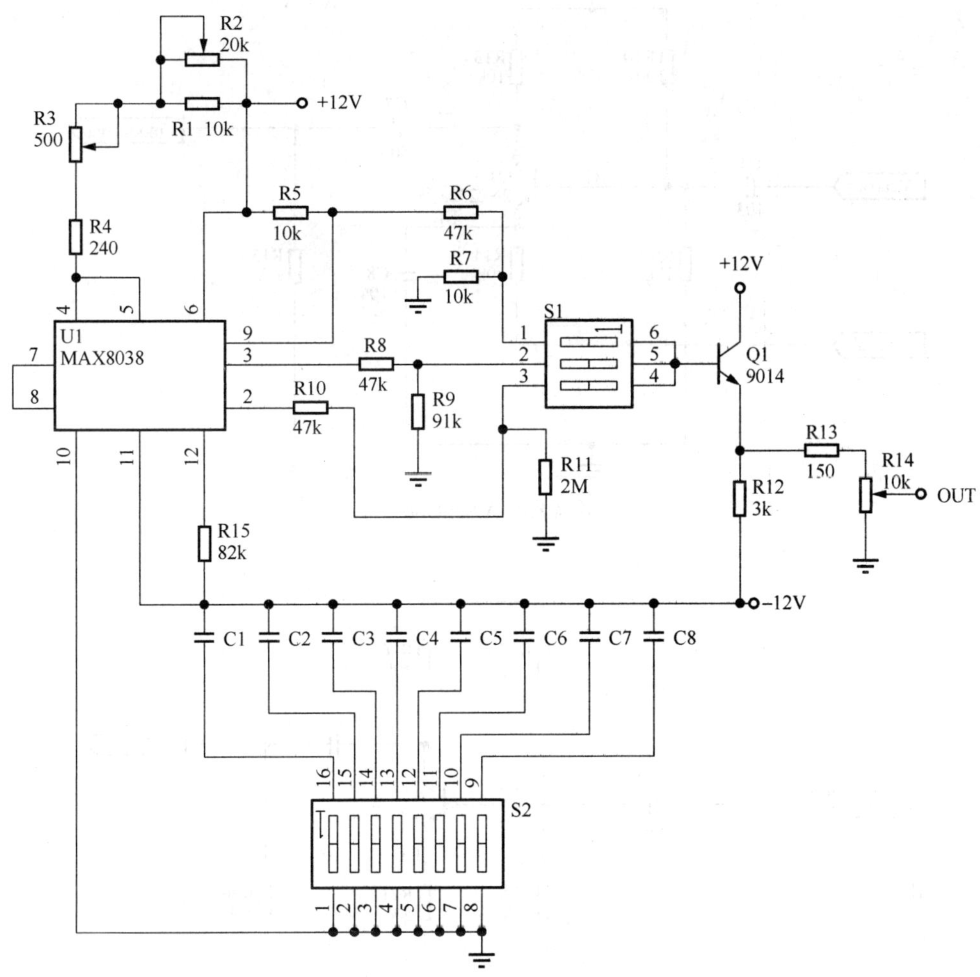

图 4.84　第 7 题图（二）

8．图 4.85 和图 4.86 为层次原理图的子原理图，试采用“自上而下”层次原理图设计方法，在 E 盘根目录下建立一个名为“练习”的文件夹。所有文件均保存在该文件夹中。

新建一个名为“UpToDown.PrjPcb”的工程文件；

新建一个名为“mt.SchDoc”的原理图文件；

新建一个名为“A.SchDoc”的原理图文件；

新建一个名为“B.SchDoc”的原理图文件。

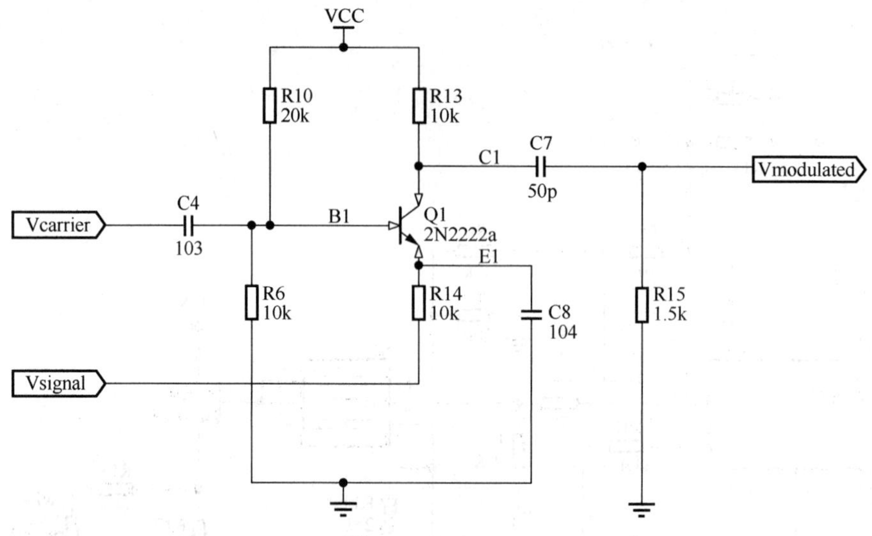

图 4.85　A.SchDoc

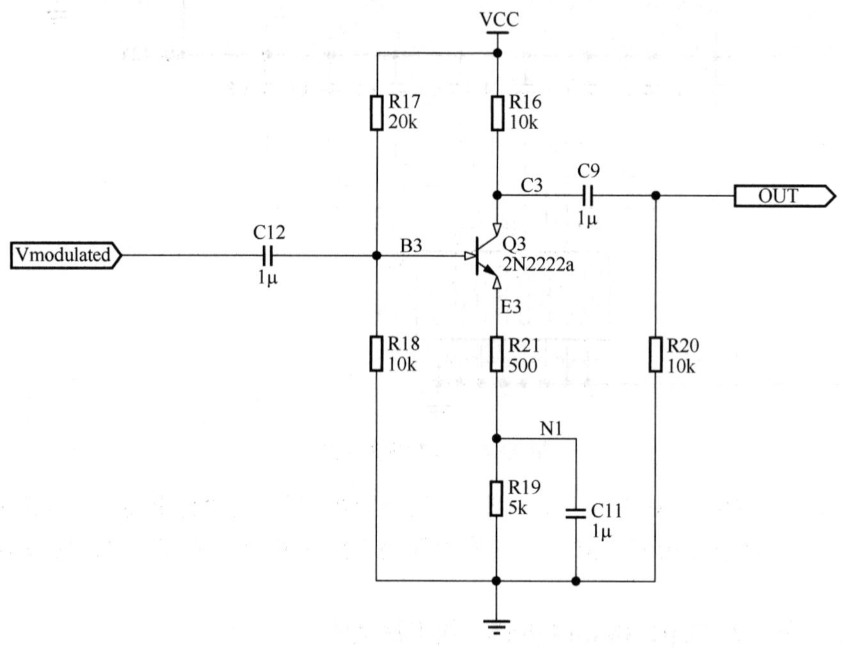

图 4.86　B.SchDoc

9．采用“自下而上”层次原理图设计方法，绘制如图 4.85 和图 4.86 所示电路原理图。

新建一个名为“DownToUp.PrjPcb”的工程文件；

新建一个名为“mt1.SchDoc”的原理图文件；

新建一个名为“A1.SchDoc”的原理图文件；

新建一个名为“B1.SchDoc”的原理图文件。

项目五

元件与原理图库

学习目标

集成库中并不能包括这个世界上所有的元件，而且有些自带的元件模型可能并不符合设计者所需要的形状或者大小。因此，设计者自己制作元件也是学习 Altium Designer 17 的一项基本操作技能。

通过本项目的学习，了解原理图库编辑管理器的使用；手工制作元件；库元件报表生成和规则检查；掌握元件符号库的创建、保存及管理。

知识目标

- 了解创建元件的意义。
- 掌握创建元件的操作界面及流程。

技能目标

- 能创建元件。
- 会使用和管理原理图元件库。
- 能输出元件报表。

任务一 新建原理图库文件

情 景

到目前为止，一般的电路原理图都可以绘制了。但是，在电子专业的报刊中，我们经常会发现一些新发明所用的元件，在元件库中找不到，好不容易找到了，但封装形式等又不符合要求。Altium Designer 17 提供了一个功能强大而完整的建立元件库的工具，可以帮助我们解决上述问题。

讲解与演示

知识 1 创建原理图库

创建元件和建立原理图库是使用 Altium Designer 17 的原理图库编辑器来进行的，原理图库编辑器用于创建、调整和编辑元件。

执行“文件”→“新的”→“库”→“原理图库”命令，如图 5.1 所示，新建一个原理图库文件。系统默认文件名为 Schlib1.SchLib，此时已启动原理图库编辑器。

知识 2 保存原理图库文件

执行“文件”→“另存为”命令，弹出如图 5.2 所示对话框。在该对话框中选择合适的路径，将库文件更名为 Myschlib.SchLib，单击“保存”按钮，原理图库文件即被保存在目标文件夹。

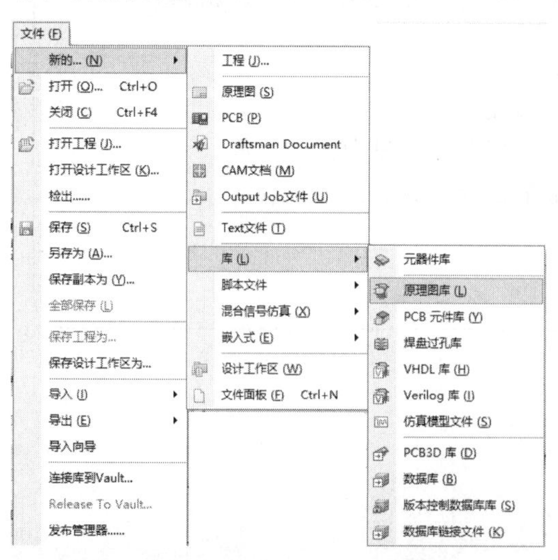

图 5.1 菜单命令打开原理图库编辑器

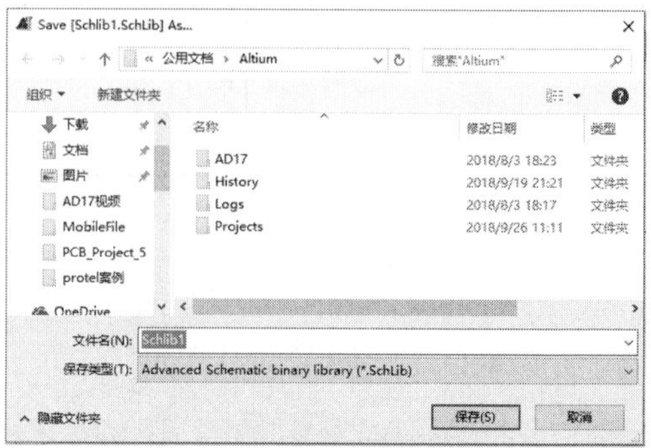

图 5.2 保存新建原理图库

知识 3　元件设计界面

原理图库建立之后，执行“视图”→“工作区面板”→“SCH”→“SCH Library”命令，或者单击窗口右下角的“SCH”→“SCH Library”选项，系统即可进入新建元件符号的界面。该界面如图 5.3 所示，由左边的原理图库编辑管理器面板、上面的主菜单栏及工具栏和右边的工作窗口等组成。与原理图界面不同的是，在工作窗口有一个“十”字坐标轴，将窗口分为 4 个象限。

图 5.3　新建元件符号的界面

知识 4　原理图库编辑管理器

原理图库编辑管理器

原理图库编辑管理器面板如图 5.4 所示，下面介绍各组成部分。

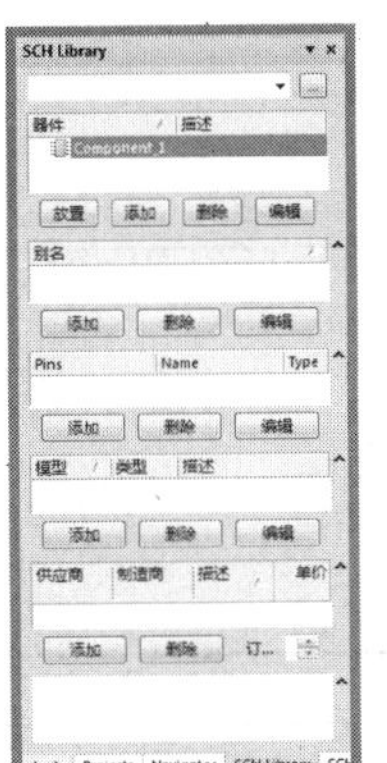

图 5.4　SCH Library 面板

1. “器件”区域

“器件”区域列出了当前打开元件库中的所有元件，主要功能是显示、放置、添加、删除及编辑元件。第一行空白文本框用于筛选元件，列表框下边 4 个按钮功能如下所述。

1）放置。单击此按钮，可将在元件列表框中选中的元件放置到当前激活的原理图中。如果当前没有激活的原理图，则系统会自动建立新的原理图，并将其命名为 Sheet1.SchDoc。

2）添加。单击此按钮可在当前原理图库中添加一个新元件。

3）删除。单击此按钮可删除在元件列表框中选中的元件。

4）编辑。单击此按钮可打开元件属性对话框，并在对话框中设置元件属性。

2. “别名”区域

该区域用于查看和设置元件别名。

3. “Pins”（管脚）区域

该区域显示元件列表框中选中元件的管脚信息，包括管脚编号、管脚名称、管脚电气类型，以及封装管脚编号等，同样，利用下面的 3 个按钮可分别为元件增加管脚，以及删除和编辑选定管脚。

4. “模型”区域

该区域显示元件列表框中选中元件的模型信息，如元件的封装模型、仿真模型和信号完整性分析模型等。

工作页

实训　创建原理图库并保存

1. 创建原理图库

创建一个原理图库，并以自己的姓名作为文件名保存在 D 盘根目录。

2. 操作步骤

写出创建原理图库的步骤，熟悉原理图库元件编辑管理器。

3. 收获和体会

将创建原理图库后的收获和体会写在下面空格中。

收获和体会：

4. 工作评价

将创建原理图库工作评价填写在表 5.1 中。

表 5.1　工作评价表

评定人	工作评价	等级	评定签名
自己评			
同学评			
老师评			
综合评定等级			

________年________月________日

拓　展

拓展　元件绘制工具

拓展部分详细内容，可从网站 www.abook.cn 下载学习。

任务二　创建一个新元件

情　景

创建了原理图库，并了解了绘制元件的工具，也就是把创建一个新元件的准备工作做好了。现在，就让我们一起来手工制作一个新元件。

讲解与演示

知识 1　创建原理图库文件

创建原理图库文件

手工制作如图 5.5 所示的 LT1763 系列直流电压芯片，并将它保存在 Myschlib.SchLib 元件库中。首先创建原理图库文件，具体操作步骤如下。

第 1 步，执行“文件”→“新的”→“库”→“原理图库”命令，系统进入原理图库编辑工作界面，默认文件名为 Schlib1.Schlib，当前默认的新元件名称为“COMPONET_1”。

第 2 步，执行“工具”→“重命名器件”命令，在弹出的对话框中输入“LT1763”，如图 5.6 所示，单击“确定”按钮，元件即被命名为 LT1763。

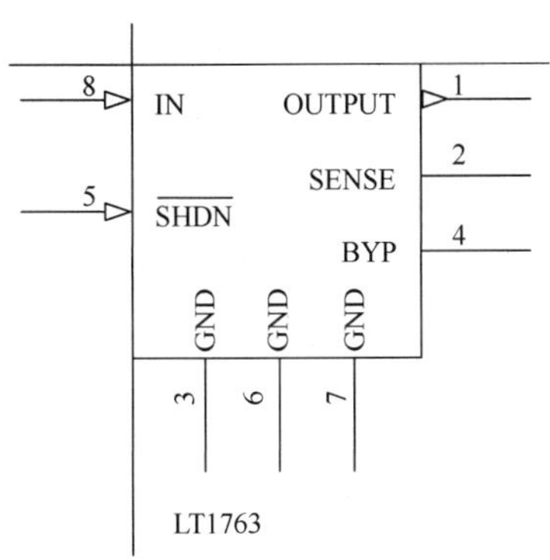

图 5.5　LT1763 元件

图 5.6　重命名器件对话框

第 3 步，在主工具栏中连续单击放大/缩小按钮，将工作窗口的图纸放大到合适比例。

知识 2　绘制元件外形

绘制元件外形的操作步骤如下。

第 1 步，执行“放置”→“矩形”命令或单击一般绘图工具栏上的按钮，光标指针变成十字状并浮动着一个矩形。

第 2 步，将光标移动到坐标原点并单击，确定矩形的一个顶点。

第 3 步，移动光标到矩形的右下侧对角处，再次单击完成当前矩形的绘制，如图 5.7 所示。

第 4 步，右击，退出绘制矩形状态。

第 5 步，双击矩形，弹出如图 5.8 所示对话框，自行设置矩形属性。在此填充色设为“透明”，边框颜色设为“黑色”，其他默认。

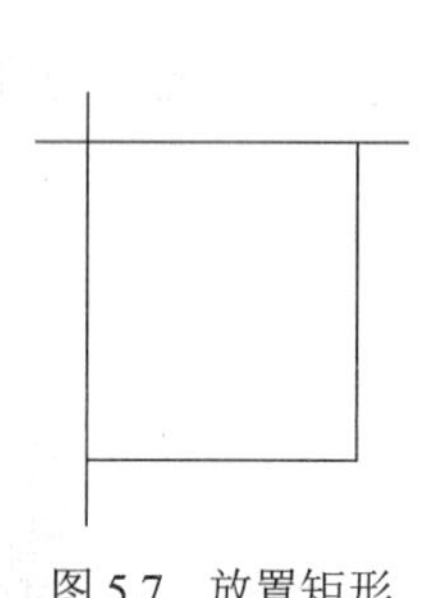

图 5.7　放置矩形

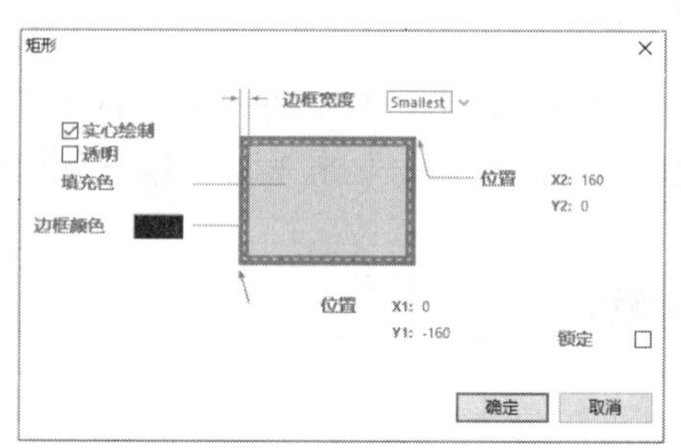

图 5.8　“矩形”属性对话框

第 6 步，设置完成矩形的属性后，单击“确定”按钮，返回工作窗口。

第 7 步，单击矩形，在矩形周围显示控制点，拖动控制点调整高度和宽度至合适大小。

绘制元件时，一般元件均放置在第四象限，而象限交点即为元件基准点。

知识 3　放置管脚

管脚是元件与元件、元件与导线连接的唯一接口，是原理图库文件设计不可或缺的重要组成部分。放置管脚的步骤如下。

第 1 步，执行“放置”→“管脚”命令，或单击一般绘图工具栏上的按钮，光标箭头变为十字状且带有元件管脚的形状，移动十字光标，在矩形边框适当位置单击，放置元件管脚。

在放置管脚状态时按空格键可以旋转管脚；若放置时，第一根管脚编号不为 1，按 Tab 键，弹出如图 5.9 所示“管脚属性”对话框，将其中的“显示名字”和“位号”均改为 1，这样在连续放置管脚时名字和位号的数字会自动递增。

第 2 步，放置了一个元件管脚后，光标箭头仍保持为十字状，可以在适当位置继续放置管脚。

第 3 步，放置完所有需要的管脚后，右击，退出管脚放置状态，此时得到的元件如图 5.10 所示。

第 4 步，双击需要编辑的管脚，在图 5.9 所示的对话框中对管脚属性逐个进行修改。具体修改内容如表 5.2 所示，未列出的选项均按默认设置。设置完成后的元件如图 5.11 所示。

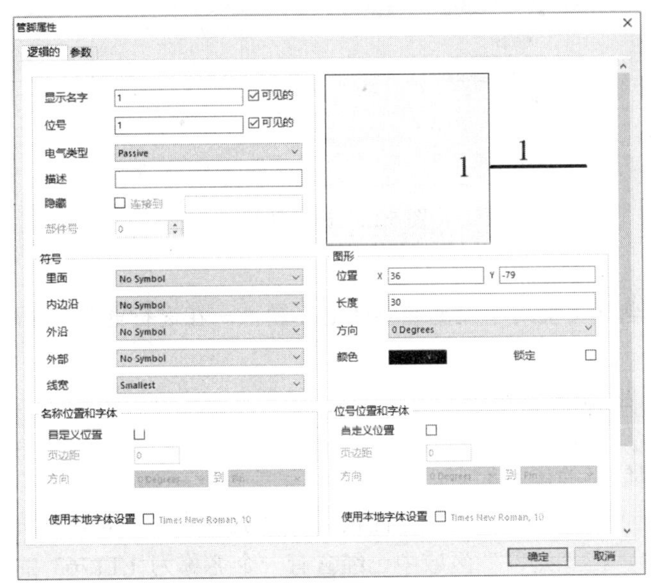

图 5.9 “管脚属性”对话框

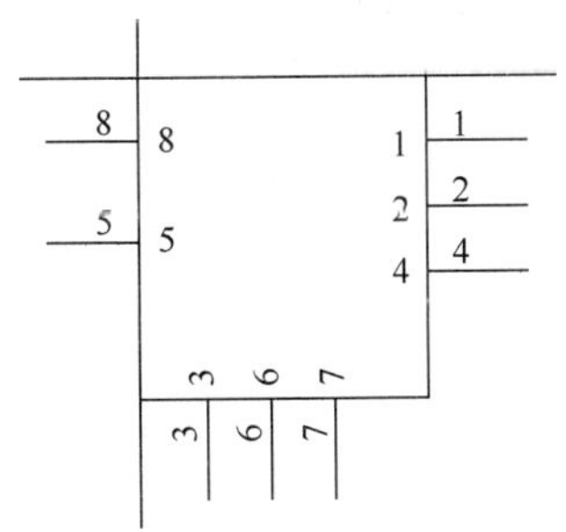

图 5.10 放置管脚后的图形

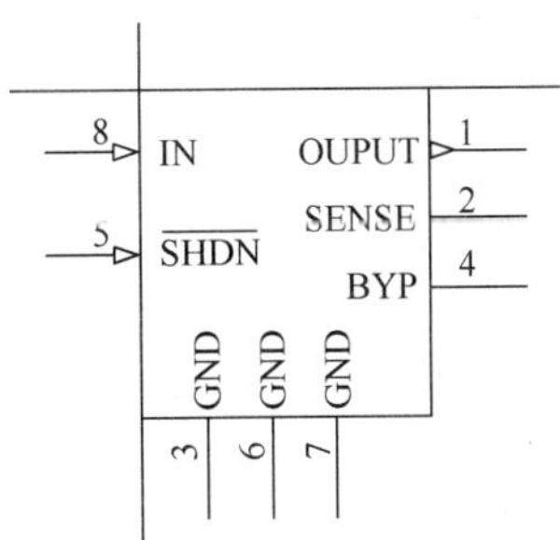

图 5.11 修改管脚属性后的图形

表 5.2 管脚属性修改

位号	1	2	3	4	5	6	7	8
显示名字	OUTPUT	SENSE	GND	BYP	$\overline{\text{SHDN}}$	GND	GND	IN
电气类型	Output	Passive	Power	Passive	Input	Power	Power	Input

管脚显示名字上面的短线可以通过两种方法来实现。一是在字母后加反斜杠“\”，如输入“S\H\D\N\”。二是用绘图工具画一条细实线，然后执行“工具”→“文档选项”

命令，弹出“原理图库选项”对话框，在对话框的“栅格”区域“捕捉”文本框中输入数值“1”，“可见的”文本框中输入数值“10”，如图 5.12 所示，单击“确定”按钮后返回工作窗口。在图纸中单击选中刚才画好的直线，按住鼠标就可以调整直线位置。

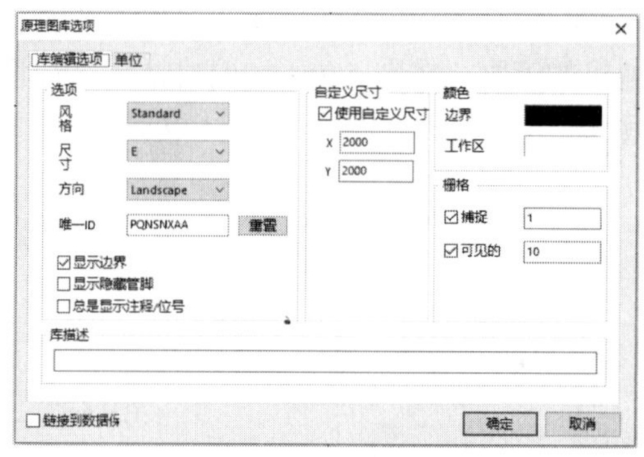

图 5.12　栅格设置

电气类型用于设置管脚的电气属性，在进行电气规则检查时起作用。

知识 4　设置元件说明信息

设置元件说明信息的步骤如下。

第 1 步，执行“视图”→“工作区面板”→“SCH”→“SCH Library”命令，打开元件库管理器窗口，在“元件”区域中已经含有一个名称为 LT1763 的元件，如图 5.13 所示，这就是已经绘制好的元件。

第 2 步，双击“器件”区域中的 LT1763，弹出如图 5.14 所示的元件属性设置对话框。

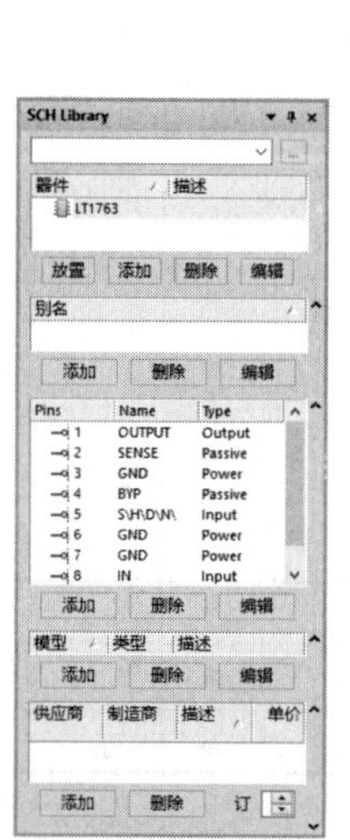

图 5.13　元件库管理器窗口

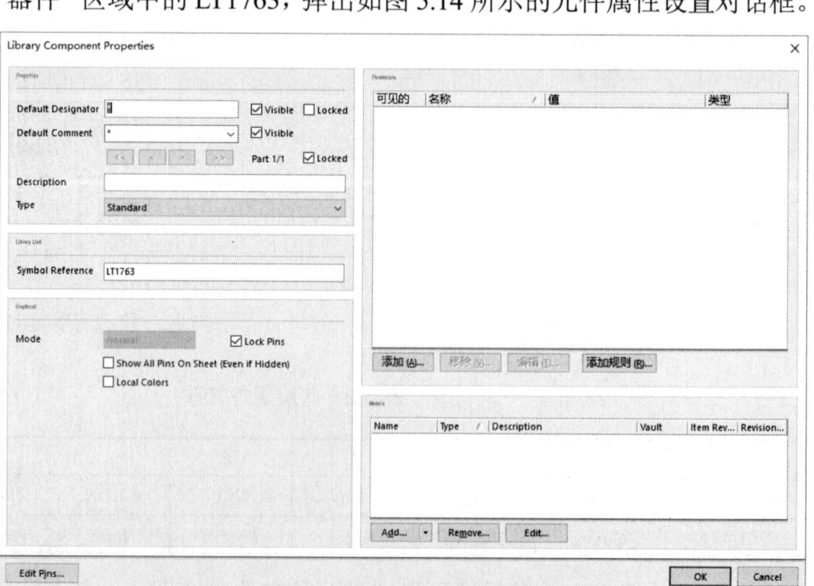

图 5.14　元件属性设置对话框

第 3 步，在 Default Designator 文本框中输入“U？”，在 Symbol Reference 文本框中输入“LT1763”。

第 4 步，单击“OK”按钮，返回原理图元件库编辑器工作窗口。

第 5 步，执行“文件”→“保存”命令，保存库文件。

至此，完成了 LT1763 元件的创建，要把该元件放置到原理图上，只需在图 5.13 中的器件区域选中该元件，单击“放置”按钮，系统即跳转到当前的原理图界面，具体放置操作和项目二中讲述的相同。

工作页

实训　创建元件

1. 设计 74LS373 芯片和电位器的操作步骤

创建一个新元件

设计 74LS373 芯片和电位器，分别将操作步骤填于表 5.3 中。

提示：图中管脚的电气类型均为 Passive；管脚 1 的小圆圈在“管脚属性”对话框的“符号”区域，“外部边沿”选项下拉列表中选择 Dot 项。

电位器中的箭头可利用绘图工具的多边形来完成。

表 5.3　创建元件步骤

元件外形	操作步骤			
	创建库文件	绘制元件外形	绘制管脚	设置说明信息
3 D0 Q0 2 4 D1 Q1 5 7 D2 Q2 6 8 D3 Q3 9 13 D4 Q4 12 14 D5 Q5 15 17 D6 Q6 16 18 D7 Q7 19 1 $\overline{OE}$ 11 LE 74LS373				

2. 收获和体会

将创建元件后的收获和体会写在下面空格中。

收获和体会：

3. 工作评价

将创建元件工作评价填写在表 5.4 中。

表 5.4 工作评价表

评定人	工作评价	等级	评定签名
自己评			
同学评			
老师评			
综合评定等级			

______年______月______日

拓 展

拓展 添加 PCB 封装

拓展部分详细内容，可从网站 www.abook.cn 下载学习。

任务三 创建多组件元件

情 景

数字电路中的集成门电路，内部常由多个组件构成。例如，74LS08 就是由 4 个二输入与门构成，内含 4 个完全相同的与门。当放置 74LS08 时，原理图图纸上会出现一个与门，而不是实际所见的双列直插器件。下面就以 74LS08 为例，来学习多组件元件的制作。

讲解与演示

知识 1 多组件元件外形

绘制多组件元件

74LS08 的外形管脚排列如图 5.15 所示，由 4 个二输入与门构成，内含 4 只完全相同的逻辑组件，其中 A、B 为输入端，Y 为输出端。

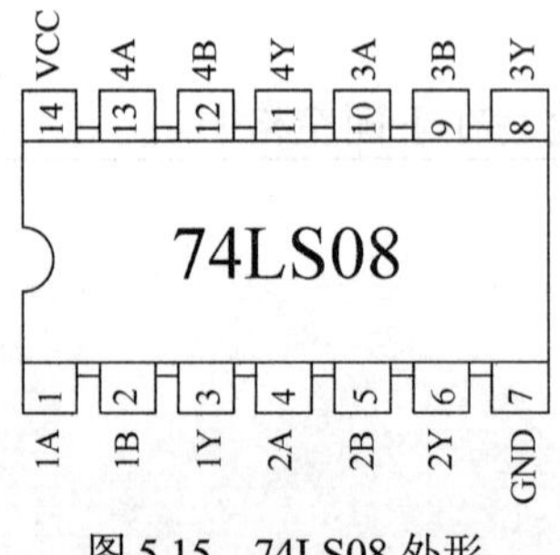

图 5.15 74LS08 外形

知识 2 绘制多组件元件步骤

1. 绘制元件外形步骤

第 1 步，打开原理图库编辑管理器，单击其中的“添加”按钮，创建一个名为 74LS08 的元件。

第 2 步，参照项目四中的任务二介绍的方法，分别选中原理图库绘图工具栏中的放置椭圆弧工具、放置直线工具绘制元件外形。

第 3 步，选中放置管脚工具 为元件添加管脚，在放置管脚状态下按 Tab 键设置管脚属性，如图 5.16 所示。这是第一个与门的输入端，所以“显示名字”中填“1A”，取消“可见的”勾选；“位号”内填“1”，选中“可见的”复选框；“电气类型”选择“Input”；其他采用默认设置。

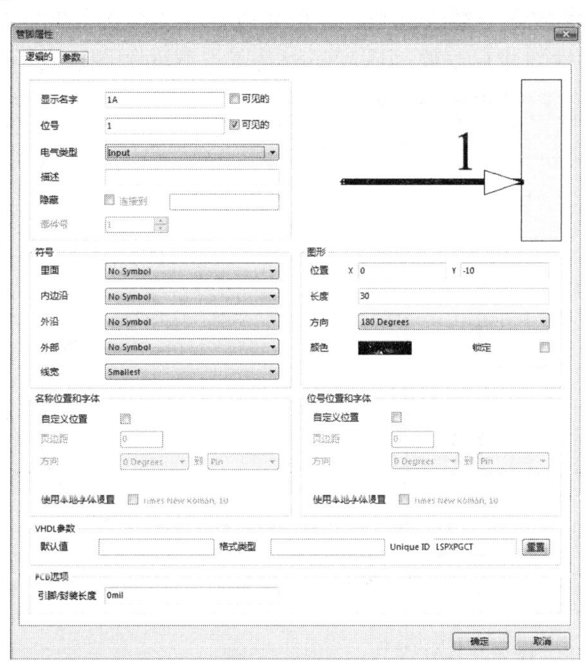

图 5.16 “管脚属性”设置对话框

各个管脚的设置如表 5.5 所示。

表 5.5 管脚设置

管脚号		管脚名		电气类型	隐藏	连接到	零件编号
标识符	可见	显示名称	可见				
1、4、10、13	√	1A、2A、3A、4A	×	Input	×	×	分别对应 4 个组件
2、5、9、12	√	1B、2B、3B、4B	×	Input	×	×	
3、6、8、11	√	1Y、2Y、3Y、4Y	×	Output	×	×	
7	√	GND	×	Power	√	GND	0
14	√	VCC	×	Power	√	VCC	0

第 4 步，依次放完三个管脚后，第一个与门已经画好，如图 5.17 所示。

第 5 步，执行“工具”→“创建元件”命令，此时所绘元件被自动作为元件的第 1 个部件（即 Part A）。采用此法，新增加的元件部件依次被作为第 2 个部件、第 3 个部件和第 4 个部件。完成后库编辑器面板中元件列表区如图 5.18 所示。

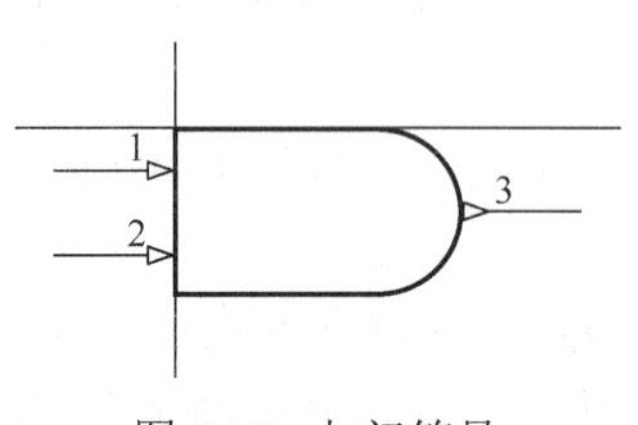

图 5.17　与门符号

图 5.18　增加元件部件

由于 4 个部件形状完全相同，只是管脚编号不同，因此可采用菜单栏中的“复制”和“粘贴”，把管脚参数逐一修改过来，即可完成其他 3 个部件的绘制。

第 6 步，4 个部件完成后，原理图库面板及工作界面如图 5.19 所示。

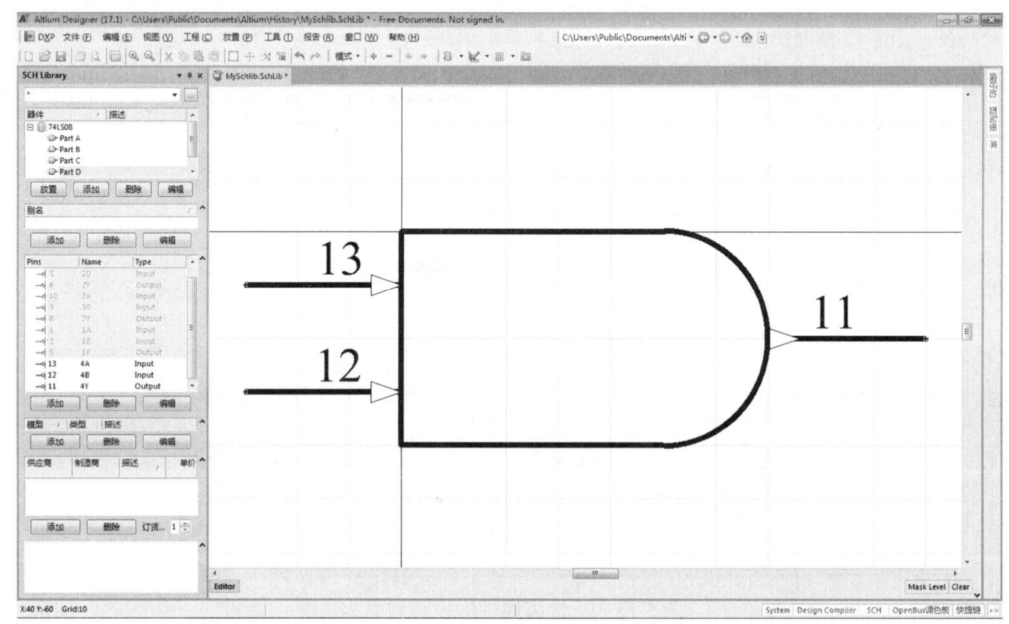

图 5.19　4 个与门完成界面

2. 放置电源/接地步骤

多组件元件放置电源/接地

第 1 步，打开任意部件编辑画面，单击绘图工具栏中的放置管脚工具，按 Tab 键，打开“管脚属性”对话框，如图 5.20 所示。在该对话框中设置显示名字、位号、电气类型和是否隐藏等参数。

第 2 步，选择“管脚属性”对话框的“参数”选项卡，单击“添加”按钮，打开“参数属性”对话框，如图 5.21 所示。在“名称”文本框输入 Default Net，“值”文本框中输入 GND，并取消“名称”设置区中的“可见的”勾选。

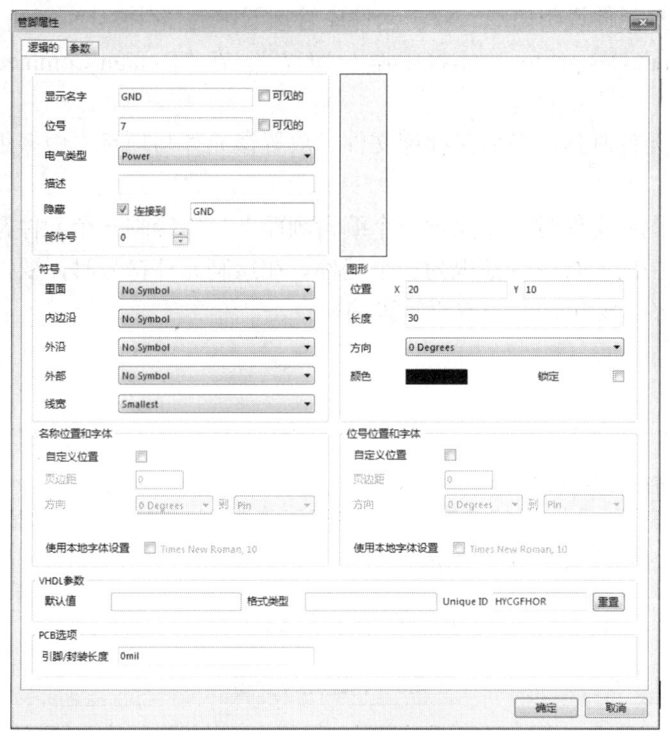

图 5.20　“管脚属性”对话框

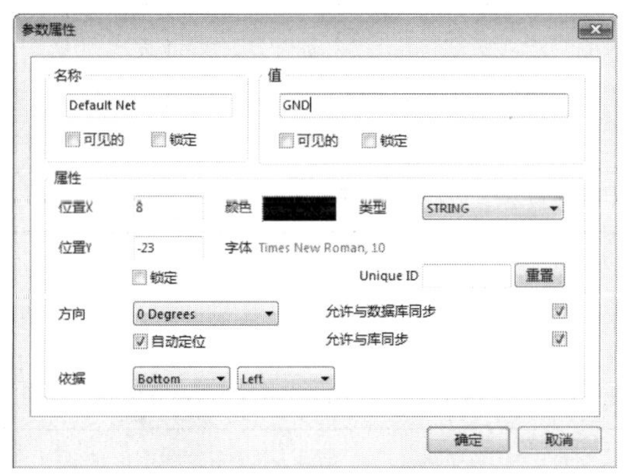

图 5.21　“参数属性”对话框

第 3 步，设置结束后，单击“确定”按钮，在编辑区单击放置该管脚。

电源管脚的放置和属性设置方法与此类似，不再重复。设置结束后，保存原理图库文件。

注意：部件号 0 是一个特殊的组件，用来表示对所有组件都通用的管脚。当任何一个组件被放置到原理图上时，部件号为零的管脚都会一同放置在原理图中。管脚 7 和 14 都设置为隐藏，在原理图中分别默认连接到“GND”和“VCC”。尽管用户无法看到该管脚，但它已被定义。

第 4 步，设置元件说明信息。双击元件库管理器中的器件 74LS08，在弹出的元件属性对话框的 Default Designator 文本框中输入“U？”，在“Default Comment”文本框中输入“74LS08”。

完成多部件元件制作，最后保存库文件。放置该元件与项目二中多组件元件的放置方法相同。

在使用原理图库文件时，要注意一个编辑画面上只能绘制一个元件符号，因为系统将一个编辑画面中的所有内容都视为一个元件。在绘制元件符号时，要注意元件的管脚是具有电气特性的，必须用专门放置管脚的命令。

工作页

实训　创建多组件元件操作

1. 设计 74LS08 芯片的操作步骤

设计 74LS08 芯片，将操作步骤简要填于表 5.6 中。

表 5.6　创建元件步骤

部件外形	操作步骤			
	创建库文件	绘制部件外形	绘制电源/地	设置说明信息
1 2 3				

注：74LS08 采用的元件封装为 DIP-14。

2. 收获和体会

将创建多组件元件操作后的收获和体会写在下面空格中。

收获和体会：

3. 工作评价

将创建多组件元件操作工作评价填写在表 5.7 中。

表 5.7　工作评价表

评定人	工作评价	等级	评定签名
自己评			
同学评			
老师评			
综合评定等级			

________年________月________日

拓　展

拓展　编辑已有元件创建新元件

拓展部分详细内容，可从网站 www.abook.cn 下载学习。

任务四　生成元件报表

情　景

元件符号创建完成后，日子久了，可能忘记当时创建的元件管脚及其管脚的属性等信息，可以利用元件报表重新去查看或修改。

讲解与演示

知识 1　元件报表

在原理图库编辑器里，可以产生以下 3 种报表：元件报表（Component Report）、元件库报表（Library Report）和元件规则检查报表（Component Rule Check Report）。通过报表可以了解某个元件符号的信息，也可以了解整个元件库的信息。下面以 Myschlib.SchLib 为例来说明各类报表。

执行“报告”→“器件”命令，系统将自动生成扩展名为“.cmp”的当前元件报表，内容如图 5.22 所示。列表中给出了元件的几个组成部分，每个部分包含的管脚以及管脚的各种属性。特别给出了隐藏管脚以及具有 IEEE 说明符号的管脚等信息。

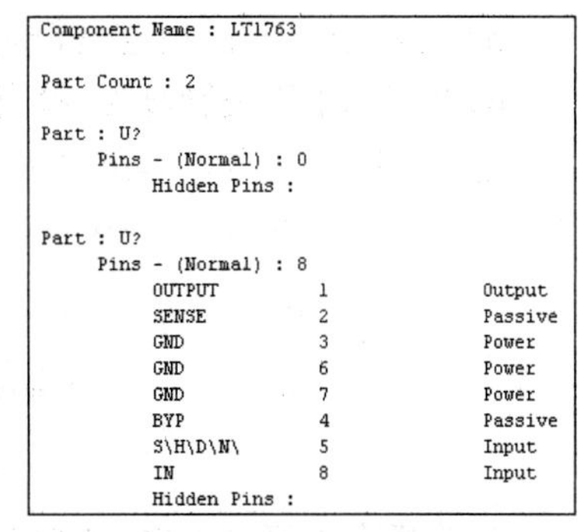
```
Component Name : LT1763

Part Count : 2

Part : U?
     Pins - (Normal) : 0
          Hidden Pins :

Part : U?
     Pins - (Normal) : 8
          OUTPUT          1          Output
          SENSE           2          Passive
          GND             3          Power
          GND             6          Power
          GND             7          Power
          BYP             4          Passive
          S\H\D\N\        5          Input
          IN              8          Input
          Hidden Pins :
```

图 5.22　元件报表

知识 2　元件库报表

执行“报告”→“库列表”命令，系统将自动生成扩展名为“.rep”的元件库报表，内容如图 5.23 所示。在报表中列出了所有的元件符号名称和对它们的描述。

知识 3　元件规则检查表

执行“报告”→“器件规则检查”命令，系统弹出“库元件规则检测”对话框，如图 5.24 所示。在该对话框中可以设置规则检测的属性，帮助用户进行元件的基本验证工作。

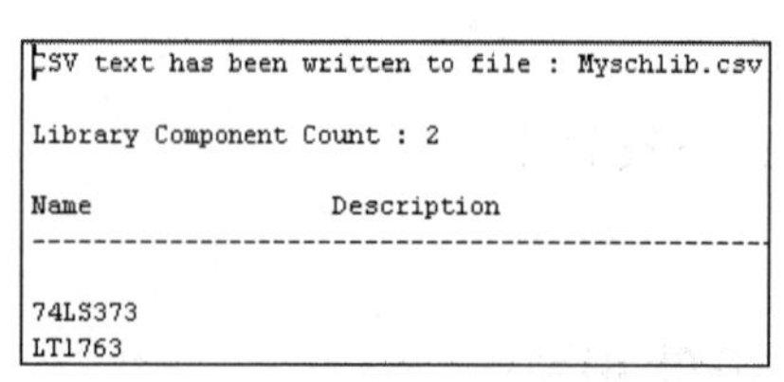

```
CSV text has been written to file : Myschlib.csv

Library Component Count : 2

Name                    Description
------------------------------------------------

74LS373
LT1763
```

图 5.23　元件库报表

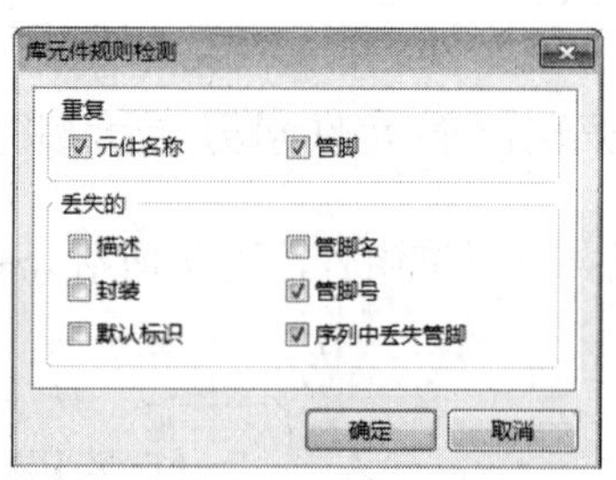

图 5.24　“库元件规则检测”对话框

各项规则的意义如下。

1. “重复”栏

1）“元件名称”：检查元件库中是否有重名的元件符号。
2）“管脚”：检查元件库中是否有重名的管脚。

2. “丢失的”栏

1）“描述”：检查是否缺少元件符号的描述。
2）“管脚名”：检查是否缺少管脚名称。
3）“封装”：检查是否缺少元件封装描述。
4）“管脚号”：检查是否缺少元件管脚号。
5）“默认标识”：检查是否缺少默认标识符。
6）“序列中丢失管脚”：检查元件管脚顺序是否有空缺。
选中所有复选框，单击“确定”按钮，生成如图 5.25 所示元件规则检查表。

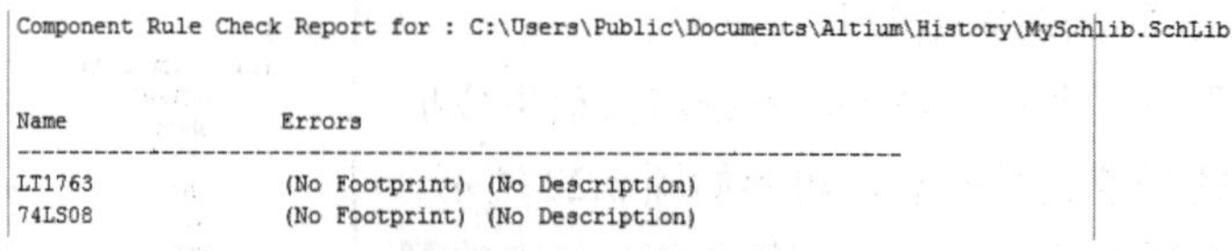

```
Component Rule Check Report for : C:\Users\Public\Documents\Altium\History\MySchlib.SchLib


Name                Errors
------------------------------------------------------------------
LT1763              (No Footprint) (No Description)
74LS08              (No Footprint) (No Description)
```

图 5.25　元件规则检查表

从信息表中可以看出，LT1763 和 74LS08 均没有描述，缺少封装。因此，通过这项检查，设计者可以打开元件库中的元件符号将没有完成的元件绘制完成。

工作页

实训　生成报表

1. 报表的创建

把 3 种报表的创建过程填在表 5.8 中。

表 5.8　报表创建过程

元件报表	元件库报表	元件规则检查表

2. 实习操作

对任务三实训中的 74LS08 做各种报表的操作，并把结果填在表 5.9 中。

表 5.9　报表

元件报表	元件库报表	元件规则检查表

3. 收获和体会

将生成报表后的收获体会写在下面空格中。

收获和体会：

4. 工作评价

将生成报表工作评价填写在表 5.10 中。

表 5.10　工作评价表

评定人	工作评价	等级	评定签名
自己评			
同学评			
老师评			
综合评定等级			

__________年__________月__________日

思考与练习

一、判断题（对的打“√”，错的打“×”）

1. 新建一个原理图库文件，系统默认文件名为 Schlib1.SchDoc。（　）
2. 单击放置按钮，可将在原理图库编辑管理器列表框中所有元件放置到当前激活的原理图中。（　）
3. 元件管脚不可以用任意导线来绘制。（　）
4. 系统进入原理图库编辑工作界面，当前默认的新元件名称为“COMPONET_1”。（　）
5. 绘制元件时，一般元件放置在第四象限。（　）
6. 放置管脚状态时按 Shift 键可以旋转管脚。（　）
7. 一个编辑画面上只能绘制一个元件符号。（　）
8. 元件外形绘制常用绘图工具。（　）
9. 元件的管脚没有电气特性。（　）
10. 部件号 0 用来表示对所有组件都通用的管脚。（　）

二、填空题

1. 原理图库编辑器用于________、________和________元件。
2. 新建元件符号的界面由上面的________、________和右边的________等组成。
3. 元件库编辑器工作窗口有一个________字坐标轴，将窗口分为________个象限。
4. 元件库编辑管理器面板共有________、________、________和________4 个区域。
5. Altium Designer 17 的原理图库编辑器可以产生 3 种报表：________、________和元件规则检查报表。
6. 制作元件的工具栏一般包括________工具栏和________工具栏。
7. 绘制元件时，一般元件均放置在第________象限，而________为元件基准点。
8. 修改管脚属性可以________需要编辑的管脚，在________对话框中修改。
9. 执行“报告”→“器件”命令，系统将自动生成扩展名为________的当前元件报表。
10. 执行“报告”→“库列表”命令，系统将自动生成扩展名为“.rep”的________报表，在报表中列出了所有的元件________和对它们的描述。

三、简答题

1. 简述原理图库的创建方法。
2. 设计一个多组件元件的操作步骤。

四、制作原理图元件符号

1．新建原理图库文件，制作如图 5.26 所示原理图元件符号，并保存。

2．制作 74LS164 的电气符号，如图 5.27 所示。（注：第 14 脚为 VCC，第 7 脚为 GND，隐藏处理）

图 5.26 TDA2030 的电气符号　　图 5.27 74LS164 的电气符号

3．绘制一个二组件元件。元件名称为 SN74LS109，元件图如图 5.28 所示，其中各管脚属性设置如表 5.11 所示。

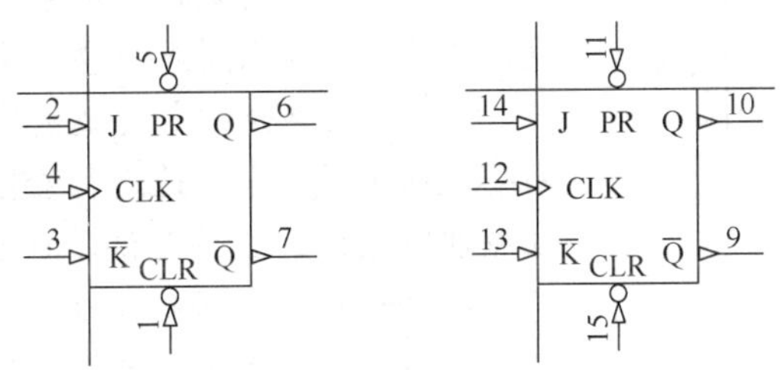

图 5.28 二组件元件

表 5.11 管脚属性设置

标识符	1、15	2、14	3、13	4、12	5、11	6、10	7、9	8	16
显示名字	CLR	J	$\overline{K}$	CLK	PR	Q	$\overline{Q}$	GND	VCC
电气类型	Input	Input	Input	Input	Input	Output	Output	Power	Power

说明：

1）该元件库文件名为 74LSxx.SchLib。

2）管脚 4、12 内部边沿为 Clock；1、15、5、11 外部边沿为 Dot，且在放置过程中先不选择“名称”后的“可见的”复选框，用放置字符串命令放置文字。

3）管脚 8、16 在“管脚属性”对话框中选中“隐藏”复选框，放在任一组件中。

4）设置元件标识 U?，元件的描述为“双 J-K 正边缘触发器”。

项目六

电气规则检查及相关报表

学习目标

原理图绘制完成后，为了生成 PCB，需要对设计工作进行电气连接检查，并生成网络表。

本项目主要介绍电气规则检查的基本方法和网络表的生成。合理地进行检错规则的设置可保证原理图设计的正确无误，通过编译对原理图中存在的错误及时地进行修改。元件报表、元件交叉参考报表、层次报表可以让用户非常方便地采购元件、查阅元件的引用情况、查看设计工程之间的层次关系。原理图生成的网络表，为自动布线打下基础。

知识目标

- 了解工程的编译和查错方法。
- 理解由原理图生成网络表的方法。

技能目标

- 能编译项目及查看系统信息并改错。
- 掌握原理图生成各种网络表的方法。

任务一　电气规则检查

情　景

绘制好的原理图有可能发生错误。例如，某个输出管脚连接到另一个输出管脚上就会造成信号冲突；未连接完整的网络标签会造成信号断线；重复的元件标识符会使系统无法区分出不同的元件等。对于这些错误，Altium Designer 17 提供的电气检测法则可以帮助我们。

讲解与演示

知识 1　电气规则检查（ERC）的设置

电气规则检查

电气规则检查（Electrical Rule Check）可检查原理图中是否有电气特性不一致的情况。它可以对原理图的电气连接特性进行全方位自动检查，并将错误信息在 Messages 面板中列出，同时也可以在原理图中在线显示错误。用户可以对检测规则进行设置，然后根据面板中列出的错误信息对原理图进行修改。

进行电气规则检查，首先要打开工程下的原理图文档。执行“工程”→“工程选项”命令，弹出项目选择对话框，如图 6.1 所示。在工程选项中，主要对 Error Reporting（错误报告类型）、Connection Matrix（电气连接矩阵）、Comparator（差别比较器）进行设置。

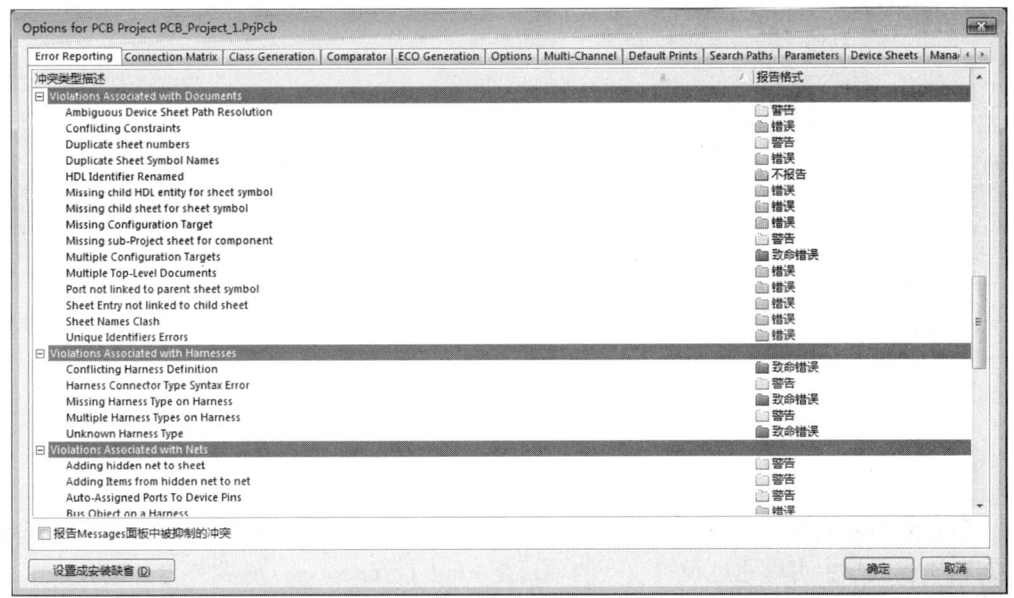

图 6.1　项目选项对话框

1. 设置 Error Reporting（错误报告）

“Error Reporting”选项卡用于设置原理图的电气检查规则，包括总线、网络以及文档等规则设置，如图 6.1 所示。“冲突类型描述”和“报告格式”区域分别用来显示违反规则和错误程度。单击需要修改的违反规则对应的“报告格式”，从下拉列表中选择错误程度：“致命错误”、“错误”、“警告”、“不报告”。当进行文件的编译时，系统将根据此选项卡中的设置对原理图进行电气法则检测，并将错误信息在 Messages 面板中列出。

2. 设置 Connection Matrix（电气连接矩阵）

“Connection Matrix（电气连接矩阵）”选项卡如图 6.2 所示。该矩阵设置作为电气规则检查的执行标准。单击要修改的方块，方块颜色会由绿、黄、橙、红循环变化，表示方块代表的错误类型在不同错误程度间切换。例如，在矩阵图右边找到 Output Pin，从这一行找到 Open Collector Pin 列，在它的相交处是一个橙色方块，则表示在编译原理图时，一个 Output Pin 连接到一个 Open Collector Pin 将会产生一个错误（Error）信息。同样，把 Power Pin 和 Out Pin 相交的方块设置为“红色”，表示当原理图中电气规则为 Power Pin 的管脚和电气规则为 Out Pin 的管脚连接时，错误报告将显示致命错误（Fatal Error）。

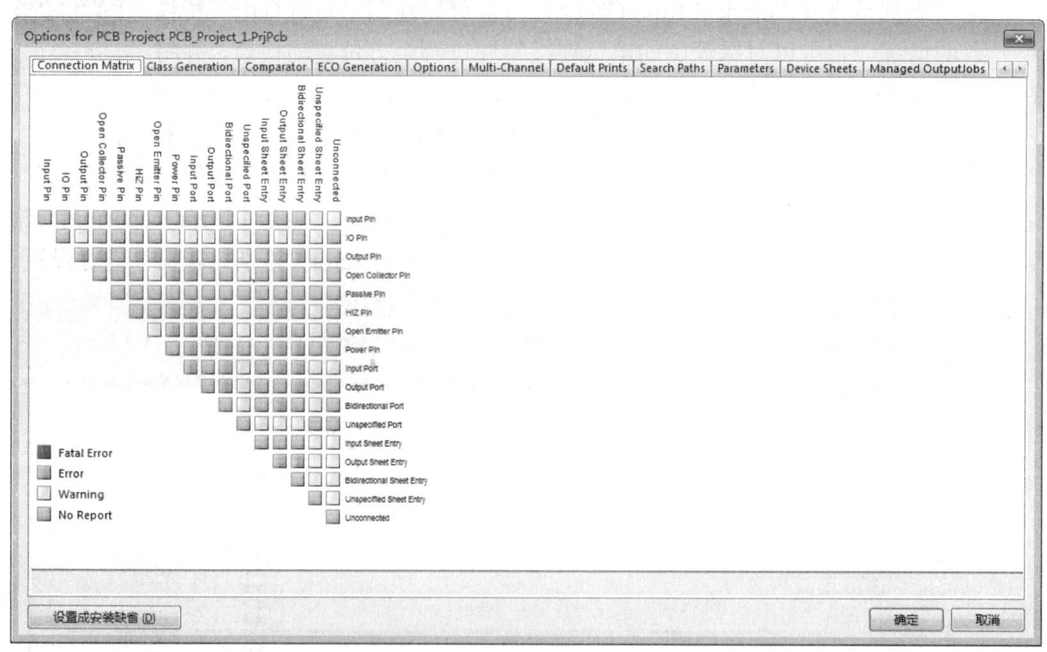

图 6.2 Connection Matrix 选项卡

3. Comparator（差别比较器）

Comparator 选项卡如图 6.3 所示，用于在发生了改变时，可以识别或忽略的改变项目。在“模式”中可以通过设置改变的项目是 Find Differences（查找差异）或者 Ignore Differences（忽略差异）。例如，希望当改变元器件封装后，系统在编译时给予一定的信息，可以在图 6.3 的选项卡中找到元件封装变化这一栏，单击其右侧，在随后出现的下拉列表中选择 Find Differences。如果用户对这类改变并不关心，可以选择 Ignore Differences。

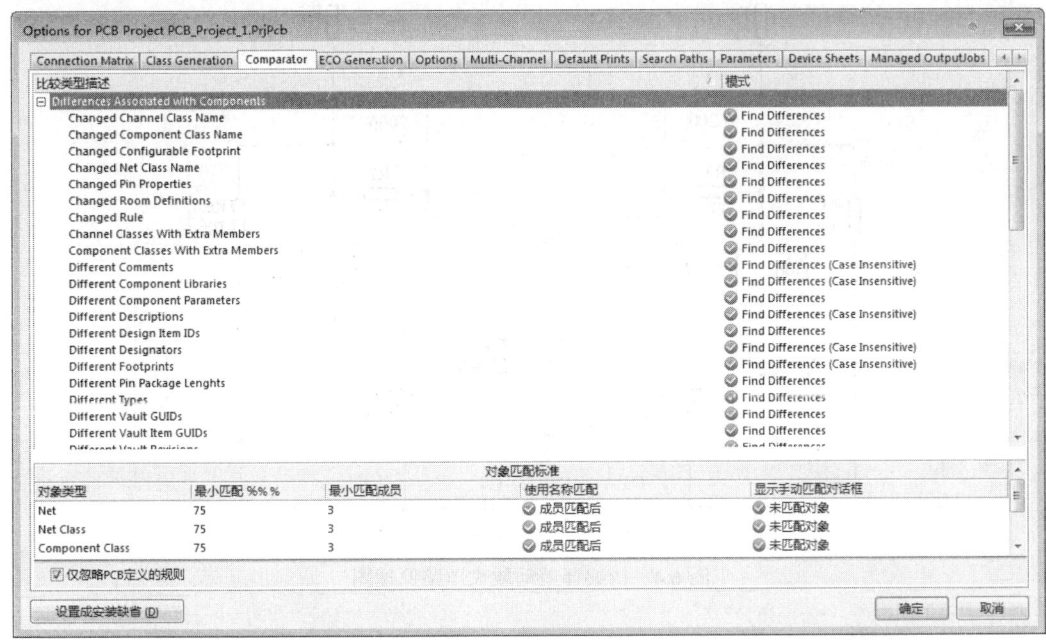

图 6.3　Comparator 选项卡

工程选项对话框还有 ECO 启动、输出路径等设置。在该对话框中进行修改后，系统将会按照对话框指定的规则工作。

对话框中默认的规则是最为常用的规则设置，一般情况下不要对其进行修改，以免因为考虑不够全面而造成设计者工作上的不便。

知识 2　编译工程及查看系统信息

执行“工程”→“Compile PCB Projects”命令，可对当前原理图或者整个工程文件进行编译。下面以图 6.4 所示差动放大电路为例，说明编译项目及查看系统信息的操作步骤。

第 1 步，打开工程 PCB-Project1.PrjPcb1 中的“差放电路.SchDoc”原理图，如图 6.4 所示。

第 2 步，执行“工程”→“工程选项”命令，弹出 Options for PCB Project（工程选项）对话框，在“Error Reporting”选项卡中把条目“Nets with no driving source”模式改为“不报告”（因为已知该项在本例中没有作用，编译时无需给出报告信息），如图 6.5 所示。修改完毕，单击“确定”按钮。

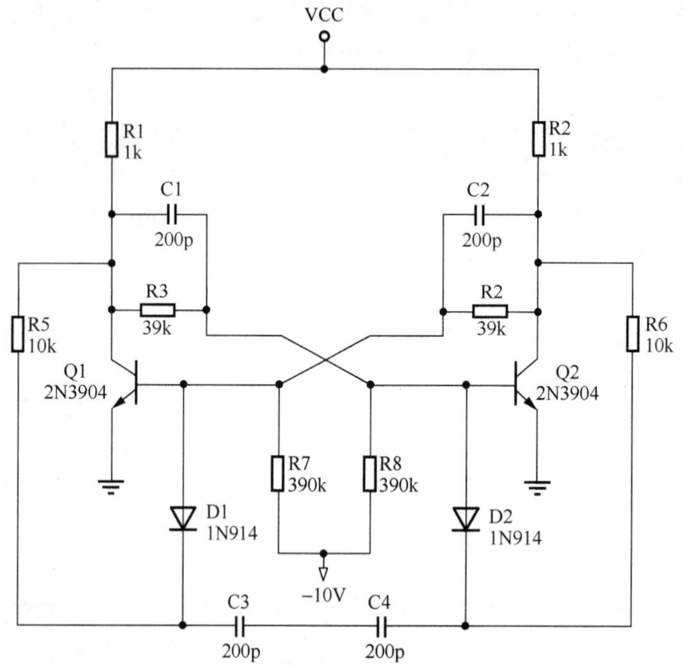

图 6.4 待编译差动放大电路原理图

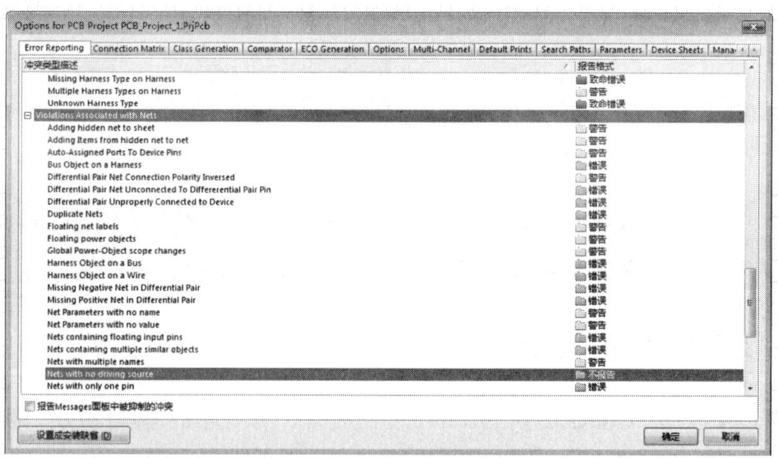

图 6.5 设置编译参数

第 3 步，执行“工程”→“Compile Document 差放电路.SchDoc”命令，弹出如图 6.6 所示 Messages 面板，即编译信息报告，也称电气规则检查报告。

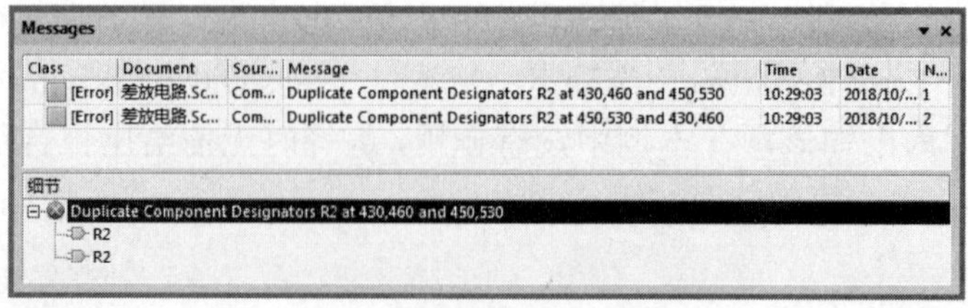

图 6.6 编译信息报告

从报告中可以看到一个 Error（错误）信息：电路有重复的元件标识符 R2（430，460）和（450，530）。

在错误类型中，Error 属于比较严重的错误，应慎重对待。Warning 属于不严重的错误，如某个管脚浮接等。有时 Warning 并不是实质性错误，有经验的工程师一般对此不是很在意。

第 4 步，根据提示信息，检查原理图，发现图纸右上方两个电阻确实使用了同样的标识符 R2，且在图中已用下划线标出。

第 5 步，修正原理图，把电阻值为 39k 的 R2 改成 R4。

第 6 步，再次编译项目，使用命令“System”→“Messages”打开 Messages 面板，如图 6.7 所示，编译成功，没有错误，说明电路绘制正确。

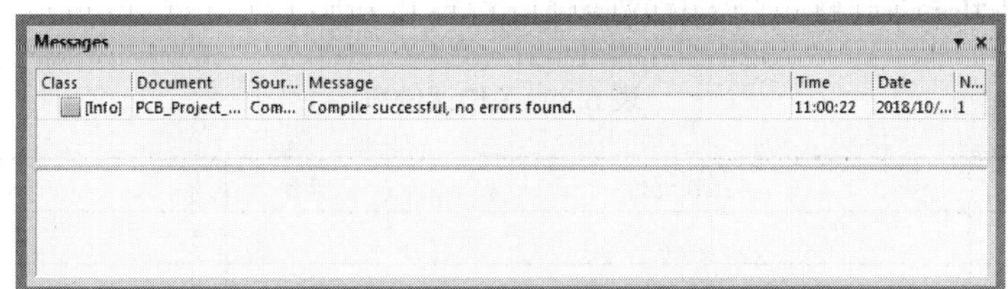

图 6.7　编译成功的 Messages 面板

原理图自动检测机制只是按照用户所绘制原理图中的连接进行检测，系统并不知道原理图到底要设计成什么样子，完成何种功能，所以，即使“Messages”工作面板中无错误信息出现，并不表示该原理图设计完全正确。用户还需要将网络表内容与所要求的设计反复对照、修改，直至完全正确为止。

工作页

实训　编译工程及查看系统信息

1. 实际操作

修改图 6.4 中的电容 C2 为 C1，进行原理图编译并修正，并将编译步骤填写在表 6.1 中。

表 6.1　原理图编译过程

编译步骤	编译过程中 Messages 面板信息

2. 收获和体会

将对原理图编译并修正的收获和体会写在下面空格中。

收获和体会：

3. 工作评价

将对原理图编译并修正的工作评价填写在表 6.2 中。

表 6.2 工作评价表

评定人	工作评价	等级	评定签名
自己评			
同学评			
老师评			
综合评定等级			

__________年__________月__________日

任务二 网络表的生成

情 景

绘制原理图的目的是进行 PCB 设计。如何把原理图转换成 PCB？ PCB 编辑器和原理图编辑器之间该如何联系，也就是它们之间的信息接口是什么？又如何将原理图中的所有网络信息导入到 PCB 文件？

讲解与演示

知识 1 网络表

原理图产生的各种报告，以网络表最为重要。网络表被称为原理图和 PCB 之间沟通的桥梁，它是原理图编辑器和 PCB 编辑器之间的信息接口。用户通过网络表即可将原理图的所有网络信息导入到 PCB 文件，从而可以省略对元件 PCB 封装模型的放置以及网络的建立。同时网络表也是系统检查核对原理图和 PCB 是否正确的基础。

Altium Designer 17 可以生成多种格式的网络表，如图 6.8 所示。用户通常只生成 Protel 格式的网络表，用于以后的 PCB 绘制以及自动布局和布线等操作。

知识 2　生成单张原理图网络表

单张原理图网络表生成

下面以图 6.4 所示修改正确的差动放大电路为例，介绍生成单张原理图网络表的一般步骤。

第 1 步，打开工程 PCB-Project1.PrjPcb 中的原理图“差放电路.SchDoc”。

第 2 步，执行“设计”→“文件的网络表”→“Protel”（生成原理图网络表）命令，产生网络表文件“差放电路.NET”，该网络表文件自动加载到本工程 PCB_Project_1.PrjPcb 的 Generated\Netlist Files 文件夹中，单击文件夹前面的“+”，可以展开文件，如图 6.9 所示。

网络表可以从电路原理图中直接得到，也可以从已完成布线的 PCB 板中得到。

第 3 步，双击网络表文件“差放电路.NET”，即可查看网络表内容，如图 6.10 所示。

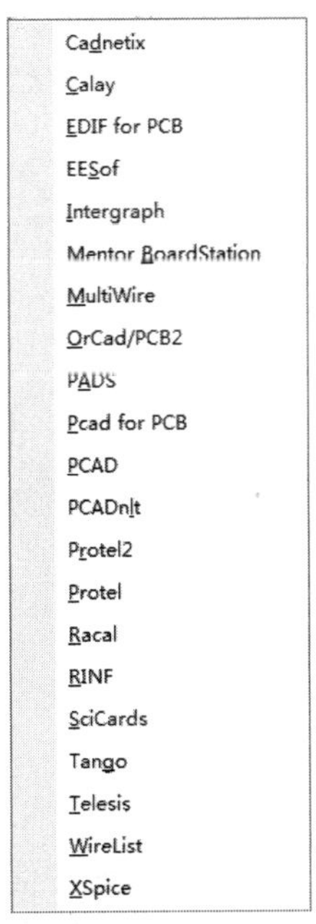

图 6.8　网络报表格式选择菜单

图 6.9　网络表的文件

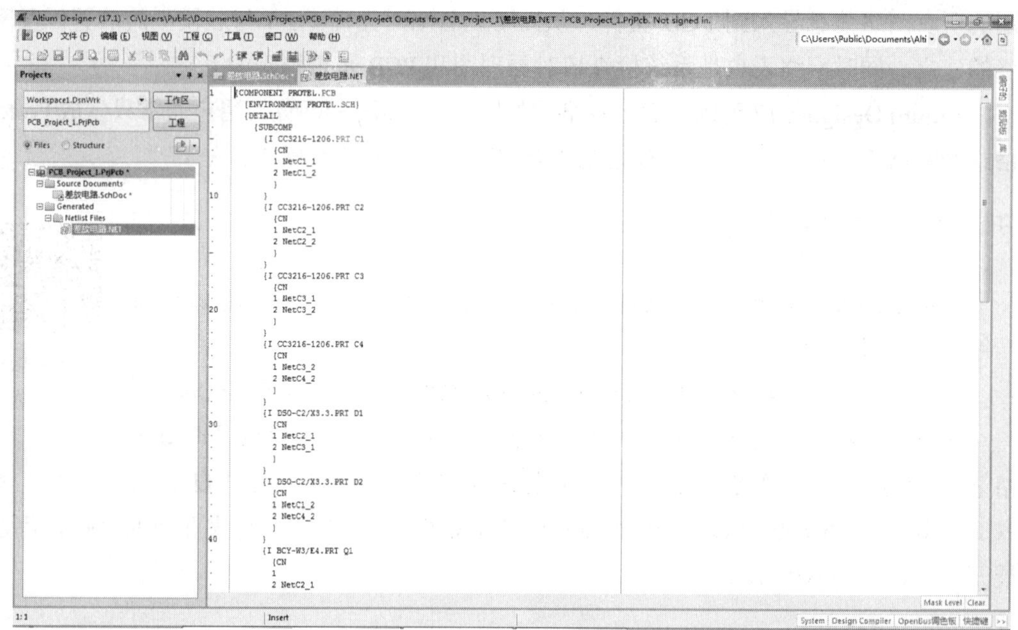

图 6.10 生成网络表

下面是网络表中的一部分内容，类似格式的部分以“……”代替。

[	元件声明开始
C1	元件标识符
CC3216-1206	元件封装名称
200pF	元件注释
]	元件声明结束
……	
(	网络定义开始
NetC1_1	网络名称"Net"
C1-1	元件 C1 的 1 号管脚
Q1-3	元件 Q1 的 3 号管脚
R1-1	元件 R1 的 1 号管脚
R3-2	元件 R3 的 2 号管脚
R5-2	元件 R5 的 2 号管脚
)	网络定义结束
……	

从上述内容可以看出，网络表文件包含两大部分，一部分是元件信息，另一部分是网络连接信息。元件信息由若干小段组成，每一个元件的信息为一小段，用方括号隔开，空行由系统自动生成，内容为各元件的数据（标识符、注释与封装信息）；网络连接信息同样由若干小段组成，每一个网络的信息为一小段，用圆括号隔开，描述了元件之间的网络连接。

知识 3 生成层次原理图网络表

以项目四自下而上层次原理图 DownToUp.PrjPcb 为例，打开子图 zxb1.SchDoc，如图 6.11 所示。

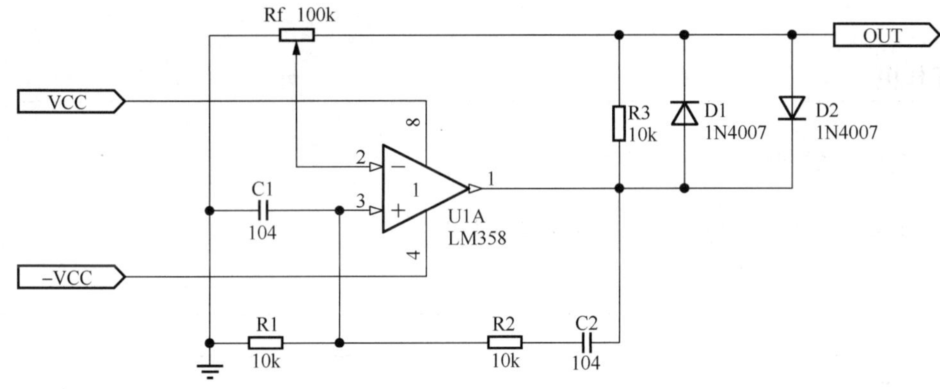

图 6.11 层次原理图子图 zxb1.SchDoc

执行“设计”→“工程的网络表”→“Protel”命令，即可完成层次原理图项目中所有原理图网络表的生成。网络表内容与单张原理图格式基本相同，但子原理图端口和方块电路图中的端口都被省略了。下面是层次原理图网络表的一部分。

```
[                       元件声明开始
C1                      元件标识符
RAD-0.3                 元件封装名称
104                     元件注释

]                       元件声明结束
……
(                       网络定义开始
NetC1_2                 网络名称"Net"
C1-2                    元件 C1 的 2 号管脚
R1-1                    元件 R1 的 1 号管脚
R2-2                    元件 R2 的 2 号管脚
U1-3                    元件 U1 的 3 号管脚
)                       网络定义结束
……
```

虽然打开的是层次原理图中的一个子图，但网络表是针对整个工程的，只有一个网络表文件。层次原理图网络表涉及多张子原理图中的通信，因此在 ERC 检查无误后，仍然需要对网络表仔细检查，重点应注意方块图上的端口和子原理图端口的电气连接，它们必须处于同一个网络中。

注意

网络表只对以后的PCB设计有影响，并不能改变原理图中的各项信息。由于网络表是纯文本文件，所以用户可以利用一般文本编辑程序自行建立或修改已存在的网络表。如用手工方式编辑网络表，在保存文件时必须以纯文本格式的方式保存。建议初学者不要直接对网络表进行修改。

工作页

实训　生成网络表

1. 生成Protel格式的网络表应使用哪些命令？

____

____

____

2. 实际操作

在工程项目下绘制图6.4所示原理图（将39k的R2改成R4），生成Protel格式网络表，把操作步骤、元件列表部分和网络列表部分按要求填写在表6.3中。

表6.3　生成网络表操作步骤及部分列表内容

生成网络表步骤	元件C2列表	元件列表对应项含义	部分网络列表	网络列表对应项含义

3. 收获和体会

将生成Protel格式网络表的收获和体会写在下面空格中。

收获和体会：

4. 工作评价

将生成Protel格式网络表工作评价填写在表6.4中。

表 6.4　工作评价表

评定人	工作评价	等级	评定签名
自己评			
同学评			
老师评			
综合评定等级			

________年________月________日

任务三　生成/输出各种报表和文件

情　景

设计好原理图，进行实际制作就需要采购元件，这时最好列一个元件清单。Altium Designer 17 能够提供功能强大的报表文件，可以轻松地完成这一工作。

讲解与演示

知识 1　报告菜单

除了网络表以外，Altium Designer 17 还可以将整个项目中元件类别和总数以多种格式的报表文件输出、保存和打印。这些报表文件的生成主要通过“报告”菜单中的各个菜单项来完成，如图 6.12 所示。

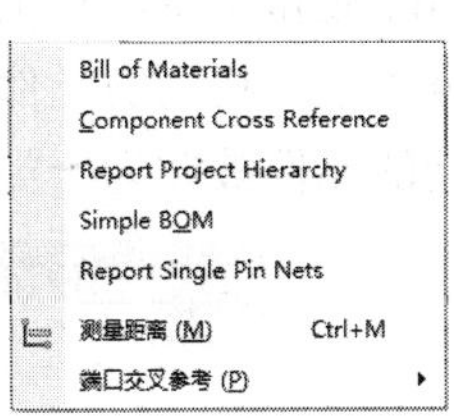

图 6.12　“报告”菜单

知识 2　元件报表

元件报表生成

元件报表主要用于整理一个电路或一个工程文件中的所有元件，其内容包括元件名称、注释、封装等信息，是原理图制作后采购元件的依据，因此元件报表又叫元件清单或材料清单。通过软件自动生成元件报表可以避免因手工统计而出现漏记、错记等纰漏。下面仍以修改正确的“差放电路”原理图为例，介绍生成元件清单的具体步骤。

第 1 步，打开原理图文件“差放电路.SchDoc”。

第 2 步，执行“报告”→“Bill of Material”命令，系统弹出如图 6.13 所示元件报表。

Comment	Description	Designator	Footprint	LibRef	Quantity
200pF	Capacitor (Semiconduct	C1, C2, C3, C4	CC3216-1206	Cap Semi	
1N914	Default Diode	D1, D2	DSO-C2/X3.3	Diode	
2N3904	NPN General Purpose A	Q1, Q2	BCY-W3/E4	2N3904	
1k	Resistor	R1, R2	AXIAL-0.4	Res2	
39K	Resistor	R3, R4	AXIAL-0.4	Res2	
10K	Resistor	R5, R6	AXIAL-0.4	Res2	
390K	Resistor	R7, R8	AXIAL-0.4	Res2	

图 6.13 元件报表

元件报表选项说明如下。

1）左侧两个列表框。

组合列：用于设置元件分类标准。可以将“全部列”中的某一属性拖到“组合列”中，系统将以该属性为标准，对元件进行分类，并显示在元件列表中。例如，分别将 Comment（注释）、Description（描述）拖到“组合列”中，在以 Comment 为标准的元件报表中，相同的元件被归为一类，而在以 Description 为标准的元件报表中，描述信息相同的元件被归为一类，如图 6.14 和图 6.15 所示。

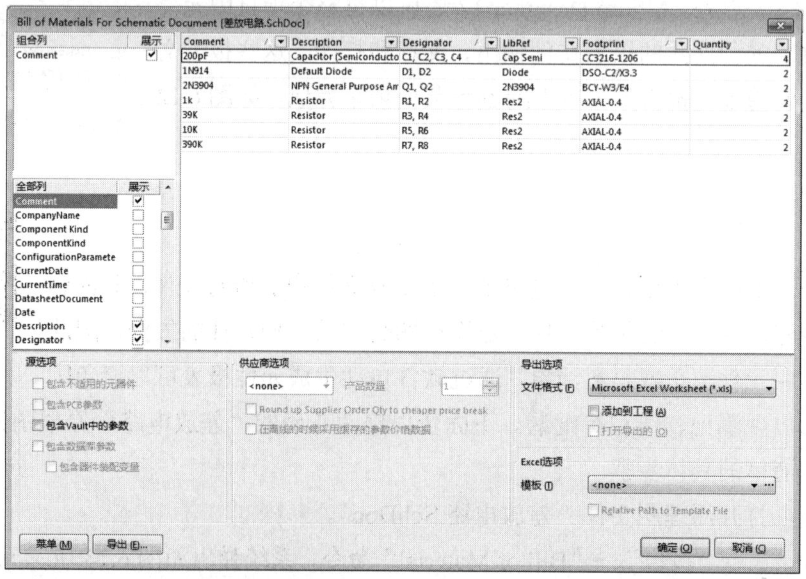

图 6.14 以 Comment 为标准的元件报表

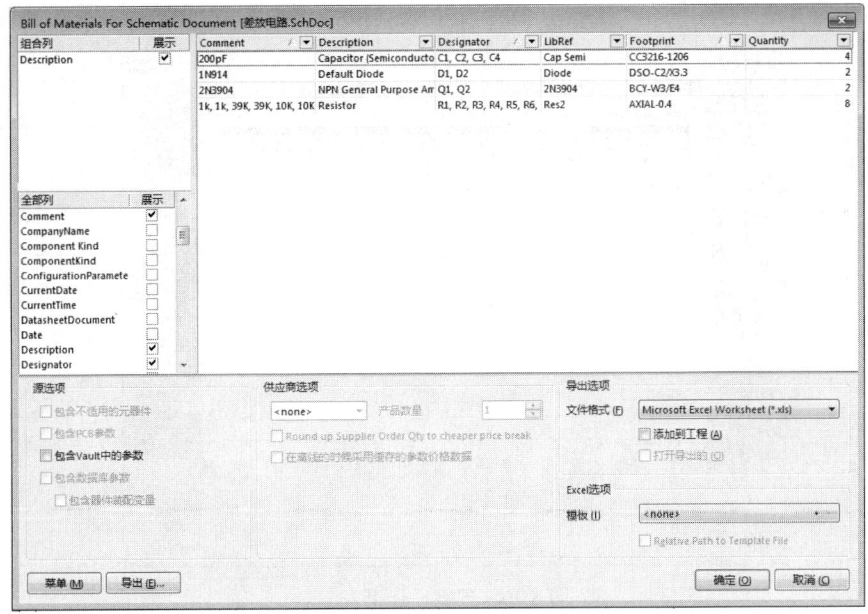

图 6.15　以 Description 为标准的元件报表

全部列：列出了系统提供的所有元件属性信息。对于用户需要的元件信息，可以选中与之对应的“展示”复选框，即可在“组合列”中显示出来。

2）右侧元件列表的各栏中都有一个下拉按钮，单击可以设置元件的显示内容。例如，单击 Comment 栏的下拉按钮，弹出如图 6.16 所示的下拉列表。

3）对话框下方几个选项和按钮，意义如下。

文件格式：设置输出文件的格式。单击后面的下拉按钮，将弹出文件格式选择下拉列表框，如图 6.17 所示。

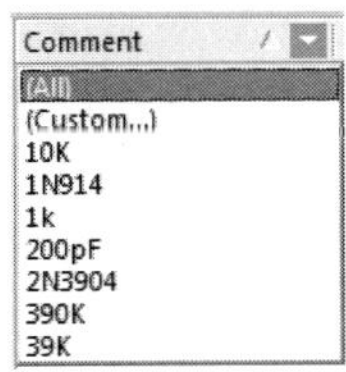

图 6.16　Comment 下拉列表框

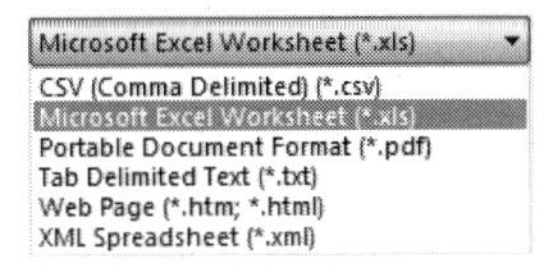

图 6.17　输出文件格式下拉列表框

模板：设置元件报表显示模板。单击后面的下拉按钮，可以选择模板文件，如图 6.18 所示，也可以单击按钮重新选择模板。

菜单：单击该按钮，弹出如图 6.19 所示的下拉菜单。

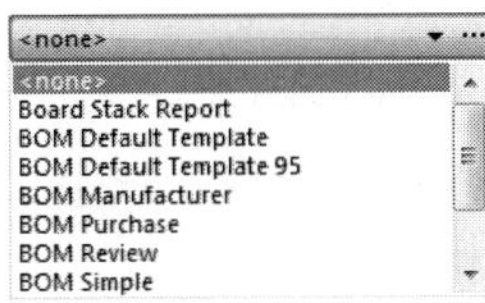

图 6.18　模板下拉列表框

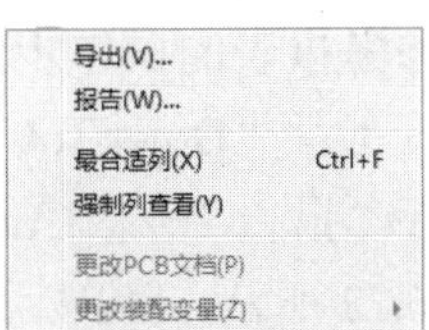

图 6.19　菜单

第 3 步，单击菜单中的“报告”命令，生成“报告预览”对话框，如图 6.20 所示。

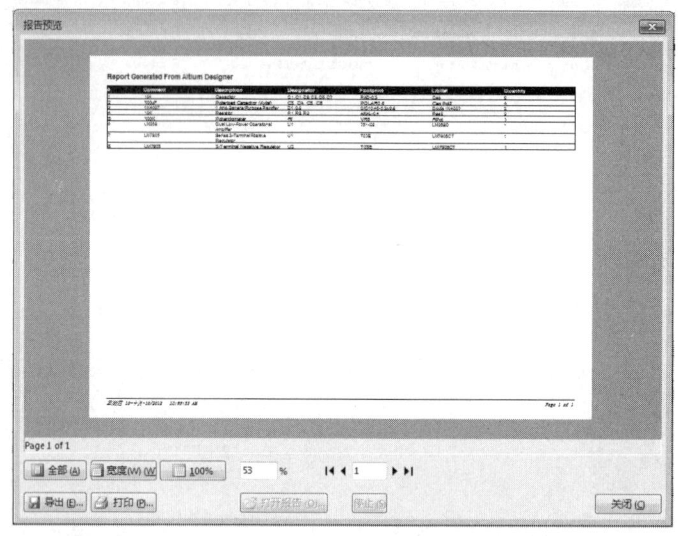

图 6.20 预览元件报表

第 4 步，单击图 6.20 左下角中的“导出”命令，输出元件报表。生成文件为 Excel 格式的元件报表文件，如图 6.21 所示。

差放电路 [兼容模式]

Comment	Description	Designator	Footprint	LibRef	Quantity
200pF	Capacitor (Semiconductor SIM Model)	C1, C2, C3, C4	CC3216-1206	Cap Semi	4
1N914	Default Diode	D1, D2	DSO-C2/X3.3	Diode	2
2N3904	NPN General Purpose Amplifier	Q1, Q2	BCY-W3/E4	2N3904	2
1k	Resistor	R1, R2	AXIAL-0.4	Res2	2
39K	Resistor	R3, R4	AXIAL-0.4	Res2	2
10K	Resistor	R5, R6	AXIAL-0.4	Res2	2
390K	Resistor	R7, R8	AXIAL-0.4	Res2	2

差放电路

图 6.21 Excel 格式的元件报表

知识 3 元件交叉参考报表

元件交叉参考报表

如果一个设计工程由多个原理图完成，那么整个工程所用元件还可以按它们所处原理图的不同以报表形式进行分组显示，这种报表就是元件交叉参考报表。元件交叉参考报表（Component Cross Reference）可为多张原理图中每个元件列出元件类型、标识和隶属图纸名称。通过元件交叉参考报表，可以清楚地查阅元件引用情况。下面以项目四中自下而上层次原理图“DownToUp.PrjPcb”为例，介绍生成元件交叉参考报表的操作步骤。

第 1 步，打开工程“DownToUp.PrjPcb”中任意一个原理图子图，如 zxb1.SchDoc。

第 2 步，执行“报告”→“Component Cross Reference”命令，弹出元件交叉参考报表对话框，如图 6.22 所示，该对话框与元件报表基本相同。

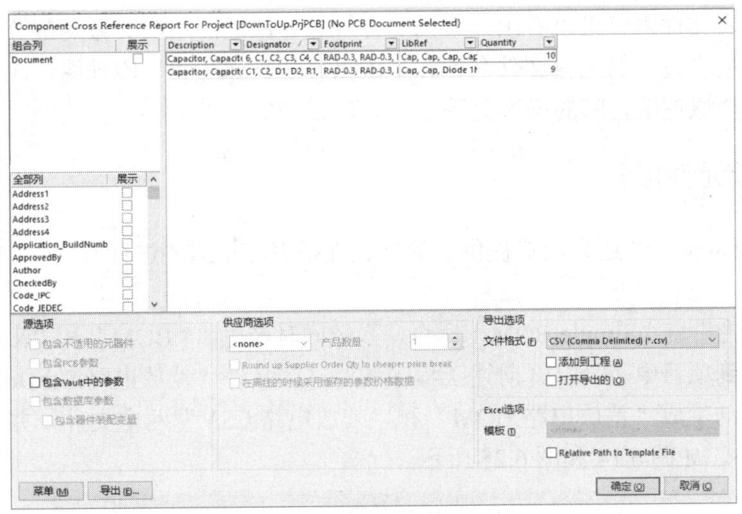

图 6.22　元件交叉参考报表对话框

元件交叉参考报表其实就是一张元件清单报表，只是把整个工程中的元件按照所属的不同电路原理图而分别显示出来。

知识 4　层次报表

层次报表主要用于显示层次原理图的层次结构数据。利用层次报表可以方便地查看项目的层次关系或文件结构。仍以项目四层次原理图“DownToUp.PrjPcb”为例，介绍生成层次报表的操作步骤。

层次报表

第 1 步，打开工程 DownToUp.PrjPcb 中任意一张原理图，如 zxb1.SchDoc。

第 2 步，执行“报告”→“Report Project Hierarchy”命令，系统自动生成层次报表文件 zxb1.Rep 并添加到工程文件 Generated\Text Documents 文件夹下，如图 6.23 所示左侧 Projects 面板。

第 3 步，双击层次报表文件 zxb1.Rep，打开层次报表内容，如图 6.23 所示。

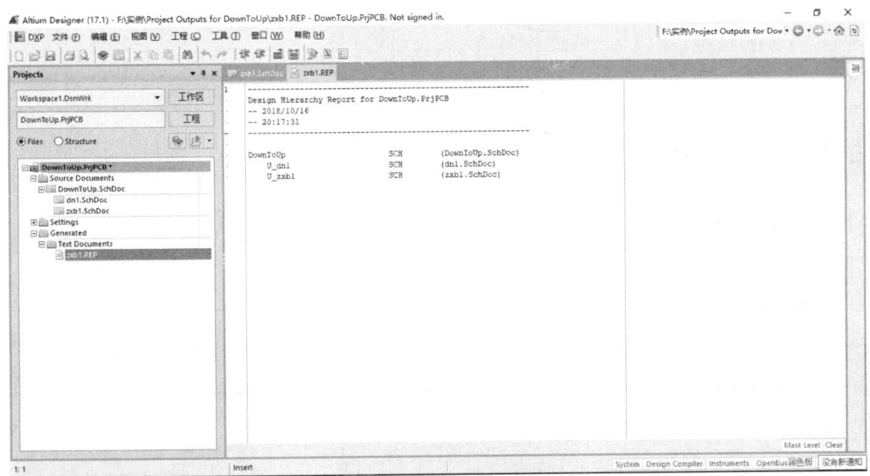

图 6.23　生成层次报表

从层次报表文件内容可以看出，它由文件标题和原理图层次关系两部分组成。文件标题主要包括层次设计的工程文件名称和生成报表的具体时间，原理图层次关系则列出了该设计中多个原理图之间的层次关系。

知识 5 简单元件报表

简单元件报表生成

Altium Designer 17 还为用户提供了简单元件报表，不需要进行设置即可生成。

执行“报告”→“Simple BOM”命令，系统同时产生“*.BOM”和“&.CSV”两个文件，并加入到项目中。若打开前述工程中的原理图文件“差放电路.SchDoc”，执行该命令，系统自动生成“差放电路.BOM”和“差放电路.CSV”两个文件，并存放在当前 Projects 面板中，如图 6.24 和图 6.25 所示。

```
Bill of Material for
On 2018/10/18 at 10:31:44

 Comment              Pattern       Quantity  Components
---------------------------------------------------------------------------
 100K                 VR5                  1    Rf                            Potentiometer
 100uF                POLAR0.8             4    C3, C4, C5, C8                Polarized Capacitor (Axial)
 104                  RAD-0.3              6    C1, C1, C2, C2, C6, C7        Capacitor
 10K                  AXIAL-0.4            3    R1, R2, R3                    Resistor
 1N4007               DIO10.46-5.3x2.8       2    D1, D2                         1 Amp General Purpose Rectifier
 LM358                751-02               1    U1                            Dual Low-Power Operational Amplifier
 LM7805               T03B                 1    U1                            Series 3-Terminal Positive Regulator
 LM7905               T03B                 1    U2                            3-Terminal Negative Regulator
```

图 6.24 差放电路.BOM

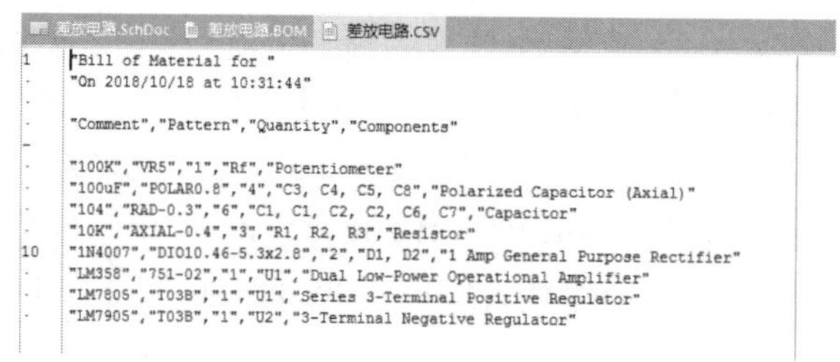

```
"Bill of Material for "
"On 2018/10/18 at 10:31:44"

"Comment","Pattern","Quantity","Components"

"100K","VR5","1","Rf","Potentiometer"
"100uF","POLAR0.8","4","C3, C4, C5, C8","Polarized Capacitor (Axial)"
"104","RAD-0.3","6","C1, C1, C2, C2, C6, C7","Capacitor"
"10K","AXIAL-0.4","3","R1, R2, R3","Resistor"
"1N4007","DIO10.46-5.3x2.8","2","D1, D2","1 Amp General Purpose Rectifier"
"LM358","751-02","1","U1","Dual Low-Power Operational Amplifier"
"LM7805","T03B","1","U1","Series 3-Terminal Positive Regulator"
"LM7905","T03B","1","U2","3-Terminal Negative Regulator"
```

图 6.25 差放电路.CSV

工作页

实训 生成/输出元件报表和文件操作

1. Altium Designer 17 报表和文件有哪些？

____

____

____

2. 实际操作

绘制项目四如图 4.78 所示原理图，文件名为 555.SchDoc。生成该原理图 Excel 格式的元件报表，把操作步骤填写在表 6.5 中。

表 6.5 生成 Excel 格式元件报表的操作步骤

原理图名	生成元件报表步骤
555.SchDoc	第 1 步，
	第 2 步，
	第 3 步，
	第 4 步，
	第 5 步，

3. 收获和体会

将生成/输出元件报表操作的收获和体会写在下面空格中。

收获和体会：

4. 工作评价

把生成/输出元件报表操作的工作评价填写在表 6.6 中。

表 6.6 工作评价表

评定人	工作评价	等级	评定签名
自己评			
同学评			
老师评			
综合评定等级			

________年________月________日

任务四 设 计 实 例

情 景

我们已经学习了原理图绘制、电气规则设置和生成各种报表。为了把所学知识联系起来，对知识有一个更全面、更系统的把握，现以实例形式把重点内容做一简单回顾练习。

讲解与演示

知识 1　绘制原理图

设计实例 1

绘制如图 6.26 所示原理图，文件名为 Ex.SchDoc。

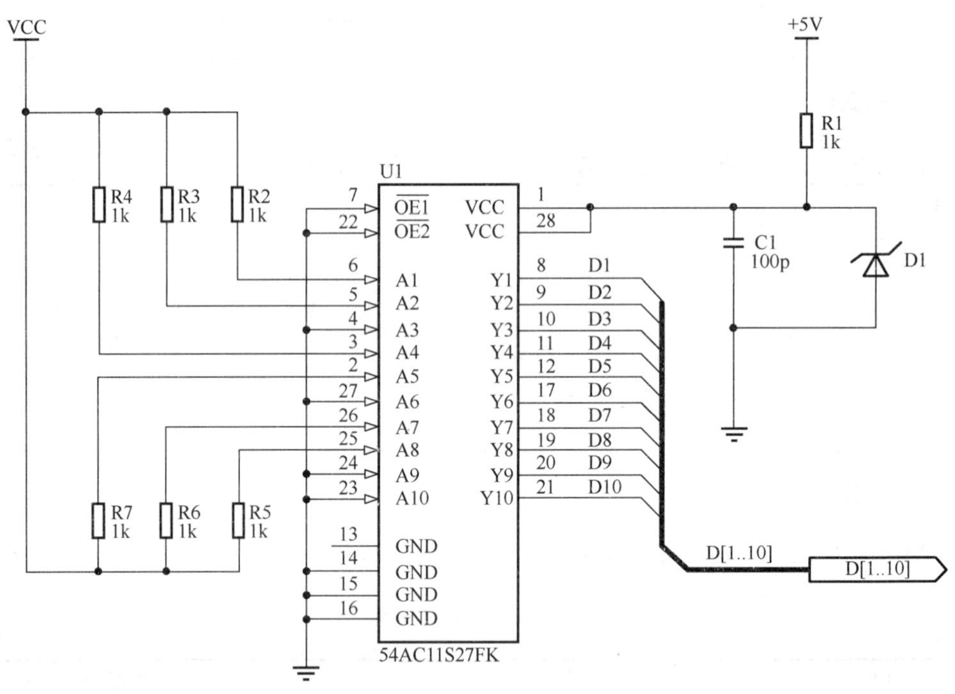

图 6.26　原理图实例

1. 建立文件

第 1 步，创建工程文件。在 Altium Designer 17 主界面中，执行“文件”→“新的”→“工程”命令，新建工程名为 PCB_Project.PrjPcb，如图 6.27 所示。

第 2 步，选中“PCB_Project.PrjPcb”并右击，执行“保存工程为”命令，在弹出的“另存为”对话框中选择合适路径，更改工程文件名为 Ex.PrjPcb，如图 6.28 所示。

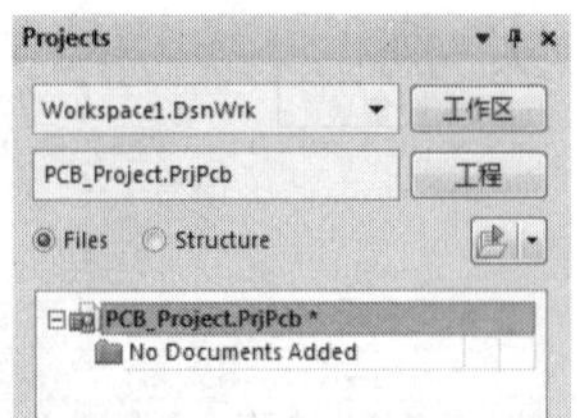

图 6.27　新建 PCB 工程界面

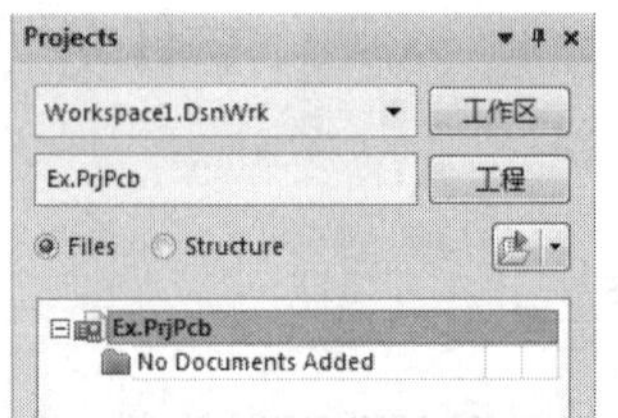

图 6.28　更名后 PCB 工程界面

第 3 步，选中“Ex.PrjPcb”，执行“文件”→“新的”→“原理图”命令，新建原理图文件名为 Sheet1.SchDoc，如图 6.29 所示。

第 4 步，选中 Sheet1.SchDoc 并右击，执行“另存为”命令，在弹出的“另存为”对话框中更改原理图文件名为 Ex.SchDoc，如图 6.30 所示。

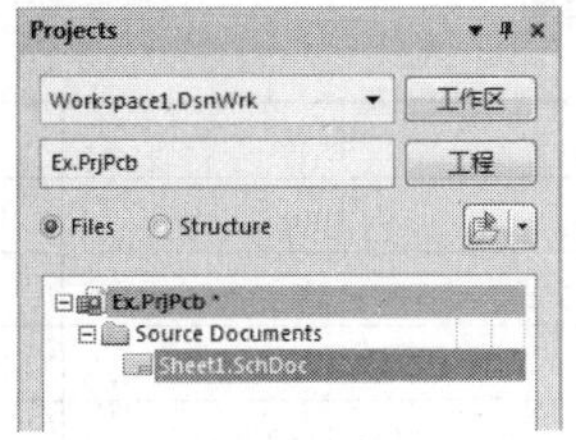

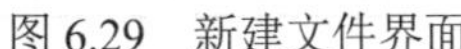

图 6.29 新建文件界面

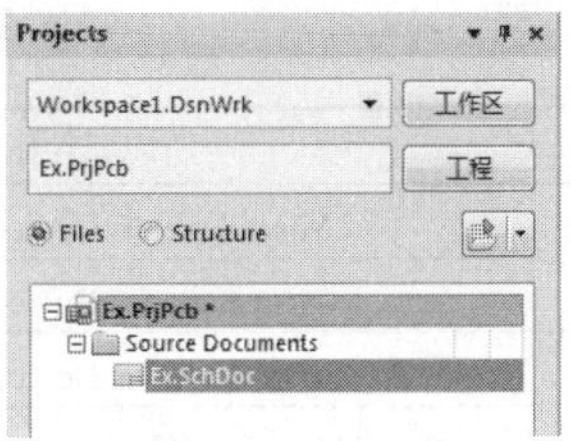

图 6.30 更名后文件界面

至此，一个基本 PCB 工程的框架建立好了，下面进行电路设计。

2. 加载元件库

第 1 步，执行“设计”→“添加/移除库”命令，弹出“可用库”对话框，如图 6.31 所示。

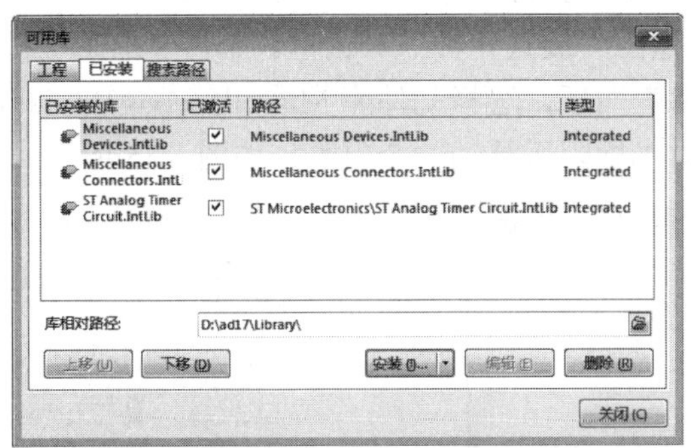

图 6.31 “可用库”对话框

第 2 步，单击“安装”按钮，在图 6.32 所示对话框中选择 Miscellaneous Devices.IntLib 和 Texas Instruments 中的 TI Logic Buffer Line Driver.IntLib 两个集成库，再单击“打开”按钮，上述元件库加载完毕。

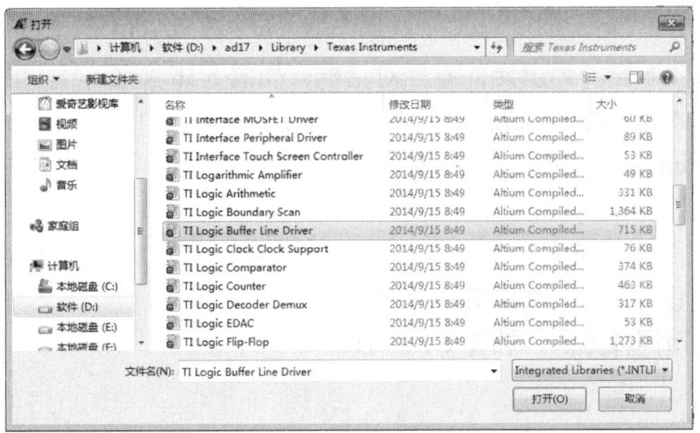

图 6.32 添加所需元件库对话框

3. 放置元件

本实例中用到的所有元件明细如表 6.7 所示。

表 6.7　元件明细表

元件标识	所属元件库	注释	封装
C1	Miscellaneous Devices.IntLib	100p	RAD0.3
R1～R7	Miscellaneous Devices.IntLib	1k	AXIAL0.4
D1	Miscellaneous Devices.IntLib	D　Zener	DIODE-0.7
U1	TI Logic Buffer Line Driver.IntLib	54AC11827FK	FK028

第 1 步，执行“放置”→“部件”命令，弹出如图 6.33 所示“放置部件”对话框。

第 2 步，在“物理元件”文本框中输入“54AC11827FK”，对话框中显示该元件的位号、注释、封装和所在库等信息。

第 3 步，将元件位号改为 U1，单击“确定”按钮，返回原理图图纸。此时在光标附近浮动一个标识符为 U1 的元件，如图 6.34 所示。

第 4 步，在合适位置放置 U1，光标仍处于放置元件状态，而浮动的元件位号自动变为 U2，右击工作区，返回“放置元件”对话框。单击“取消”按钮，退出放置状态。

第 5 步，打开“库”面板，选择元件库 Miscellaneous Devices.IntLib，找到“Res2”，返回原理图图纸。此时光标附近浮动一个电阻，如图 6.35 所示。

图 6.33　“放置部件”对话框

图 6.34　放置 54AC11827FK

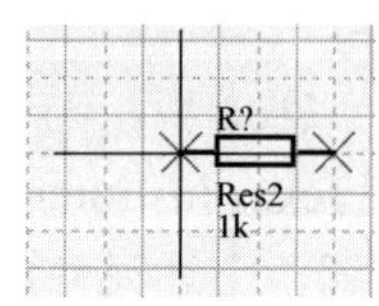

图 6.35　放置电阻

第 6 步，按 Tab 键，弹出元件属性对话框，如图 6.36 所示。

第 7 步，将对话框中 Designator（标识符）选项改为 R1，Comment（注释）选项改为 1k，取消 Parameters 区域名称 Value 的“可见的”勾选。单击 OK 按钮，返回放置元件状态。

第 8 步，在图纸适当位置连续单击放置 7 个电阻（R1～R7），放置过程中按空格键旋转元件。最后右击工作区结束放置电阻状态。

第 9 步，使用同样方法，放置 C1 和 D1。

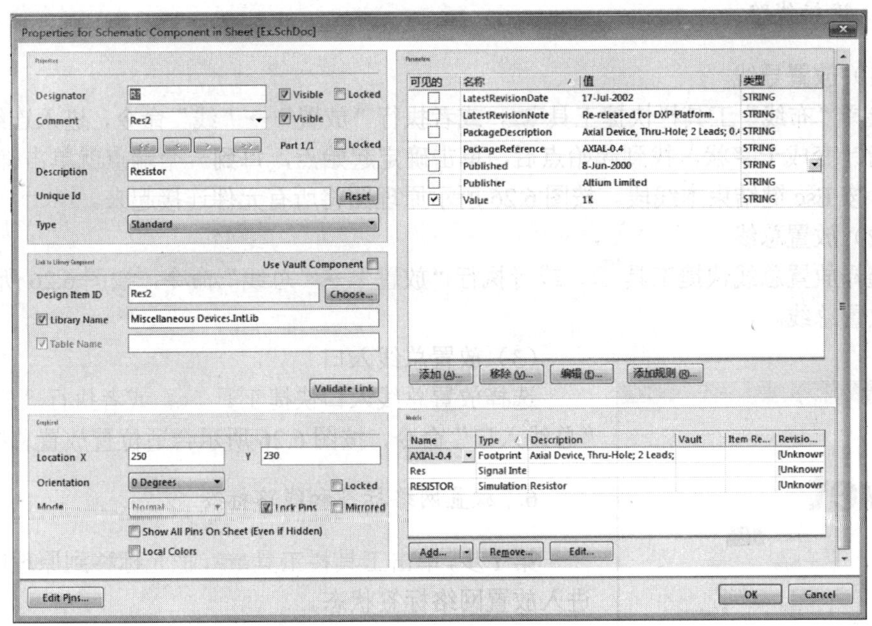

图 6.36 元件属性对话框

放置完所有元件后，按图 6.26 所示原理图对元件进行合理布局。

4. 放置电源端口

第 1 步，单击“布线”工具栏工具，把光标移到原理图区域，进入放置电源端口状态。

第 2 步，按 Tab 键，进入“电源端口”属性对话框，如图 6.37 所示。

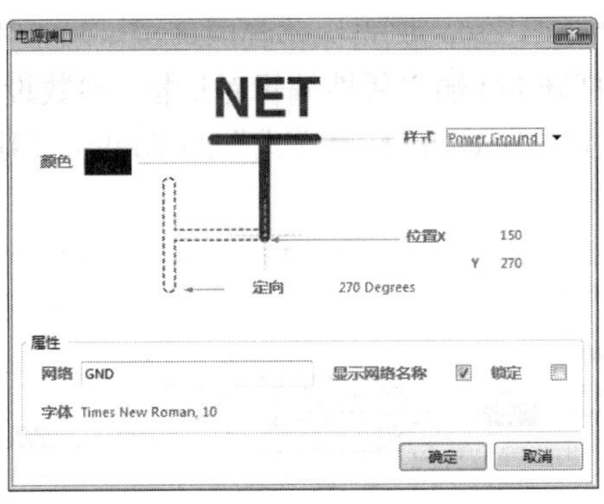

图 6.37 “电源端口”属性对话框

第 3 步，在“网络”栏输入 GND，“样式”栏选择 Power Ground，单击“确定”按钮，在原理图中放置两个接地端口。

第 4 步，单击“布线”工具栏工具 VCC，在原理图适当位置放置两个电源符号，“网络”栏分别设置为 VCC 和+5V，“样式”设置为 Bar。

按图 6.26 所示原理图放置电源端口。

5. 连接线路

（1）放置导线

选择“布线”工具栏快捷工具，或者执行“放置”→“线”命令，进入连线状态。光标指针变成十字状，找到起始点后，单击确定起始点，每到一个端点就单击确定这个端点，按 Esc 键结束本线段。按图 6.26 所示原理图将所有元件连接起来。

（2）放置总线

选择放置总线快捷工具，或者执行“放置”→“总线”命令，按图 6.26 所示合适位置放置总线。

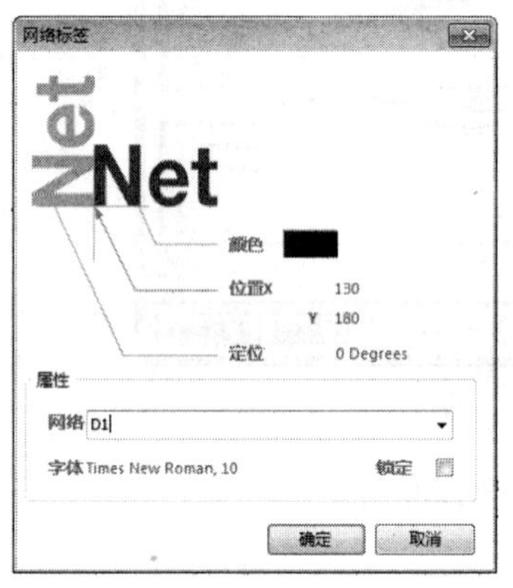

图 6.38 “网络标签”对话框

（3）放置总线入口

选择放置总线入口快捷工具，或者执行“放置”→“总线入口”命令，按图 6.26 所示合适位置放置总线入口。

6. 放置网络标签和线路标签

第 1 步，单击工具栏工具，把光标移到原理图区域，进入放置网络标签状态。

第 2 步，按 Tab 键，启动如图 6.38 所示“网络标签”对话框，设置参数“网络”值为 D1，并按图 6.26 所示，放置网络标签。

第 3 步，依次放置网络标签 D2～D10。

第 4 步，按 Tab 键，修改参数“网络”值为 D[1…10]，并按图 6.26 所示放置线路标签。

7. 放置 I/O 端口

第 1 步，单击工具栏工具，把光标移到原理图区域，进入放置 I/O 端口状态。

第 2 步，按 Tab 键，打开 I/O 端口属性编辑对话框。参数设置如图 6.39 所示：“名称”为“D[1…10]”，“I/O 类型”为 Output，“样式”为 Right，“对齐”为 Center，其他参数使用默认值。

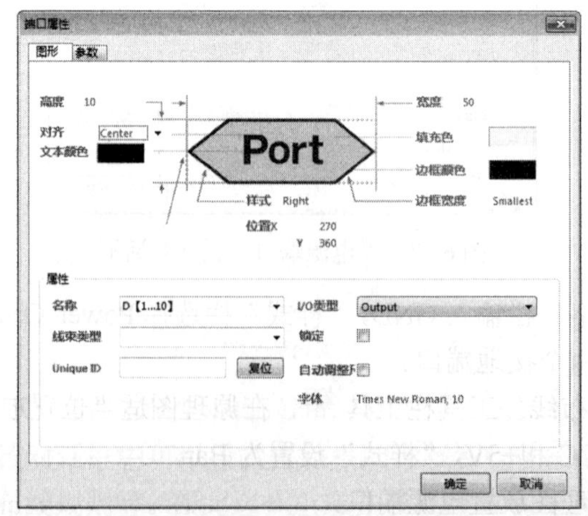

图 6.39 “端口属性”对话框

第 3 步，按图 6.26 所示位置放置 I/O 端口。

最终完成如图 6.26 所示原理图。

知识 2 编译原理图

设计实例 2

为了验证原理图制作是否正确，现对原理图进行电气检查。

1. 电气规则检查

第 1 步，执行“工程”→“工程选项”命令，弹出 Options for PCB Project Ex.PRJPCB 对话框。

第 2 步，在对话框 Error Reporting 选项卡中把条目 Nets with no driving source 模式改为“不报告”，如图 6.40 所示。

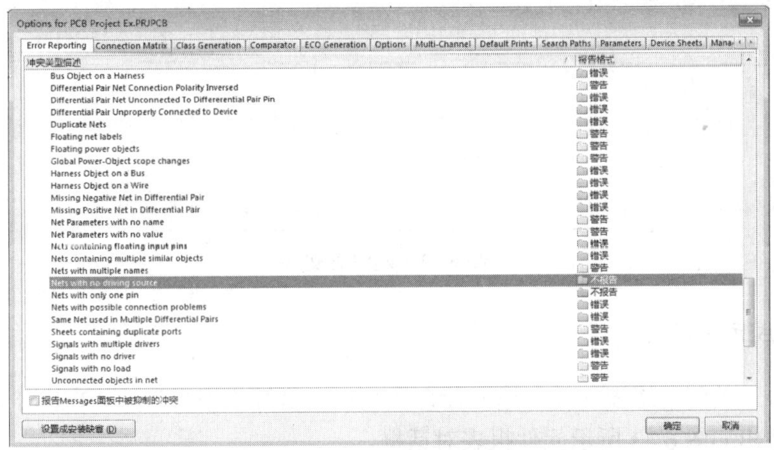

图 6.40 电气规则检查设置

2. 编译原理图

第 1 步，执行“工程”→“Compile PCB Project Ex.PRJPCB”命令，系统开始编译原理图。

第 2 步，执行状态栏命令“System”→“Messages”查看编译结果，面板内容如图 6.41 所示，表明原理图绘制正确。

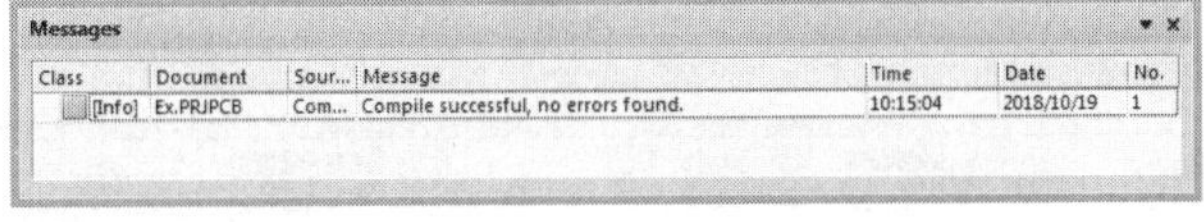

图 6.41 信息面板

知识 3 生成报表

1. 生成网络表

执行“设计”→“文件的网络表”→“Protel”命令，产生原理图网络表文件 Ex.NET，并存放在当前工程下的“Generated\Netlist Files”文件夹中，双击打开该文件，如图 6.42 所示。

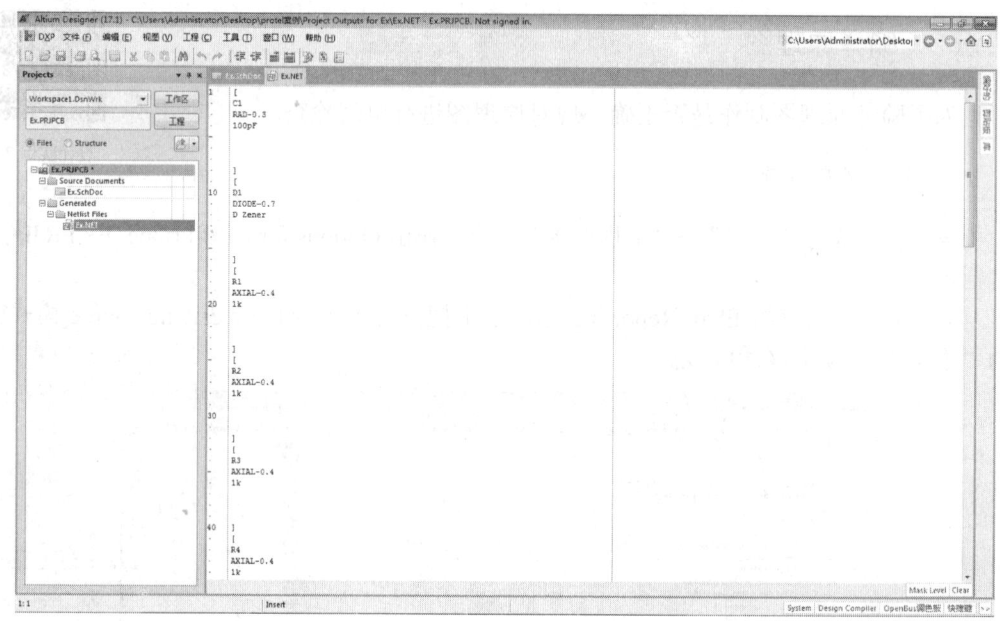

图 6.42　网络表文件

2. 生成元件报表

第 1 步，关闭网络表文件，返回原理图窗口，执行“报告”→“Bill of Material”命令，系统弹出如图 6.43 所示元件报表对话框。

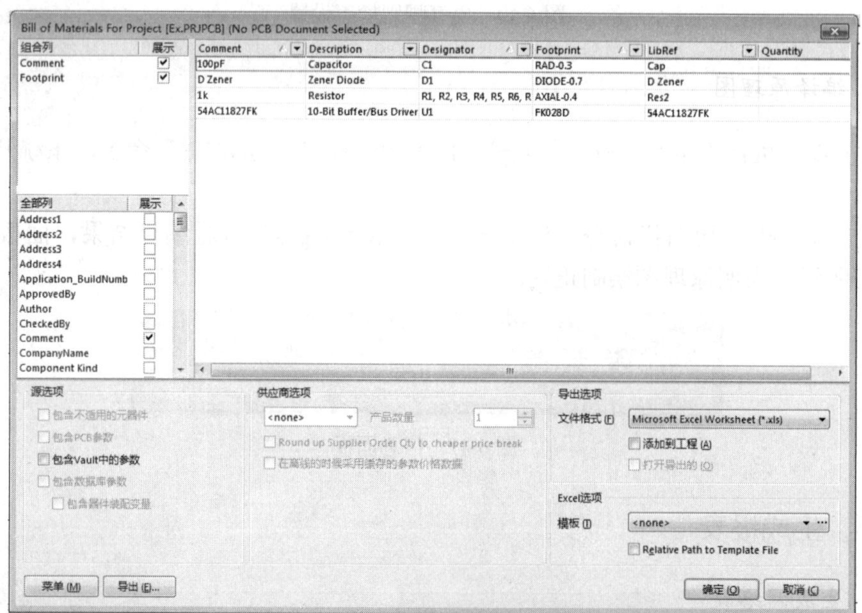

图 6.43　元件报表对话框

第 2 步，单击对话框下方“菜单”按钮，在弹出的菜单中选择“报告”命令，弹出“报告预览”对话框，如图 6.44 所示。

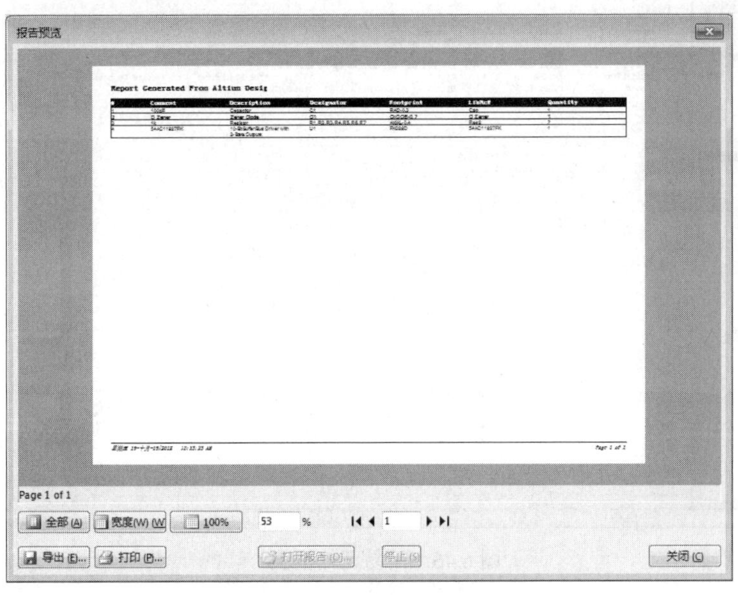

图 6.44 “报告预览”对话框

第 3 步，单击图 6.44 左下方的“导出”按钮，选择需要导出的一个文件保存类型即可将元件报表导出。在此选择默认文件名为 Excel 格式的元件报表文件 Ex.xls，如图 6.45 所示。

	A	B	C	D	E	F	G	H
1	Comment	Description	Designator	Footprint	LibRef	Quantity		
2	100pF	Capacitor	C1	RAD-0.3	Cap	1		
3	D Zener	Zener Diode	D1	DIODE-0.7	D Zener	1		
4	1k	Resistor	R1, R2, R3, R4, R5,	AXIAL-0.4	Res2	7		
5	54AC11827FK	10-Bit Buffer/Bus I	U1	FK028D	54AC11827FK	1		
6								
7								
8								
9								

图 6.45 元件报表文件 Ex.xls

第 4 步，单击“打印”按钮并进行打印设置后，可以打印元件报表。

3. 生成简单元件报表

执行“报告”→“Simple BOM”命令，则系统同时产生两个文件 Ex.BOM 和 Ex.CSV，并加入到工程中，如图 6.46 所示。

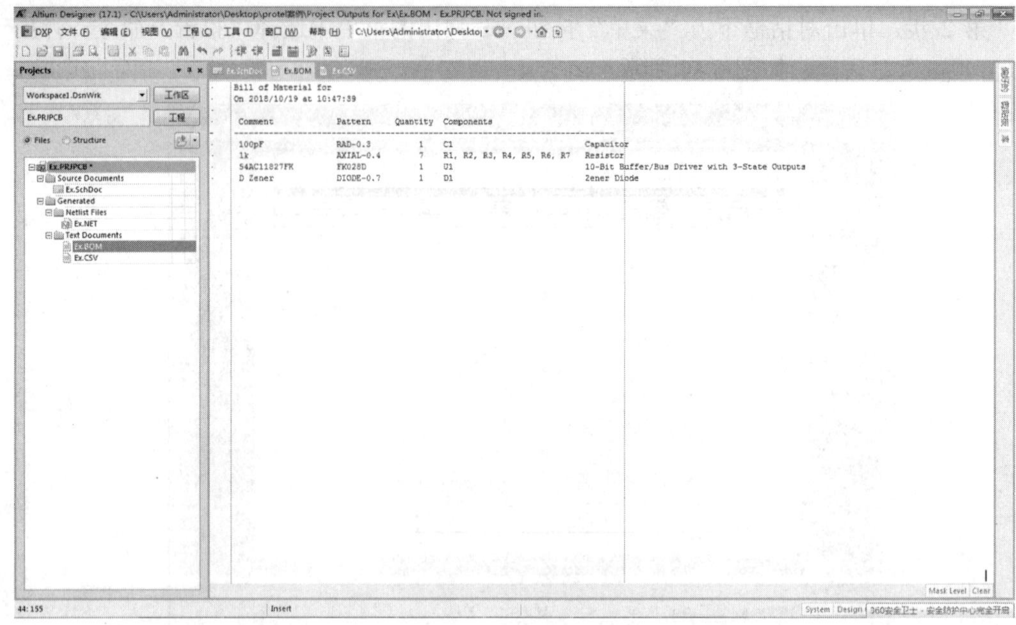

图 6.46 简易元件报表

工作页

实训 编译原理图生成网络表和元件报表

1. 绘制原理图的简要步骤

绘制如图 6.47 所示原理图，并写出简要步骤。

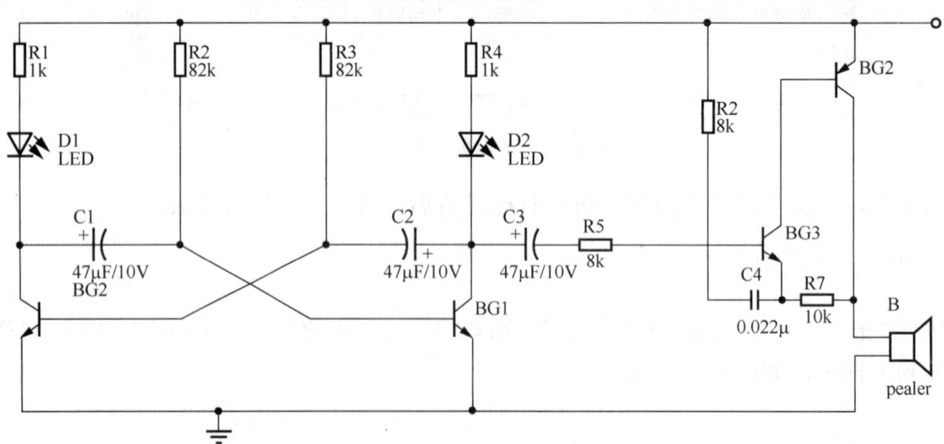

图 6.47 原理图练习

2. 原理图的编译和修正

对原理图进行编译并修正，生成网络表和元件报表，写出简要步骤填写在表 6.8 中。

表 6.8 生成网络表和元件报表

生成网络表步骤	元件 R1 列表	部分网络列表	生成元件报表步骤	元件报表部分内容

3. 收获和体会

将编译原理图生成元件报表后的收获和体会写在下面空格中。

收获和体会:

4. 工作评价

将编译原理图生成元件报表工作评价填写在表 6.9 中。

表 6.9 工作评价表

评定人	工作评价	等级	评定签名
自己评			
同学评			
老师评			
综合评定等级			

________年________月________日

拓 展

拓展 显示隐含管脚

拓展部分详细内容，可从网站 www.abook.cn 下载学习。

一、判断题（对的打“√”，错的打“×”）

1. 用户可以对电气检测规则进行设置，但不能对原理图进行修改。 （ ）

2．进行电气规则检查，首先要打开项目下的原理图文档。 （ ）

3．Error Reporting（错误报告）选项卡用于设置电气规则检查的执行标准。 （ ）

4．Connection Matrix（电气连接矩阵）选项卡中方块颜色不会变化。 （ ）

5．电气规则对话框中默认规则是最为常用的规则设置，一般情况下不要修改。 （ ）

6．在错误类型中，Error 属于比较严重的错误，应慎重对待。 （ ）

7．某个管脚浮接属于比较严重的错误。 （ ）

8．原理图中所有错误利用 Altium Designer 17 的错误诊断功能都能检查出来。 （ ）

9．如果 Messages 工作面板中无错误信息，原理图肯定完全正确。 （ ）

10．网络表中元件的声明部分是由“[”和“]”来描述的，而网络的定义是由“(”和“)”来描述的。 （ ）

11．层次原理图每一个子图对应一个网络表文件。 （ ）

12．网络表只对以后的 PCB 设计有影响，并不能改变原理图中的各项信息。 （ ）

13．层次报表文件扩展名为“.rep”。 （ ）

14．网络表是纯文本文件。 （ ）

15．元件报表只能用于整理一个原理图的所有元件，其内容包括元件的名称、标注、封装等信息，是原理图制作后采购元件的依据。 （ ）

二、填空题

1．电气检测规则可以对原理图的________特性进行全方位的自动检查，并将错误信息在________工作面板中列出，同时也可以在________中在线显示错误。

2．网络表文件主要由________部分和________部分组成。

3．元件报表内容包括元件的________、________、________等信息，是原理图制作后采购元件的依据，因此元件报表又叫________。

4．________可为多张原理图中每个元件列出元件类型、标识和隶属的图纸名称。

5．层次报表主要用于显示________的层次结构数据，利用层次报表可以方便地查看项目的________或________。

6．层次报表文件内容由文件的________和原理图________两部分组成。

7．简单元件报表有两个文件，扩展名分别为________和________。

8．Error Reporting（错误报告）选项卡的________中，错误程度：“致命错误”、“错误”、“警告”、“不报告”。

9．Connection Matrix（电气连接矩阵）选项卡中________循环变化，表示代表的错误类型在不同错误程度间切换。

10．Comparator（差别比较器）选项卡，在“模式”选项中可以通过设置改变的项目是________或者________。

三、简答题

1．简述原理图电气规则设置的方法。

2．如何从电气规则检查的错误结果中找到原理图中的错误。

3．原理图中常见电气规则错误有哪几种？

4．简述编译项目及查看系统信息的操作步骤。

5．原理图编辑器能生成哪几种报表？各有什么用途？

四、综合题

1．新建工程及相关文件。

在 D 盘根目录下建立一个名为“556 警笛”的文件夹。

所有文件均保存在“556 警笛”文件夹中。

新建一个名为“556.PrjPcb”的工程文件；

新建一个名为“556.SchDoc”的原理图文件；

新建一个名为“NE556.SchLib”的原理图库文件。

2．绘制原理图。

1）打开“NE556.SchLib”原理图库文件，在其中绘制一个名为 NE556 的集成元件符号，并根据表 6.10 设置相关属性，然后将其应用到如图 6.48 所示的电路中。

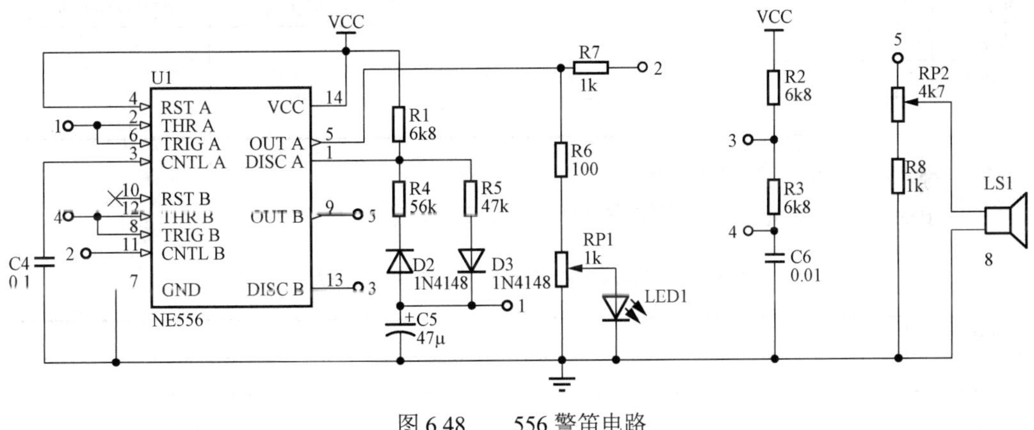

图 6.48　556 警笛电路

表 6.10　556 管脚属性

标识符	1	13	2	12	3	11	7
显示名称	DISC A	DISC B	THR A	THR B	CNTL A	CNTL B	GND
电气类型	OpenCollector		Input		Input		Power
标识符	4	10	5	9	6	8	14
显示名称	RST A	RST B	OUT A	OUT B	TRIG A	TRIG B	VCC
电气类型	Input	Passive	Output		Input		Power

2）打开“556.SchDoc”原理图文件，绘制如图 6.48 所示电路，并保存。

3．编译工程项目及查看系统相关信息。

1）原理图中对元件 NE556 管脚 10 放置忽略 ERC 检查指示符。

2）电气规则检查设置。工程选项中 Options for PCB Project 对话框，在 Error Reporting 选项卡中把条目 Nets with no driving source 模式改为“不报告”。

3）编译工程项目。直到 Messages 面板中无错误信息为止。

4）编译工程的具体操作步骤填入表 6.11 中。

表 6.11　编译工程操作步骤

步骤 1	
步骤 2	
步骤 3	
步骤 4	
步骤 5	
……	

4．生成网络表。

生成网络表的具体步骤及部分列表内容填入表 6.12 中。

表 6.12　生成网络表操作步骤

		元件 R1 列表	部分网络列表
步骤 1			
步骤 2			
步骤 3			
……			

5．生成 Excel 格式的元件报表。

生成 Excel 格式的元件报表的具体操作步骤填入表 6.13 中。

表 6.13　生成 Excel 格式元件报表操作步骤

步骤 1	
步骤 2	
步骤 3	
……	

6．修改电位器外形。

把原理图 6.48 中的电位器外形由曲线修改成矩形框。新建一个新的原理图库，重做上述步骤。

项目七 PCB设计基础

学习目标

PCB 设计基础是每个设计者必须掌握的，在设计电路板前必须了解有关印制电路板的基础知识，对各项操作术语有概念上的把握，以便能够更好地理解和掌握 PCB 设计过程。

通过本项目的学习，要求学生了解印制电路板的基础知识，Altium Designer 17 的启动及设计界面，PCB 基本组件的操作。

知识目标

- 了解印制电路板的种类及结构。
- 了解 Altium Designer 17 的启动及设计界面。
- 理解 PCB 板层类型。
- 掌握 PCB 的基本组件。
- 掌握 PCB 文件的创建。

技能目标

- 能利用 PCB 向导创建 PCB 文件，规划 PCB。
- 对 PCB 基本组件能进行放置和属性设置。

任务一 PCB 设计初步

情 景

电子设备是由许多元件按一定规律连接组成的。现在的电子设备功能越来越复杂，组成的元件也越来越多。如果用大量导线将这些元件连接起来，不但连接麻烦，而且容易出错。使用印制电路板可以有效解决这个问题。

讲解与演示

知识 1 PCB 简介

PCB（printed circuit board）是印制线路板或印制电路板的简称。通常把在绝缘材料上，按预定设计，制成印制线路、印制元件或两者组合而成的导电图形称为印制电路。而在绝缘基材上提供元件之间电气连接的导电图形，称为印制线路板。这样就把印制电路或印制线路的成品板称为印制线路板，亦称为印制板。

Altium Designer 17 提供了丰富、全面的集成输入系统，全面支持 PCB 设计，其庞大的功能和灵活的使用方法使之成为 PCB 设计领域内一款非常好的应用软件。设计 PCB 的目的就是要得到加工制作在绝缘敷铜板上的导电图形和孔位特征的电路板版图。最后在绝缘敷铜板上经过印刷、蚀刻、钻孔及一些后续处理生成电子产品所需要的印制电路板。

知识 2 PCB 的种类及结构

PCB 板根据导电层数不同，分为单面板、双面板和多层板。

1. 单面板

单面板只有底面也就是 Bottom Layer（底层）覆盖铜箔，元件的管脚焊在这一面上，制作导电图形。另一面也就是 Top Layer（顶层）是空的，是安装元件的一面。单面板具有不用打过孔、成本低等优点，但因其只能单面布线而实际的设计工作往往比双面板和多层板困难，所以适用于布线简单的 PCB 设计。

2. 双面板

双面板基板的上、下两面都覆有铜箔，中间为绝缘层。双面板包含顶层（Top Layer）和底层（Bottom Layer）两个信号层。双面板两面都可以布线，两层之间的走线一般由过孔或焊盘连通。习惯上顶层为“元件面”，底层为“焊锡面”。

双面板可用于比较复杂的电路。双面板的生产工艺比单面板复杂，成本高。但由于可以双面走线，因而布线相对容易，布线率高。双面板是目前使用最广泛的印制电路板。

3. 多层板

多层板是包含了多个工作层面的电路板。多层板除了顶层和底层之外，还包括中间层，中间层可以是信号层，也可以是电源层和接地层。层与层之间相互绝缘，两层之间的连接常通过金属化过孔来实现。

多层板一般是将多个双面板采用压合工艺制作而成的，层数的设置很灵活，设计者可以根据实际情况进行合理的设置，适用于复杂的电路系统。

知识 3 PCB 材料

PCB 的制作材料主要是绝缘材料、金属铜、银、焊锡等。PCB 就是绝缘的板子，把电路做成铜膜走线，放在其上，而这绝缘板子的材料，从早期的电木到现在的玻璃纤维，其厚度越来越薄，韧性却越来越强。在板子的顶层和底层都可以放置元件，用焊锡把元件焊接在 PCB 上。

印制电路板根据基底材料不同，可分为刚性敷铜薄板、复合材料基板、特殊基板。

知识 4 PCB 基本元素

图 7.1 是一块实际的 PCB，其中包含了 PCB 的基本元素。

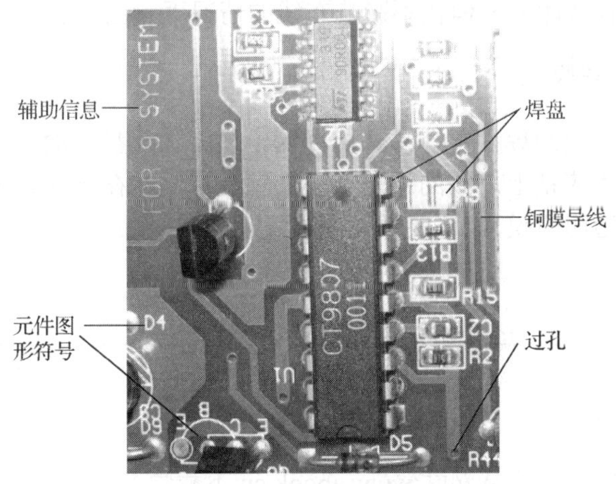

图 7.1 实际 PCB

1. 铜膜导线

印制电路板以铜箔作为导线将安装在电路板上的元件连接起来，因此铜膜导线简称导线（Track），是 PCB 最重要的部分。PCB 设计都是围绕如何布置导线来进行的。导线的主要属性为宽度，它取决于承载电流的大小和铜箔的厚度。

与导线有关的另外一种线，常称之为预拉线或飞线。预拉线是在引入网络表之后，系统根据规则自动生成，用来指引布线的一种连线。预拉线只是在形式上表示出各个焊盘间的连接关系，没有电气连接意义。

2. 焊盘

焊盘的作用是放置焊锡、连接导线和元件管脚。焊盘的形状有圆形、方形、八角形等。焊盘有针脚式和表面粘贴式两种，表面粘贴式无需钻孔，针脚式焊盘要求钻孔，有焊盘直径和过孔直径两个参数。

3. 过孔

过孔又称为导孔，是用来连接不同板层间的导线。当铜膜导线走不通时，就需要打个过孔，通过过孔连接到另一个布线层。过孔有从顶层贯通到底层的通过孔、从顶层通到内层或从内层通到底层的盲过孔以及内层间的隐藏过孔。过孔只有圆形，主要参数有孔径大小和过孔直径。

4. 元件图形符号

元件图形符号反映了元件外形轮廓的形状及尺寸，与元件的管脚一起构成元件的封装形式。印制元件图形符号的目的是显示元件在 PCB 上的布局信息，为装配、调试及检修提供方便。

5. 辅助信息

为了阅读 PCB 或装配、调试等需要，可以加入一些辅助信息，包括图形或文字。这些信息一般应设置在丝印层，但在不影响布线的情况下，也可以设置在顶层或底层。

6. 助焊膜和阻焊膜

为了使印制电路板的焊盘更容易粘上焊锡，通常在焊盘上涂一层助焊膜。另外，为了防止印制电路板不应粘上焊锡的铜箔不小心粘上焊锡，在这些铜箔上一般要涂一层绝缘膜（通常是绿色透明的膜），这层膜称为阻焊膜。

拓 展

拓展 PCB 的制造

拓展部分详细内容，可从网站 www.abook.cn 下载学习。

任务二 元 件 封 装

情 景

在 PCB 中不同的元件有不同的外形，相同的元件也有不同的外形，不同的元件也可以有相同的外形，这里提到的外形就是指元件封装。

讲解与演示

知识 1　封装的概念

印制电路板用铜箔表示导线，用与实际元件形状和大小相关的符号表示元件。元件封装是指实际元件焊接到电路板时所指示的外观和焊点位置。它不仅起着安放、固定、密封、保护芯片和增强电热性能的作用，而且还是沟通芯片内部世界与外部电路的桥梁。纯粹的元件封装仅仅是空间的概念，因而一方面不同的元件可以共用一个元件封装；另一方面，同种元件可以有不同的封装。例如，Res1 代表的是电阻，封装形式有 AXIAL0.3、AXIAL0.4 等。

芯片封装在 PCB 上，通常表现为一组焊盘、丝印层上的边框及芯片的说明文字。焊盘是封装中最重要的组成部分，用于连接芯片的管脚，并通过 PCB 上的导线连接其他焊盘，进一步连接焊盘所对应的芯片管脚，完成电路板功能。

知识 2　元件封装分类

常用元件封装分两大类，即针脚式（DIP）元件封装和表面粘贴式（STM）元件封装。

1. 针脚式元件封装

针脚式元件封装也称双列直插式元件封装，是针对针脚类元件的，如图 7.2 所示。它是指焊接时先要将元件针脚插入焊盘导通孔，然后再焊锡。由于焊点过孔贯穿整个电路板，所以其焊盘中心必须有通孔，至少占用两层电路板。

2. 表面粘贴式元件封装

表面粘贴式元件封装，如图 7.3 所示。封装焊盘只限于表面板层，Layer 板层属性必须为单一表面。例如 Top Layer 或者 Bottom Layer。此类封装的元件不影响其他层的布线，在 PCB 上元件布局要密集很多，体积也小很多，价格也比较便宜，因此，目前的 PCB 设计广泛采用表面粘贴式元件封装。

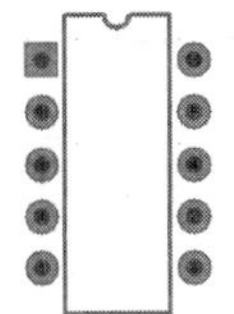

图 7.2　针脚式元件封装

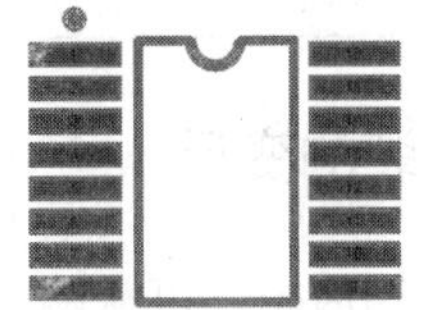

图 7.3　表面粘贴式元件封装

Altium Designer 17 将所有的元件封装类型，都以 PCB 库的形式存放在 Library 目录下的 PCB 文件夹中，用户可以查看并为元件添加封装。

知识 3　元件封装编号

元件封装的编号一般为：元件类型+焊盘距离（焊盘数）+元件外形尺寸。用户可以根据元件封装编号来判别元件封装的规格。例如，AXIAL-0.3 表示元件封装为轴状，两管脚间的距离为 300mil。

知识 4　常用元件封装

Altium Designer 17 所有元件封装形式都必须在 Footprint 属性项中进行输入。在电路原理图中放置一个元件后，会自动在其属性中添加其封装形式，所以在将原理图翻制成 PCB 的时候，不需要输入元件封装形式，也不需要对封装形式进行识别。但用户在手工绘制 PCB 时就需要熟悉元件封装库。常用的元件封装如表 7.1 所示。

表 7.1　常用的元件封装

常用元件	常用元件封装	元件封装图形
电阻类或无极性双端类元件	AXIAL-0.3. AXIAL-1.0	
二极管类元件	DIO10.46-5.3x2.8 等	
无极性电容类元件	CAPR2.54-5.1x3.2 等	
有极性电容类元件	CAPPR1-5.4x5 等	
可变电阻类	VR3 VR5 等	
晶体管类	BCY-W3 BCY-W3/E4 等	

知识 5　元件封装的选择

通常，一种芯片会有多种封装形式，设计者需要根据自己的设计选择最合适的种类。设计者选择封装的主要依据是电子设计的工作环境和电路性能指标，主要包括以下几点。

1）电路板的尺寸。在牵涉到工业标准的设计中，PCB 的尺寸一般都有规定，这是芯片选型的限制之一。

2）电路的功耗。在设计产品时，电路功率也限制了芯片的选型。

3）电路的工作频率。通常来说高频电路的设计需要性能优越的封装。

拓　展

拓展　元件封装的变迁

拓展部分详细内容，可从网站 www.abook.cn 下载学习。

任务三　创建 PCB 文件

情　景

设计 PCB，首先要创建一个电路板的基本轮廓，即规划电路板。设置好电路板的布局范围和物理尺寸，在后面的元件布局时，就比较好把握元件之间和元件与电路板之间的相对位置，有利于 PCB 的制作。

创建 PCB 文件，可以设置 PCB 的尺寸，也就是规划电路板。

讲解与演示

知识 1　通过向导创建 PCB 文件

向导创建 PCB 文件

Altium Designer 17 创建 PCB 文件，并不仅仅只是生成一个文件，在生成文件的同时可以设置各种参数。大部分 PCB 设计中需要的 PCB 都是规则形状，因此通常采用向导生成 PCB 文件，然后根据具体要求作调整，这样可以省去手动设置 PCB 参数的麻烦。

使用 PCB 向导创建 PCB 文件，可以选择各种工业标准板的轮廓，也可以自定义电路板的尺寸。尤其是在设计一些通用的标准接口板时，通过 PCB 向导，可以完成外形、板层接口等各项基本设置，十分便利。通过向导创建 PCB 文件的具体步骤如下。

第 1 步，单击工作区右下角的 System 按钮，弹出如图 7.4 所示菜单。

第 2 步，在菜单中单击 Files 项，弹出如图 7.5 所示的 Files 面板。

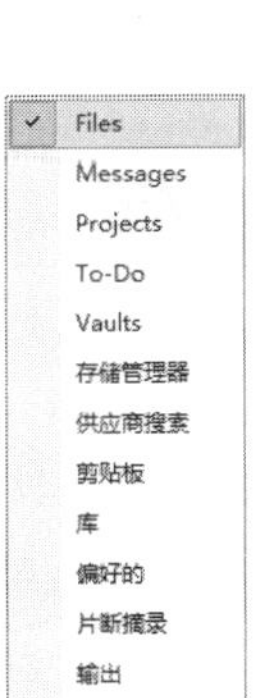

图 7.4　System 菜单

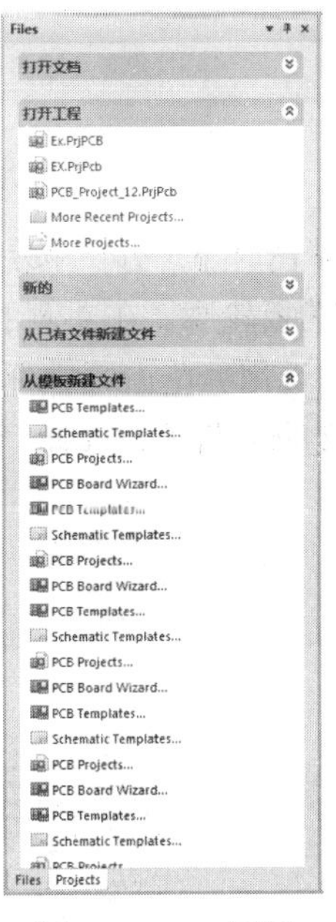

图 7.5　Files 面板

第 3 步，在 Files 面板的“从模板新建文件”区域，单击 PCB Board Wizard 选项，打开“PCB 板向导”对话框，如图 7.6 所示。

第 4 步，单击“下一步”按钮，弹出“选择板单位”对话框，如图 7.7 所示。设置度量单位为“英制”。1 inch（英寸）=1000mil（密尔），1 inch（英寸）=2.54cm（厘米）。

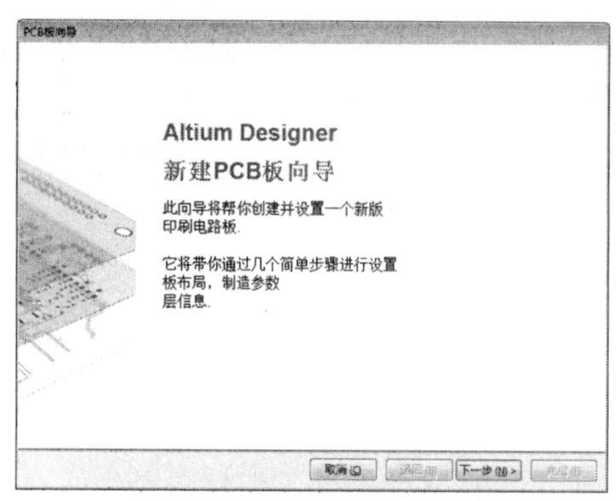

图 7.6 “PCB 板向导”对话框

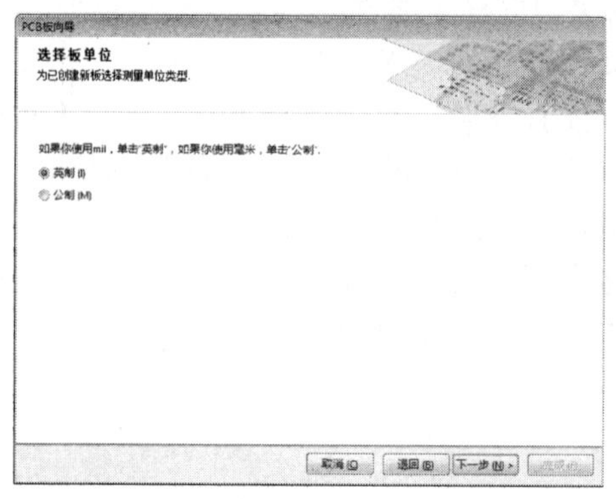

图 7.7 “选择板单位”对话框

第 5 步，单击“下一步”按钮，弹出如图 7.8 所示“选择板配置”对话框，可以设置 PCB 要使用的板轮廓。在左侧的列表框内，系统提供了多种标准电路板的标准配置文件，以方便用户选用。单击其中任意一项，对话框右侧显示该配置 PCB 的示意图。此处设计采用自定义的板规格，选择“Custom”选项。

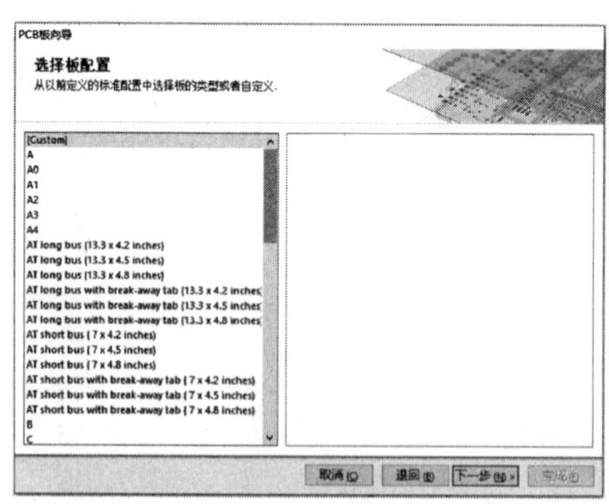

图 7.8 “选择板配置”对话框

第 6 步，单击“下一步”按钮，弹出如图 7.9 所示“选择板详细信息”对话框，进入自定义板选项。在该对话框中可以设置电路板的形状和尺寸等几何参数，还可以根据需要设置导线宽度和布线规则等。在此选择矩形并在板尺寸宽度栏输入 2000mil，高度栏输入 1800mil。其他采用默认参数。

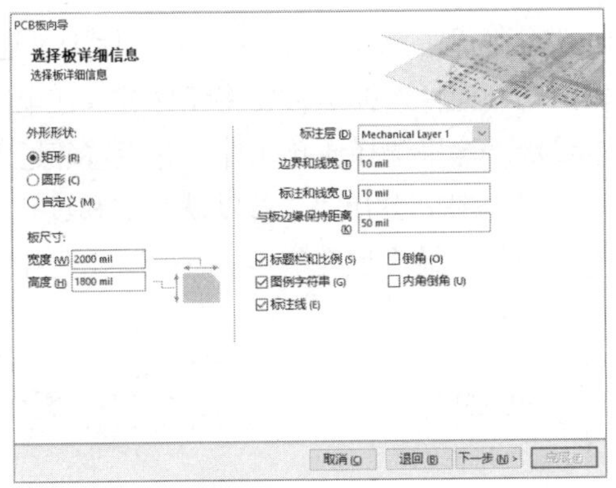

图 7.9 “选择板详细信息”对话框

第 7 步，单击“下一步”按钮，弹出“选择板层”对话框，分别设定信号层和电源平面的层数，如图 7.10 所示。这里将信号层和电源平面均设定为 2。

图 7.10 “选择板层”对话框

第 8 步，单击“下一步”按钮，弹出如图 7.11 所示对话框，用来设置过孔类型。有“仅通孔的过孔”和“仅盲孔和埋孔”两种类型。如果是双面板则应选择“仅通孔的过孔”，这里选择“仅通孔的过孔”。

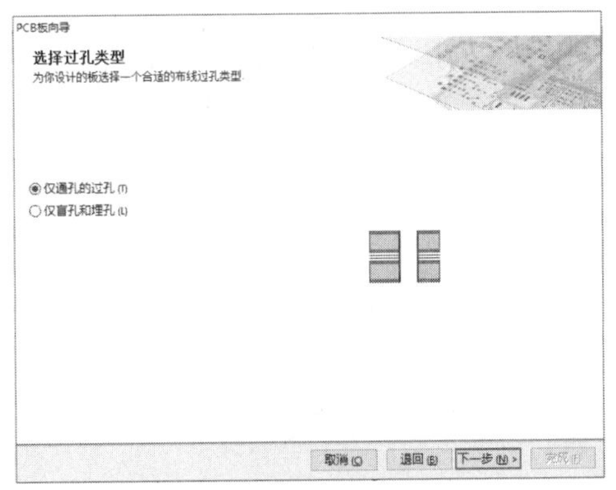

图 7.11 “选择过孔类型”对话框

第 9 步，单击“下一步”按钮，弹出“选择元件和布线工艺”对话框，如图 7.12 所示。该对话框用于确定电路板选用的元件是表面贴装元件为主还是通孔元件为主，右侧为相应示意图。如果是表面贴装元件选择是否要将元件放置在电路板两面；如果是通孔元件，则设置邻近焊盘间走线数。这里选择通孔元件，并设置邻近焊盘间的走线数为两根。

第 10 步，单击“下一步”按钮，弹出“选择默认线宽和过孔尺寸”对话框，如图 7.13 所示。设置 PCB 的最小导线尺寸、最小过孔宽度、最小过孔孔径大小及最小间距。图 7.13 中为默认设置。

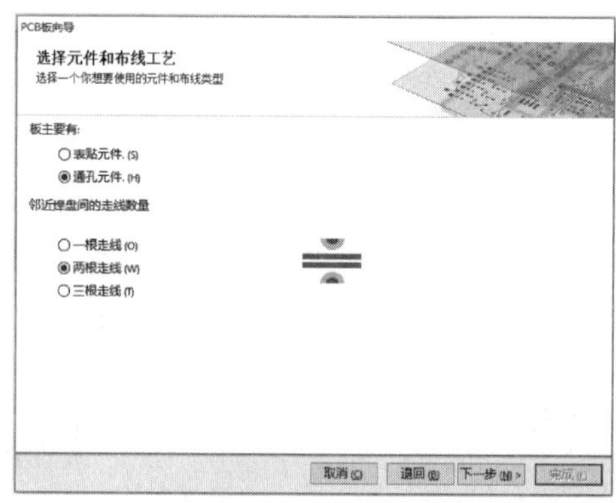

图 7.12　“选择元件和布线工艺”对话框

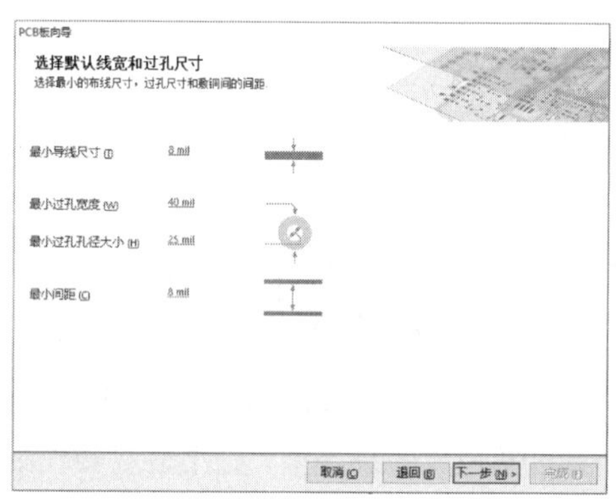

图 7.13　“选择默认线宽和过孔尺寸”对话框

第 11 步，单击“下一步”按钮，弹出如图 7.14 所示的板向导完成界面。

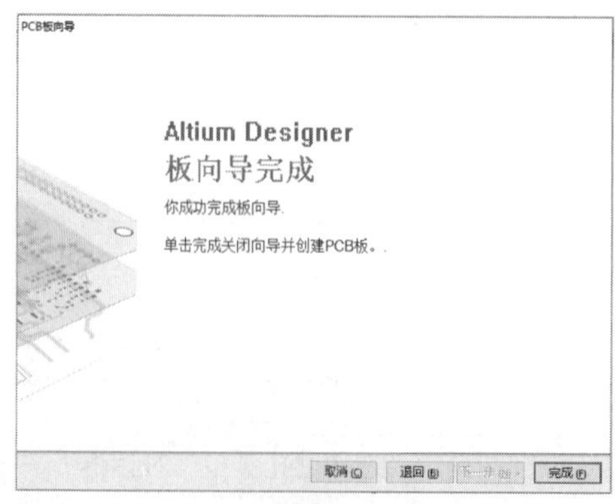

图 7.14　提示板向导完成

第 12 步，单击“完成”按钮，系统生成一个默认名为“PCB1.PcbDoc”的文件，同时进入了 PCB 编辑环境，在工作区内显示一个默认尺寸的白色图纸和一个 1900mil×1700mil 的 PCB 轮廓（由于在图中默认设置“禁止布线区与板子边沿的距离”为 50mil），如图 7.15 所示。PCB 文档显示的是一个空白的板子形状（带栅格的黑色区域）。

最后将文件保存并重命名，就完成了 PCB 文件的创建。

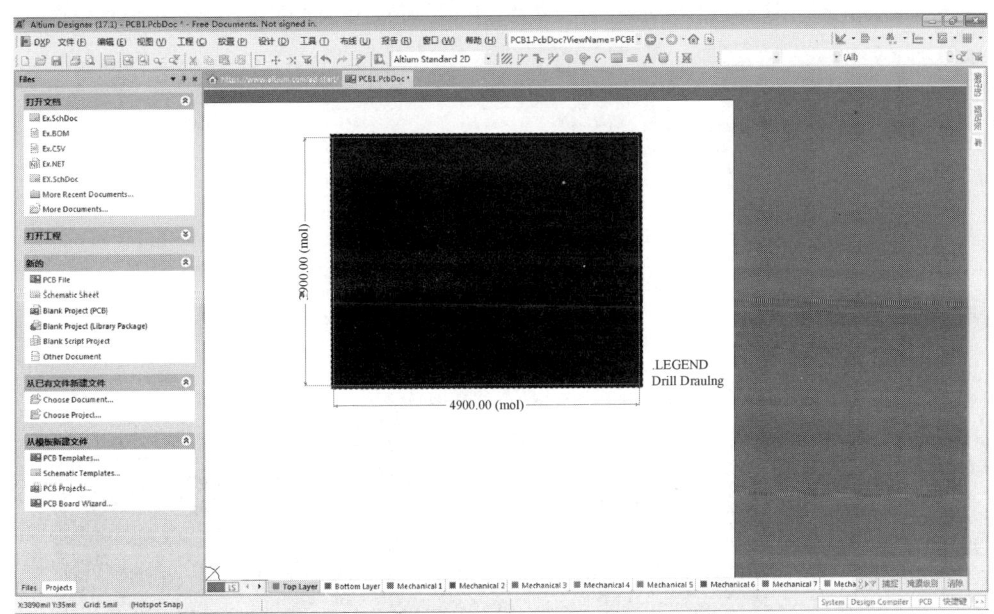

图 7.15　生成的电路板

知识 2　利用菜单命令创建 PCB 文件

菜单创建 PCB 文件

除了用向导创建 PCB 文件外，还可以使用菜单命令直接创建一个 PCB 文件。新建一个空白的 PCB 文件常用以下两种方式。

1）执行“文件”→“新的”→“PCB”命令。

2）单击“Files”面板“新的”选项栏中的 PCB File 命令。

新创建的 PCB 文件各项参数均采用系统默认值。在进行具体设计时，还需要对该文件的各项参数进行设置。具体设置参见任务五设置 PCB 板。

知识 3　通过模板创建 PCB 文件

模板创建 PCB 文件

Altium Designer 17 还可以通过模板创建 PCB 文件，具体操作步骤如下。

第 1 步，单击“Files”面板“从模板新建文件”栏中的“PCB Templates…”项，弹出如图 7.16 所示的 Choose existing Document（选择现有的文件）对话框。在该对话框中打开扩展名为 PrjPcb 和 PcbDoc 的文件，它们包含了模板信息，可以引入模板。

第 2 步，选择所需的模板文件，单击“打开”按钮，即可生成一个 PCB 文件，生成的文件将显示在工作窗口中。如选择 PCB 文件 AT long bus（13.3×4.5 inches），即打开如图 7.17 所示工作窗口，此时已新建了一个名称为“PCB1.PcbDoc”的 PCB 文件，该 PCB 具有和 AT long bus（13.3×4.5 inches）文件一样的 PCB 定义。

图 7.16　Choose existing Document 对话框

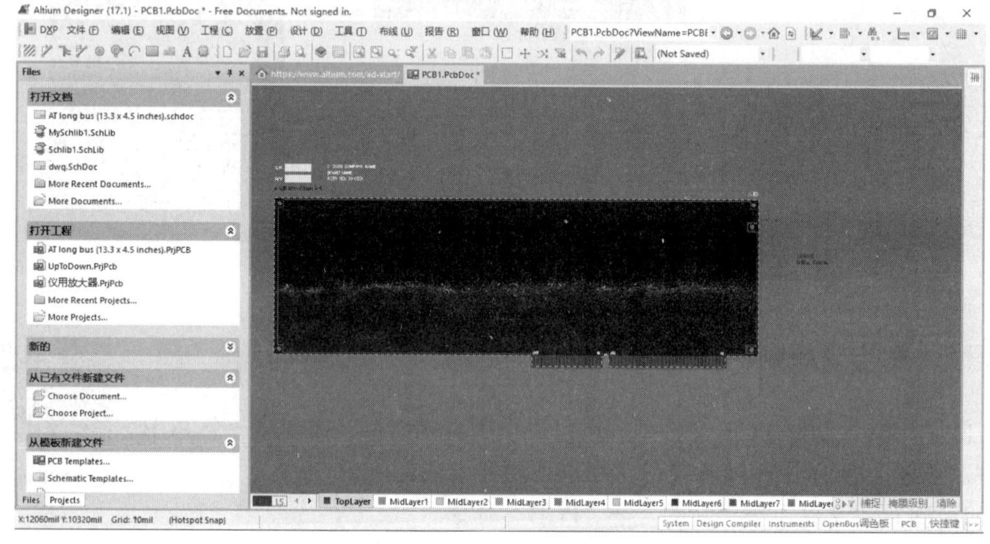

图 7.17　引入模板文件工作窗口

上述创建 PCB 文件的三种方式各有优点：通过向导可以迅速创建 PCB 文件，同时定义一部分规则；利用菜单可以创建各种形式的 PCB 文件，是最通用的设计方式；通过模板创建的方式最简单，但前提是要有合适的模板。

工作页

实训　PCB 文件的创建

1. PCB 文件的创建方法

说出创建 PCB 文件的 3 种方法，并简要说明这 3 种方法的创建过程。

2. 实际操作

1）利用 PCB 向导创建一个 2000mil×2000mil 的 PCB 文件，要求信号层为 2 层，所有元件为通孔元件，邻近焊盘间的走线数为 1 条，导线与导线间的最小间隔为 10mil。

2）利用模板 AT short bus（7×4.2 inches）创建一个 PCB 文件。

3. 收获和体会

将创建 PCB 文件后的收获和体会写在下面空格中。

收获和体会：

4. 工作评价

将 PCB 文件的创建工作评价填写在表 7.2 中。

表 7.2 工作评价表

评定人	工作评价	等级	评定签名
自己评			
同学评			
老师评			
综合评定等级			

______年______月______日

拓 展

拓展 PCB 设计的一般流程

拓展部分详细内容，可从网站 www.abook.cn 下载学习。

任务四 Altium Designer 17 PCB 的启动及界面认识

情 景

Altium Designer 17 PCB 是一个负责处理电路板文件内容和生成各种报表文件的服务

程序。要把原理图转换成可以生产的 PCB 图，应该先来了解 Altium Designer 17 PCB 界面。

讲解与演示

知识 1　启动 Altium Designer 17 PCB 编辑器

执行“文件”→“新的”→“PCB”命令，创建一个默认名为“PCB1.PcbDoc”的 PCB 文件，同时进入 PCB 编辑环境，如图 7.18 所示。PCB 设计界面与原理图设计界面类似，主要由主菜单、工具栏、工作区和工作区面板等组成，工作区面板可以通过移动、固定或隐藏来适应用户的工作环境。

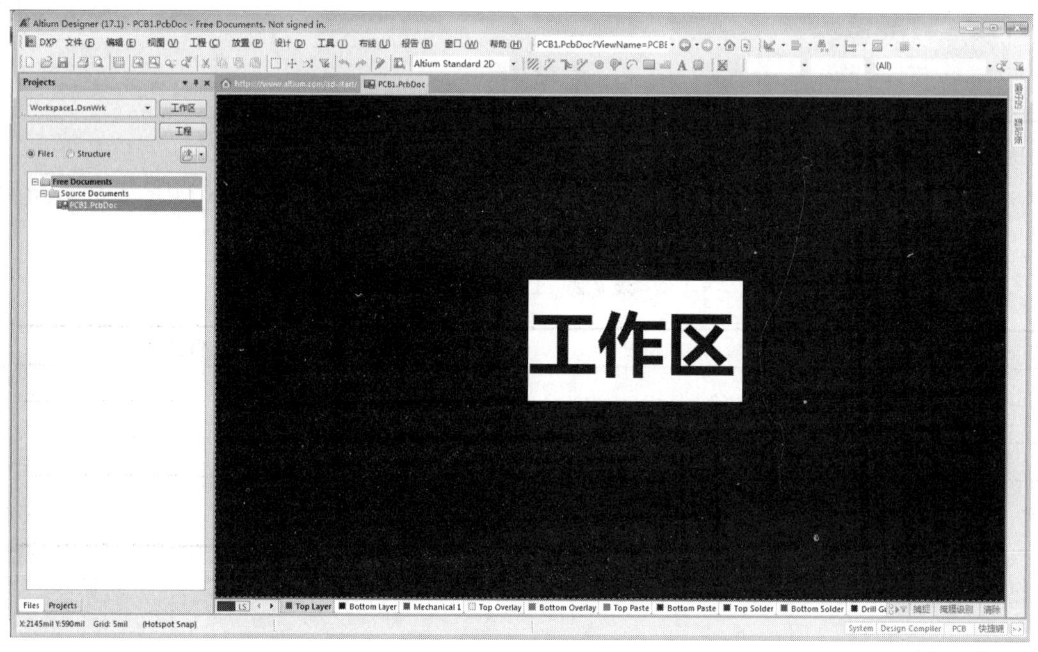

图 7.18　PCB 设计界面

知识 2　Altium Designer 17 PCB 编辑器界面

1. 菜单栏

PCB 编辑窗口菜单栏，如图 7.19 所示。该菜单栏和原理图编辑器的菜单栏基本相似，两者的操作方法也基本相同。绘制原理图是对元件的操作和连线，PCB 设计主要是对元件封装的操作和布线。

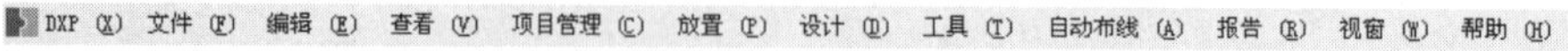

DXP (X)　文件 (F)　编辑 (E)　查看 (V)　项目管理 (C)　放置 (P)　设计 (D)　工具 (T)　自动布线 (A)　报告 (R)　视窗 (W)　帮助 (H)

图 7.19　菜单栏

2. 工具栏

PCB 工具栏以图标按钮形式列出了常用命令的快捷方式，如图 7.20 所示。用户可以根据需要对工具栏包含的命令项进行选择，还可以对摆放位置进行调整。PCB 工具栏与原理图编辑器的工具栏类似，包含了标准工具栏、实用工具栏、配线工具栏、过滤器工具栏及导航工具栏等。所有的工具栏都可在编辑区内任意浮动，并设定放在任何适当的位置。通常将不使用的工具栏关闭，以使界面清晰整洁。

图 7.20 工具栏

3. 工作区

工作区用于显示和编辑 PCB 图文档，每个打开的文档都会在设计窗口顶部有自己的标签，右击标签可以关闭、修改或平铺打开的窗口。

4. 工作区面板

PCB 编辑器中的工作区面板与原理图编辑器中的工作面板类似，单击工作区面板标签可以打开其相应的工作面板。

5. 面板控制中心

位于界面右下角，如图 7.21 所示，单击该控制中心的各个面板标签，可以使其对应的控制面板显示或隐藏。

System | Design Compiler | Help | Instruments | PCB | >>

图 7.21 面板控制中心

PCB 编辑器包含多个控制面板，如 Files（文件）面板、Projects（工程）面板、PCB 面板、Navigator（导航器）面板等。

6. 工作层标签

在 PCB 编辑器中，工作区主要用于绘制电路板。在工作区的下方有工作层切换标签，通过单击相应的工作层，可在不同的工作层之间进行切换。如当前工作层为顶层（TopLayer），如图 7.22 所示。

TopLayer | BottomLayer | Mechanical4 | TopOverlay | TopPaste | BottomPaste | TopSolder | BottomSolder

图 7.22 工作层标签

拓 展

拓展 PCB 编辑器坐标系统

拓展部分详细内容，可从网站 www.abook.cn 下载学习。

任务五　设置 PCB

情　景

设计 PCB，设计者应首先合理配置工作层，不同的工作层有不同的用途并采用不同的颜色，然后再设置 PCB 的边界。

讲解与演示

知识 1　板层的类型

PCB 包括多种类型的层面，如信号层、内部电源/接地层、机械层、屏蔽层、丝印层等，每一层作用各不相同。系统提供了以下几种类型的板层。

1. 信号层

信号层（Singal Layers）有 32 个，用于放置与信号有关的电气元素，通过堆栈层管理器来管理这些信号层。包括顶层板层（Top Layer）、底层板层（Bottom Layer）和 30 个中间板层（Mid Layer）。顶层和底层放置元件和布线，中间 30 层布置信号线。

元件层布线时，不要在发热严重的元件下面布线，以免烫坏阻焊层而导致短路。

2. 内部电源/接地层

内部电源/接地层（Internal Planes）也称为内电层，有 16 个内部电源层，通常放置电源（VCC、VDD）或接地（GND）信号线。单独使用内电层可以有效地降低布线的复杂程度。

3. 机械层

Altium Designer 17 提供了 16 个机械层（Mechanical Layers），用来放置电路板在制造或组合时所需要的边框和标注尺寸，通常只需要一个机械层。

4. 屏蔽层

屏蔽层（Mask Layers）是阻焊层（Solder Mask）和助焊层（Paste Mask）的统称。包括顶层阻焊层、底层阻焊层、顶层助焊层和底层助焊层 4 个层。阻焊层主要用于在焊盘和过孔周围设置保护区。助焊层即锡膏防护层，主要用于为光绘和丝印屏蔽工艺，提供与有表面贴装器件的印制板之间的焊接粘贴，无表面贴装器件时不需要使用该层。

5. 丝印层

丝印层（Silkscreen Layers）包括顶层丝印层（Top Overlay）和底层丝印层（Bottom Overlay）。主要用于绘制元件的外形轮廓，放置说明文字、PCB 版本、公司名称等。

6. 其他层

其他层包括放置焊盘、过孔及布线区域所用到的层，有钻孔向导图层、禁止布线层、钻孔统计图层和多任务层。

7. 系统颜色层

系统使用的某些辅助设计的显示色，以层的形式出现，但不对制板产生影响。

知识 2 板层的设置

1. 环境参数设置

新建的空白 PCB 文件，整个工作区大小是 100000mil×100000mil；默认的 PCB 大小是 6000mil×4000mil；默认的图纸大小为 100000mil×8000mil。下面我们就 PCB 的选择项进行设置。

执行“设计”→“板参数选项”命令，系统弹出如图 7.23 所示的“板级选项”对话框。该对话框用于设置一些基本的环境参数，其作用范围就是当前的 PCB 文件，每一 PCB 文件应具有各自独立的板级选项设置。

度量单位默认英制，图纸大小参照原理图进行设置，其他参数一般为默认值，设置完成后，单击“确定”按钮。

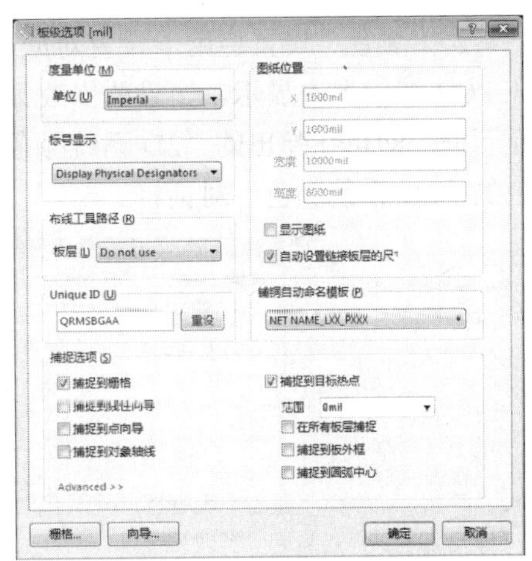

图 7.23 “板级选项”对话框

2. 设置板层

PCB 编辑器内显示的各个板层具有不同的颜色，以便于区分。用户可以根据个人习惯进行设定，并且可以决定该层面是否在编辑器内显示出来。

执行“设计”→“板层颜色”命令或在工作窗口右击，在弹出的快捷菜单中选择“选项”→“板层颜色”命令，弹出如图 7.24 所示的“视图配置”对话框。该对话框中包括电路板层颜色设置和系统默认设置颜色的显示两部分。

1）在“板层和颜色”选项卡中，包含“在层堆栈仅显示层”、“在层堆栈内仅显示内电层”和“仅展示使能的机械层”3 个复选框，它们分别对应其上方的信号层、内电层和机械层。这 3 个复选框决定了在“视图配置”对话框中是显示全部的层面，还是只显示图层堆栈管理器中设置的有效层面。一般为使对话框简洁明了，选中这 3 个复选框只显示有效层面，对未用层面可以忽略其颜色设置。

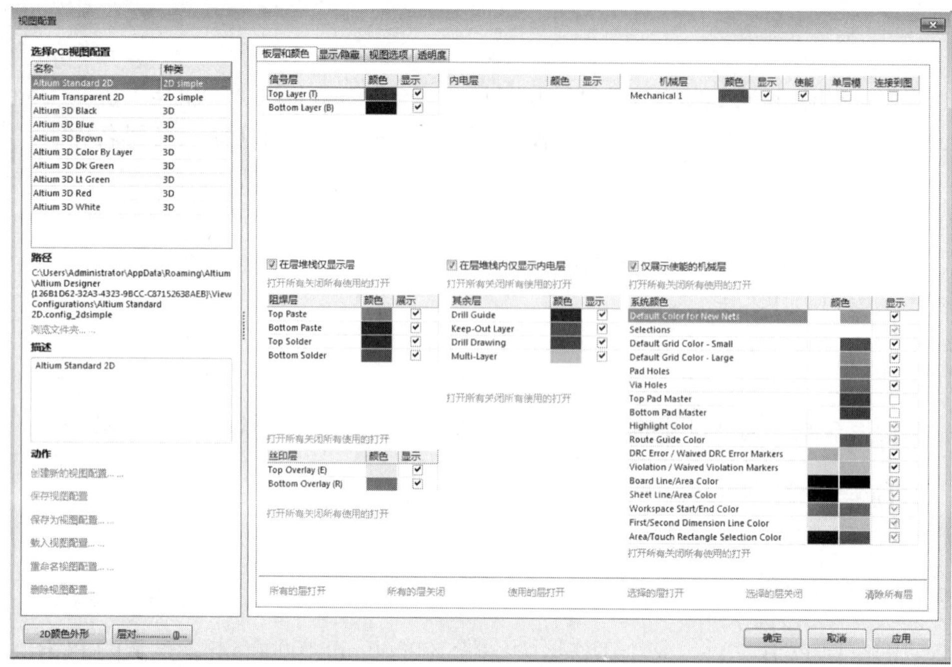

图 7.24 “视图配置”对话框

2）“颜色”设置栏用于设置对应电路板层的显示颜色。“显示”复选框决定此层是否在 PCB 编辑器内显示。如果要修改某层的颜色，单击其对应的“颜色”设置栏中的颜色显示框，即可在弹出的“2D 系统颜色”对话框中进行修改。图 7.25 是修改 Top Layer 颜色的“2D 系统颜色”对话框。

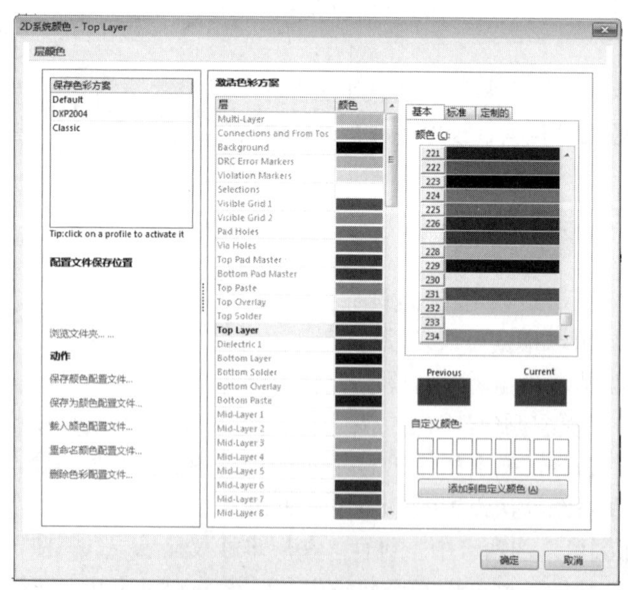

图 7.25 “2D 系统颜色”对话框

3）在图 7.24 中，单击“所有的层打开”按钮，则所有层的“显示”复选框都处于勾选状态；如果单击“所有的层关闭”按钮，则所有层的“显示”复选框都处于未勾选的状态。其余几个按钮类似。

知识 3　设置 PCB 边界

设置 PCB 物理边界

PCB 边界是一个封闭的多边形，包括 PCB 物理边界和电气边界。PCB 物理边界设定 PCB 的形状，电气边界设定元件放置和布线的区域范围。电气边界不能大于物理边界，一般设置成相同大小。

（1）设置 PCB 物理边界

PCB 形状决定了 PCB 的外形轮廓，是内电层轮廓的确定依据，同时又是 PCB 设计文件输出，将数据转换到其他编辑工具中时，计算 PCB 边缘的参考依据。物理边界在机械层中进行绘制。规划 PCB 物理边界的具体操作如下。

第 1 步，执行“设计”→“板参数选项”命令，打开如图 7.26 所示的“板级选项”对话框。

图 7.26　“板级选项”对话框

第 2 步，在“板级选项”对话框的“度量单位”区域设置“单位”为 Imperial（英制），选中“图纸位置”区域中的“显示图纸”复选框，表示在 PCB 图中显示白色的图纸。设置完毕，单击“确定”按钮。

第 3 步，单击工作区下方的板层“Mechanical1”标签，即选择机械层作为当前工作层。

第 4 步，执行“放置”→“线条”命令或单击“应用工具”工具栏中的按钮，在弹出的工具栏中选择放置线条按钮，光标变成十字状，在工作区内选取一点，单击确定 PCB 形状的起点。

第 5 步，移动光标到合适位置，单击确定 PCB 形状第 2 个顶点。

第 6 步，依此类推，根据预期 PCB 形状确定 PCB 板的一系列顶点。

第 7 步，确定最后一个顶点后，右击或按 Esc 键退出放置状态。绘制好 PCB 物理边界。

通常将板的形状定义为矩形，但在特殊情况下，为了满足电路的某种特殊要求，也可以将板形定义为圆形、椭圆形或者不规则的多边形。

第 8 步，设置边框线属性。双击任一边框线，弹出该边框线的“导线”属性对话框，如图 7.27 所示。为了确保 PCB 图中边框线为封闭状态，可以在该对话框中对线的起始点和终止点进行设置，使一段边框线的终点为下一段边框线的起点。

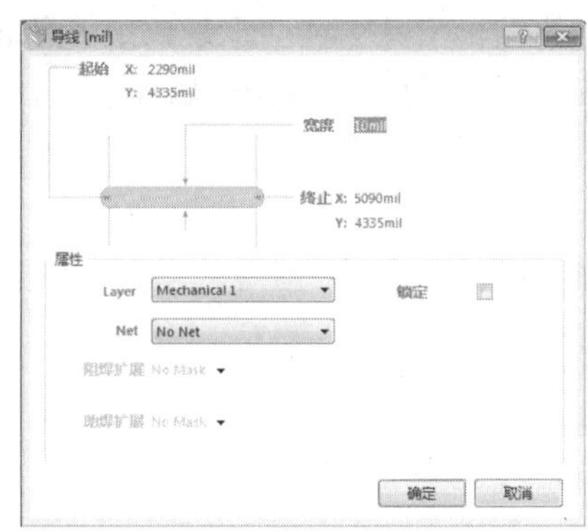

图 7.27 设置边框线属性

“导线”属性对话框中各选项的含义如下。

Layer（层）下拉列表框。用于设置该导线所在的电路板层。用户在开始画线时可以不选择“Mechanical1”层，在此对话框内进行工作层的修改也可以实现第 3 步操作所达到的效果，只是需要对所有边框线逐一修改，操作比较麻烦。

Net（网络）下拉列表框。用于设置边框线所在的网络。通常边框线不属于任何网络，即不存在任何电气特性。

“锁定”复选框。选中该复选框，边框线将被锁定，无法对该线进行移动等操作。

第 9 步，单击“确定”按钮，完成边框线的属性设置。

（2）设置 PCB 电气边界

设置 PCB 电气边界

电气边界用来限定元件放置和布线的范围。电气边界是在禁止布线（Keep-Out Layer）层上面完成的，它的作用是将所有的焊盘、过孔和线条限定在适当的范围之内。设置 PCB 电气边界的具体操作步骤如下。

第 1 步，单击板层 Keep-Out Layer 标签，即选择禁止布线层为当前层。

第 2 步，执行“放置”→“禁止布线”→“线径”命令，光标变为十字状。

第 3 步，在物理边界内部绘制适当大小的矩形，作为电气边界。

第 4 步，右击或按 Esc 键退出布线状态。

绘制完成后，PCB 形状如图 7.28 所示。至此，PCB 板的形状、大小、布线区和层数设置完毕，进行自动布局操作时可将元件自动导入到该布线区内。

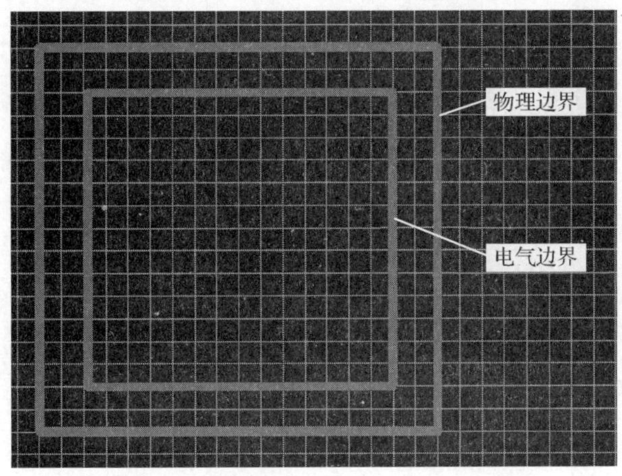

图 7.28　绘制物理边界和电气边界结果

工作页

实训　设置 PCB 板层

1. 各板层的作用

将下列各个板层在印制电路板的作用填入表 7.3。

表 7.3　板层的作用

板层名称	板层作用
信号层	
机械层	
丝印层	
禁止布线层	

2. 实际操作

建立一个 PCB 文件，图纸大小设为 1720mil×1720mil，把顶层和底层的颜色互换（即顶层为深蓝色，底层为红色），并设置 PCB 的物理边界和电气边界。写出操作步骤与要领。

____

____

____

3. 收获和体会

将设置 PCB 板层后的收获和体会写在下面空格中。

收获和体会：

4. 工作评价

将设置 PCB 板层工作评价填写在表 7.4 中。

表 7.4 工作评价表

评定人	工作评价	等级	评定签名
自己评			
同学评			
老师评			
综合评定等级			

______年______月______日

拓 展

拓展 板形修改

拓展部分详细内容，可从网站 www.abook.cn 下载学习。

任务六 PCB 设计的基本操作

情 景

绘制原理图，先要在图纸上放置元件符号，同样，设计 PCB 首先要学习如何放置 PCB 基本组件。

讲解与演示

知识 1 放置元件封装

放置元件封装

1. 放置元件封装步骤

执行“放置”→“器件”命令，弹出“放置元件”对话框，如图 7.29 所示。

通过该对话框可以选择我们要放置的元件封装，进行放置操作。

第 1 步，在“放置类型”栏选择“封装”单选按钮；“封装详情”栏直接填写要放置的封装名称，已加到库文件中第一个符合该名称的元件封装将被使用。如果用户对元件封装库不是很熟悉，不能确定封装名字，或者希望从特定的库中调用元件封装，可以单击该栏后面的…按钮，在弹出的如图 7.30 所示“浏览库”对话框中浏览所有当前可用的 PCB 库文件，从中选择合适的元件封装。

图 7.29 “放置元件”对话框

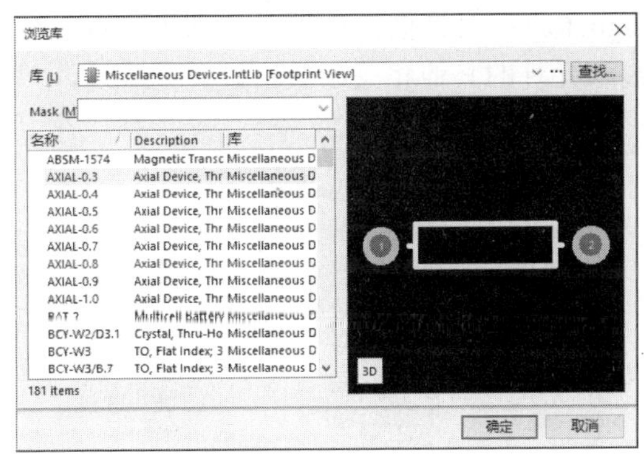

图 7.30 “浏览库”对话框

第 2 步，选取元件封装后，可以在“位号”和“注释”栏为该封装输入标识符和注释文字。

第 3 步，单击“确定”按钮，光标变成十字状并且浮动着选择好的元件封装。

第 4 步，移动光标到合适位置，单击完成一个元件封装的放置，如图 7.31 所示。

第 5 步，放置完成后，光标仍处于放置状态，单击可继续放置。

第 6 步，右击返回“放置元件”对话框。

第 7 步，单击“取消”按钮，退出放置状态。

放置元件封装也可以通过如图 7.32 所示的“库”面板来完成。选定元件后，在元件路径栏内双击元件代号，或者单击右上角的“Place AXIAL-0.3”按钮，即可放置指定元件。此处选择了电阻封装，按钮上显示 AXIAL-0.3。

图 7.31 放置元件

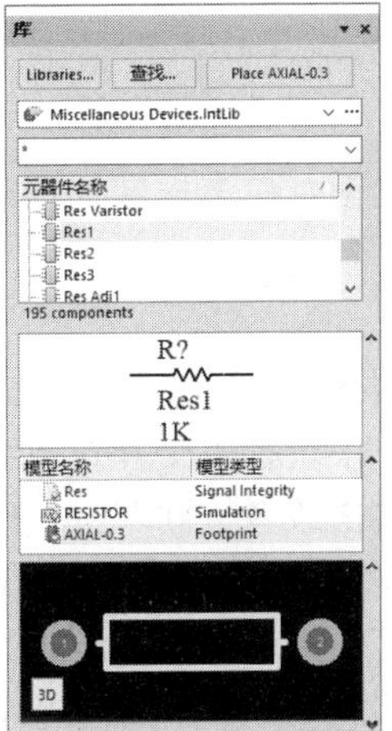

图 7.32 “库”面板

各个工作层的颜色设置不同，显示的图像不完全相同；如果某些选项没有选中，将不会显示出元件的轮廓甚至不显示已放置的元件，这时就要重新进行板层的设置。

2. 改变元件封装属性

双击已放置的元件封装，或在放置状态下按 Tab 键，弹出如图 7.33 所示的“元器件 Designator1”对话框，在该对话框中可以设置元件属性、元件标识符、元件注释、元件封装和元件的其他相关参数。设置完成后，单击“确定”按钮。

图 7.33 “元器件 Designator1”对话框

若要对元件封装的属性进行修改，一定要先取消属性对话框中的“锁定基元”勾选，使元件封装的各个组成部分分开，然后再进行修改。

知识 2 放置铜膜导线

放置导线

放置导线之前，单击板层标签，选定导线放置的层面作为当前层。

1. 放置导线步骤

第 1 步，执行“放置”→“走线”命令或单击“布线”工具栏上按钮或右击，在弹出的快捷菜单中选择“交互式布线”命令，光标变成十字状。

第 2 步，单击或者按回车键，确定起点。

第 3 步，移动光标放置导线，在拐角处单击继续绘制导线，最后单击确定当前线段的终点，右击可结束该导线的绘制。

第 4 步，此时光标仍为十字状，即处于导线放置状态，可在新的起点继续单击放置导线。

在以焊盘、导线等实体为起点画线时，十字光标放置在合适的位置时会出现一个八角形亮环，表明光标处于焊盘中心或线段端点，这时才可以单击确定起点。

第 5 步，右击或者按 Esc 键可以退出放置状态。

2. 不同板层间交互布线

导线需要选择正确的层面进行放置。在导线放置前，先单击板层标签，选定导线要放置的层面。在导线放置状态下，按数字键盘上的*键，可在所有的信号层之间循环更换板层，即每按一次*键，就由当前层转到下一层。循环顺序是从顶层到中间信号层 1 再到中间信号层 2，直到底层，之后再返回到顶层。按数字键盘上的“+”“-”键，则在布线的前后信号层之间循环更换板层，即每按一次“+”键，导线就布置到下一层，按“-”键，则返回到上次布线的层面继续布线。

放置导线也可用“放置”→“直线”命令，只是该命令只能在某一层面布线，而“交互式布线”可以实现不同层之间布线。

3. 导线属性设置

在导线放置状态下按 Tab 键，弹出如图 7.34 所示 Interactive Routing For Net（交互式布线）对话框。在该对话框中，可以设置导线宽度、所在层面、过孔直径和过孔孔径等。若设置参数超出了布线规则的规定范围，系统仍以原有参数布线。

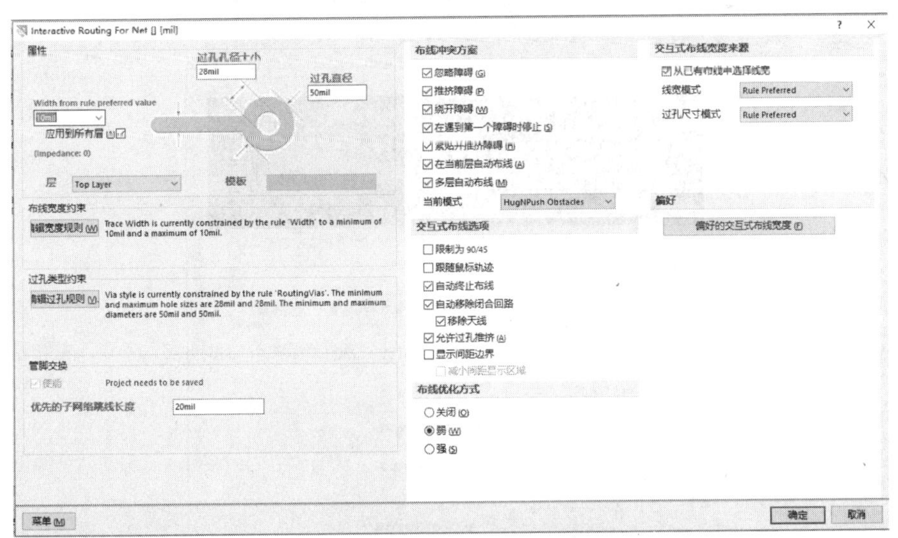

图 7.34 交互式布线设置

导线绘制完成后，还可以进行导线的属性修改。双击已放置的导线，弹出如图 7.35 所示“导线”对话框。在该对话框中，可以设置导线的宽度、起始坐标、终止坐标、层面、网络等属性。

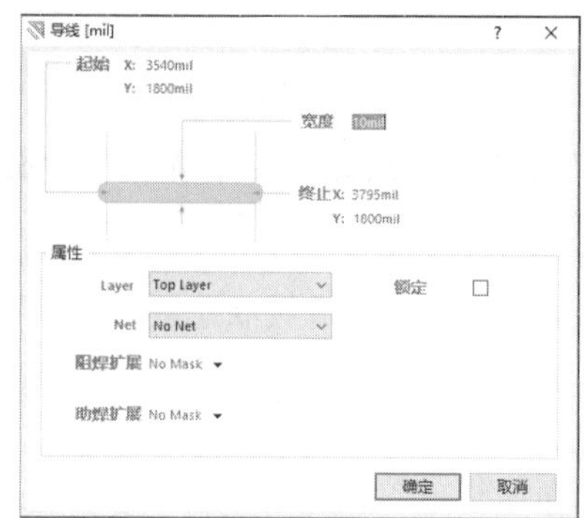

图 7.35 “导线”对话框

知识 3 放置焊盘

放置焊盘

1. 放置焊盘步骤

第 1 步，执行“放置”→“焊盘”命令或单击“布线”工具栏内按钮，光标变成带有焊盘图形的十字状。

第 2 步，在需要放置焊盘处单击完成一个焊盘的放置。移动光标到新的位置，单击可以继续放置另一个焊盘。

第 3 步，放置完成后，右击或按 Esc 键，退出焊盘放置状态。

2. 设置焊盘属性

第 1 步，在焊盘放置状态按 Tab 键或双击已放置的焊盘，弹出如图 7.36 所示“焊盘”对话框。

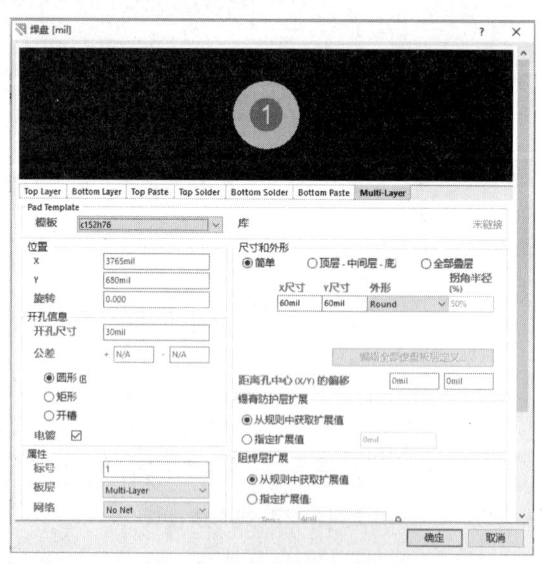

图 7.36 “焊盘”对话框

第 2 步，在该对话框中，可以设置焊盘的各种属性。

1）“位置”，设置焊盘中心点的位置坐标和旋转角度。

2）“开孔信息”，设置焊盘开孔的尺寸大小和形状。

开孔尺寸：设置焊盘中心通孔的尺寸。通孔形状有 3 种类型，圆形通孔如图 7.37 所示；矩形通孔，同时添加参数设置“旋转”，如图 7.38 所示，设置矩形旋转角度，默认旋转角度为零；槽形通孔，同时添加参数设置“长度”和槽大小，如图 7.39 所示，设置“长度”为 50，“旋转”角度为零。

图 7.37　圆形通孔

图 7.38　矩形通孔

图 7.39　槽形通孔

公差：设置尺寸公差。

电镀：若选中该复选框，则焊盘孔内将涂上铜，使上下焊盘导通。

3）“属性”选项组。

标号：设置焊盘标号。

板层：设置焊盘所在层面。插式焊盘，选择 Multi-Layer，表面贴片式焊盘，根据焊盘所在层面选择 Top-Layer 或 Bottom-Layer。

网络：设置焊盘所处的网络。

电气类型：设置电气类型，有 3 个可选项：Load（负载点）、Terminator（终止点）和 Source（源点）。

管脚/封装长度：设置管脚长度。

跳线：设置跳线尺寸。

锁定：设置是否锁定焊盘。

4）测试点设置。设置是否添加测试点，并添加到哪一层，后面有 4 个复选框“生产”、“装配”在“顶层”或“底层”可以选择。

5）尺寸和外形。简单：若选中该单选按钮，则 PCB 图中所有层面的焊盘都采用同样的形状。共有 4 种形状：Round（圆形）、Rectangular（矩形）、Octagonal（八角形）和 Rounded Rectangle（圆角矩形），如图 7.40 所示。

（a）圆形

（b）矩形

（c）八角形

（d）圆角矩形

图 7.40　焊盘形状

顶层-中间层-底层：若选中该单选按钮，则顶层、中间层和底层使用不同形状的焊盘。

全部叠层：若选中该单选按钮，单击“编辑全部焊盘板层定义”按钮，进入“焊盘层编辑器”对话框，如图 7.41 所示。在该对话框中，可以对焊盘的形状、尺寸逐层设置。对话框中其他关于焊盘的属性，一般采用默认设置。

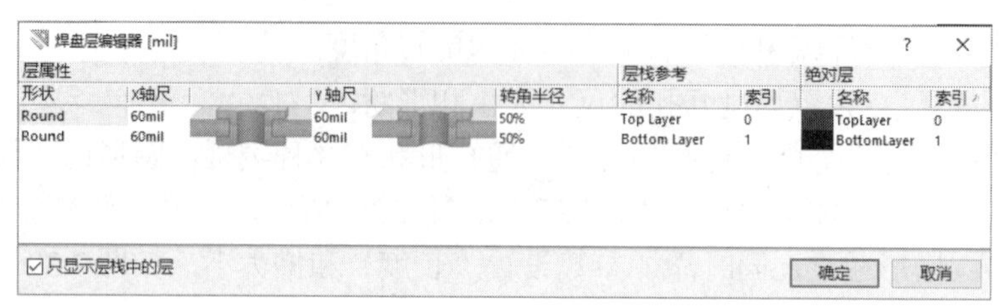

图 7.41 “焊盘层编辑器”对话框

第 3 步，设置完成，单击“确定”按钮。

知识 4 放置过孔

放置过孔

过孔主要用来连接不同板层之间的布线。

1. 放置过孔步骤

第 1 步，执行“放置”→“过孔”命令或单击“布线”工具栏按钮，光标变成带有过孔图形的十字状。

第 2 步，在合适位置单击，放置一个过孔。

第 3 步，移动光标到新的位置，可以继续单击放置过孔。

第 4 步，右击或按 Esc 键，退出过孔放置状态。

在放置自由过孔时，按数字键盘上的“+”“-”键可以切换过孔放置的层。

图 7.42 “过孔”对话框

2. 过孔属性设置

第 1 步，在过孔放置状态按 Tab 键，或双击已放置的过孔，弹出如图 7.42 所示“过孔”对话框。

第 2 步，在该对话框中设置过孔的孔径尺寸、坐标、网络、起始层和终止层等属性。

第 3 步，设置完成后，单击“确定”按钮。

一般情况下，在布线过程中，换层时系统会自动放置过孔，用户也可以自己放置。

知识 5 放置字符串

放置字符串

PCB 绘制完成后，放置字符串用来添加说明文字，可以方便对 PCB 的理解。

1. 放置字符串步骤

第 1 步，执行“放置”→“字符串”命令，或在“布线”工具栏上单击按钮 A（放置字符串），光标变成十字状且悬浮一个系统默认的字符串“String”。

第 2 步，将光标移到合适位置单击，即可放置字符串“String”。

2. 字符串属性设置

在放置字符串状态按 Tab 键，或者双击已放置好的字符串，弹出如图 7.43 所示“字符串”对话框。

在该对话框中可以设置字符串内容、高度、线型宽度、旋转角度、坐标位置、文本字体及所在板层等。

图 7.43 “字符串”对话框

3. 编辑字符串位置

字符串位置可以移动、旋转。字符串移动操作和其他组件相同，旋转可以在“字符串”对话框中手工输入旋转角度，也可以用鼠标进行旋转。鼠标旋转字符串操作步骤如下。

第 1 步，放置一个如图 7.44 所示字符串。

第 2 步，单击选择字符串，在字符串右下角出现一个小正方形，如图 7.45 所示。

第 3 步，将光标移到该小正方形上，当光标变成垂直方向两个箭头时，按住鼠标左键不放，光标变为十字形状，同时字符串左下角有一个十字标记，如图 7.46 所示。

第 4 步，移动光标，字符串便以左下角的十字标记为圆心旋转，如图 7.47 所示。

第 5 步，在适当角度松开左键，完成字符串的旋转。

如果要进行 90° 旋转，只需按住鼠标左键不放，按空格键即可，如图 7.48 所示。

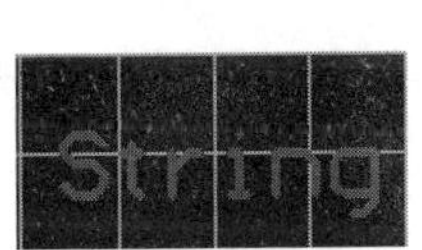

图 7.44 放置字符串

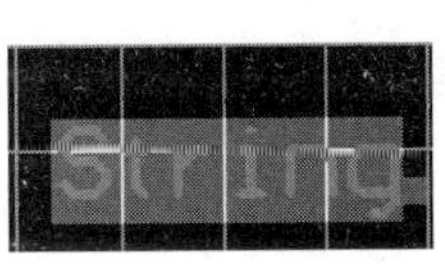

图 7.45 选中字符串

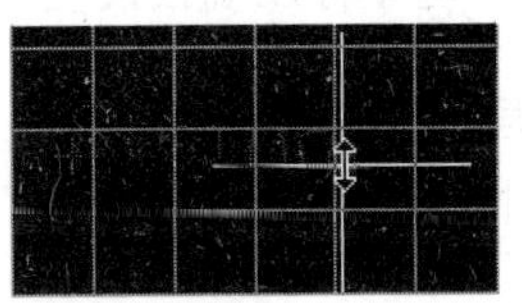

图 7.46 执行旋转操作

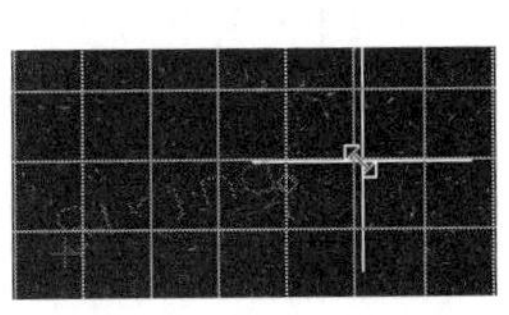

图 7.47 字符串旋转

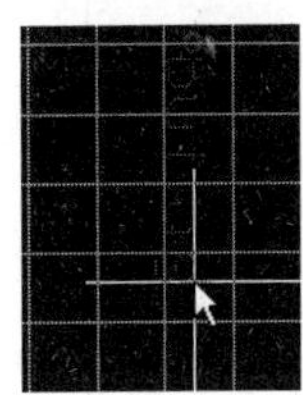

图 7.48 90° 旋转

知识 6 放置尺寸标注

放置尺寸标注

在设计印制电路板时，经常需要标注某些尺寸，以方便后续设计或制造。执行“放置”→“尺寸”命令，弹出尺寸标注命令菜单，如图 7.49 所示。现以放置标准尺寸为例，介绍尺寸标注的放置及属性设置。

1. 放置尺寸标注步骤

第 1 步，执行“放置”→“尺寸”→“尺寸”命令，或者单击“应用工具”工具栏（放置尺寸）中的按钮（放置标准尺寸），光标变成十字状，且浮动着两个相对的箭头，如图 7.50 所示。

图 7.49 “尺寸”菜单

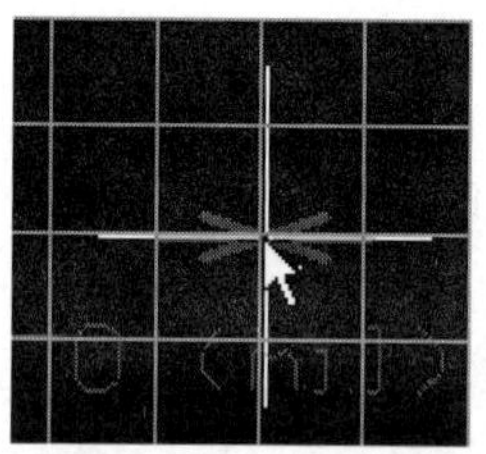

图 7.50 放置尺寸标注

第 2 步，将光标移到合适位置，单击确定标注的起点。

第 3 步，移动光标到合适位置后，再次单击确定标注的终点，完成放置一个尺寸标注。在放置终点过程中，可以以任意角度旋转尺寸标注。

第 4 步，系统仍处于放置尺寸标注状态，可以单击继续放置下一个尺寸标注。

第 5 步，放置完毕，右击退出放置尺寸标注命令。

2. 尺寸标注属性设置

第 1 步，在放置状态按 Tab 键，或双击已放置的尺寸标注，弹出如图 7.51 所示“标注”对话框。

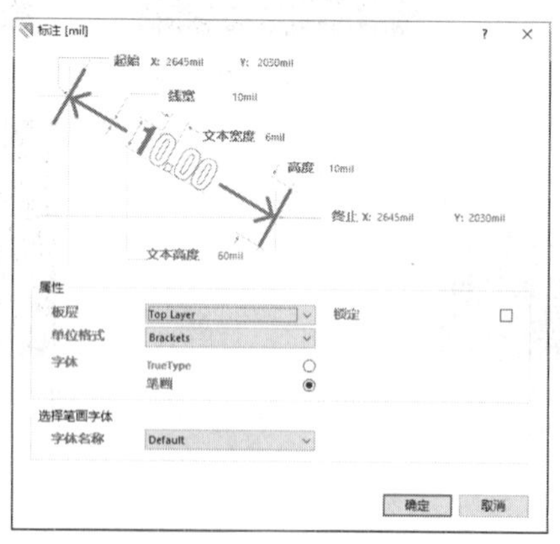

图 7.51 “标注”对话框

第 2 步，在该对话框中，“属性”区域可设置尺寸所在层、字体及单位格式等。图示区域中还可以设置尺寸标注开始和结束的坐标、标注线的宽度、字符线的宽度和高度、标注界线的高度。

第 3 步，完成设置后，单击“确定”按钮。

工作页

实训 放置 PCB 基本组件

1. 回答问题

放置元件封装有哪几种方法？如何设置元件封装属性？

____

____

____

2. 实际操作

1）在工作层的顶层（Top Layer）上放置表 7.5 所示元件封装，并设置相关属性。

表 7.5 元件封装的放置及属性设置

名称	所在集成库	封装	标识符号	注释
电阻	Miscellaneous Devices.IntLib	AXIAL-0.4	R1、R2	1k、2k
电容	Miscellaneous Devices.IntLib	CAPR5-4×5	C1、C2	47μ
晶体管	Miscellaneous Devices.IntLib	BCY-W3	Q1	2N3904
NE555N	ST Analog Timer Circuit.IntLib	DIP8	555	

2）在 PCB 中放置如图 7.52 所示四个焊盘，“开孔尺寸”为 1mm。

图 7.52 焊盘

3）放置字符串和尺寸标注，并写出操作步骤填于表 7.6 中。

表 7.6 绘制图形、放置字符串、尺寸标注步骤

图形	绘制图形步骤	放置字符串步骤	放置尺寸标注步骤
	第 1 步，	第 1 步，	第 1 步，
	第 2 步，	第 2 步，	第 2 步，
	第 3 步，	第 3 步，	第 3 步，

3. 收获和体会

将放置 PCB 基本组件后的收获和体会写在下面空格中。

收获和体会：

4. 工作评价

将放置 PCB 基本组件的工作评价填写在表 7.7 中。

表 7.7 工作评价表

评定人	工作评价	等级	评定签名
自己评			
同学评			
老师评			
综合评定等级			

_________年_________月_________日

拓 展

拓展 放置坐标原点和位置坐标

拓展部分详细内容，可从网站 www.abook.cn 下载学习。

一、判断题（对的打“√”，错的打“×”）

1．印制电路板按导电层数不同，可分为单层板、双面板和多层板。（ ）

2．使用过滤器工具，可以根据网络、元件号或属性等过滤参数，使不符合要求的图元在工作区内呈高亮显示。（ ）

3．元件封装按形式可分为两大类：针脚式封装和 STM 封装。STM 封装在焊接时要先把元件插入焊盘导孔，然后再进行焊锡。（ ）

4．预拉线是一种形式上的连线，它只是形式上表示出各个焊点间的连接关系，没有电气连接意义。（ ）

5．在绘制导线时，当我们绘制完一条导线后，此时光标仍为十字形，系统仍处于导线放置状态。（ ）

6．在导线放置状态下，按数字键盘上的“+”键，则在所有的信号层之间循环更换板层，即每按一次“+”键，就由当前层转到下一层布线。（ ）

7．同一种元件对应唯一的一种封装。（ ）

8．信号板层通常用来定义 PCB 铜膜走线、焊点和导孔等具有实体意义的对象，所以是对应到实体电路板中最重要的板层。（ ）

9．在设置工作层面的颜色时，只能用系统中规定的颜色来设置，不能自定义各个板层的颜色。（ ）

10．字符串位置可以移动，也可以旋转。（ ）

二、填空题

1．印制电路板简称为________，常使用英文缩写________，是指通过印制电路板上的印制________、________或两者组合而成导电图形实现元件管脚之间的电气连接。

2．过孔也称为________，是连接________的导线。

3．字符串位置可以________、________。

4．字符串可以放置在任何层中，但作为标注文字，一般应该放置在________。

5．元件封装的修改中，一定要先取消属性对话框中的________复选框，使元件封装的各个组成部分分开，然后再进行修改。

6．设置工作层的颜色，可以执行菜单命令“设计”→“________”，就可以打开“视图配置”对话框，对各板层的颜色进行设置。

7．铜膜导线也称铜膜走线，简称________，用于连接几个焊点，是印制电路板最重要的部分，印制电路板设计都是围绕如何________来进行的。

8．电气边界用来限定________和________。在元件自动布局和自动布线时，电气边界是必需的，可以通过在________放置直线和弧线构成闭合多边形来完成。

9．在进行交互式布线时，按________快捷键可以在布线的前后信号层之间进行切换。

10．PCB 板边界是一个封闭的多边形，包括________边界和________边界。

11．按照电路板结构来分，可将电路板分为三种，即________、________和________。

12．用于连接顶层信号层和底层信号层的导电图形为________。

13．用于定义电路板的电气边界工作层是________。

14．AXIAL0.4 属于________类元件的封装。

15．生成 PCB 文件有三种方法，分别是________、________和________。

16．焊盘的作用是放置________、连接________和元件管脚。

17．信号层包括________、________和 30 个中间板层。

18．________封装可以安装在 PCB 上的插座中，插拔非常方便。

三、简答题

1．如何设置工作层进行环境设置？

2．如何设置 PCB 的电气边界和物理边界？

3．过孔和焊盘有什么作用？

四、练习题

1．根据表 7.5 放置元件封装，放置结果如图 7.53 所示。

2．将图 7.53 中元件管脚用导线连线起来，并设置线宽 20mil，如图 7.54 所示。

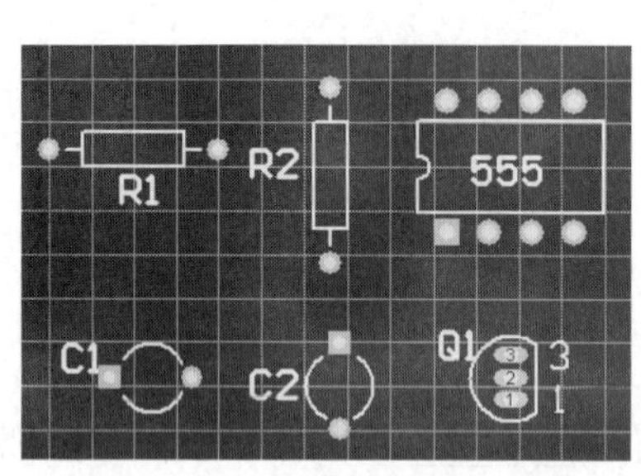

图 7.53 放置元件封装

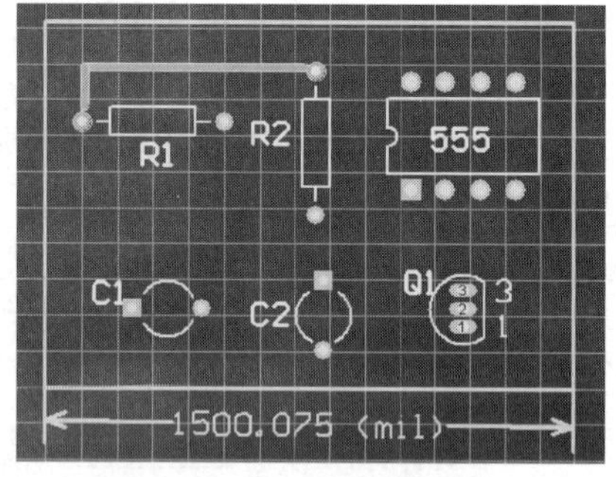

图 7.54 用导线连接并设置

3．根据元件位置，设置物理边界和电气边界（此处边界值相同），如图 7.54 所示。

4．放置尺寸标注，如图 7.54 所示。

5．手工设计一单面板，具体要求如下。

1）在 D 盘根目录下创建一个名为“小信号”的文件夹。以下所有文件均保存在该文件夹中。

2）创建一个名为“小信号.PrjPcb”的工程文件。

3）创建一个名为“小信号.PcbDoc”的 PCB 文件。

4）创建一个名为“小信号.SchDoc”的原理图文件，并绘制如图 7.55 所示原理图。

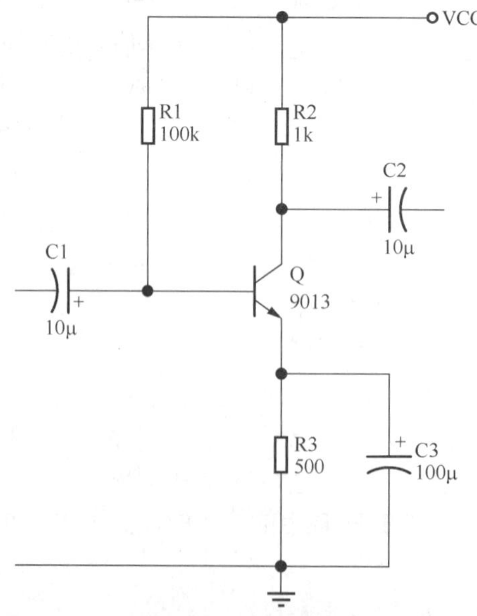

图 7.55 小信号原理图

5）图 7.55 所示原理图元件的相关属性如表 7.8 所示。

表 7.8 元件相关属性

名称	封装	标识符号	注释
电阻	AXIAL-0.4	R1、R2、R3	100k、1k、500Ω
电容	CAPPR2-5×6.8	C1、C2、C3	10μ、10μ、100μ
晶体管	BCY-W3	Q	9013

6）用手工方法绘制 PCB。在机械层 1 上，沿 PCB 外边缘画物理边界 1400mil×1600mil；在禁止布线层上，机械层边界线内侧 60mil 左右画出电气边界。

7）在顶层放置元件封装。

8）在底层绘制导线，导线宽度为 30mil。最后可参照图 7.56。

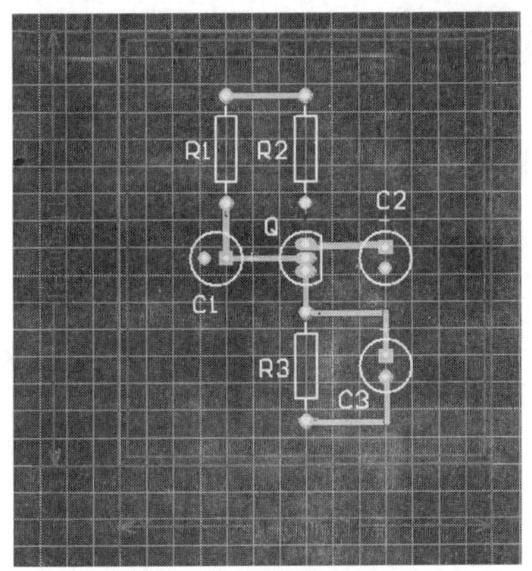

图 7.56 手工 PCB 样图

6．试设计如图 7.57 所示电路的电路板。设计要求如下。

1）使用双层电路板，电路板的尺寸为 2400mil×1500mil。

2）电源地线的铜膜线的宽度为 25mil。

3）一般布线的宽度为 10mil。

4）手工放置元件封装。

5）手工布线。

6）布线时考虑只能单层走线。

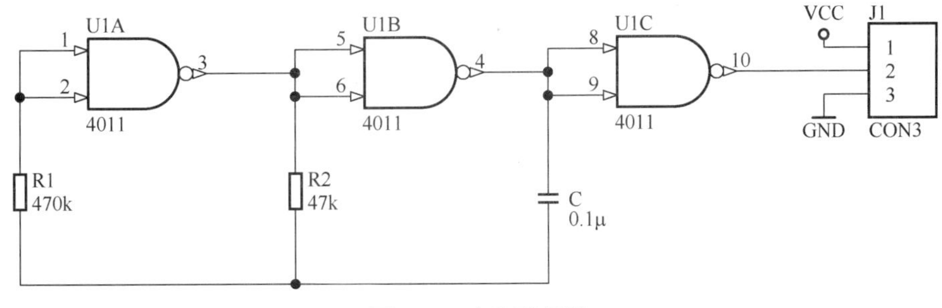

图 7.57 电路原理图

项目八

PCB 设计

学习目标

PCB 的编辑、设计是电子设计自动化最关键的环节，绘制原理图的最终目的就是为了绘制 PCB。

通过本项目学习，了解 PCB 设计规则的设置，学会生成各种清单报表、自动布局和自动布线的方法。

知识目标

- 了解 PCB 设计规则的设置。
- 了解元件的自动布局并能手工调整。
- 掌握 PCB 的自动布线并能手工调整。
- 了解生成 PCB 报表文件。

技能目标

- 能利用自动布局和自动布线功能对 PCB 实现布局和布线。
- 会手工布局和手工布线。
- 能生成元件清单报表，以利于元件的采购。

任务一 加载元件封装库和网络表

情 景

在项目六中提到，网络表是原理图和 PCB 设计的桥梁。也就是说，设计 PCB 应该先导入原理图信息，即在 PCB 文件中加载网络报表，同时还需要有 PCB 对应的元件封装。

那么，应该如何加载元件封装和网络表呢？在加载之前是否还要做其他的准备工作呢？

加载元件封装库和网络表

讲解与演示

知识 1 加载元件封装库

对于 PCB 图而言，原理图实际上包括网络和元件封装两种信息，即各种元件的电路连接情况和物理封装形式。因此，在进行 PCB 的具体设计之前，设计人员必须确认与电路原理图和 PCB 相关联的所有元件库均已加载并可以使用。Altium Designer 17 采用的是集成元件库，在进行原理图设计的同时已装载了元件的 PCB 封装模型，一般可以省略该操作。但有时系统自动加载的集成库不够，还需要加载其他元件封装库，或者创建新的元件封装库，以便调用元件封装。加载元件封装库的操作步骤与原理图中元件库的添加步骤相同，在此不再赘述。

知识 2 加载网络表和元件

加载完元件封装库后，就可以在 PCB 文档中加载网络表和元件了。网络表与元件的加载过程实际上就是将原理图中的数据装入到 PCB 的过程。这里采用直接从原理图加载网络表和元件的方法。

1. 准备工作

第 1 步，在工程下建立原理图文件和 PCB 文件，文件名分别为“小信号.SchDoc”和“小信号.PcbDoc”，并规划好 PCB 边界。原理图为如图 8.1 所示单级小信号放大电路。

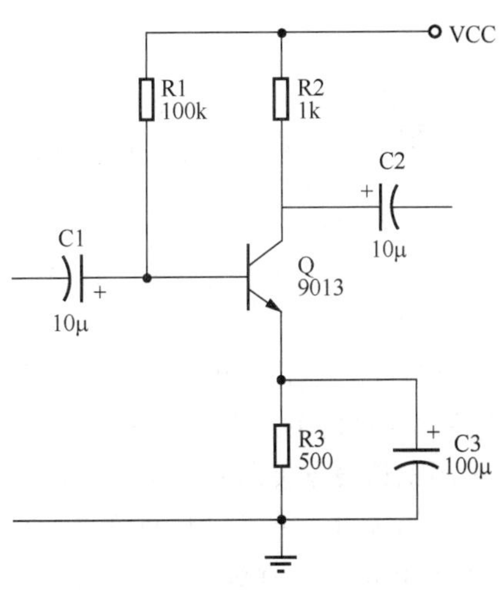

图 8.1 单级小信号放大电路

第 2 步，在原理图文件编辑器内，执行“工程”→“Compile Document 小信号.SchDoc”命令，对原理图文件进行编译。根据 Messages 面板中的错误和警告提示进行相应的修改，有些警告是可以忽略的。如元件偏离栅格的警告，不影响 PCB 设计。Messages 面板内容为空，则说明原理图绘制正确。

Altium Designer 17 能够实现双向同步设计，即可以在原理图内直接更新 PCB 图，也可以在 PCB 图内根据当前的改动更新原理图。这些更新步骤不再依赖于网络表的生成，因此生成网络表的步骤不再是必需的了，但用户可以根据网络表进一步检查电路原理图。

第 3 步，执行“设计”→“文件的网络表”→“Protel”命令，系统生成 Protel 格式的网络表，并自动命名为“小信号.NET”，加入到当前工程的生成文件夹内。

2. 加载网络表和元件更新 PCB 文件

第 1 步，打开设计好的原理图文件“小信号.SchDoc”，如图 8.1 所示。

第 2 步，打开已经创建的“小信号.PcbDoc”PCB 文件。

第 3 步，在原理图编辑器环境下，执行“设计”→“Update PCB Document 小信号.PcbDoc”命令。弹出“工程变更指令”对话框，如图 8.2 所示。

图 8.2 “工程变更指令”对话框

“Update PCB Document 小信号.PcbDoc”命令只有在工程项目中才有用，所以必须将原理图文件和 PCB 文件保存到同一个项目中。

该对话框内显示了本次更新设计的对象和内容。单击图标前的⊟符号将所有子项收起，可以看到总是受影响的对象分为以下几类：元件类成员、元件类、网络节点和 Room 空间。

在工程变化订单内显示的各个对象，是否执行所有对 PCB 的更新是可以配置的。在“启动”栏内单击“√”符号将其取消，则此项变化将不被执行。对于初次更新 PCB 图，采用默认设置使所有对象更新。

第 4 步，单击“验证变更”按钮，系统自动检查各项变化是否正确有效，但不执行到 PCB 图中。所有正确的更新对象，在“检测”栏内将显示“√”标记，否则显示“×”标记。“×”标记说明更改操作是不可执行的，需要返回到以前的步骤中修改，然后重新进行更新验证。

第 5 步，单击“执行变更”按钮，接受工作变化顺序，将网络表和元件封装添加到 PCB 编辑器中。

如果“工程变更指令”存在错误，或没有装载元件封装库，则装载都不会成功。

第 6 步，网络表和元件封装添加完毕，对话框状态栏的“完成”栏显示“√”标记，提示导入成功。

第 7 步，单击“关闭”按钮，关闭对话框，所有元件封装和飞线出现在 PCB 文档中的元件盒，如图 8.3 所示。

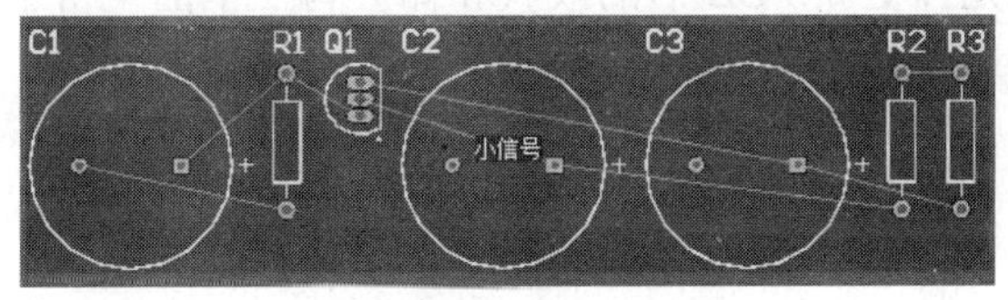

图 8.3　更新后的 PCB 文件

导入网络表时，元件封装并不在规划好的 PCB 边界之内。因此，加载网络表和元件之后，有时却看不到自动生成的元件，这时只需按几次 PgDn 键，将画面缩小就能看到摆放完毕的元件。

工作页

实训　加载网络表和元件更新 PCB

1. 加载网络表和元件

在原理图编辑环境下绘制如图 8.4 所示电路原理图，项目名称为 555.PrjPcb，然后加载网络表和元件。写出操作步骤填在表 8.1 中。

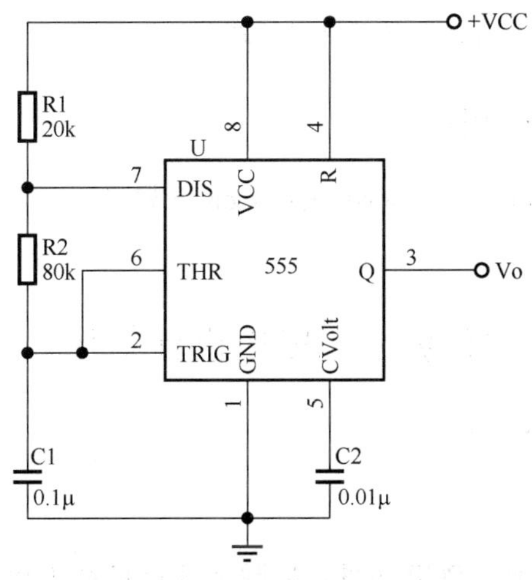

图 8.4　电路原理图

表 8.1　操作步骤

建立项目和文件	画电路原理图	原理图编译	加载网络表和元件

2. 收获和体会

将加载网络表和元件更新 PCB 后的收获和体会写在下面空格中。

收获和体会：

3. 工作评价

将加载网络表和元件更新 PCB 工作评价填写在表 8.2 中。

表 8.2　工作评价表

评定人	工作评价	等级	评定签名
自己评			
同学评			
老师评			
综合评定等级			

＿＿＿＿年＿＿＿＿月＿＿＿＿日

拓　展

拓展 1　用封装管理器检查所有元件封装

拓展 2　网络表载入时的错误

拓展部分详细内容，可从网站 www.abook.cn 下载学习。

任务二　PCB 设计规则

情　景

把网络表和元件封装导入 PCB 文件，实际上只是将元件封装调入了 PCB 编辑平面。

放在平面上的元件看上去相当杂乱，而且有时要缩小才能看到。那么，应该如何把元件封装合理地分布在电路板上呢？这就涉及布局和布线。但在进行布局和布线之前需要先设置 PCB 设计规则，规则设置得好，可以使今后布局和布线的质量和成功率大大提高。

讲解与演示

知识 1　启动 PCB 规则和约束编辑器

所谓“设计规则”就是指 PCB 设计的基本规则。PCB 设计过程中执行任何一个操作，如放置导线、移动元件、放置焊盘等，都是遵循设计规则进行的。如果用户违背设计规则，检查工具就会检查到违规的地方并高亮显示对用户进行提示。

系统在 PCB 文件生成时，就附带了一套默认的设计规则。这套设计规则包括了 PCB 设计中需要约束的各种基本规则，其适用范围基本上是针对整个 PCB 的。设计规则虽然很多，但其中大部分都可以采用系统默认的设置。至于需要设置哪些设计规则，用户应该根据自己的设计情况，更改这些规则的约束值，如导线宽度、焊盘大小、安全间距等。系统对于布线板层规则的默认设置是双面布线，因此，如果要求设计一般的双面 PCB，就没有必要自己再设置布线板层规则。

在 PCB 编辑器内，执行主菜单栏中的“设计”→“规则”命令，或者在工作区域中右击，在弹出的下拉菜单中执行“设计”→“规则”命令，打开“PCB 规则及约束编辑器”对话框，如图 8.5 所示。

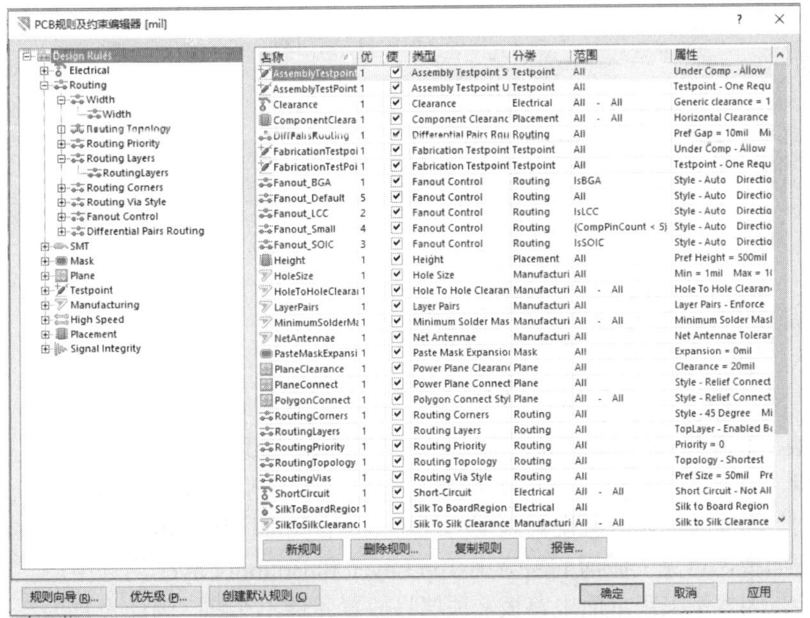

图 8.5　“PCB 规则及约束编辑器”对话框

PCB 规则和约束编辑器界面分成左右两栏，左边是树形列表，列出了 PCB 规则及约束的构成和分支，右边是各类规则的详细内容。

从图中可以看到，Altium Designer 17 提供了 10 种不同的设计规则，每个种类之下还有不同的分类规则，具体涉及 PCB 设计过程中的导线放置、导线布线方法、元件放置、布线规则等各个方面。单击各个规则类前的“+”符号，可以展开查看该规则类中的各个子类；单击“-”符号，则收起展开的列表。

图 8.6　列表栏右键菜单

对设计规则的基本编辑操作可以通过规则列表内的右键菜单来完成。在 PCB 规则及约束编辑器左边的列表栏内右击，弹出右键菜单，如图 8.6 所示，该菜单提供了设计规则的编辑命令。

在“PCB 规则及约束编辑器”对话框的左下方，有“规则向导”和“优先级”两个按钮。单击“规则向导”按钮，则启动规则向导，为 PCB 设计添加新的设计规则；单击“优先级”按钮，进入“编辑规则优先级”对话框，在该对话框中可以修改规则的优先级级别。

下面打开 PCB 文件“小信号电路.PcbDoc”，以此为例介绍设置单面板布线、设置导线宽度的 PCB 设计规则。

知识 2　单面板布线设置

第 1 步，单击图 8.5 左侧 Design Rules（设计规则），展开所有的布线规则列表，如图 8.7 所示。

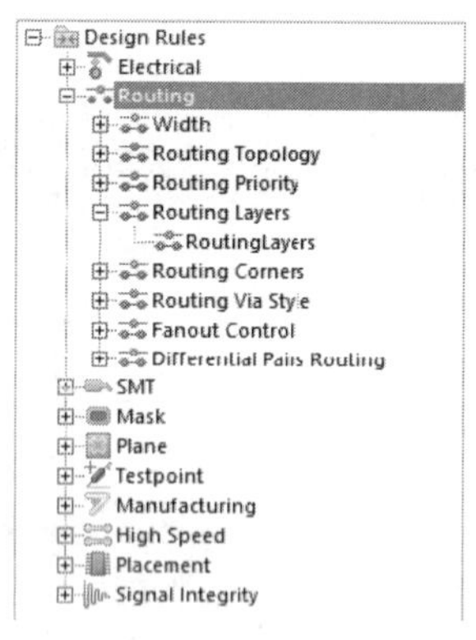

图 8.7　布线设计规则

第 2 步，单击 Routing（布线）类，该类所包含的布线规则以树状结构展开。

第 3 步，单击 Routing Layers（布线层）规则。该规则确定了在自动布线过程中允许布线的层面。顶部区域显示所设置规则的使用范围，底部区域显示规则的约束特性设置。默认的是双面板，可见“激活的层”中 Top Layer 和 Bottom Layer 均选中。

第 4 步，因本例采用单面电路板，顶层只放置元件不布线，因此设置为不允许布线，取消 Top Layer 右侧“允许布线”勾选，如图 8.8 所示。

第 5 步，设置完毕后，单击“确定”按钮。

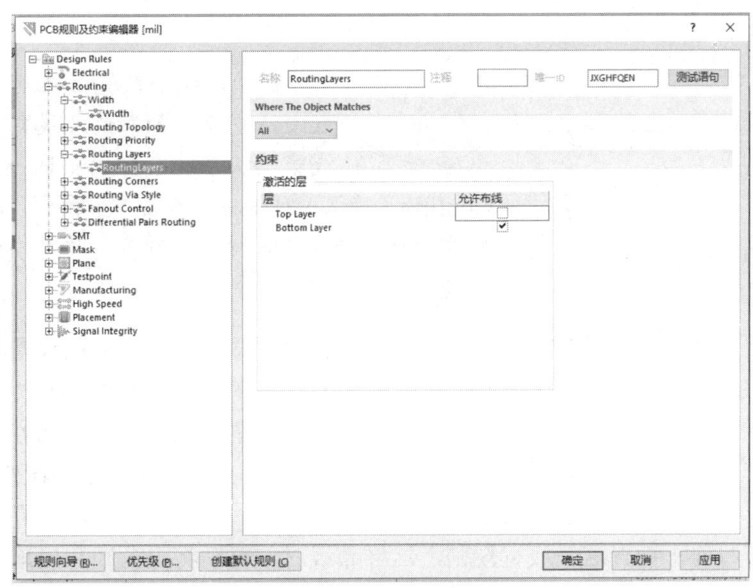

图 8.8　布线层规则设置

知识 3　导线宽度规则设置

导线宽度规则用于设定布线时 PCB 铜膜导线的实际宽度。单击图 8.9 中 Width（布线宽度）类，如图 8.9 所示，显示了布线宽度约束特性和范围。导线宽度分为 Min Width（最小宽度）、Preferred Width（优选宽度）、Max Width（最大宽度），单击每个宽度栏并键入数值，即可对其进行设置。导线宽度规则应用到整个电路板。

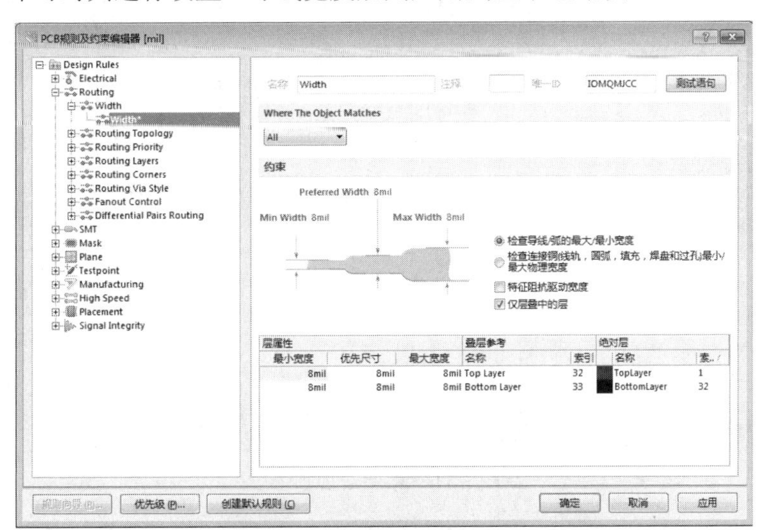

图 8.9　导线宽度规则设置

最大、最小线宽确定了导线的宽度范围，优选尺寸为导线放置时系统默认采用的宽度值。用户应根据 PCB 的实际情况设定导线的宽度，还可以增加新的规则，针对特定的网络，设置其导线宽度。

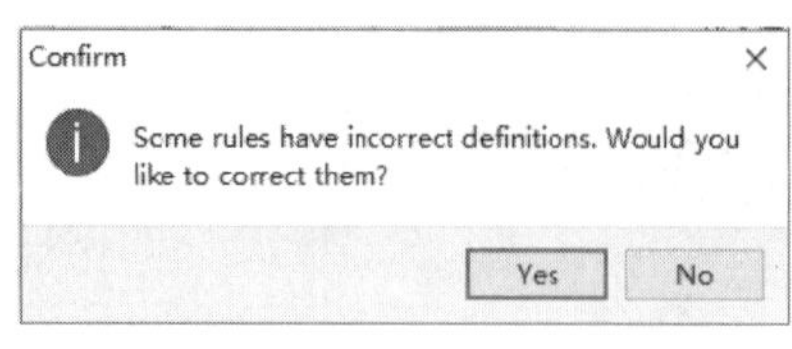

图 8.10　确认对话框

在修改最小线宽值之前必须先设置最大线宽值。如果最大线宽值小于最小线宽值，系统会弹出如图 8.10 所示的 Confirm（确认）对话框。单击 Yes 按钮，即可再次修改宽度值。单击 No 按钮，则系统将自动保存设置的数值。

PCB 设计规则中最重要的就是导线宽度和安全间距规则，对它们的设置将直接影响到 PCB 的布线紧密度，进而影响到 PCB 的大小。导线宽度和安全间距越大，PCB 制作就越容易；导线宽度和安全间距越小，自动布线的布通率就越高，走线越容易。因此，导线宽度和安全间距的选择需要根据 PCB 应用要求、成本控制等多方面情况来综合考虑。

在电路板布线中，一般需要将电源线和接地线加粗，以便增加电流和提高抗干扰能力。在自动布线前，设置这个线宽规则，这样布线时便自动将电源线和接地线加粗，就可以省去后面手工加粗电源线和接地线的步骤。

下面添加一个规则，约束网络 GND 布线宽度为 50mil，操作步骤如下。

第 1 步，添加新规则。右击左侧 Design Rules 中的 Width，在快捷菜单中选择“新规则”命令，如图 8.11 所示。在 Width 中添加一个名为“Width_1”的规则。

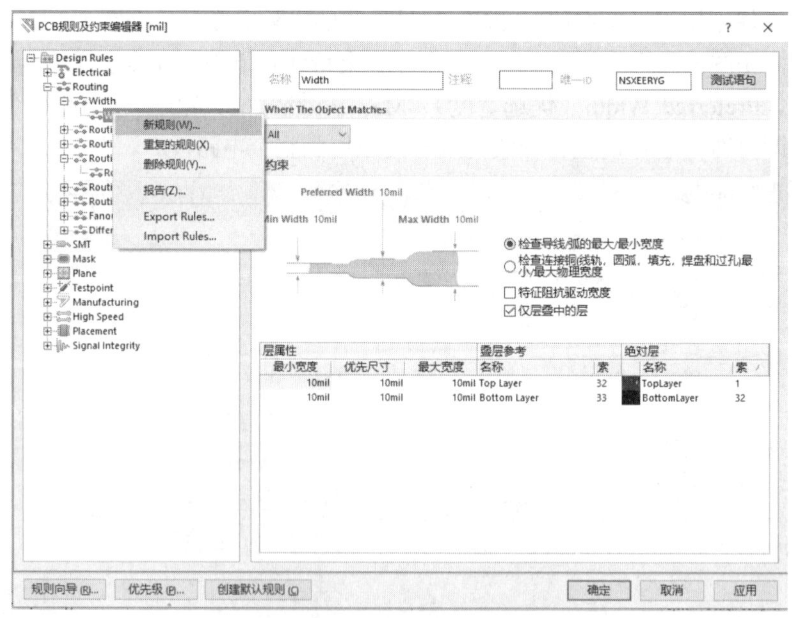

图 8.11　添加新规则

第 2 步，设置布线宽度。单击 Width_1，将对话框右上方“名称”栏的 Width_1 改为 GND。

第 3 步，在 Where The Object Matches 下面单击下三角按钮，选择网络 Net，然后在右侧下拉菜单中选择 GND。

第 4 步，在底部的宽度约束特性中将宽度全部修改为 50mil，单击左下角优先级按钮，设置为最高权限。

第 5 步，单击“应用”按钮，完成设置。

第 6 步，单击“确定”按钮，退出对话框。

若是 PCB 已经布好，但布线前，规则设置不对，没把电源线和地线全部加粗，又该如何批量修改呢？

仍以地线为例，说明修改操作步骤。

第 1 步，在 PCB 设计界面，选中地线双击，弹出如图 8.12 所示“导线”对话框。

第 2 步，将对话框中的“宽度”改为 50mil。单击“确定”按钮退出对话框。

第 3 步，光标移到选中的导线上右击，在弹出的快捷菜单中选择“查找相似对象”命令，弹出如图 8.13 所示对话框。

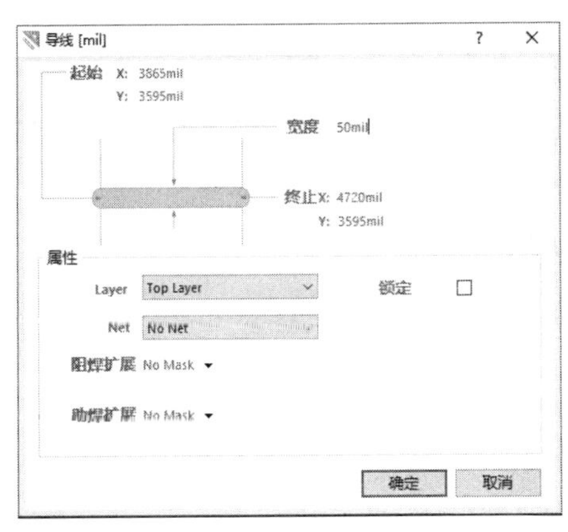

图 8.12 “导线”对话框

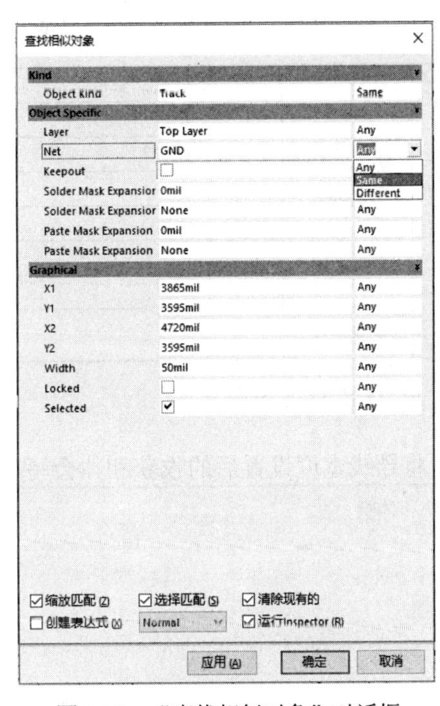

图 8.13 “查找相似对象”对话框

第 4 步，在 Net 栏选择 GND，再将右侧的 Any 改为 Same。

第 5 步，单击“应用”按钮后单击“确定”按钮退出。

这样操作后，所有的地线就被加粗。电源线也可以同理设置成需要的宽度。

工作页

实训 设置 PCB 设计规则

1. 如何进行单面板布线设置

将设置步骤填于表 8.3 中。

表 8.3　单面板布线设置步骤

单面板布线设置步骤	
第 1 步	
第 2 步	
第 3 步	

2. 实际操作

针对已经更新的单级小信号放大电路的 PCB，添加新规则，将电源线和接地导线宽度设置成 25mil，其余导线宽度设置成 15mil。把设置过程填于表 8.4 中。

表 8.4　规则设置

导线宽度	电源线 接地线	
	其余导线	

3. 收获和体会

将导线宽度设置后的收获和体会写在下面空格中。

收获和体会：

4. 工作评价

将导线宽度设置工作评价填写在表 8.5 中。

表 8.5　工作评价表

评定人	工作评价	等级	评定签名
自己评			
同学评			
老师评			
综合评定等级			

＿＿＿＿年＿＿＿＿月＿＿＿＿日

拓 展

拓展 PCB 设计规则向导

拓展部分详细内容，可从网站 www.abook.cn 下载学习。

任务三 元 件 布 局

情 景

设置好 PCB 设计规则，把所需的网络表和元件封装导入到 PCB 文件，接下来就可以进行元件的布局。布局有自动布局和手动布局两种方式。

讲解与演示

知识 1 自动布局约束参数

合理地设置自动布局参数，可以使自动布局的结果更加完善，也相应地减少了手动布局的工作量。因此，在自动布局前，先要设置自动布局的约束参数。

下面以“小信号.PcbDoc”为例，说明自动布局参数的设置。打开“小信号.PcbDoc”文件，执行菜单栏中的“设计”→“规则”命令，系统弹出“PCB 规则及约束编辑器”对话框，单击 Placement（设置）项，可以根据需要对自动布局的参数进行设置。共有 6 项设置规则，下面以 Room Definition（空间定义）为例作详细介绍，其他作简略说明。

1）Room Definition（空间定义），用于在 PCB 板上定义元件布局区域。单击 Room Definition 前的“+”号，对打开的“小信号”单击，右侧弹出该选项的对话框，如图 8.14 所示。在该对话框中可以定义布局区域的范围和种类。

其中各选项功能如下。

“Room 锁定”，选中该复选框时，将锁定 Room 类型的区域。

“元器件锁定”，选中该复选框时，将锁定区域中的元件。

“定义”，单击该按钮，光标将变成十字状，移动光标到工作窗口中，单击可以定义 Room 的范围和位置。

“X1”“Y1”，Room 左下角顶点坐标。

“X2”“Y2”，Room 右上角顶点坐标。

最后两个列表框为 Room 所在的工作层及对象与此 Room 的关系。

该规则主要用于“在线 DRC”、“批处理 DRC”和“成群的放置项”自动布局过程中。

2）Component Clearance（元件间距限制），用于设置元件间距。

3）Component Orientations（元件布局方向），用于设置 PCB 上元件允许旋转的角度。

4）Permitted Layers（电路板工作层），用于设置 PCB 上允许放置元件的工作层。

5）Nets To Ignore（网络忽略），用于设置在采用成群的放置项方式执行元件自动布局时需要忽略布局的网络。当设计中有大量连接到电源网络的双管脚元件，设置忽略电源网络将加快自动布局的速度，提高自动布局的质量。

6）Height（高度），用于定义元件的高度。

元件布局参数设置完毕，单击“确定”按钮，保存规则设置，返回 PCB 编辑环境。

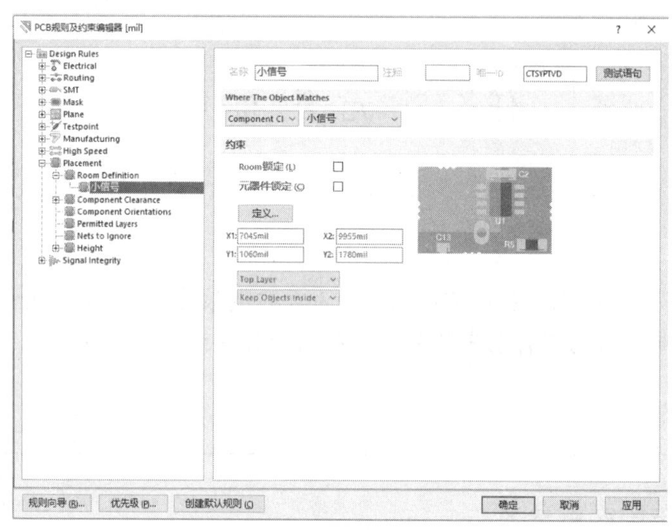

图 8.14 小信号空间定义设置对话框

知识 2 元件自动布局

元件自动布局

元件的自动布局，是指系统根据自动布局的规则对元件进行初步的布局。Altium Designer 17 提供了强大的 PCB 自动布局功能。单击菜单栏中的“工具”→“器件摆放”命令，其子菜单中包含了与自动布局有关的命令，如图 8.15 所示。

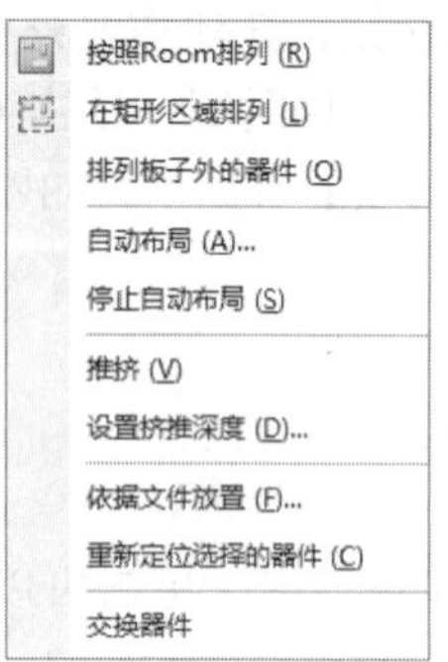

图 8.15 “器件摆放”命令子菜单

下面仍以“小信号放大电路”为例，介绍“按照 Room 排列”自动布局操作步骤。

第 1 步，单击选中 Room 区域，将电路板外的 Room 区域和元件封装拖动到电路板内。

第 2 步，执行“工具”→“器件摆放”→“按照 Room 排列”命令，光标变成十字状。

第 3 步，光标移到 Room 区域内任意位置单击，系统自动将元件在该 Room 中排列，如图 8.16 所示。

第 4 步，调整 Room 区域大小，匹配电路板边界。

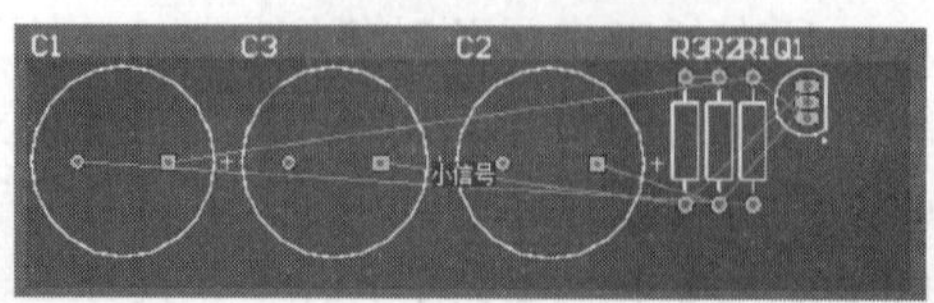

图 8.16 自动布局结果

通过自动布局结果可以知道，自动布局能方便地把元件移动到PCB区域内，并按元件类型和走线距离进行一定的分组。但是自动布局的结果显然并不能满足我们的需要，因为自动布局一般以寻找最短布线路径为目标，元件与元件、元件与元件标识符常有重叠现象，所以还要靠手工调整来使布局更加工整、美观，合乎设计要求。另外，对于不太复杂的PCB，手工布局可直接完成。

知识3　推挤式自动布局

对元件进行自动布局后，可能违反了先前定义的元件间距规则。执行推挤式自动布局，系统将根据元件间距规则，自动地平行移动违反了间距规则的元件及其连线，直到符合元件间距规则为止。推挤式自动布局的操作步骤如下。

第1步，执行“工具”→“器件摆放”→“设定挤推深度”命令，弹出如图8.17所示对话框，在该对话框中直接输入数字设置参数。该参数表示执行推挤式自动布局时移动的元件个数，最多能够支持1000个元件的推挤式布局。

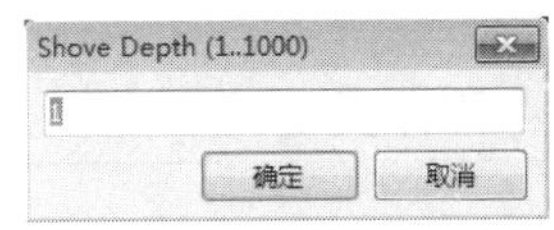

图8.17　设定挤推深度对话框

第2步，设置完成后单击“确定”按钮，关闭该对话框。

第3步，执行菜单栏中的“工具”→“器件摆放”→“推挤”命令，光标变成十字状，选择基准元件，移动光标到所选元件上单击，系统将以设置的挤推深度开始推挤式布局操作。

第4步，此时光标仍处于激活状态，单击其他元件可继续进行推挤式布局操作。

第5步，右击或者按Esc键退出该操作。

推挤式自动布局一般适合元件较多的原理图，如果元件较少不需要采用此操作。

知识4　手动布局

手动布局

手动布局就是手动确定元件的位置。主要操作是移动或旋转元件、元件标号和元件型号参数等实体。在操作过程中，可以按空格键、X键或Y键调整元件的方向。当单纯的手动移动不够精细，不能非常整齐地摆放好元件时，PCB编辑器可以通过“编辑”→“对齐”中的子菜单命令进行调整。

下面对单级小信号放大电路的PCB进行手动布局。

第1步，选中晶体管Q，将其拖动到PCB的中间，在拖动过程中按空格键，使其进行翻转至适当位置。

第2步，调整电阻和电容位置，按原理图中的位置进行排列。

第3步，执行“编辑”→“对齐”→“水平分布”和“顶对齐”或“底对齐”命令，将各组元件排列整齐。

第4步，布局完毕，手动调整后的PCB布局如图8.18所示。

如果原来定义的PCB形状过大，可以执行“设计”→“板子形状”→“按照选择对象定义”命令，重新定义PCB的形状。重新定义后，PCB的形状如图8.18所示。

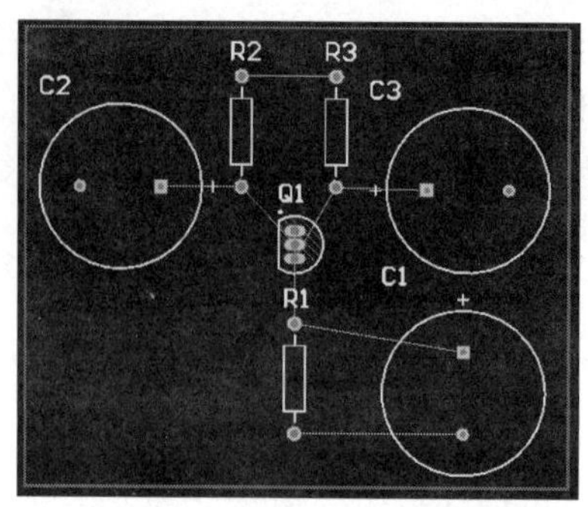

图 8.18 手动调整布局重定义形状后的 PCB

单击工作区中名称为“小信号”的 Rooms 框，按 Delete 键将其删除。

工作页

实训 PCB 元件的布局

1. PCB 元件的自动布局

Altium Designer 17 提供了哪几种不同的元件自动布局命令？

2. 实际操作

根据表 8.6 中所示电路，采用自动布局和手工布局相结合的方式进行布局，并写出操作步骤填在表 8.6 中。

表 8.6 自动布局和手动布局操作

原理图	自动布局		手动布局	
	操作步骤	结果图示	操作步骤	结果图示
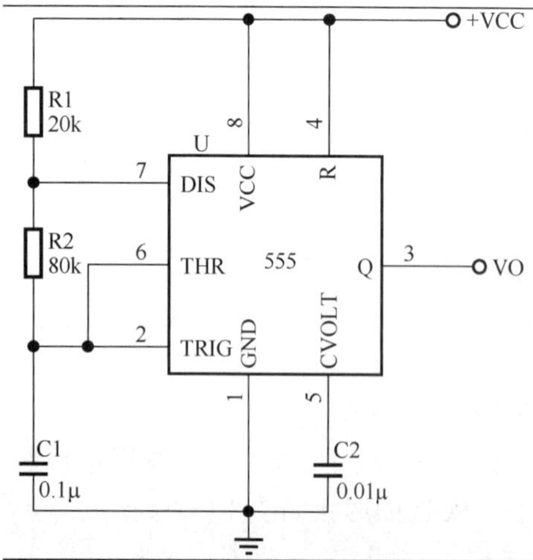 +VCC, R1 20k, R2 80k, U 555 (DIS 7, THR 6, TRIG 2, VCC 8, R 4, Q 3, GND 1, CVOLT 5), VO, C1 0.1μ, C2 0.01μ				

3. 收获和体会

将进行 PCB 元件的布局后的收获和体会写在下面空格中。

收获和体会：

4. 工作评价

将进行 PCB 元件的布局工作评价填写在表 8.7 中。

表 8.7 工作评价表

评定人	工作评价	等级	评定签名
自己评			
同学评			
老师评			
综合评定等级			

________年________月________日

拓 展

拓展 1 锁定关键元件的自动布局

拓展 2 布局原则

拓展部分详细内容，可从网站 www.abook.cn 下载学习。

任务四 3D 效果图

情 景

完成了 PCB 的布局后，可以查看 3D 效果图，以检查布局是否合理。

讲解与演示

知识 1 三维显示

以小信号电路自动布局后的电路为例，执行“视图”→“切换到三维模式”命令。

系统自动切换到三维显示图，如图 8.19 所示。

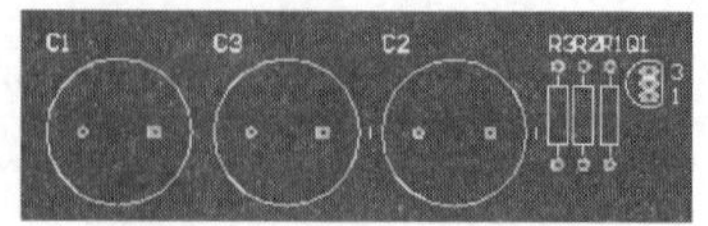

图 8.19　三维显示图

知识 2　二维显示

执行“视图”→“切换到二维模式”命令。系统自动切换到二维显示图，如图 8.16 所示。

知识 3　生成 3D 效果图

3D 效果图

执行“工具”→“遗留工具”→“3D 显示”命令，系统生成该 PCB 的 3D 效果图，加入到该项目生成的 PCB 3D Views 文件夹中，并自动打开“小信号.PcbDoc”文件。PCB 生成的 3D 效果图，如图 8.20 所示。

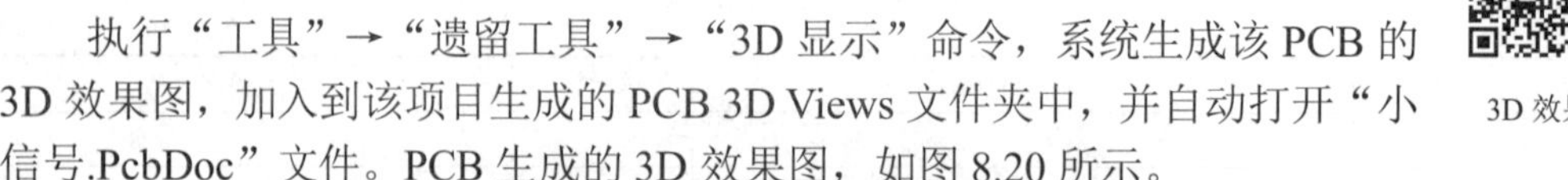

图 8.20　3D 效果图

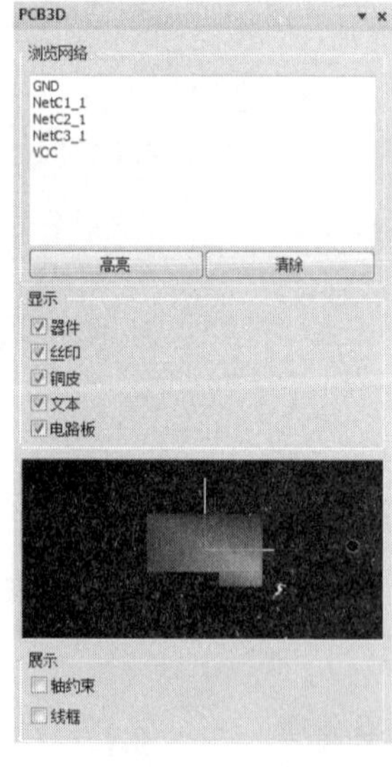

图 8.21　PCB 3D 面板

在 PCB 3D 编辑器内，单击右下角的 PCB 3D 按钮，打开 PCB 3D 面板，如图 8.21 所示。

面板中各选项说明如下。

（1）浏览网络

列出了当前 PCB 文件内的所有网络。选择其中一个网络以后，单击“高亮”按钮，此网络呈高亮状态；单击“清除”按钮，可以取消高亮状态。

（2）显示

用于控制 3D 效果图的显示方式，分别可以对器件、丝印、铜皮、文本及电路板进行控制。

（3）预览框

将光标移到该框内，单击并按住鼠标不放，拖动光标，3D 图将跟着旋转，展示不同方向上的效果。

（4）展示

用于设置轴约束和线框。

知识 4　网络密度分析

网络密度分析

网络密度分析是 Altium Designer 17 提供的密度分析工具，对当前 PCB 元件放置及其连接情况进行分析。根据密度指示图显示的密度特征，用户可以对布局进行相应的调整，有利于提高自动布线的布通率，降低布线难度。

（1）添加密度图

执行“工具”→“密度图”命令，系统自动执行对当前 PCB 文件的密度分析，如图 8.22 所示。

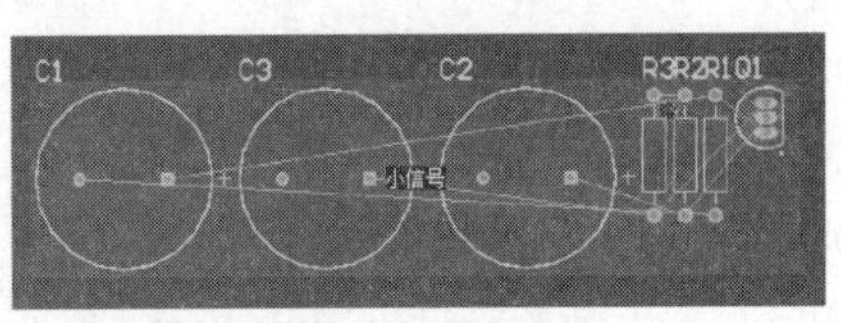

图 8.22　密度图

密度分析生成一个临时的密度指示图，覆盖在原 PCB 图上面。在图中元件越密集、连线越多的区域颜色就会呈现一定的变化趋势。从图 8.22 所示的密度图可以看出，小信号的 PCB 布局密度较低。

（2）清除密度图

执行“工具”→“Clear 密度图”命令，清除密度图，返回布局状态。

通过 3D 效果图和网络密度分析，可以进一步对 PCB 元件布局进行调整。

工作页

实训　PCB 的 3D 效果图和网络密度分析

1. PCB 的 3D 效果图和网络密度分析实际操作步骤

对任务三中实训练习后的手动布局 PCB 图，练习操作 3D 效果图和进行网络密度分析，将操作步骤和结果填于表 8.8 中。

表 8.8　3D 效果图和进行网络密度分析操作

原理图	3D 效果图		网络密度分析	
	操作步骤	结果图示	操作步骤	结果图示
+VCC；R1 20k；R2 80k；U 555：DIS 7，THR 6，TRIG 2，VCC 8，R 4，Q 3，GND 1，CVOLT 5；VO；C1 0.1μ；C2 0.01μ				

2. 收获和体会

将进行 3D 效果图和网络密度分析实训后的收获和体会写在下面空格中。

收获和体会：

3. 工作评价

将进行 3D 效果图和网络密度分析工作评价填写在表 8.9 中。

表 8.9 工作评价表

评定人	工作评价	等级	评定签名
自己评			
同学评			
老师评			
综合评定等级			

________年________月________日

任务五 自动布线

情 景

布线是 PCB 设计工作中的重要一环，布线的好坏直接影响到 PCB 的运行情况。尤其在高速电路中，布线的合理与否会影响到 PCB 能否正常工作。在实际的布线过程中，简单的板子可以采用全手工布线，复杂一点的可以采用自动布线和手工布线相结合的方式。

讲解与演示

知识 1 自动布线规则设置

电路板布线是指在 PCB 上用导线将元件管脚连接起来，建立物理上的连接。因为 PCB 上的元件是从网络报表中导入的，在布线之前所有的电气连接都已经用飞线表示出来了，所以要做的工作就是用真实的导线来代替飞线。在自动布线前，首先要为自动布线设置合理的布线规则，使系统的布线操作有法可依，然后对布线策略进行设置。

执行“布线”→“自动布线”→“设置”命令，弹出“Situs 布线策略”对话框，如

图 8.23 所示。“Situs 布线策略”对话框共分两栏内容。

“布线设置报告”区域：对布线规则设置和受其影响的对象进行汇总报告，并进行规则编辑。报告栏内列出了详细的布线规则，并汇总了各个规则影响到的对象数目，并以超级链接的方式，将列表链接到各个规则设置栏，可以进行更改和修正。单击“编辑层走线方向”按钮，弹出“层方向”对话框，如图 8.24 所示，在对话框内可以设置各信号层的走线方向。单击“编辑规则”按钮，进入“PCB 规则及约束编辑器”对话框，可以设置各种 PCB 规则。单击“报告另存为”按钮，可以将规则报告导出并以.htm 格式保存。

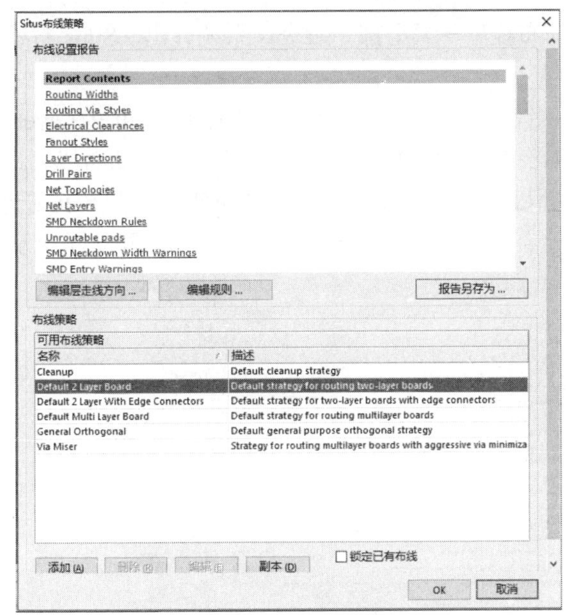

图 8.23 “Situs 布线策略”对话框

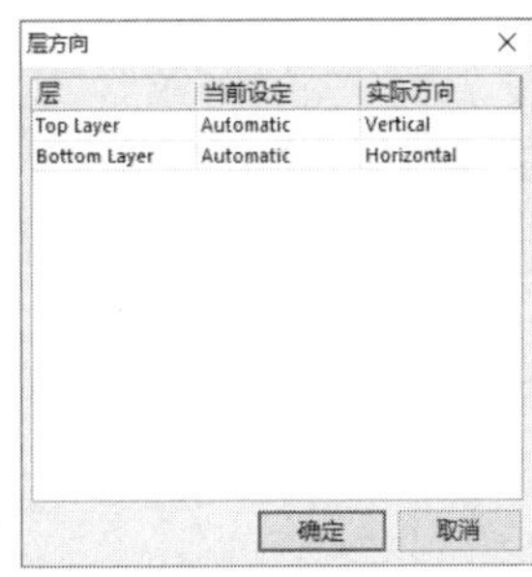

图 8.24 “层方向”对话框

“布线策略”区域：用来设置自动布线的走线模式。系统提供了 6 种默认的布线策略，分别针对不同的情况。单击“添加”按钮，弹出“Situs 策略编辑器”对话框，如图 8.25 所示。在该对话框内“可用的布线通过”区域选择一项，单击“添加”按钮可以添加布线方法。

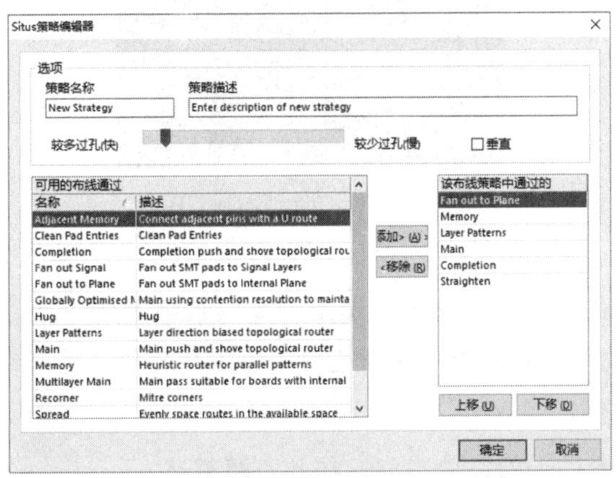

图 8.25 “Situs 策略编辑器”对话框

选定布线策略后，单击“确定”按钮，退出“Situs 策略编辑器”对话框，就可以开始自动布线了。

知识 2　自动布线操作

自动布线

下面对已完成手动布局的如图 8.18 所示的小信号放大电路进行自动布线。自动布线有关命令在菜单“自动布线”的子菜单下，现以“全局布线”为例讲述布线过程。

第 1 步，执行“布线”→“自动布线”→“全部”命令，系统弹出“Situs 布线策略”对话框。

第 2 步，在“布线策略”栏内，针对电路的 PCB 情况，选择 Default 2 Layer Board（默认双面板）的布线策略，然后单击 Route All 按钮，系统开始执行自动布线。

在自动布线过程中，Messages 面板中会逐条显示当前布线进程，如图 8.26 所示。由最后一条提示信息可知，此次布线全部布通。自动布线后的 PCB 图如图 8.27 所示。

Messages

Class	Document	Source	Message	Time	Date	No.
Situs ...	小信号.PcbDoc	Situs	Routing Started	15:16:15	2018/11/15	1
Routi...	小信号.PcbDoc	Situs	Creating topology map	15:16:15	2018/11/15	2
Situs ...	小信号.PcbDoc	Situs	Starting Fan out to Plane	15:16:15	2018/11/15	3
Situs ...	小信号.PcbDoc	Situs	Completed Fan out to Plane in 0 Seconds	15:16:15	2018/11/15	4
Situs ...	小信号.PcbDoc	Situs	Starting Memory	15:16:15	2018/11/15	5
Situs ...	小信号.PcbDoc	Situs	Completed Memory in 0 Seconds	15:16:15	2018/11/15	6
Situs ...	小信号.PcbDoc	Situs	Starting Layer Patterns	15:16:15	2018/11/15	7
Routi...	小信号.PcbDoc	Situs	Calculating Board Density	15:16:15	2018/11/15	8
Situs ...	小信号.PcbDoc	Situs	Completed Layer Patterns in 0 Seconds	15:16:15	2018/11/15	9
Situs ...	小信号.PcbDoc	Situs	Starting Main	15:16:15	2018/11/15	10
Routi...	小信号.PcbDoc	Situs	Calculating Board Density	15:16:15	2018/11/15	11
Situs ...	小信号.PcbDoc	Situs	Completed Main in 0 Seconds	15:16:15	2018/11/15	12
Situs ...	小信号.PcbDoc	Situs	Starting Completion	15:16:15	2018/11/15	13
Situs ...	小信号.PcbDoc	Situs	Completed Completion in 0 Seconds	15:16:15	2018/11/15	14
Situs ...	小信号.PcbDoc	Situs	Starting Straighten	15:16:15	2018/11/15	15
Situs ...	小信号.PcbDoc	Situs	Completed Straighten in 0 Seconds	15:16:16	2018/11/15	16
Routi...	小信号.PcbDoc	Situs	8 of 8 connections routed (100.00%) in 0 Seconds	15:16:16	2018/11/15	17
Situs ...	小信号.PcbDoc	Situs	Routing finished with 0 contentions(s). Failed to complete 0 connecti...	15:16:16	2018/11/15	18

图 8.26　Messages 面板

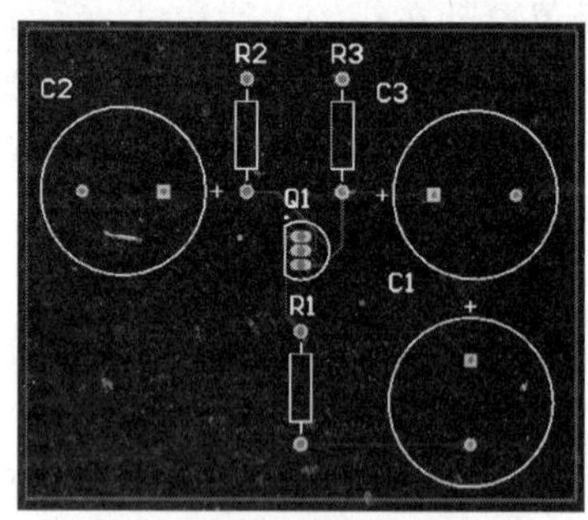

图 8.27　自动布线后的 PCB 图

通常两层的 PCB 都是要求一层以水平走线为主，另一层以垂直走线为主。此处红色铜膜线（深颜色者）为顶层走线，蓝色铜膜线（浅颜色者）为底层走线。

其他布线方式的操作步骤与此类似，在此不再赘述。

知识 3 自动生成单面板

自动生成单面板

在单级小信号放大电路中，由于元件较少，因此单面板已经足够满足其要求了。制作单面板的步骤在布线前与双面板相同，仍以图 8.18 所示为例，介绍自动生成单面板的步骤。

第 1 步，执行“布线”→“自动布线”→“设置”命令，系统弹出“Situs 布线策略”对话框。在该对话框的“布线设置报告”区域单击 Layer Directions 项，如图 8.28 所示。

图 8.28 单击 Layer Directions 后对话框

第 2 步，单击“编辑规则”按钮，打开“PCB 规则及约束编辑器”对话框，如图 8.29 所示。

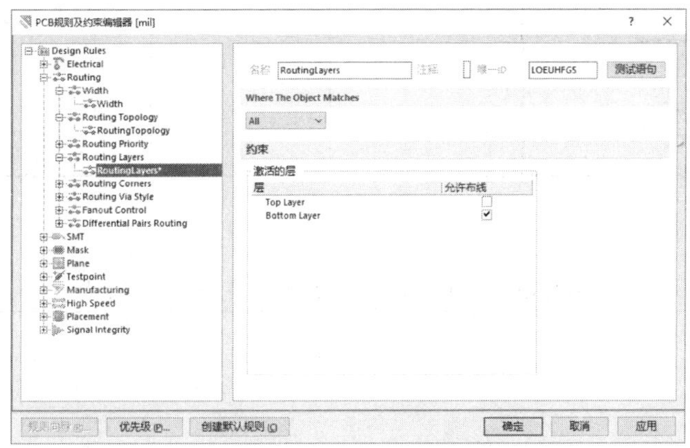

图 8.29 “PCB 规则及约束编辑器”对话框

第 3 步，在该对话框内，单击左侧“Design Rules”→“Routing”→“Routing Layers”，弹出“布线层设置”对话框，取消“激活的层”中“允许布线”复选框“Top Layer”

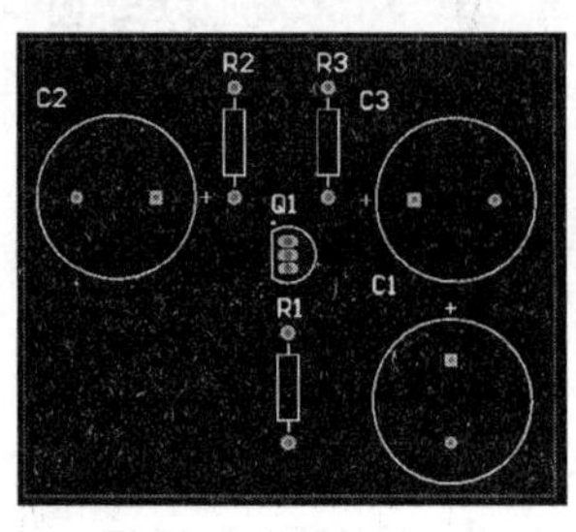

图 8.30 单面 PCB

勾选。

第 4 步，单击“确定”按钮，退出“PCB 规则及约束编辑器”对话框。

第 5 步，在“Situs 布线策略”对话框中，单击“OK”按钮。至此，设置完成允许布线的层为“Bottom Layer”层。

第 6 步，执行“布线”→“自动布线”→“全部”命令，系统弹出“Situs 布线策略”对话框。

第 7 步，单击“Route All”按钮，系统进行自动布线，布线后的电路如图 8.30 所示。与图 8.27 比较，此时图中均为蓝色铜膜线（浅颜色者）。

这时所有的元件都放在“Top Layer”层，而所有的布线都在“Bottom Layer”层。

工作页

实训 PCB 元件自动布线

1. 自动布线操作步骤

根据表 8.8 中所示电路，进行自动布线和自动生成单面板，把操作步骤填于表 8.10 中。

表 8.10 自动布线和自动生成单面板操作

原理图	自动布线		自动生成单面板	
	操作步骤	结果图示	操作步骤	结果图示
+VCC; R1 20k; R2 80k; U 555: DIS 7, THR 6, TRIG 2, VCC 8, R 4, Q 3, GND 1, CVOLT 5; VO; C1 0.1μ; C2 0.01μ				

2. 收获和体会

将进行 PCB 元件的自动布线后的收获和体会写在下面空格中。

收获和体会：

3. 工作评价

将进行 PCB 元件的自动布线工作评价填写在表 8.11 中。

表 8.11 工作评价表

评定人	工作评价	等级	评定签名
自己评			
同学评			
老师评			
综合评定等级			

__________年__________月__________日

拓 展

拓展 多层 PCB 的设计

拓展部分详细内容，可从网站 www.abook.cn 下载学习。

任务六 手 工 布 线

情 景

学会了自动布线还不够，因为并不是所有的电路都可以用自动布线完成。当元件排列比较密集或者布线规则设置过于严格时，自动布线也许不能全部布通。即便完全布通的 PCB 仍有部分网络走线存在，如绕线过多、走线过长等不合理情况，这时就需要进行手工调整了。

讲解与演示

知识 1 手工布线应用场合

Altium Designer 17 虽然采用了智能的 Situs 自动布线器，可以根据用户设置的布线规则寻求最优化的布线路径，从而完成各个网络之间的电气连接，但设计复杂的 PCB 时，经常要对布线进行合理地调整。

手工布线通常发生在自动布线之前或之后两个场合。当布线对象是具有特殊要求的网络（如高速信号线、电源网络、散热、减小电磁干扰等）时，对这些特殊网络自动布线之前先进行手工布线，在手工布线后还需要将这些导线锁定起来。在自动布线之后，对布线中不完善的部分再进行手工调整。

手工调整布线过程中，经常要删除自动布线中的一些不合理布线，重新走线。Altium Designer 17 系统提供了用命令方式删除布线的方法。

知识 2　拆除布线

最简单的拆除布线操作是在工作窗口中选中布线后，按 Delete 键。但这种方法只能逐段地拆除布线，当要拆除的布线比较多时，工作量就比较大。这时运用系统提供的取消布线命令，可以方便地将布线删除，重新布线。

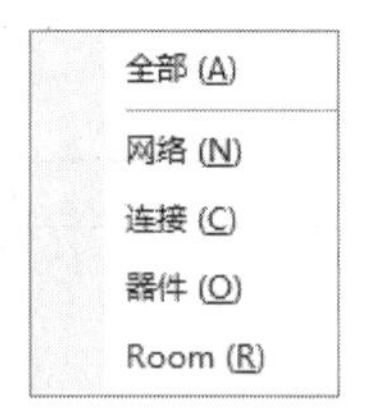

图 8.31　“取消布线”菜单

执行“布线”→“取消布线”命令，弹出如图 8.31 所示的命令菜单。

1）全部：拆除当前 PCB 内所有的走线。

2）网络：删除指定网络中的所有走线。

3）连接：拆除指定的连接，一般指两个焊盘间的走线。

4）器件：拆除与指定器件相连的所有走线。

5）Room：拆除该 Room 空间内的所有走线。

知识 3　手工布线操作

手工布线

手工布线主要是通过“交互式布线”命令来完成的。采用以下几种方式均可获取“交互式布线”命令。

1）在主菜单中执行“布线”→“交互式布线”命令。

2）在主工具栏内单击按钮。

3）使用快捷键 P+T。

4）在工具区右击，在弹出的快捷菜单中选择“交互式布线”命令。

下面仍以单级小信号放大电路为例介绍交互式布线的具体操作步骤。

第 1 步，执行“布线”→“交互式布线”命令，光标变成十字状。

第 2 步，移动光标到元件的一个焊盘（在这里选择 R2 上端的焊盘）上，当出现多边形轮廓的时候就说明放置点与焊盘中心重合（决定是否实现了电气连接），如图 8.32 所示，单击完成布线起点的放置。

第 3 步，移动光标，将有一段导线出现在工作窗口中，系统对当前布线网络之外的所有网络进行掩模显示，如图 8.33 所示。

第 4 步，通过该导线确定好布线走线以后，单击完成两个焊盘之间的布线，如图 8.34 所示。

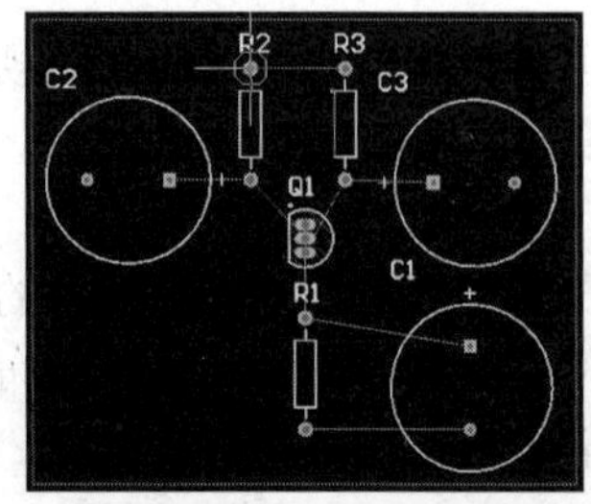

图 8.32　布线起点

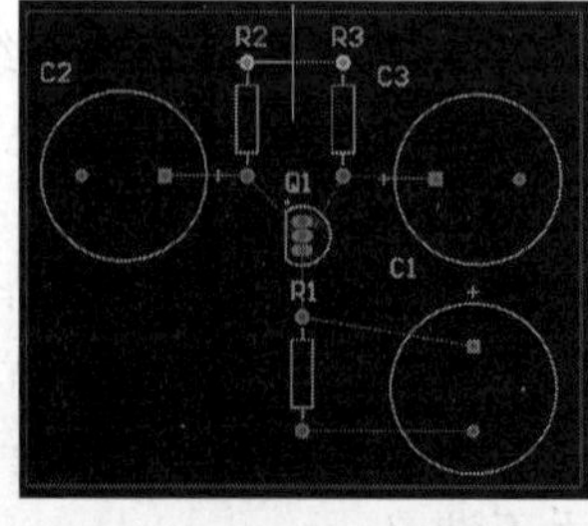

图 8.33　网络掩模的效果

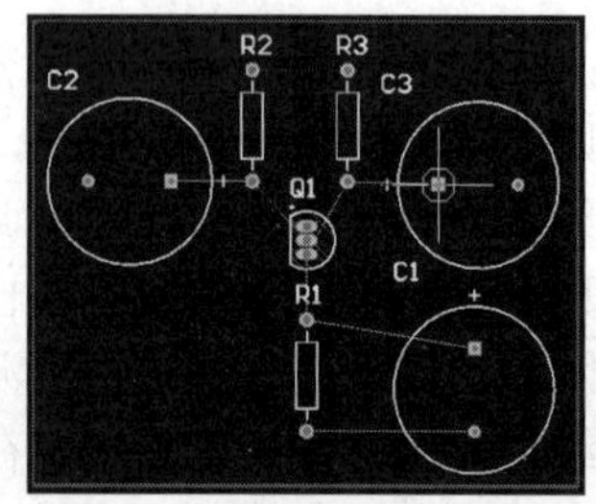

图 8.34　完成两焊盘连线

第 5 步，光标指针仍处于十字状，按照同样方法对该网络进行手工布线。

第 6 步，结束对一个网络的布线后，右击退出该网络布线。

注意

1）放置走线必须通过焊盘的中心，只有这样才能完成电路的电气特性连接。

2）布线时，走线有 5 种模式。通常使用的走线模式是 45° 拐角模式，因其布线效率最高。90° 模式布线效率最低，而且拐角处的线在做成电路板时容易折断。

3）不同层的走线颜色是不相同的，这种可视化的效果有助于布线的进行。

4）如果当前布线违反了布线规则，系统将报警，默认为绿色的报警色。

5）布线要美观，必须保证元件的焊盘位于网格的交叉点或者网格的 1/2、1/4 处，同时应注意使用英制栅格。

工作页

实训　PCB 手工布线

1. 手工布线操作步骤

根据表 8.12 中所示电路进行手工布线，并将操作步骤填于表 8.12 中。

表 8.12　手工布线操作

原理图	手工布线	
	操作步骤	结果图示
+VCC; R1 20k; R2 80k; U 555 (DIS 7, THR 6, TRIG 2, VCC 8, R 4, Q 3, GND 1, CVOLT 5); VO; C1 0.1μ; C2 0.01μ		

2. 收获和体会

将进行 PCB 手工布线后的收获和体会写在下面空格中。

收获和体会：

3．工作评价

将进行 PCB 手工布线工作评价填写在表 8.13 中。

表 8.13 工作评价表

评定人	工作评价	等级	评定签名
自己评			
同学评			
老师评			
综合评定等级			

______年______月______日

拓 展

拓展 布线结果的检查

拓展部分详细内容，可从网站 www.abook.cn 下载学习。

任务七 PCB 设计实例

情 景

设计如图 8.35 所示放大电路的 PCB，具体要求如下。

设计实例

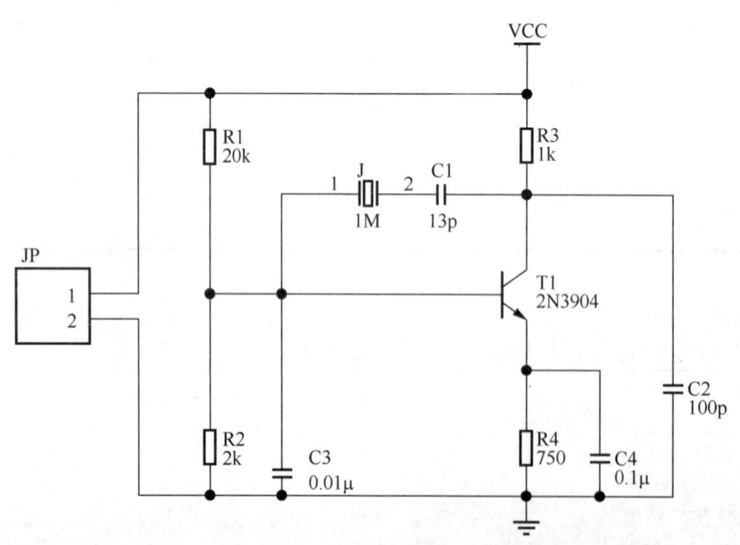

图 8.35 本任务所用放大电路

1. 新建工程及PCB文件

1）在E盘根目录下建立一个名为自己姓名的文件夹，如此处为“ny”。所有文件均保存在“ny”文件夹中。

2）新建一个名为ny.PrjPcb的工程文件。

3）新建一个名为ny.SchDoc的原理图文件。

4）新建一个名为ny.PcbDoc的PCB文件。

2. PCB设计

1）将所有元件放在2000mil×1800mil的PCB中。

2）导线与导线之间，导线与焊盘之间的安全间距为12mil。

3）电源线的线宽为20mil，接地线的线宽为30mil，其余导线的线宽保持默认值。

4）将印制电路板制作成单面板。

5）生成元件清单报表，以便于元件的采购。

3. 该原理图元件相关属性

该原理图元件相关属性如表8.14所示。

表8.14 元件相关属性

标识符	注释	封装	元件库
T1	2N3904	BCY-W3/E4	Miscellaneous Devices.IntLib
C1～C4	Cap	RAD-0.3	Miscellaneous Devices.IntLib
R1～R4	Res2	AXIAL-0.4	Miscellaneous Devices.IntLib
JP	Header 2	HDR1×2	Miscellaneous Connectors.IntLib
J	XTAL	BCY-W2/D3.1	Miscellaneous Devices.IntLib

讲解与演示

知识1 绘制电路原理图

1. 创建原理图文件

第1步，在E盘根目录下建立一个文件夹“NY”。

第2步，启动Altium Designer 17，执行“文件”→“新的”→“工程”命令，弹出“新工程”对话框。

第3步，将光标移到名称栏，输入“ny”，单击“浏览位置”按钮，选择“E:\NY”，其他默认，如图8.36所示。

第4步，单击“OK”按钮，即可将该工程保存到“E:\NY”文件夹中，并改名为“ny.PrjPcb”。

第5步，执行“文件”→“新的”→“原理图”命令，创建一个默认名为“Sheet1.SchDoc”的原理图文档。

第6步，选中“Sheet1.SchDoc”并右击，在弹出的快捷菜单中选择“另存为”命令，打开“另存为”对话框。

第 7 步，将对话框中的文件名改为“ny”，单击“保存”按钮。完成的 Projects（工程）面板如图 8.37 所示。

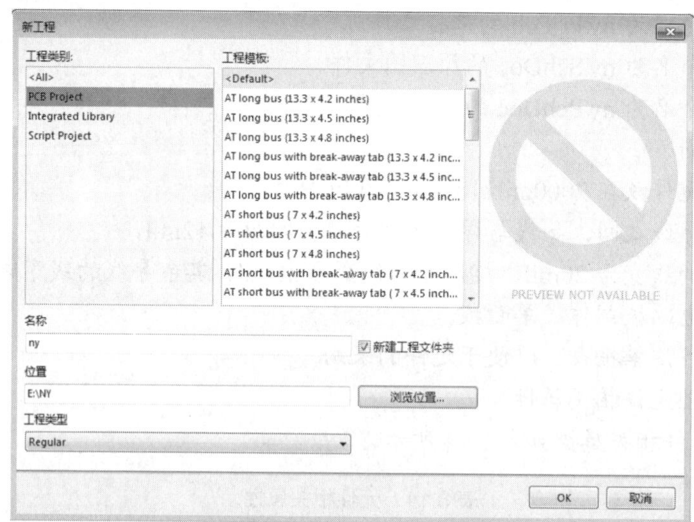

图 8.36 “新工程”对话框

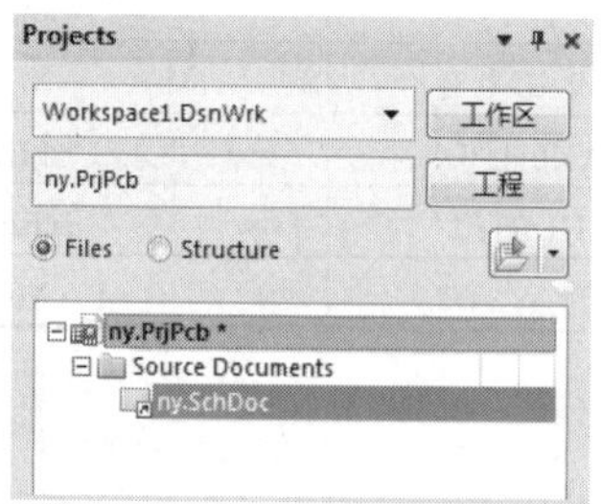

图 8.37 工程文件面板

2. 放置元件

第 1 步，放置元件。该电路元件所在集成库如表 8.14 所示，放置时注意元件封装。

第 2 步，编辑元件属性。双击已放置的元件，在弹出的元件属性对话框中修改元件标识和注释。

3. 电气连接

单击配线工具栏上的绘制导线按钮或使用快捷方式 P+W，进行电路连接。

完成如图 8.35 所示的原理图。

知识 2 创建 PCB 文件

在 Altium Designer 17 中创建一个新的 PCB 设计文件并设置相应参数，最简单方法是利用 PCB 板向导。参照项目七任务三创建 PCB 具体步骤如下。

第 1 步，在 Files 面板的“从模板新建文件”区域，单击 PCB Board Wizard 选项，启动 PCB 板向导，如图 8.38 所示。

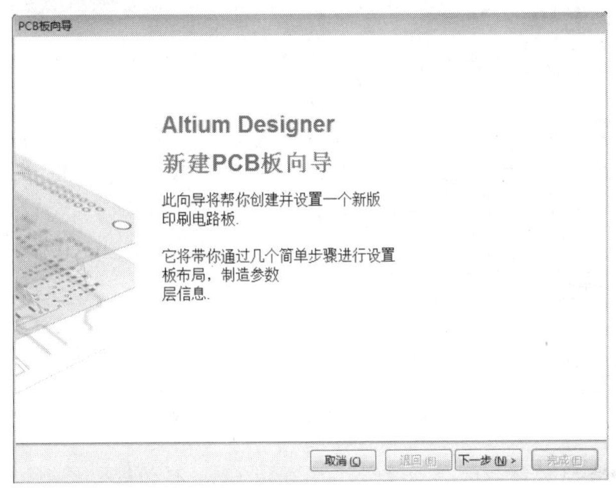

图 8.38　“PCB 板向导”启动对话框

第 2 步，在对话框中单击“下一步”按钮，弹出“选择板单位”对话框，如图 8.39 所示，选择测量单位“英制”。

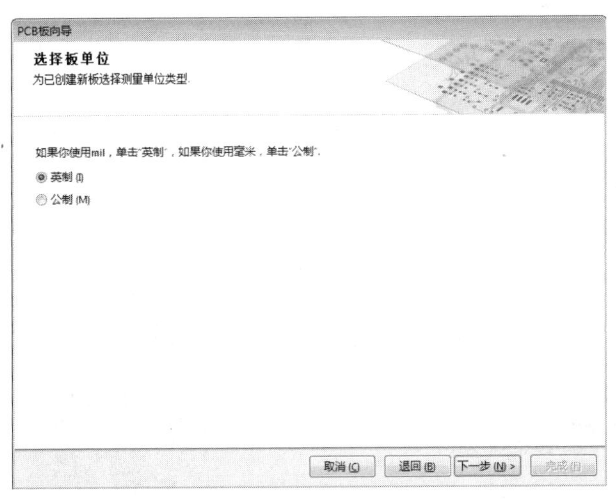

图 8.39　“选择板单位”对话框

第 3 步，单击“下一步”按钮，弹出“选择板配置”对话框，如图 8.40 所示。在这里自行定义 PCB 规格，故选择自定义 Custom 选项。

第 4 步，单击“下一步”按钮，弹出“选择板详细信息”对话框，如图 8.41 所示。将“宽度”和“高度”分别改为 2000mil 和 1800mil，其他采用默认参数。

第 5 步，单击“下一步”按钮，弹出“选择板层”对话框，分别设定信号层和电源平面的层数。如图 8.42 所示，均设定为 2 层。

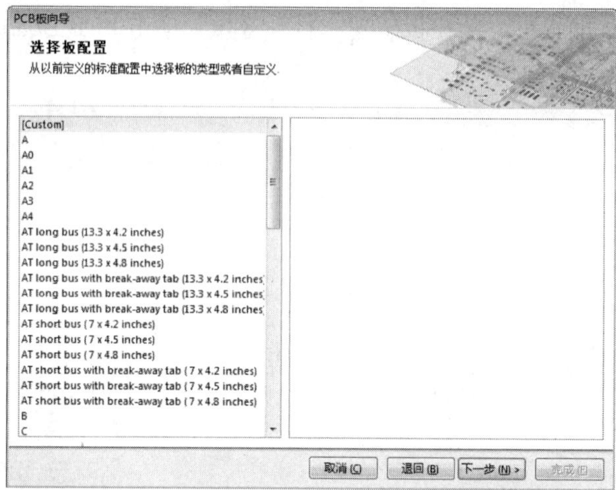

图 8.40 “选择板配置”对话框

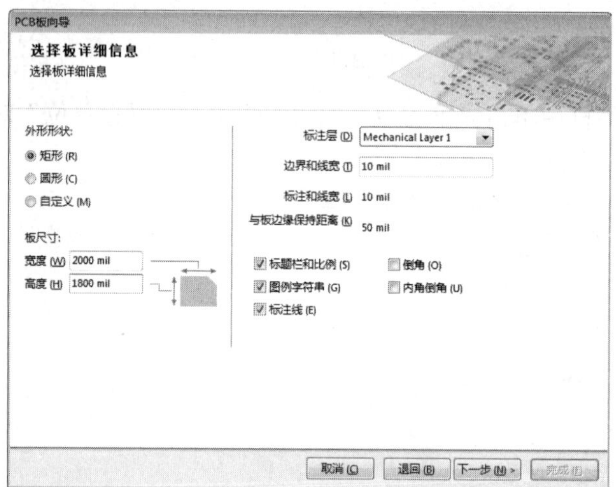

图 8.41 “选择板详细信息”对话框

图 8.42 “选择板层”对话框

第 6 步，单击“下一步”按钮，弹出“选择过孔类型”对话框，选择过孔类型。如图 8.43 所示，选中“仅通孔的过孔”单选按钮。

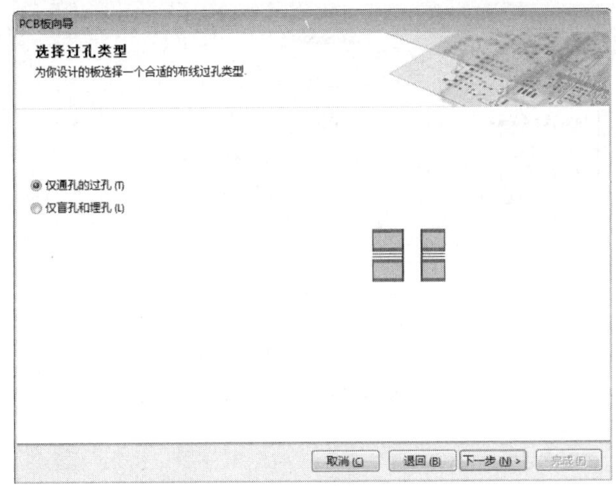

图 8.43　“选择过孔类型”对话框

第 7 步，单击“下一步”按钮，弹出“选择元件和布线工艺”对话框，如图 8.44 所示。选择通孔器件，并设邻近焊盘间的走线数量为两根。

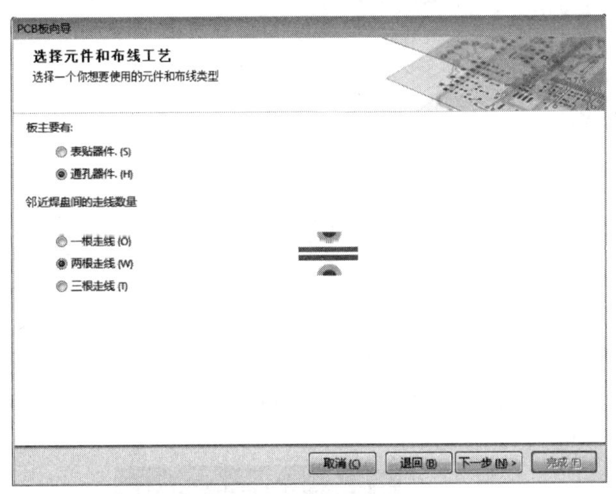

图 8.44　“选择元件和布线工艺”对话框

第 8 步，单击“下一步”按钮，弹出“选择默认线宽和过孔尺寸”对话框，如图 8.45 所示。用于选择新建电路板的最小布线尺寸、过孔尺寸和敷铜间的间距。

第 9 步，单击“下一步”按钮，弹出“板向导完成”对话框，如图 8.46 所示。

第 10 步，单击“完成”按钮，系统已生成了一个默认名为“PCB1.PcbDoc”的文件，同时进入 PCB 编辑环境。

第 11 步，在 Projects 面板，选中“PCB1.PcbDoc”并右击，在弹出的快捷菜单中选择“另存为”命令，将新建的 PCB 文件重命名为 ny.PcbDoc，并添加到工程 ny.PrjPcb 中，如图 8.47 所示。

图 8.45 “选择默认线宽和过孔尺寸”对话框

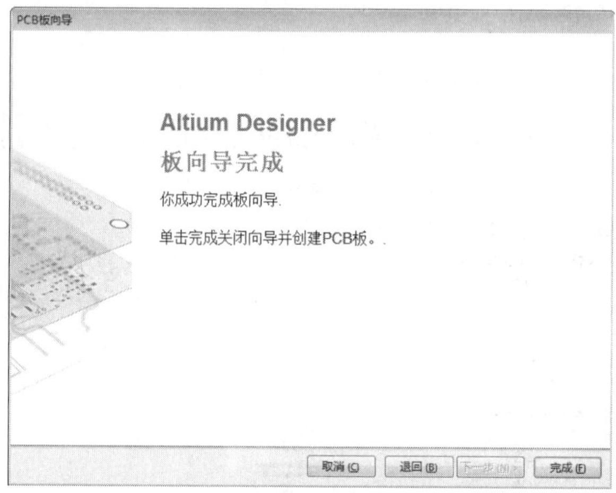

图 8.46 “板向导完成”对话框

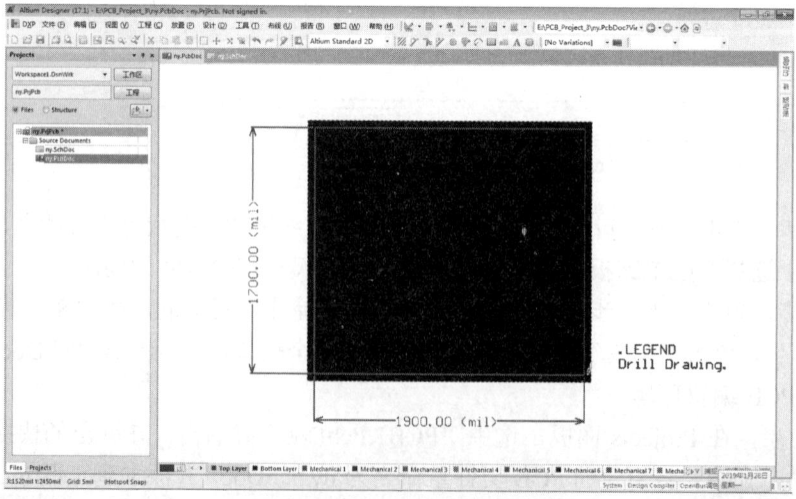

图 8.47 生成的 PCB 文件

知识 3 加载网络表和元件

第 1 步，在原理图设计环境中，执行“设计”→“Update PCB Document ny.PcbDoc”命令，弹出“工程变更指令”对话框。

第 2 步，单击“验证变更”按钮，再单击“执行变更”按钮，此时注意对话框中“检测”和“完成”状态，如图 8.48 所示。如果出现勾选，表示电路没有错误，信息（Messages）面板为空，否则信息面板中将给出原理图中的错误信息，双击错误信息自动返回原理图中修改错误。

工程变更指令

启	动作	受影响对象		受影响文档	检测	完成	消息
	Add Components(1						
✔	Add	C1	To	ny.PcbDoc	✔	✔	
✔	Add	C2	To	ny.PcbDoc	✔	✔	
✔	Add	C3	To	ny.PcbDoc	✔	✔	
✔	Add	C4	To	ny.PcbDoc	✔	✔	
✔	Add	JP	To	ny.PcbDoc	✔	✔	
✔	Add	J	To	ny.PcbDoc	✔	✔	
✔	Add	R1	To	ny.PcbDoc	✔	✔	
✔	Add	R2	To	ny.PcbDoc	✔	✔	
✔	Add	R3	To	ny.PcbDoc	✔	✔	
✔	Add	R4	To	ny.PcbDoc	✔	✔	
✔	Add	T1	To	ny.PcbDoc	✔	✔	
	Add Nets(6)						
✔	Add	GND	To	ny.PcbDoc	✔	✔	
✔	Add	NetC1_1	To	ny.PcbDoc	✔	✔	
✔	Add	NetC1_2	To	ny.PcbDoc	✔	✔	
✔	Add	NetC3_2	To	ny.PcbDoc	✔	✔	
✔	Add	NetC4_2	To	ny.PcbDoc	✔	✔	
✔	Add	VCC	To	ny.PcbDoc	✔	✔	
	Add Component Cla						
✔	Add	ny	To	ny.PcbDoc	✔	✔	
	Add Rooms(1)						
✔	Add	Room ny (Scope	To	ny.PcbDoc	✔	✔	

验证变更 执行变更 报告变更(R)... 仅显示错误 关闭

图 8.48 “工程变更指令”对话框

第 3 步，单击“关闭”按钮，更新 PCB。网络表和元件封装、Room 空间即在 PCB 图中载入和生成，如图 8.49 所示。

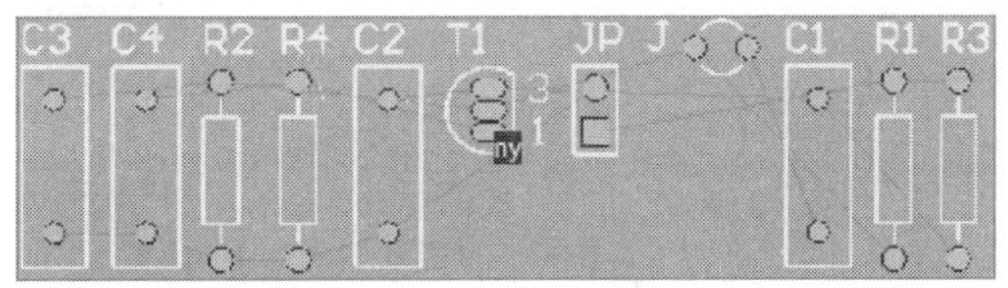

图 8.49 导入元件封装和网络表后的 PCB 图

知识 4 设置 PCB 设计规则

第 1 步，在 PCB 编辑环境中，选择“设计”→“规则”命令，弹出“PCB 规则及约束编辑器”对话框。

第 2 步，选择“Design Rules”→“Electrical”→“Clearance”项。根据要求在 Clearance 选项中将安全间距设置为 12mil，如图 8.50 所示。

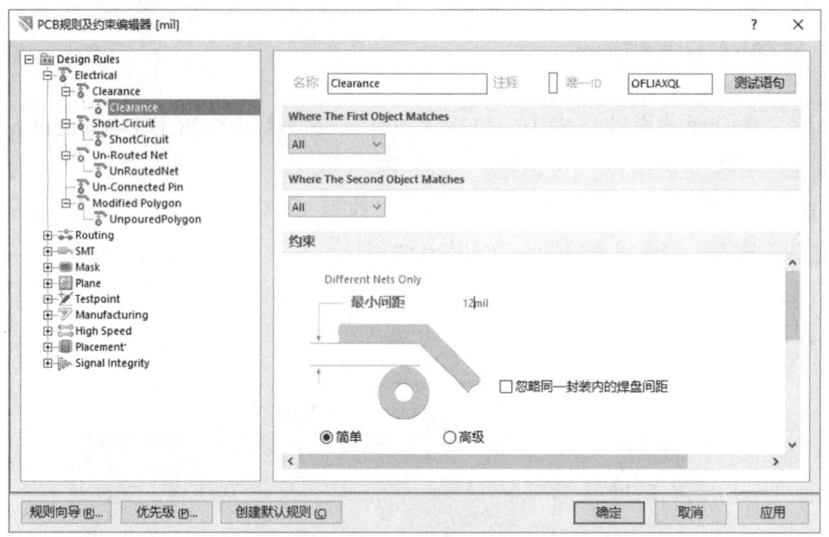

图 8.50　安全间距设置

第 3 步，右击 Routing 中的 Width 选项，选择“新规则”命令，即新增一个导线宽度规则 Width_1。在 Width_1 的新增规则中的“名称”栏输入“VCC”，在 Where The Object Matches 区域的下拉列表框中分别选择 Net 和 VCC；在“约束”区域中将 Max Width、Preferred Width、Min Width 均改为 20mil，如图 8.51 所示。

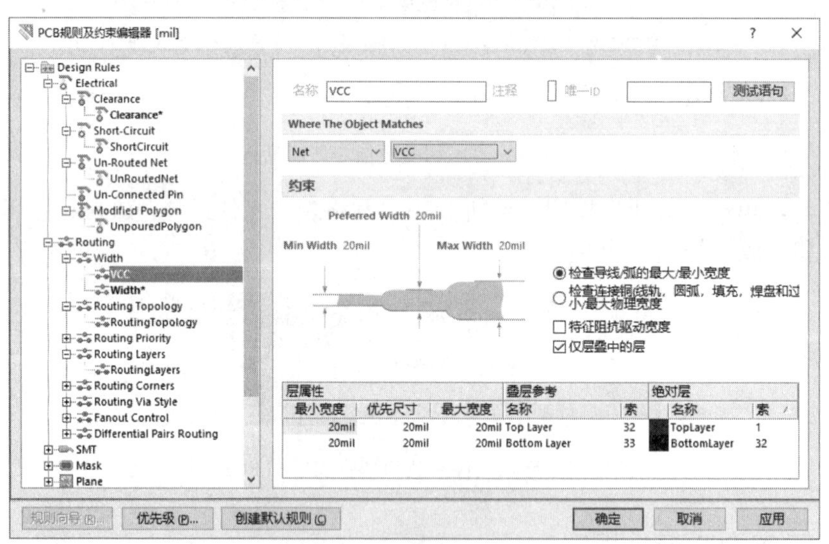

图 8.51　导线宽度设置

必须在修改 Min Width 值之前设置 Max Width 宽度。

第 4 步，用同样方法，设置接地线 GND 宽度。在“名称”栏输入 GND，在 Where The Object Matches 区域的下拉列表框中分别选择 Net 和 GND；在“约束”区域中将 Max Width、Preferred Width、Min Width 均改为 30mil。

导线的宽度由设计者自己决定，主要取决于 PCB 的大小与元件的疏密。

第 5 步，单击图 8.51 中的“优先级”按钮，弹出如图 8.52 所示的“编辑规则优先级”对话框，优先级列的数字越小优先级越高。单击“降低优先级”按钮降低选中对象的优先级，单击“增加优先级”按钮增加选中对象的优先级，图 8.52 中 GND 的优先级最高，Width 的优先级最低。

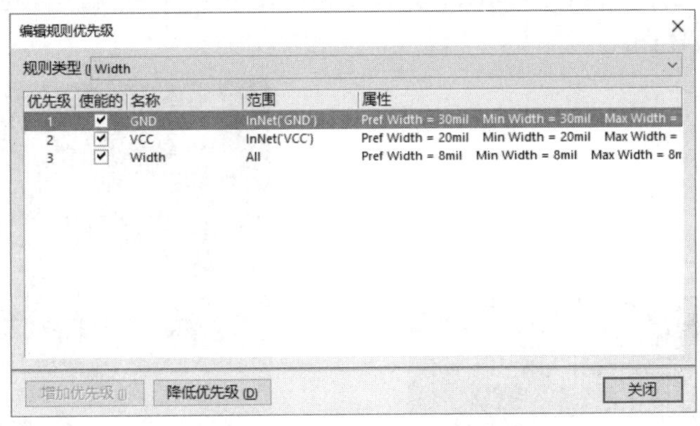

图 8.52 “编辑规则优先级”对话框

第 6 步，单击“关闭”按钮，关闭“编辑规则优先级”对话框。

第 7 步，单击“确定”按钮，关闭“PCB 规则及约束编辑器”对话框。

第 8 步，在 Routing Layers 选项中将布线板层设置为 Bottom Layer，如图 8.53 所示。

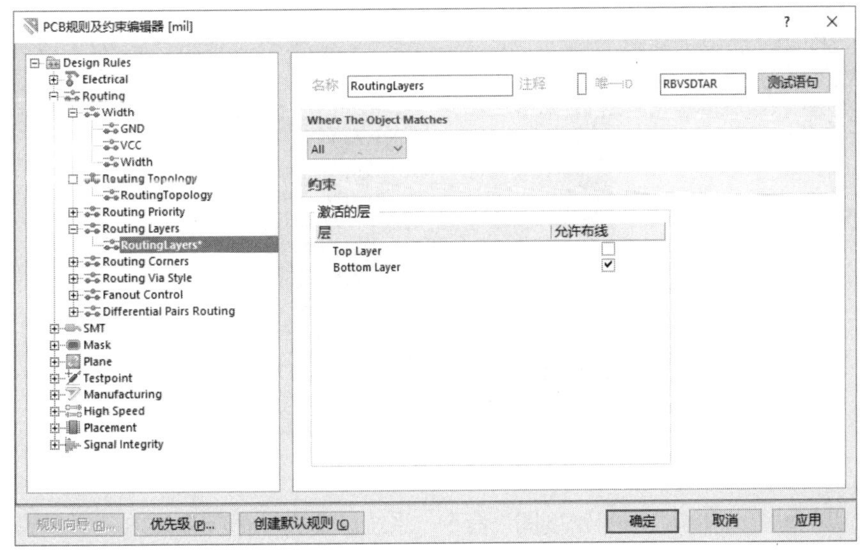

图 8.53 布线板层设置

知识 5 元件布局

本例中可以采用自动布局和手工布局相结合的方式进行元件布局。操作步骤如下。

第 1 步，执行“工具”→“器件摆放”→“按照 Room 排列”命令，光标变成十字状。

第 2 步，移动光标在要排列元件的空间区域单击，元件即自动在该空间内部排列，如图 8.54 所示。

很显然，这样的自动布局结果通常不能令人满意，必须进行手工布局调整。

第 3 步，手工调整各元件位置，可以利用菜单“编辑”→“移动”命令，也可以单击激活要移动的元件，然后按 Space 键、X 键或 Y 键，调整元件方向。最后排列成如图 8.55 所示的 PCB 图。

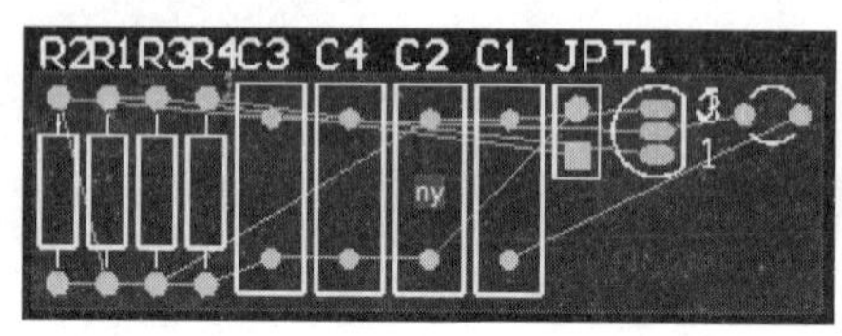

图 8.54　自动布局

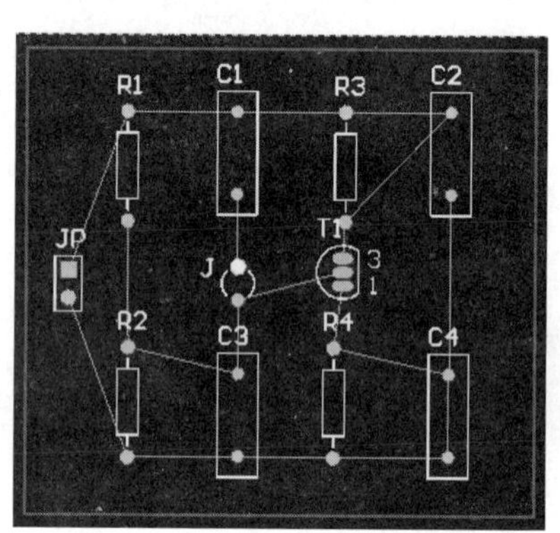

图 8.55　手工布局后的 PCB

知识 6　3D 效果图

第 1 步，在 PCB 编辑环境中，执行“工具”→“遗留工具”→“3D 显示”命令，系统生成该 PCB 的 3D 效果图，如图 8.56 所示。

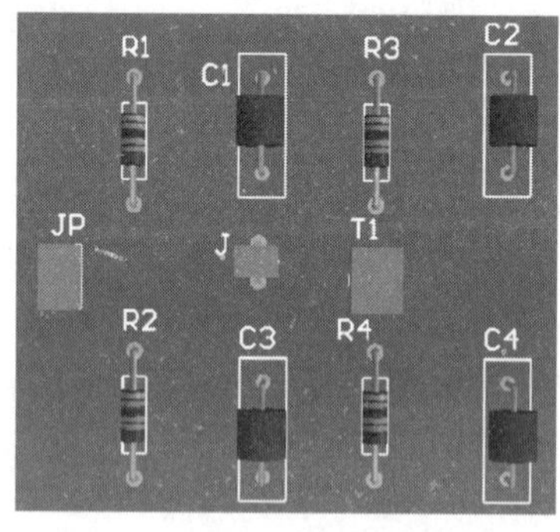

图 8.56　PCB 板 3D 效果图

第 2 步，执行“工具”→“密度图”命令，系统自动执行对当前 PCB 文件的密度分析。

知识 7　自动布线

第 1 步，在 PCB 编辑环境中，选择“布线”→“自动布线”→“全部”命令，系统弹出“Situs 布线策略”对话框，单击 Route All 按钮，系统开始执行自动布线，布线结果如图 8.57 所示。自动布线虽然效率高，但有些地方不尽如人意。

第 2 步，手工布线。本例在自动布线基础上经过适当调整后的 PCB 如图 8.58 所示。

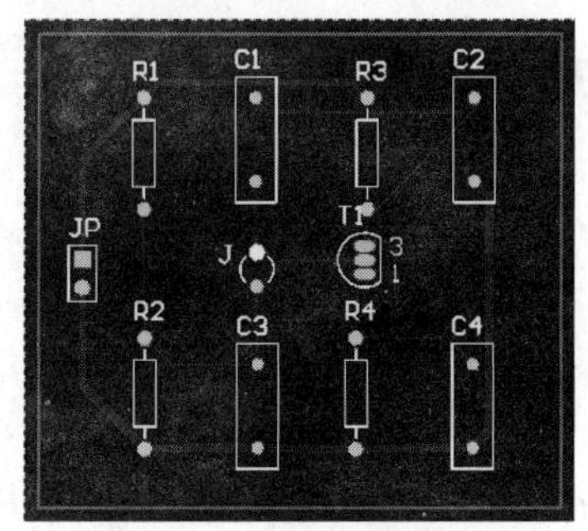

图 8.57　自动布线的 PCB

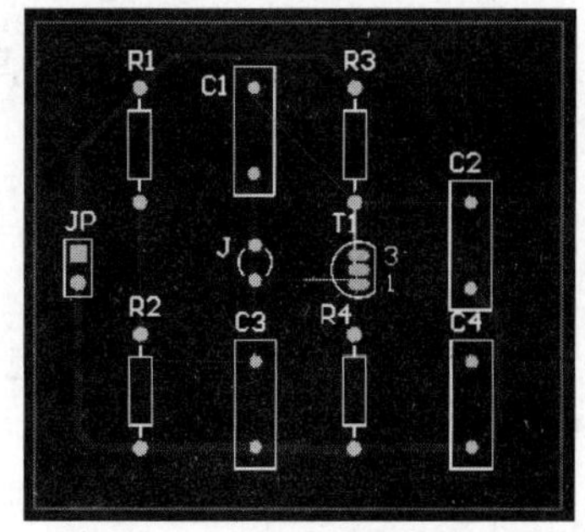

图 8.58　手工布线调整后的 PCB

1）要删除一段导线，单击要删除的导线，该导线出现编辑操作点，按 Delete 键即可删除被选择的导线；要取消整个电路板的布线，执行“工具”→“取消布线”→“全部对象”命令。

2）需要重新布线时，只布新的导线，在完成新的布线后，原来的多余导线会自动被移除。

3）在任何时候，按 End 键可以刷新板面。

读者可以试试将本例采用双层板和四层板布线，比较有何区别。如果是四层板，会发现减少了两条较粗的电源网络铜膜线，取而代之的是在电源网络的每个焊盘上都出现了十字状标记，表明该焊盘与内层电源相连接。

知识 8　生成元件清单报表

在原理图编辑环境中，执行“报告”→“Bills of Materials”命令，弹出元件清单报表设置对话框，如图 8.59 所示。

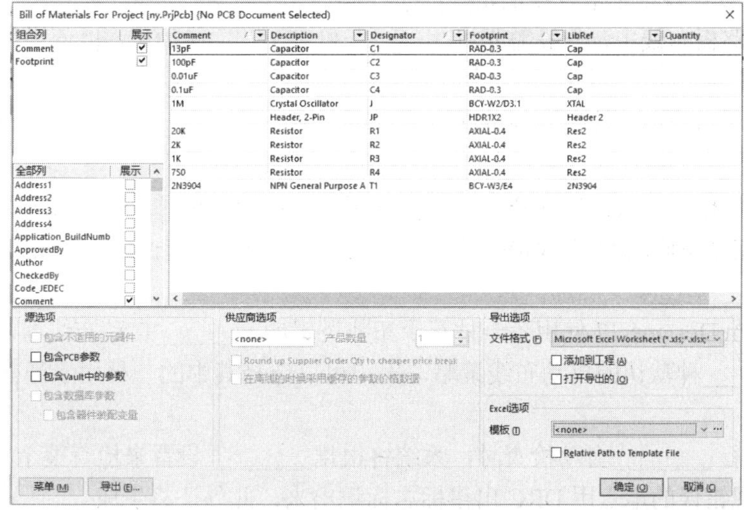

图 8.59　元件清单报表设置对话框

思考与练习

一、判断题（对的打“√”，错的打“×”）

1．印制电路板编辑、设计是电子设计自动化最关键的环节，绘制原理图的最终目的就是为了绘制印制电路板。（ ）

2．Altium Designer 17 系统提供了一些标准电路板的标准配置文件，以方便用户选用，用户不可以自定义板子类型。（ ）

3．在更新原理图文件时，如果项目中存在多个 PCB 文件，用户只需要选择适用本原理图的 PCB 文件即可。（ ）

4．在对 PCB 进行更新时，单击“验证变更”按钮，系统就会将所有的更新执行到 PCB 图中。（ ）

5．在“Design Rules”→“Electrical”→“Short Circuit”（短路）约束规则设置中，“允许短回路”复选框，设置是否允许短回路，一般在“允许短回路”复选框是不允许短回路的。（ ）

6．PCB 设计规则中最重要的就是导线宽度和安全间距规则。（ ）

7．如果要设置成单面板，可以只选择 Top Layer 作为布线板层。（ ）

8．推挤式自动布局适用于元件较少的原理图。（ ）

9．切换板层时，可以使用小键盘中的“+”、“-”和“*”键。（ ）

10．布线有 5 种模式，通常使用 90° 拐角模式。（ ）

二、填空题

1．网络表与元件的加载过程实际上是将________中的数据装入到________的过程。

2．PCB 设计规则中最重要的是________和________。

3．在电路板布线中，一般需要将________和________线加粗，以便增加电流和提高抗干扰能力。

4．在自动布线前，首先要为自动布线设置合理的________，使系统的布线操作有法可依。

5．当元件排列比较密集或者________规则设置过于严格时，自动布线可能不能全部布通；即便完全布通的 PCB 板仍有部分网络走线不合理，如绕线过多、走线过长等，这时可以进行________。

6．Altium Designer17 使用了一种基于拓扑逻辑的________自动布线器，自动布线器提供了________种默认的自动布线策略，用户可以选择其中的一种用于当前电路板的自动布线操作。

7．在执行________自动检查时，系统将根据________设置来检查整个 PCB 板，同时在所有出现错误的地点用 DRC 出错标志标记出来，此外还将生成________。

8．设计者可以通过________和________两种方式的结合完成 PCB 的布局操作。

9. 对于 PCB 图而言，原理图包括________和________两种信息，即各种元件的电路连接情况和物理封装形式。

10. ___________规则是电路板布线过程中所遵循的电气方面的规则，主要用于________电气校验。

三、简答题

1. 如何加载元件封装库和网络表？
2. 导线宽度由哪一项设计规则决定？
3. 如何修改导电图形间距设计规则的设置？选择导电图形间距的依据是什么？
4. 简述自动布线的步骤。
5. 手工布线的注意事项。

四、练习题

1. 设计如图 8.60 所示多谐振荡器电路的印制电路板，具体要求如下。

1）将所有元件放在 1720mil×1720mil（50mm×50mm）的 PCB 中。

2）把导线与导线之间，导线与焊盘之间的安全间距设置成 10mil。

3）电源线和地线的线宽设置成 25mil，其余导线的线宽保持默认值。

4）将印制电路板制作成单面板。

5）生成元件清单报表，以便于元件的采购。

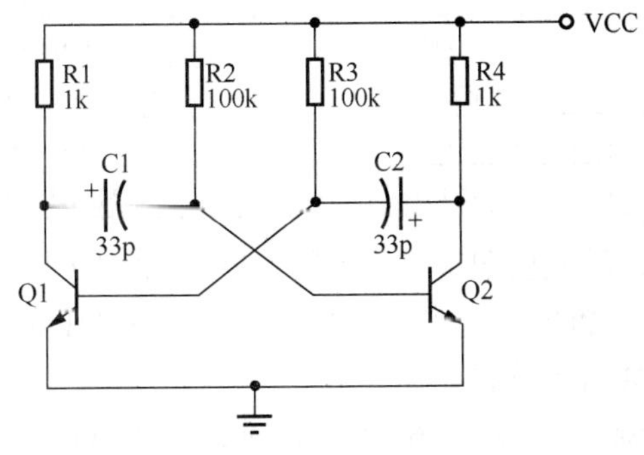

图 8.60 多谐振荡器原理图

2. 试设计如图 8.61 所示电路的 PCB。原理图元件相关属性如表 8.15 所示。

设计要求：

1）使用单层电路板，尺寸为 2180mil×1380mil。

2）电源地线的铜膜线宽度为 50mil。

3）一般布线的宽度为 15mil。

4）手工放置元件封装。

5）手工布线。

6）设计成双层电路板，自动布局，手工调整，再自动布线。

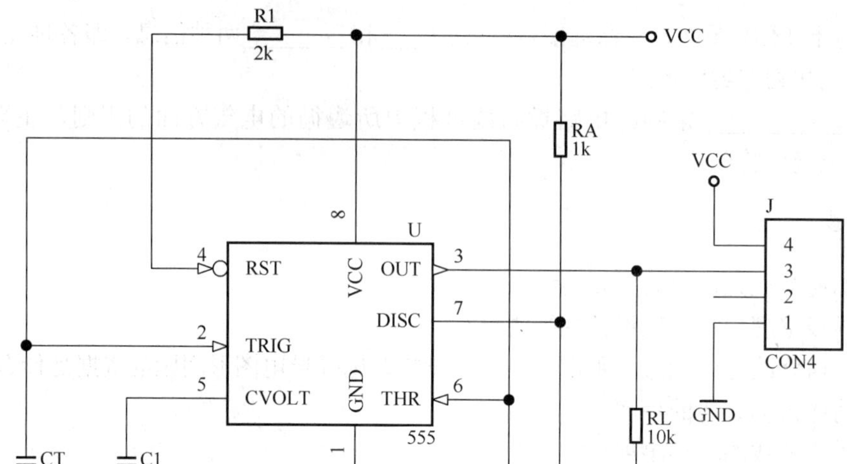

图 8.61　电路原理图

表 8.15　元件相关属性

标识符	注释	封装	元件库
555	NE555D	D0008	T1 Analog Timer Circuit.IntLib
C1	Cap	CAPR2.54-5.1×3.2	Miscellaneous Devices.IntLib
R1、RA、RB	Res2	AXIAL-0.4	Miscellaneous Devices.IntLib
J	Header 4	HDR1×4	Miscellaneous Connectors.IntLib

3. 设计一个音乐门铃的双层印制电路板图，原理图如图 8.62 所示。要求所有元件放置在 2540mil×2540mil 的 PCB 中，将电源线和接地线的导线宽度设置为 25mil，其余导线宽度为 10mil。元件封装自行选择。

4. 三端可调稳压电源电路如图 8.63 所示，试设计该电路的印制电路板。设计要求如下。

1）双层电路板，电路板尺寸为 4000mil×1500mil。

2）电源地线的铜膜线宽度为 30mil。

3）一般布线的宽度为 12mil。

4）自动布局，再进行人工调整。

5）自动布线，再进行人工调整。

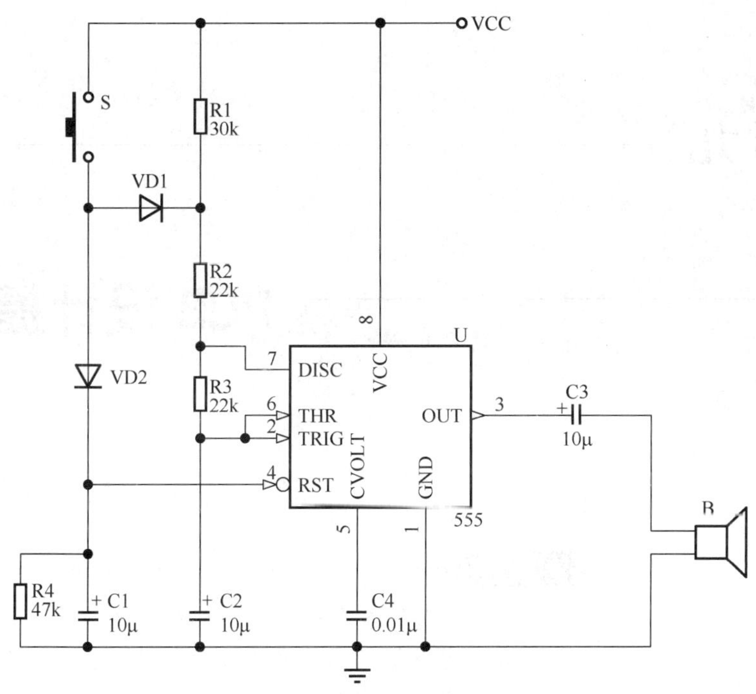

图 8.62　音乐门铃

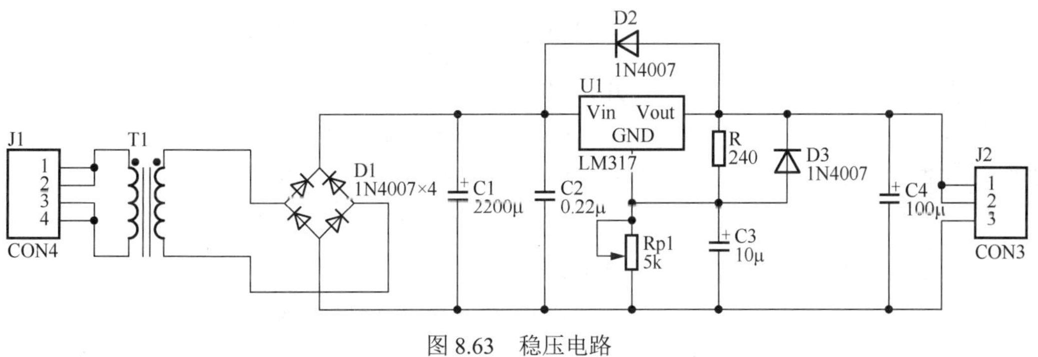

图 8.63　稳压电路

项目九 PCB 设计提高

学习目标

在熟悉了 PCB 设计的基本操作后，本项目将对电路板的高级操作进行介绍。这些高级操作主要包括加宽电源线和接地线、敷铜、泪滴等。通过本项目内容的学习，重点掌握不同对象在 PCB 中的不同应用，特别是敷铜的放置与使用。

知识目标

- 了解 PCB 提高抗干扰能力的方法。
- 了解标注的调整。
- 理解各类报表的生成。

技能目标

- 掌握电源线和接地线的加宽以及属性设置。
- 掌握敷铜的放置及修改。
- 能在 PCB 图中补泪滴、放置安装孔和测试点。
- 会进行打印机的设置，并能在有条件的情况下输出 PCB 图。

任务一　提高 PCB 抗干扰能力

情　景

在 PCB 设计中，特别是高频板子中，需要进行抗干扰处理。为了提高抗电磁干扰能力，增加 PCB 电源/地线的宽度是非常有效的方法；包地处理、敷铜都可以提高电路抗干扰的效果。

讲解与演示

知识 1　设置导线属性

设置导线属性

在设计 PCB 时，若规则设置只是采用默认参数，设计完成后要把电源和接地线加宽，可以直接在电路板上手动设置。具体操作步骤如下。

第 1 步，在 PCB 编辑环境下移动光标，光标指向需要加宽的电源/接地线。

第 2 步，双击需要加宽的走线，弹出“导线”对话框，如图 9.1 所示。

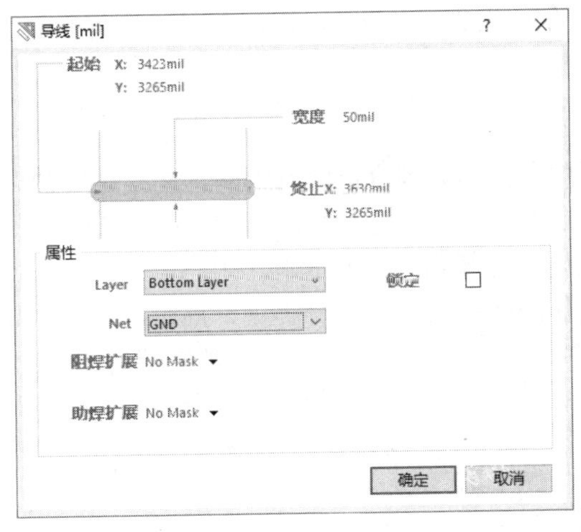

图 9.1　“导线”对话框

第 3 步，在该对话框中，将线宽输入框中的数值调整为实际需要的宽度，如“50mil”。

第 4 步，单击“确定”按钮，即可改变所选导线的宽度。

1）如果地线周围空间很大，宽度通常可取 100mil 左右。一般情况，也在 25～50mil 之间。在布线可以布通的情况下，所有的导线最好在 10mil 左右。

2）若印制电路板既有数字地，又有模拟地，走线一定要分开，只在最后一点处接电源地。

知识2 包地

包地

所谓包地就是在某些选定的网络走线周围特别地围绕一圈接地走线（包络线）。包地的目的主要是希望这些网络走线能够不受噪声信号的干扰。当然，进行包地操作会额外多占用一些电路板空间，所以不可能对电路板上所有的网络走线都进行包地操作。通常只对特别重要的输入信号走线或是模拟信号走线进行包地操作。包地的具体操作步骤如下。

第1步，执行“编辑”→“选中”→“网络”命令，光标变成十字状。

第2步，移动光标，单击选中将要包络的网络对象。

第3步，执行“工具”→“描画选择对象的外形”命令，即可生成包络线，将该网络内的导线、焊盘及过孔包络起来。如图9.2所示，为添加包络线前后的效果，包络线的默认宽度为8mil，网络特性为无网络。

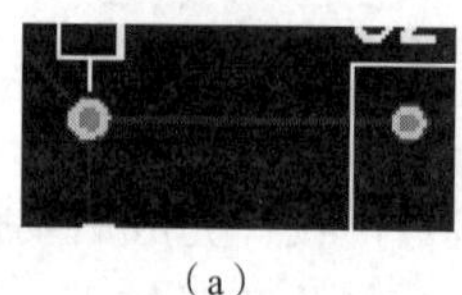

（a）

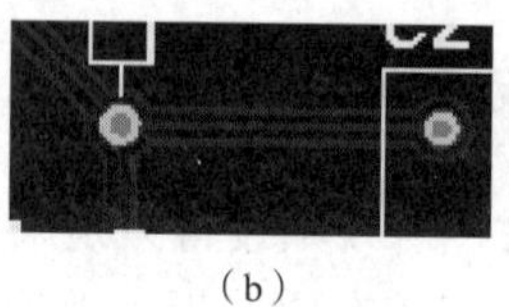

（b）

图9.2 添加包络线前后的效果

若要删除包络线，执行“编辑”→“选中”→“连接的铜皮”命令，当光标变成十字形状，选中想要删除的包络线，按Delete键，就可以将其删除。

知识3 敷铜

敷铜

敷铜就是在电路板中空白地方铺满铜膜或铜网。在绘制PCB图时，敷铜主要是指把空余没有走线的部分用导线全部铺满。它可以放置在任何信号层上，但一般都是铺成地线，起到一定的屏蔽作用。单面电路板敷铜不仅可以提高电路的抗干扰能力，还使制作的印制板显得十分美观，同时，通过大电流的导电通路采用敷铜能加大过电流的能力。通常敷铜的安全间距应该在一般导线安全间距的两倍以上。现以项目八任务六中的PCB设计实例为例，介绍放置PCB敷铜的操作步骤。

图9.3 “多边形敷铜”对话框

第1步，在主菜单中执行“放置”→“铺铜”命令，系统弹出如图9.3所示的“多边形敷铜”对话框。

对话框各选项说明如下。

1）填充模式。用于选择敷铜的填充模式，有3个单选按钮：实心（铜皮区域），敷铜区域内为全部铜填充；网格（导线/圆弧），向敷铜区域填充网格状的敷铜；None（仅轮廓），只保留敷铜边界，内部无填充。不同的填充模式对应不同的参数设置。

2）属性。用于设置敷铜所在的层面、最小元素的长度和是否锁定敷铜。

3）网络选项。用于设置敷铜所要连接到的网络。通常连接到 GND。

第 2 步，在对话框内进行设置，“填充模式”选择“网格”选项，“栅格模式”选择“45 度”选项，在“网络选项”选项组中“连接到网络”下拉列表中选择 GND 项，“属性”选项组中“层”设置为 Bottom Layer，选中“移除死铜”复选框。

第 3 步，单击“确定”按钮，退出对话框，光标变成十字状，准备开始敷铜操作。

第 4 步，用光标沿 PCB 的电气边界线画出一个闭合的矩形框。单击确定起点，移动到拐点再次单击，直至矩形框的第 4 个顶点，右击退出。

用户不必费力将线框闭合，系统会自动将起始点和终止点连接起来构成闭合线框。

第 5 步，系统在线框内部自动生成了底层的敷铜。敷铜后，PCB 的效果如图 9.4 所示。

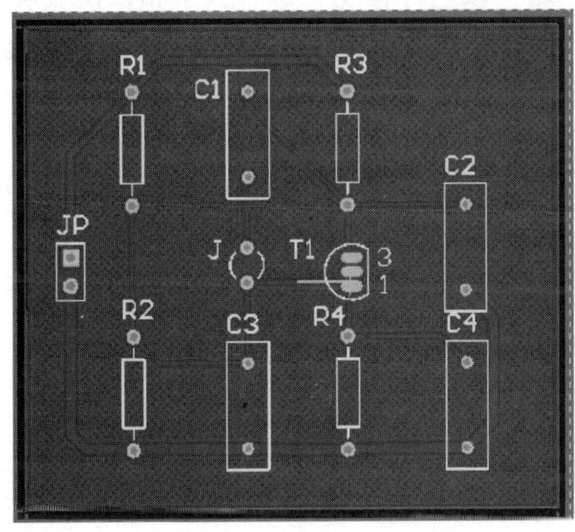

图 9.4 敷铜后 PCB

放置敷铜边界线的方法与放置多边形填充的方法相同。在放置敷铜边界时，可以通过按空格键切换拐角模式。

对于已放置的敷铜，可以对其属性和外形进行修改。

1. 属性修改

双击该敷铜，然后在弹出的“多边形敷铜”对话框中修改。修改完成后，单击“确定”按钮，即可完成敷铜的修改。

2. 外形修改

选中要修改的敷铜，在该敷铜四周会出现多个固定点，如图 9.5 所示。将光标移动到固定点上，当光标变成双向箭头时，拖动即可改变敷铜形状。

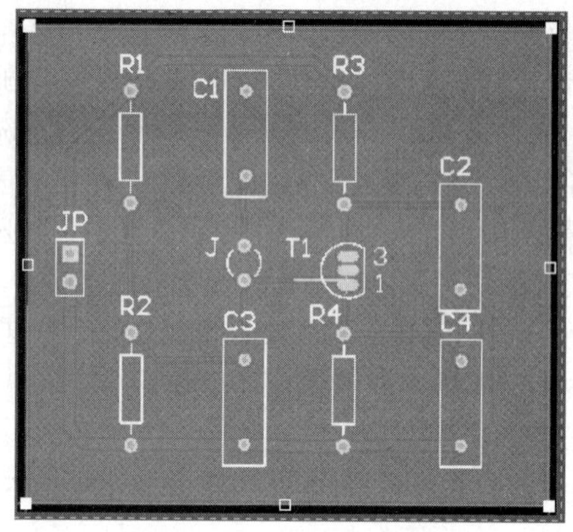

图 9.5 修改敷铜状态

对于已放置的敷铜，还可以进行移动、调整大小和切换板层等操作。把光标移到敷铜区域并右击，可弹出铺铜操作快捷菜单，如图 9.6 所示。操作过程与修改敷铜类似。

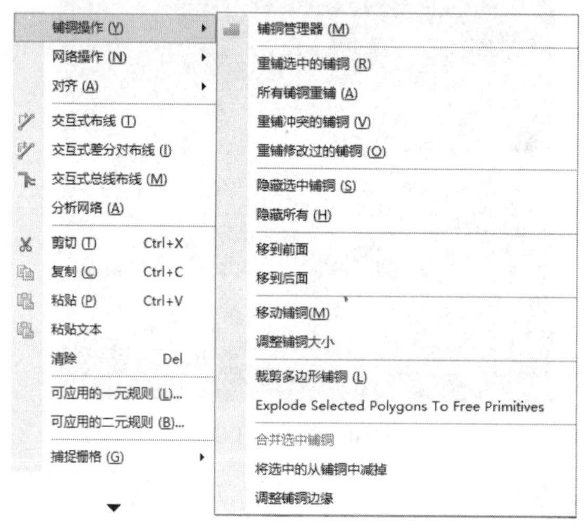

图 9.6 铺铜操作快捷菜单

工作页

实训 1 加宽电源线和地线宽度

1. 回答问题

加宽电源线和地线的方法一般有哪几种？请写下来。

____

____

____

2. 实际操作

1）在 PCB 图中放置任意两个导线连接的电阻元件封装，练习包地操作。

2）在原理图编辑环境下绘制一个如表 9.1 中所示的电路，生成 PCB 后，加宽电源线和接地线分别为 50mil。写出加宽导线及敷铜操作步骤填于表 9.1。

表 9.1　操作步骤

原理图	PCB 图	加宽电源线和地线操作步骤
+VCC R1 20k R2 80k U 555 8 VCC 4 R 7 DIS 6 THR 2 TRIG 3 Q VO 1 GND 5 CVOLT C1 0.1μ C2 0.01μ		

3. 收获和体会

将进行加宽电源线和地线操作后的收获和体会写在下面空格中。

收获和体会：

4. 工作评价

将加宽电源线和接地线工作评价填写在表 9.2 中。

表 9.2　工作评价表

评定人	工作评价	等级	评定签名
自己评			
同学评			
老师评			
综合评定等级			

______年______月______日

实训 2　PCB 敷铜

1. 实际操作

对实训 1 中生成的 PCB 图进行敷铜操作，把操作过程及结果填在表 9.3 中。

表 9.3　操作步骤

PCB 图	敷铜后 PCB 图	敷铜操作步骤

2. 收获和体会

将 PCB 敷铜操作后的收获和体会写在下面空格中。

收获和体会：

3. 工作评价

将 PCB 敷铜工作评价填写在表 9.4 中。

表 9.4　工作评价表

评定人	工作评价	等级	评定签名
自己评			
同学评			
老师评			
综合评定等级			

______年______月______日

拓　展

拓展　放置矩形铜膜

拓展部分详细内容，可从网站 www.abook.cn 下载学习。

任务二 标注的调整

情 景

PCB 图经过布局布线，尤其是进行手工调整后，元件的序号和标注会变得很杂乱，需要重新进行调整，使得 PCB 更加清晰有序。

讲解与演示

知识 1 手动更新元件标识

手动更新元件标识

以小信号放大电路 PCB 为例，手动更新元件标识的操作步骤如下。

第 1 步，移动光标，将光标指向需要调整的文字标注，如 Q1。

第 2 步，双击 Q1，弹出“标号”对话框，如图 9.7 所示。

图 9.7 “标号”对话框

第 3 步，可以修改元件标识，也可以根据需要，修改文字标注的内容、字体大小、位置、方向等。

第 4 步，设置完成，单击“确定”按钮。

知识 2 自动更新元件标识

自动更新元件标识

在 PCB 编辑器中，系统提供了自动更新元件标识的命令。操作步骤如下。

第 1 步，执行“工具”→“重新标注”命令，弹出如图 9.8 所示的“根据位置重新标注”对话框。

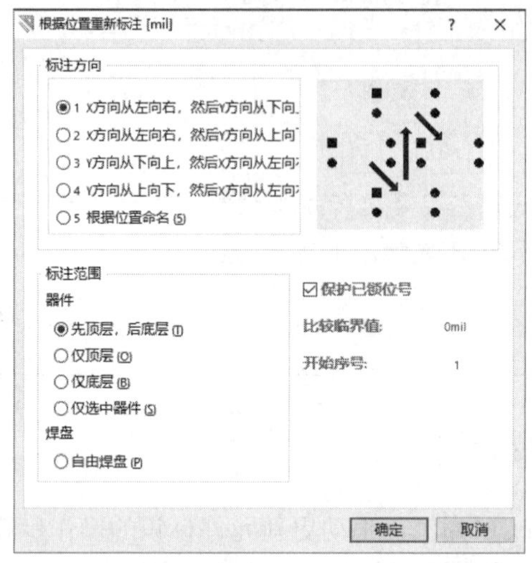

图 9.8 “根据位置重新标注”对话框

在该对话框中，系统提供了 5 种更新元件标识的方向和范围。每一种标注方向在对话框中都有相应图示，如图 9.9～图 9.12 所示。其中 X 方向从左向右，然后 Y 方向从下向上的图示，如图 9.8 所示。

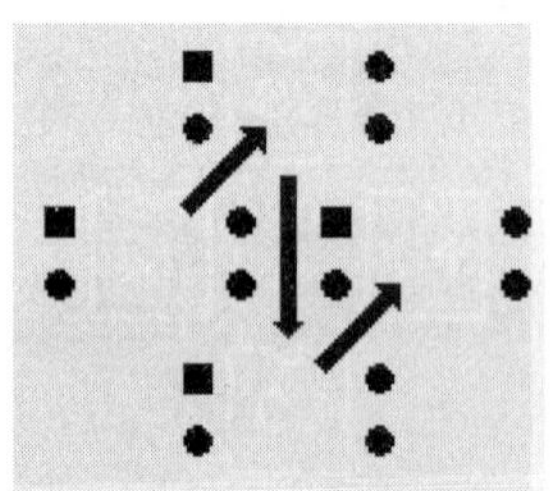

图 9.9 X 方向从左向右，然后 Y 方向从上向下

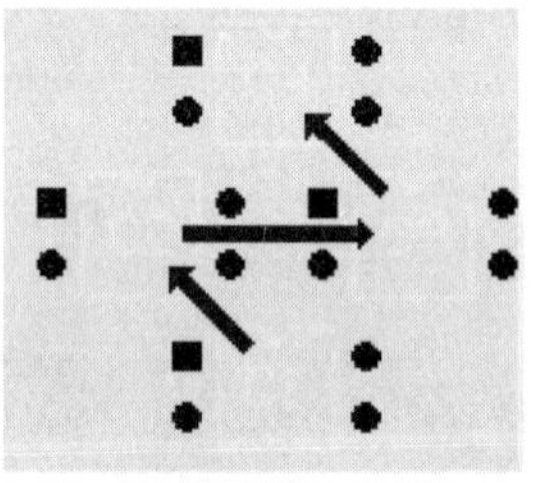

图 9.10 Y 方向从下向上，然后 X 方向从左向右

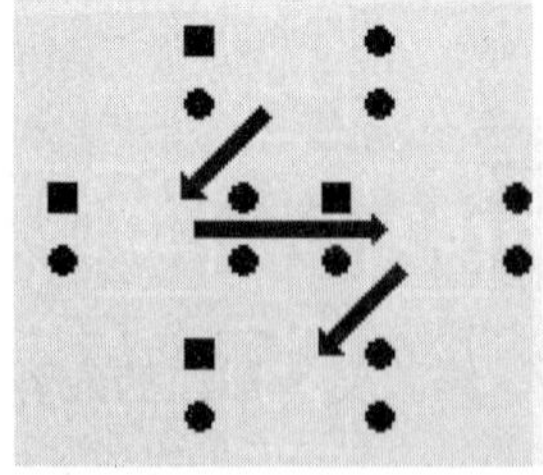

图 9.11 Y 方向从上向下，然后 X 方向从左向右

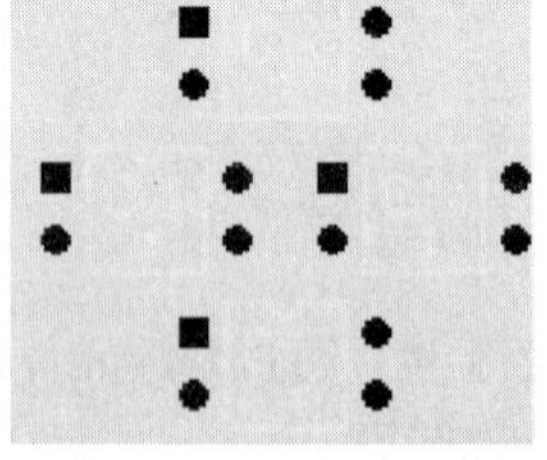

图 9.12 根据位置命名

第 2 步，选择更新元件标识的方式后，单击“确定”按钮，系统自动按照选定方式对元件进行重新标识。

第 3 步，元件重新标识后，系统生成一个“*.WAS”文件，记录元件标识的变化情况。

知识 3　更新原理图

更新原理图

当 PCB 的元件标识发生了改变后，原理图也应该相应改变。这种操作可以在 PCB 编辑环境下实现，也可以返回到原理图编辑环境实现。以小信号放大电路为例，若在知识 2 中，执行了标注方向“2 X 方向从左向右，然后 Y 方向从上向下”命令，即 PCB 图中的元件标识发生了改变，而原理图的元件标识未变。为使两者元件标识对应，在 PCB 环境下，更新原理图的相应元件标识具体步骤如下。

第 1 步，执行“设计”→“Update Schematics in 小信号.PrjPcb”命令，弹出如图 9.13 所示信息确认框。

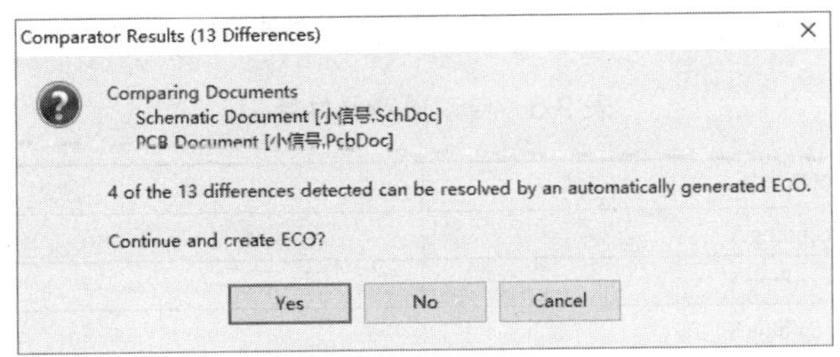

图 9.13　信息确认框

第 2 步，单击“Yes”按钮，弹出如图 9.14 所示“工程变更指令”对话框。

工程变更指令

启	动作	受影响对象		受影响文档	检测	完成	消息
	Change Com						
✓	Modify	C1 -> C2	In	小信号.SchDoc			
✓	Modify	C2 -> C1	In	小信号.SchDoc			
✓	Modify	R1 -> R2	In	小信号.SchDoc			
✓	Modify	R2 -> R1	In	小信号.SchDoc			

验证变更　执行变更　报告变更 (R)...　□仅显示错误　关闭

图 9.14　“工程变更指令”对话框

第 3 步，单击“验证变更”按钮，检查工程变化并使工程变化生效，在检测栏打钩。

第 4 步，单击“执行变更”按钮，执行这些变化，原理图就接受了这些变化，在完成栏打钩。

第 5 步，单击“关闭”按钮，原理图进行相应的更新。

本例中更新后的原理图元件标识发生相应变化，按 X 方向从左向右，然后 Y 方向从上向下标注，如图 9.15 所示。

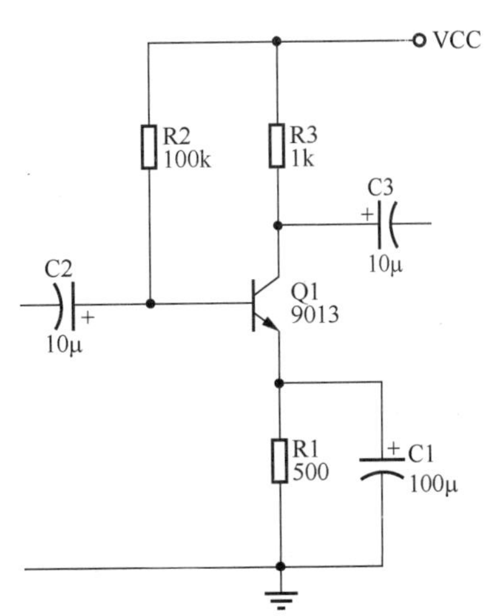

图 9.15　更新元件标识后原理图

在原理图编辑环境下，由原理图也可以更新 PCB，选择“Update PCB Document *.PcbDoc”命令，同样弹出“工程变更指令”对话框，接下来的操作和由 PCB 更新原理图的操作方法相同。

元件的标注尽量不要放在元件下面或过孔焊盘上面，否则会给印制电路板的通断测试及元件的焊接带来不便；标注设计不要太小，否则可能会造成丝网印刷的困难，使字符不够清晰。

工作页

实训　元件标识的自动更新

1. 自动更新元件标识的方式

把自动更新元件标识的 5 种方式用中文填在表 9.5 中。

表 9.5　自动更新元件标识

更新方式	含义
1 By Ascending X Then Ascending Y	
2 By Ascending X Then Decending Y	
3 By Ascending Y Then Ascending X	
4 By Decending Y Then Ascending X	
5 Name from Position	

2. 实际操作

将表 9.6 中原理图生成 PCB 图，然后采用 2 By Ascending X Then Decending Y 自动更新元件标识，最后由 PCB 更新原理图，把步骤和结果填在表 9.6 中。

表 9.6　操作步骤和结果图示

原理图	PCB 自动更新元件标识步骤	由 PCB 更新原理图步骤	更新后原理图
VCC R2 100k R3 1k C3 10μ C2 10μ Q1 9013 R1 500 C1 100μ			

3. 收获和体会

将进行元件标识的自动更新后的收获和体会写在下面空格中。

收获和体会：

4. 工作评价

将进行由 PCB 更新原理图步骤工作评价填写在表 9.7 中。

表 9.7　工作评价表

评定人	工作评价	等级	评定签名
自己评			
同学评			
老师评			
综合评定等级			

________年________月________日

拓　展

拓展　PCB 注释的添加

拓展部分详细内容，可从网站 www.abook.cn 下载学习。

任务三　生 成 报 表

情　景

PCB 绘制完毕，可以利用 Altium Designer 17 生成一系列报表文件。这些报表文件具有不同的功能和用途，为 PCB 设计的后期制作、元件采购、文件交流等提供了方便。

讲解与演示

知识 1　PCB 图的网络表文件

PCB 图的网络表文件

前面介绍的 PCB 设计，采用的是从原理图生成网络表的方法，这也是大多数 PCB 设计的方法。但是，有些时候，设计者直接调入元件封装绘制 PCB 图，没有采用网络表。或者在 PCB 图绘制过程中，连接关系有所调整，这时 PCB 真正网络逻辑和原理图的网络表有所差异，所以可以在 PCB 图中生成一份网络表。现以单级小信号放大电路的 PCB 文件中生成网络表为例，讲述其步骤。

第 1 步，打开“小信号.PcbDoc”文件。

第 2 步，在 PCB 编辑器中，执行“设计”→“网络表”→“从连接的铜皮生成网络表”命令，系统弹出 Confirm（确认）对话框，如图 9.16 所示。

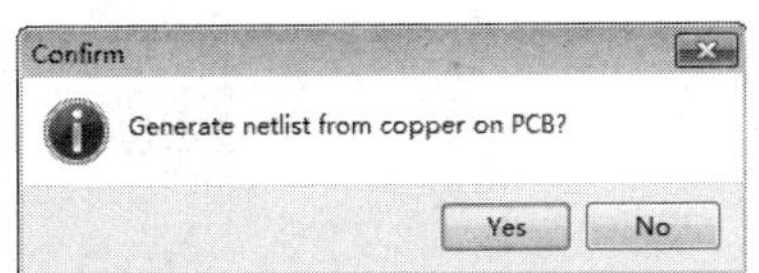

图 9.16　“Confirm”对话框

第 3 步，单击“Yes”按钮，系统自动生成 PCB 网络表文件“Generated 小信号.Net”并打开。

第 4 步，该网络表文件作为自由文档加入到 Projects 面板中，如图 9.17 所示。

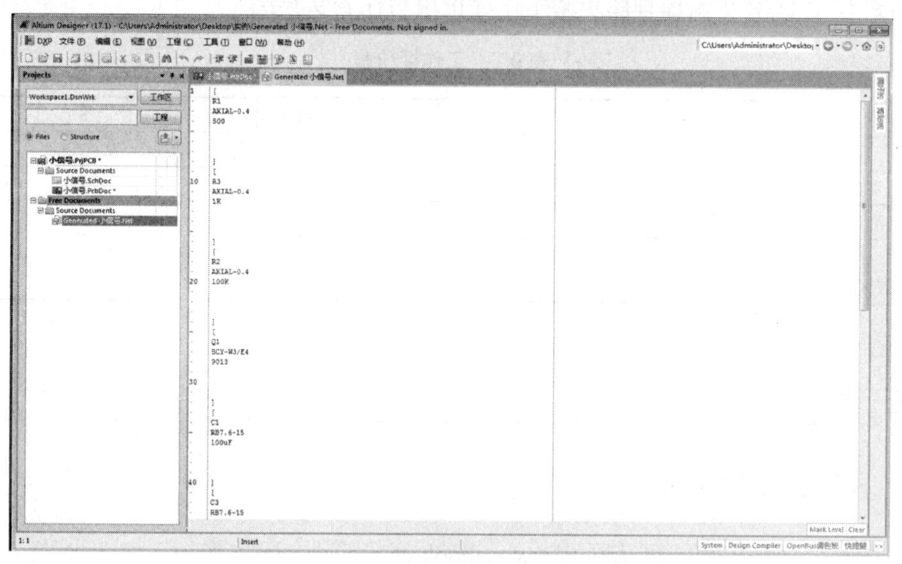

图 9.17　网络表文件

该网络表中的格式、内容与原理图的网络表相同，也可以根据需要进行修改，修改后的网络表可再次载入，以验证 PCB 的正确性。

知识 2　PCB 信息报表

PCB 信息报表

PCB 信息报表对 PCB 的元件网络和一般细节信息进行汇总报告。执行“报告”→“板子信息”命令，弹出“PCB 信息”对话框，该对话框中包含 3 个选项卡。

1. “通用”选项卡

如图 9.18 所示，该页汇总了 PCB 上的各类图元，如导线、过孔、焊盘等的数量，电路板的尺寸信息和 DRC 违规数量。

2. “器件”选项卡

如图 9.19 所示，该页汇总了 PCB 上器件的统计信息，包括器件总数、各层放置数目和器件标号列表。

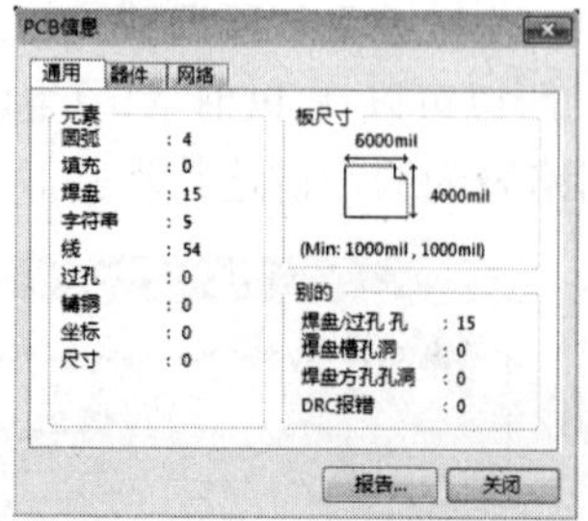

图 9.18　“通用”选项卡

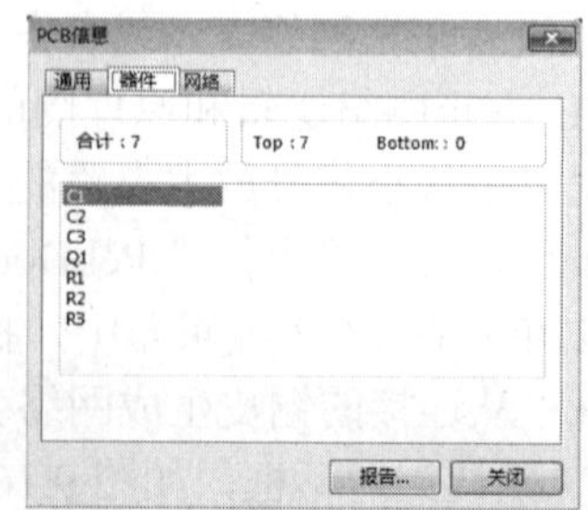

图 9.19　“器件”选项卡

3. “网络”选项卡

如图 9.20 所示，该页列出了电路板的网络统计，包括导入网络总数和网络名称列表。单击 Pwr/Gnd（电源/接地）按钮，弹出内电层信息对话框。如果是双面板，该信息栏内是空白的。

在各个选项卡中单击“报告”按钮，弹出如图 9.21 所示“板级报告”对话框，列出了可以生成 PCB 信息的报表文件。

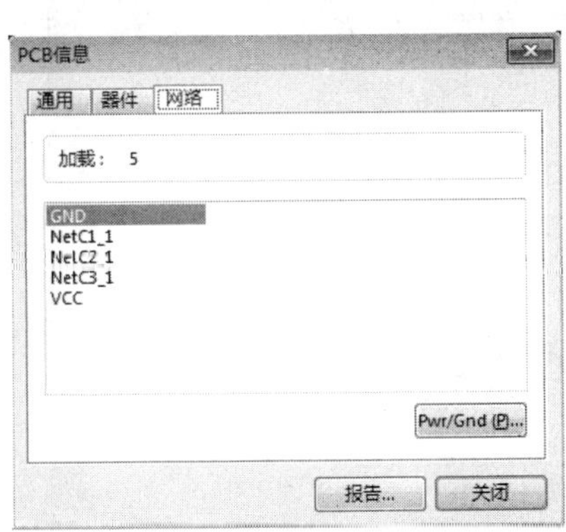

图 9.20　“网络”选项卡

图 9.21　“板级报告”对话框

选中“仅选择对象”复选框，单击“全部开启”按钮，即选择所有板信息。设置完毕，在“板级报告”对话框中单击“报告”按钮，系统生成“X.rep”的报表文件。该报表文件将作为自由文档加入到“Projects”面板中，并自动在工作区内打开，如图 9.22 所示。

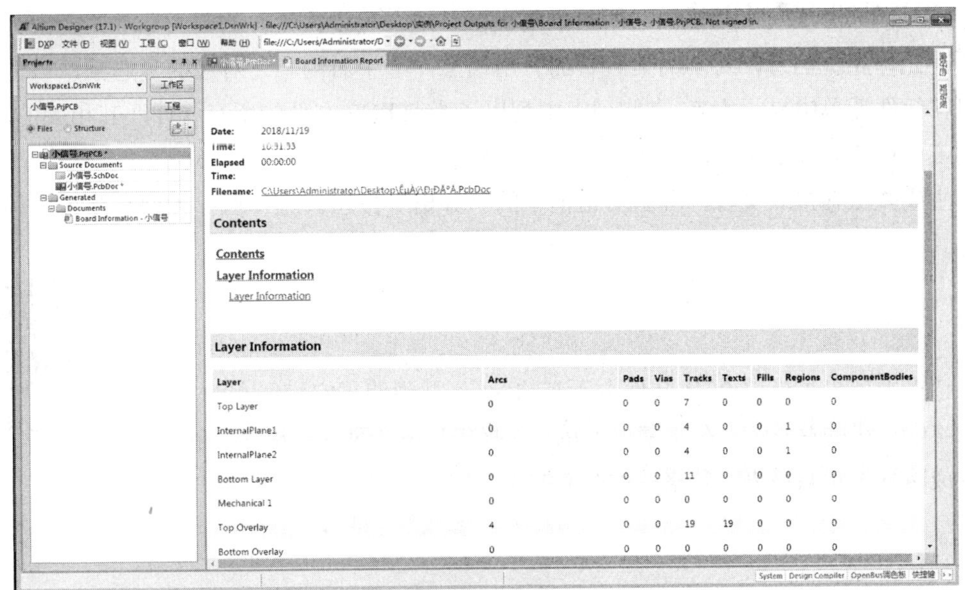

图 9.22　PCB 信息报表

知识 3　元件报表

执行“报告”→“Bills of Materials”（元件清单）命令，系统弹出元件报表的设置对话框，如图 9.23 所示。

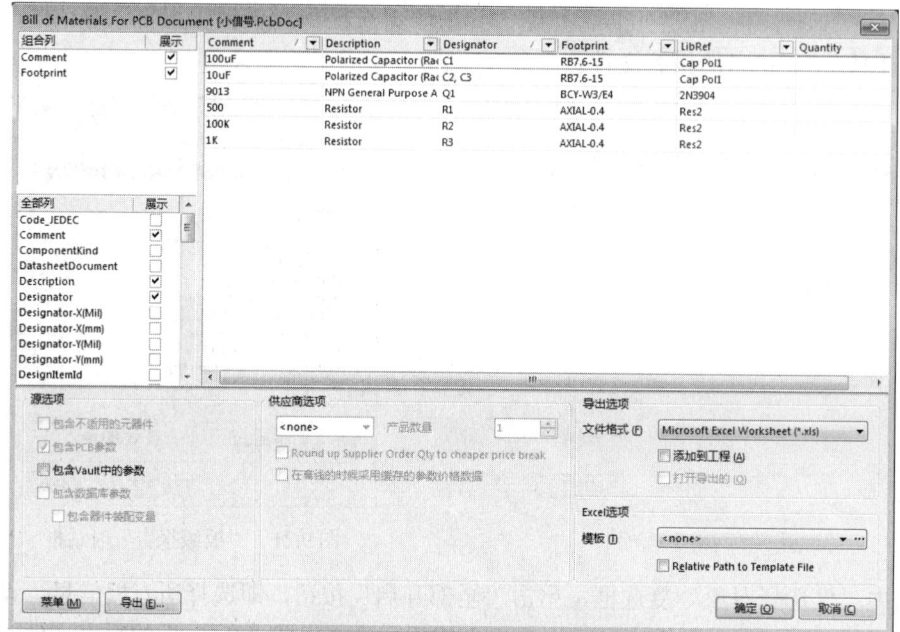

图 9.23　元件报表设置对话框

该对话框分成左右两栏。左侧两个列表框，组合列设置元件的归类标准；全部列提供所有元件属性信息，对于需要查看的有用信息，选中右侧与之对应的复选框，该信息即可在元件清单中显示出来。右侧列表中列出了当前 PCB 文件的所有元件及其相关信息，而列表内包含元件信息则由左侧的列表进行配置。

生成并保存报表文件，单击对话框中的“导出”按钮。选择保存类型和路径，保存文件。

知识 4　网络表状态报表

该报表列出了当前 PCB 文件中所有的网络，并说明了它们所在的层面和网络中导线的总长度。在主菜单中执行“报告”→“网络表状态”命令，即生成网络表状态报表，其格式如图 9.24 所示。

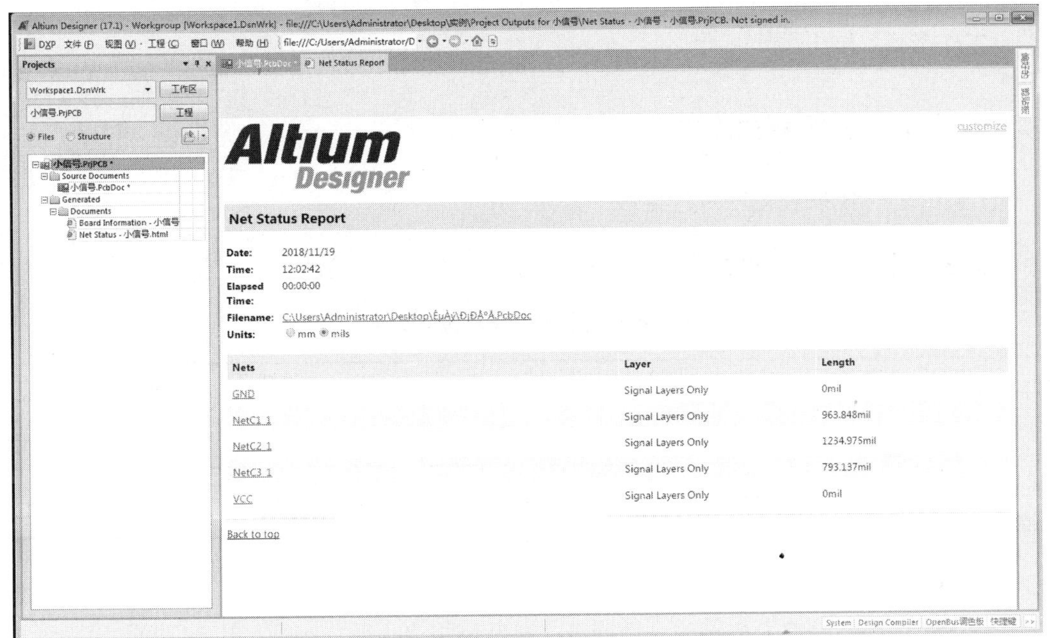

图 9.24　网络表状态报表

知识 5　简单元件报表

简单元件报表

在主菜单中执行“报告”→“Simple BOMber”命令，系统自动生成两份当前 PCB 文件的元件报表，分别为“小信号.BOM”和“小信号.CSV”并加入到 Projects 面板的 Generated\Text Documents 文件夹。打开“小信号.BOM”，其格式如图 9.25 所示。

简单元件报表将同种类型的元件统一计数，简单明了。报表以元件的 Comment（注释）为依据将元件分组，列出 Comment（注释）、Pattern（样式）、Quantity（数量）和 Components（元件）等属性。

```
小信号.PcbDoc *   小信号.BOM   小信号.CSV

Bill of Material for
On 2018/11/19 at 14:26:19

 Comment              Pattern      Quantity  Components
 -----------------------------------------------------------------------
 100K                 AXIAL-0.4        1      R2                  Resistor
 100uF                RB7.6-15         1      C1                  Polarized Capacitor (Radial)
 10uF                 RB7.6-15         2      C2, C3              Polarized Capacitor (Radial)
 1K                   AXIAL-0.4        1      R3                  Resistor
 500                  AXIAL-0.4        1      R1                  Resistor
 9013                 BCY-W3/E4        1      Q1                  NPN General Purpose Amplifier
```

图 9.25　“小信号.BOM”元件报表

工作页

实训　生成 PCB 报表文件

1. 生成 PCB 报表文件的种类

把 PCB 报表文件的种类填写在表 9.8 中。

表 9.8　几种常用 PCB 报表文件

PCB 报表文件种类	PCB 报表文件作用	生成报表文件方法

2. 实际操作

生成单级小信号放大电路的元件报表文件和网络表文件。

____

____

____

3. 收获和体会

将生成 PCB 元件报表文件和网络表文件的收获和体会写在下面空格中。

收获和体会：

4. 工作评价

将生成 PCB 元件报表文件和网络表文件工作评价填写在表 9.9 中。

表 9.9　工作评价表

评定人	工作评价	等级	评定签名
自己评			
同学评			
老师评			
综合评定等级			

________年________月________日

拓 展

拓展 输出 PDF 文件

拓展部分详细内容，可从网站 www.abook.cn 下载学习。

任务四 其他后期操作

情 景

基本的 PCB 与实际板子有所不同，实际电器中的 PCB 上面有安装孔、测试点以及在导线与焊点的连接处有一些泪滴状过渡。

讲解与演示

知识 1 补泪滴

补泪滴

所谓补泪滴就是在铜膜走线与焊点（或是导线）交换的位置特别地将铜膜走线逐渐加宽。由于加宽的铜膜走线形状很像泪滴，所以这样的操作就被称为补泪滴。补泪滴有几个好处：一是在 PCB 制作过程中，避免因钻孔定位偏差导致焊盘、导线断裂。二是在安装和使用中，可以避免因应力集中导致连接处断裂。三是焊盘导孔与铜膜走线的连接面比较平滑，不易残留化学药剂而腐蚀铜膜走线。

在 PCB 编辑器的主菜单中执行“工具”→“滴泪”命令，系统弹出“泪滴”对话框，如图 9.26 所示。

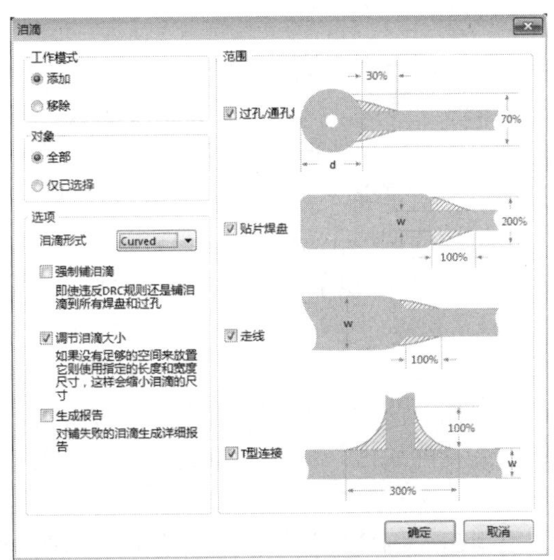

图 9.26 “泪滴”对话框

在该对话框内设置需要的泪滴操作，共有 3 个设置区域。

（1）工作模式

“添加”单选按钮表示此操作将添加泪滴；“移除”单选按钮表示此操作将删除泪滴。

（2）对象

“全部”将对所有的对象添加泪滴；“仅已选择”将只对选中的对象添加泪滴。

（3）选项

泪滴形式：在该下拉列表下选择 Curved（弧形）或 Line（线），表示由焊盘向导线过渡阶段添加的泪滴形状是直线还是圆弧。

强制铺泪滴：选中该复选框，忽略规则约束强制为焊盘或过孔加泪滴，即使此项操作最终可能导致 DRC 违规；取消该复选框勾选，则对安全间距太小的焊盘不添加泪滴。

调节泪滴大小：选中该复选框，进行添加泪滴的操作时自动调整泪滴的大小。

生成报告：选中该复选框，进行添加泪滴的操作后将自动生成一个有关添加泪滴的“*.rep”报表文件，同时该报表也将在工作窗口显示出来。

设置完毕后，单击“确定”按钮，系统将自动按所设置的方式添加泪滴。图 9.27 所示为补泪滴前后焊盘与导线连接的变化。

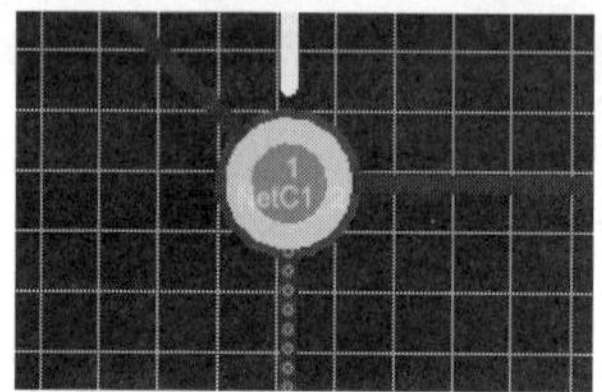

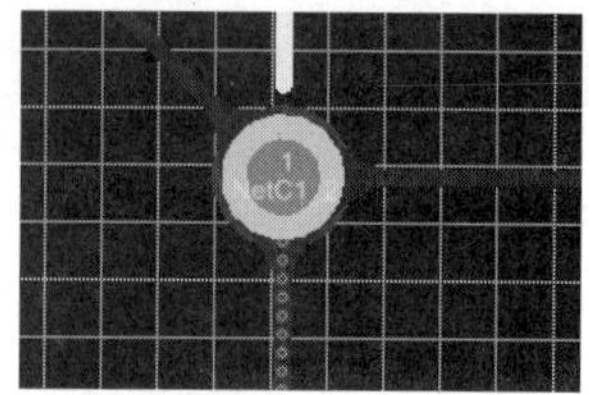

图 9.27 补泪滴前后焊盘与导线连接的变化

如果在电路板上既要添加泪滴又要敷铜，需要先添加泪滴再敷铜。

知识 2 放置安装孔

放置安装孔

一般情况下，印制电路板的四周都应该有安装孔。对于大板子，应在中间多加固定螺钉孔；板上有重的元件或较大的接插件等受力元件时，边上也应加固定螺钉孔。安装孔通常采用过孔的形式，过孔的大小应根据实际需要设定，即由螺丝的粗细来决定。它通常不具有任何的电气特性，但有时设计者习惯于将其与接地网络连接，以便于后续的调试工作。

添加安装孔通常应该在 PCB 布局和布线之前，电路板的板形决定之后。下面以项目八任务六的 PCB 设计实例 ny.PcbDoc 为例，讲述放置安装孔的具体操作步骤。

第 1 步，执行“放置”→“过孔”命令，光标变成十字状，并带有一个过孔图形。

第 2 步，按 Tab 键，弹出如图 9.28 所示“过孔”对话框。在该对话框中，可以设置过孔的外径、内径、位置和过孔的属性。这里设置过孔的“孔尺寸”为 100mil,“直径”为 150 mil。

第 3 步，设置完成后，单击“确定”按钮，在一个角上放置一个过孔。

第 4 步，此时光标仍为十字状，可以继续放置其他过孔。

第 5 步，右击或按 Esc 键退出该操作。

放置完安装孔的电路板如图 9.29 所示。

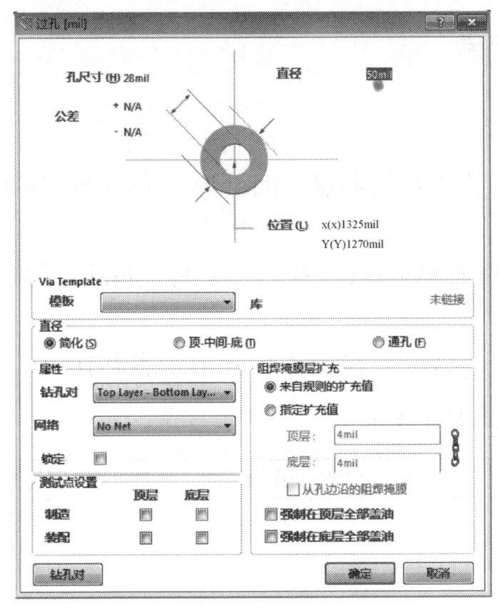

图 9.28 “过孔”对话框

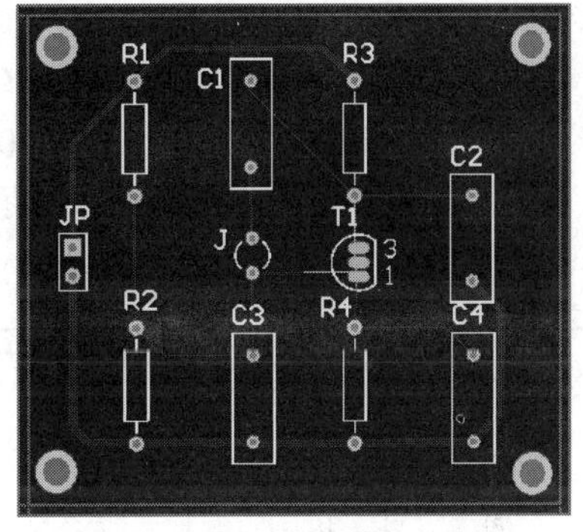

图 9.29 放置完安装孔的电路板

过孔作为安装孔使用，内径比较大，对于 3mm 的螺钉可用 6.5～8mm 的外径和 3.2～3.5mm 内径的过孔，对于标准板可以从其他板或 PCB 模板中调入；位置根据需要确定，通常放置在电路板的 4 个角上。

知识 3 电路板的测量

电路板的测量

Altium Designer 17 提供了电路板的测量工具，方便设计电路时的检查。下面以图 9.29 为例，对安装孔两点间的距离如何测量进行介绍。

第 1 步，执行“报告”→“测量距离”命令，光标变成十字状。

第 2 步，移动光标到左上角的安装孔，当光标变成八角形亮环时，即系统自动捕捉到了该过孔的中心点，单击确定测量起点。

第 3 步，此时光标仍为十字状，移动光标到另一个安装孔，捕捉到中心点。

第 4 步，单击确定测量终点，此时系统弹出如图 9.30 所示 Measure Distance（测量距离）对话框。

在该对话框中给出了 3 项测量结果：总距离 1705mil、X 方向上的距离 1705mil 和 Y 方向上的距离 0mil。从测量结果看出，总距离=X 方向上的距离，Y 方向距离为零，说明这两个安装孔处于水平位置。若是垂直方向的两个安装孔，则 X 方向的距离应为零。

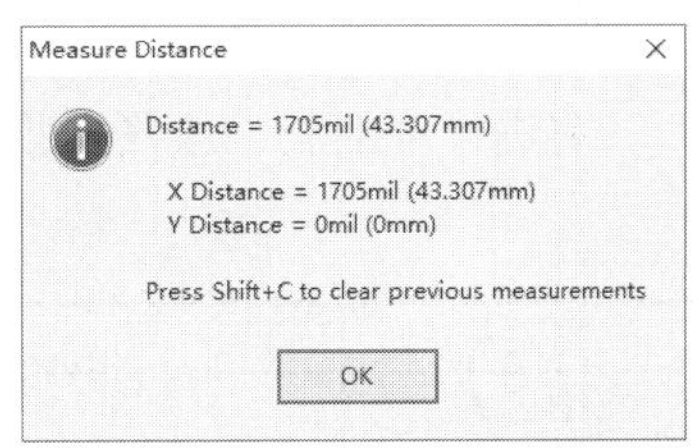

图 9.30 Measure Distance 对话框

第 5 步，此时光标仍为十字状，重复第 2～4 步可以继续其他测量。

第 6 步，完成测量后，右击或按 Esc 键退出该操作。

工作页

实训 补泪滴、放置安装孔和测量孔间距离

1. 实际操作

1）对表 9.6 中的原理图生成的 PCB 图所有过孔添加泪滴，泪滴形式为弧形，并将操作步骤及结果图示填于表 9.10 中。

2）对表 9.6 中的原理图生成的 PCB 图四周添加安装孔，“孔尺寸”为 3.3mm，“直径”为 6.6mm，并将操作步骤填于表 9.10 中。

3）对上述添加的上端两个安装孔，测量其距离，并将操作步骤填于表 9.10 中。

表 9.10 操作步骤和结果图示

原理图	添加泪滴步骤及图示	添加安装孔步骤及图示	测量距离步骤及图示
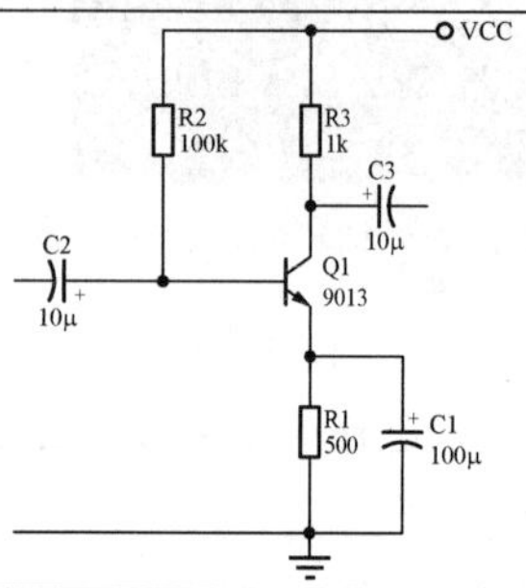 VCC R2 100k R3 1k C3 10μ C2 10μ Q1 9013 R1 500 C1 100μ			

2. 收获和体会

将进行补泪滴、放置安装孔和测量孔间距离操作后的收获和体会写在下面空格中。

收获和体会：

3. 工作评价

将进行补泪滴、放置安装孔和测量孔间距离操作的工作评价填写在表 9.11 中。

表 9.11 工作评价表

评定人	工作评价	等级	评定签名
自己评			
同学评			
老师评			
综合评定等级			

________年________月________日

拓 展

拓展 生成 Gerber 文件

拓展部分详细内容，可从网站 www.abook.cn 下载学习。

任务五 PCB 文档的打印

情 景

PCB 设计完成后，需要将源文件、制造文件和各种报表文件按需要进行存档、打印、输出等。如作为焊接装配指导要打印 PCB 板层；采购元件需要打印元件报表清单。

利用 PCB 编辑器的文件打印功能可以将 PCB 文件不同层面上的图元按一定比例打印输出，用于校验和存档。

讲解与演示

知识 1 页面设置

执行“文件”→“页面设置”命令，系统弹出 Composite Properties 对话框，如图 9.31 所示，其中可以设置纸张大小、打印方向、缩放比例、校正系数、偏移以及颜色等，这些设置方法与打印其他文档类似，在此介绍“高级”按钮的功能。

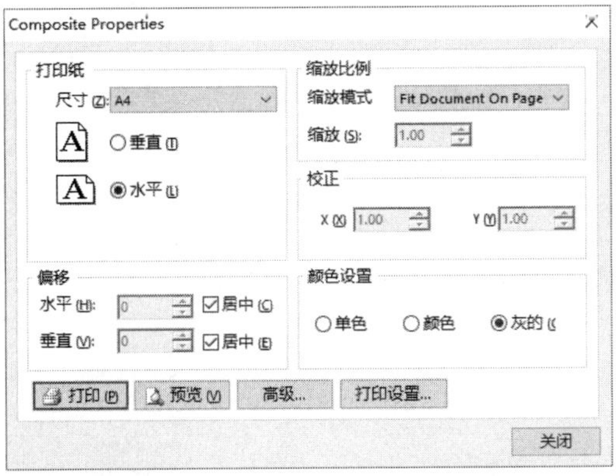

图 9.31 Composite Properties 对话框

知识 2　打印输出特性

第 1 步，单击图 9.31 中的“高级”按钮，弹出“PCB 打印输出属性”对话框，如图 9.32 所示。

图 9.32　“PCB 打印输出属性”对话框

第 2 步，双击 Multilayer Composite Print（多层复合打印）前的页面图标，弹出“打印输出特性”对话框，如图 9.33 所示。该对话框中“层”选项系统默认列出所有图元的层面。

第 3 步，单击对话框中的“添加”按钮，弹出“板层属性”对话框，如图 9.34 所示，在其中进行图层属性设置。

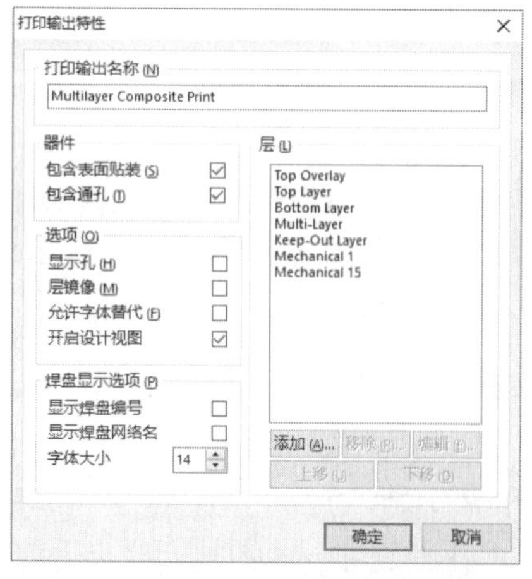

图 9.33　“打印输出特性”对话框

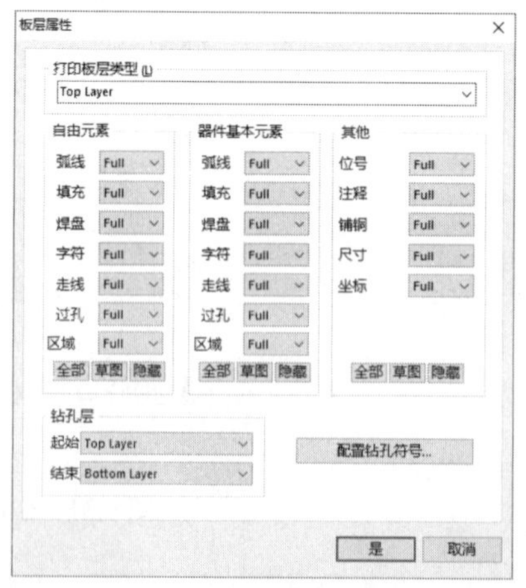

图 9.34　“板层属性”对话框

在各个图元的下拉列表框中提供了 3 种类型的打印方案。

Full（全部）：打印该类图元全部图形画面。

Draft（草图）：打印该类图元的外形轮廓。

Off（关闭）：关闭该类图元，不打印。

第 4 步，设置完毕，单击“是”按钮，回到“打印输出特性”对话框。

第 5 步，单击“确定”按钮，回到“PCB 打印输出属性”对话框。

第 6 步，单击左下角“偏好设置”按钮，弹出“PCB 打印设置”对话框，如图 9.35 所示。

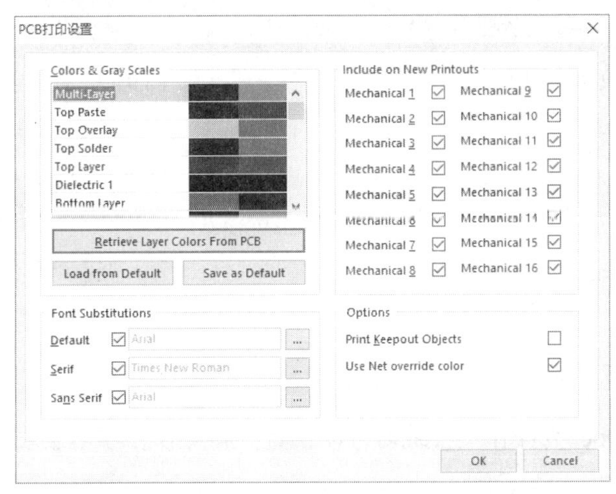

图 9.35 “PCB 打印设置”对话框

第 7 步，单击图层列表中各个图层的灰度条和彩色条，调整设定黑白打印和彩色打印时各个图层的打印灰度和色彩。

第 8 步，设置完毕，单击 OK 按钮，重新返回“PCB 打印输出属性”对话框。

第 9 步，单击“确定”按钮，回到 PCB 工作界面。

页面设置完毕，就可以进行打印预览。

第 10 步，单击菜单栏“文件”→“打印”命令，打印设置好的 PCB 文件。

知识 3 打印报表文件

打印报表文件

第 1 步，在 PCB 编辑窗口，打开任一报表文件，如 ny.BOM。

第 2 步，单击“文件”→“页面设置”命令，弹出 Text Print Properties 对话框。

第 3 步，在对话框中单击下方的“高级”按钮，弹出如图 9.36 所示“高级文本打印工具”对话框。

第 4 步，选中“使用特殊字体”复选框，单击“改变”按钮，弹出如图 9.37 所示对话框，设置字体、字形和大小。

第 5 步，设置完页面所有参数，单击“确定”按钮进行预览和打印。

其他操作与 PCB 文件打印相同。

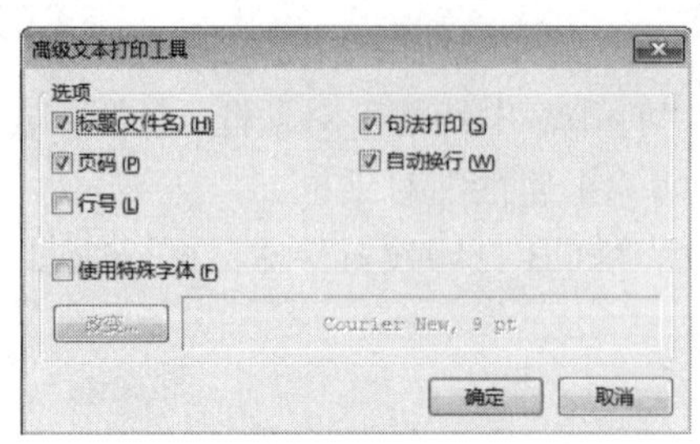

图 9.36 “高级文本打印工具”对话框

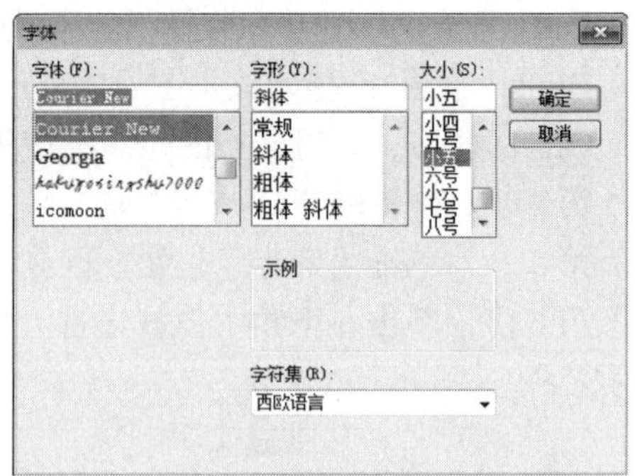

图 9.37 设置字体对话框

工作页

实训 PCB 文档的打印设置

1. PCB 文档打印设置步骤

以小信号.PcbDoc 为操作文件练习打印设置并将操作步骤填于表 9.12 中。

表 9.12 PCB 文档的打印设置操作步骤

页面设置	打印输出特性设置	打印报表文件

2. 收获和体会

将进行“PCB 文档的打印设置”实训后的收获和体会写在下面空格中。

收获和体会：

3. 工作评价

将进行 PCB 文档的打印设置工作评价填写在表 9.13 中。

表 9.13 工作评价表

评定人	工作评价	等级	评定签名
自己评			
同学评			
老师评			
综合评定等级			

________年________月________日

思考与练习

一、判断题（对的打“√”，错的打“×”）

1．为了提高抗电磁干扰能力，只能增加印制电路板中电源/地线的宽度。（ ）

2．在 PCB 设计的过程中，一般情况下，地线越宽越好。（ ）

3．PCB 板既有数字地，又有模拟地，走线不一定要分开。（ ）

4．敷铜可以放置在任何信号层上。（ ）

5．矩形铜膜放置在信号层上，主要用于创建一个空白区域。（ ）

6．元件的标注尽量不要放在元件下面或过孔、焊盘上面。（ ）

7．PCB 网络表的格式内容与原理图的网络表相同，但不可以进行修改。（ ）

8．PCB 信息报表对 PCB 的元件网络和一般细节信息进行汇总报告。（ ）

9．如果在电路板上既要添加泪滴又要敷铜，需要先敷铜再添加泪滴。（ ）

10．在建立敷铜时可以用光标在 PCB 的任意层的边界线，画出一个闭合的矩形框，不必费力将线框闭合，系统会自动将起始点和终止点连接起来构成闭合线框。（ ）

二、填空题

1．如果地线周围空间很大，宽度通常可取________左右。一般情况，也在________之间。在布线可以布通的情况下，所有的导线最好在________左右。

2．PCB 板采用包地操作生成包络线，可将网络内的________、________及________包络起来。

3．________就是在电路板中空白地方铺满铜膜或铜网。一般都是铺成________，起到一定的________作用。

4．对于已放置的敷铜，可以对其________和________进行修改。

5．矩形铜膜填充具有________的功能，也可以用来连接________。

6．通常电路板的注释放置在________上，若是双面板或者多层板需要在底层丝印层做一些注释时，用户就需要对放置的注释进行________操作。

7．PCB 板信息报表包括________选项卡、________选项卡和________选项卡。

8．所谓补泪滴就是在铜膜走线与________交换的位置特别地将铜膜走线逐渐________。

9．安装孔通常采用________的形式，它通常不具有任何的________特性。

10．打印 PCB 文档之前，先要进行________设置。

三、简答题

1．PCB 设计完成后，加宽电源线和地线的操作步骤如何？

2．元件标识、型号等注释信息能否放在焊盘、过孔上？为什么？

3．如何由 PCB 图更新原理图？写出更新操作步骤。

4．PCB 报表文件主要有哪几种？各种报表文件有什么作用？如何才能生成各种报表文件？

5．补泪滴有什么好处？

6．简述放置敷铜的步骤。

7．简述 PCB 文档打印设置。

四、综合练习题

1．针对如图 9.38 所示的固定直流电源，设计一块 PCB，具体要求如下。

1）将所有元件放在 2000mil×2000mil 的 PCB 中。

2）将导线与导线之间，导线与焊盘之间的安全间距设置成 10mil。

3）电源线和地线的线宽设置成 30mil，其余导线的线宽均为 10mil。

4）将印制电路板制作成双面板。

5）生成元件清单报表，以便于元件的采购。

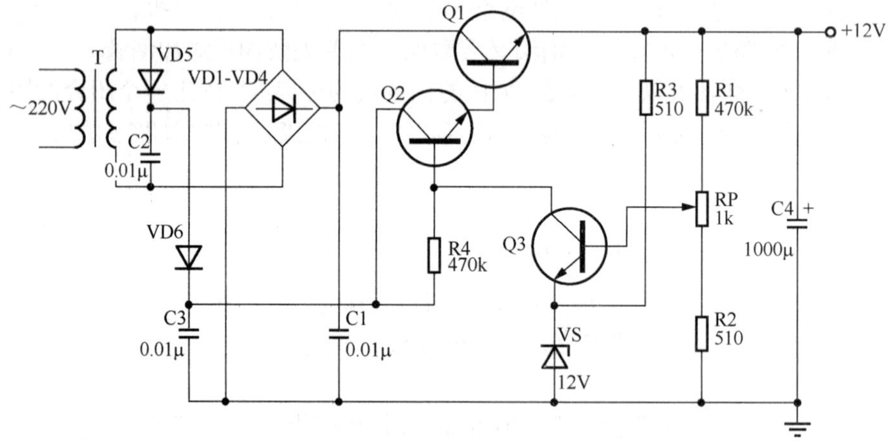

图 9.38　固定直流电源

2．新建一个项目名为“振荡器.PrjPcb”的项目文件，在这个项目下建立一个名为“振荡器.SchDoc”的原理图文件和一个名为“振荡器.PcbDoc”的 PCB 文件。电路图如图 9.39 所示。设计要求如下。

1）使用单层电路板，尺寸为 1000mil×1000mil。

2）更新网络表和 PCB。

3）自动布局，并手工调整。

4）自动布线，并手工调整。

5）调整线宽，电源线和接地线增加到 50mil，其他为默认线宽。

6）补泪滴。可以采用默认参数。

7）包地。对焊盘 R3、R2、R1、R4 和它们中间的连线进行包地操作。

8）敷铜。可以采用默认参数。

9）放置尺寸标注。

10）四个角放置 5mm 的定位孔。

11）对 PCB 文档进行打印设置。

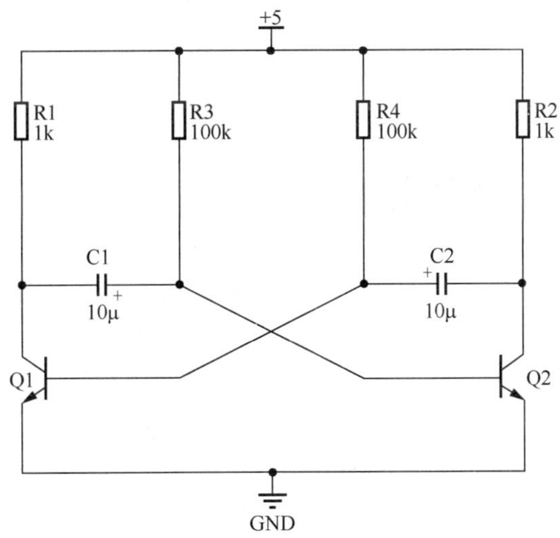

图 9.39 振荡器电路

项目十 元件封装与元件封装库

学习目标

随着现代电子技术的发展，电子元件种类、外形层出不穷。在 Altium Designer 17 封装库中，不可能包含所有的元件封装，这时设计者就需要自己创建一些元件封装。

通过本项目的学习，了解封装的概念及常见的封装形式，熟悉元件封装设计流程，掌握如何创建元件封装。

知识目标

- 元件封装和元件封装库的创建。
- 创建元件封装的流程。
- 创建元件封装库的意义。

技能目标

- 掌握使用向导和手工创建元件封装。
- 能添加元件的三维模型。
- 能生成元件封装库和集成元件库。

任务一　创建元件封装库

情　景

在设计和制作电路过程中，有些元件在 Altium Designer 17 软件自带封装库中找不到相适应的封装，如按钮、接插件等，使 PCB 设计无法正常进行下去。我们可以自己创建一个元件封装，与元件的创建类似，被创建的元件封装放在元件封装库中。

讲解与演示

知识 1　新建元件封装库

新建元件封装库

启动 Altium Designer 17，执行“文件”→“新的”→“库”→“PCB 元件库”命令，进入 PCB 库编辑环境，如图 10.1 所示。在设计窗口中显示一个新的名为“PcbLib1.PcbLib”的元件封装库文件，并显示 PCB Library 库面板（如果 PCB Library 库面板未出现，单击设计窗口右下方的 PCB 按钮，弹出上拉菜单并选择 PCB Library）。

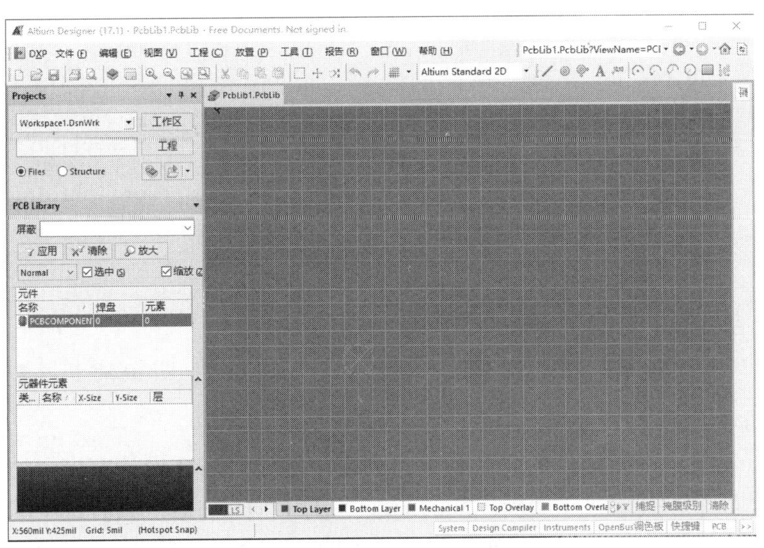

图 10.1　PCB 库编辑器

知识 2　PCB 元件封装的设计界面

元件封装设计界面，如图 10.1 所示，主要包括四个部分：主菜单、主工具栏、左边的工作面板和右边的工作窗口。只是菜单栏中少了“设计”和“自动布线”命令。工具栏中也少了相应的工具按钮。另外，在这两个编辑器中，可用的控制面板也有所不同。在 PCB 库编辑器中独有的 PCB Library 面板，提供了对元件封装统一编辑、管理的界面。

知识 3 PCB Library 编辑器面板

PCB Library 编辑器面板，如图 10.2 所示，分为“屏蔽”“元件”“元器件元素”和“封装模型显示区”4 个区域。

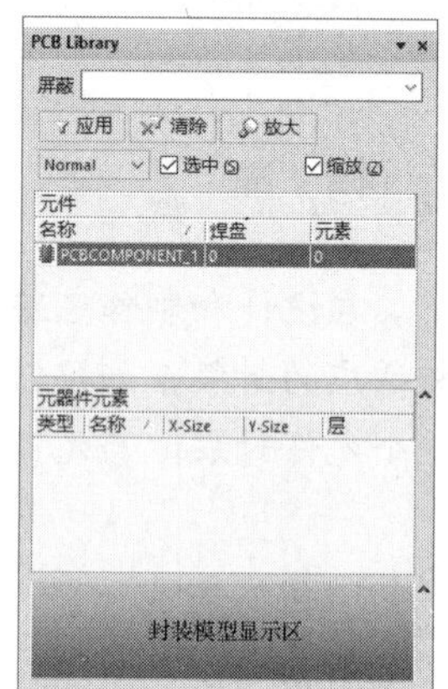

图 10.2 PCB Library 面板

（1）屏蔽

对该库文件内的所有元件封装进行查询，并根据屏蔽框中的内容将符合条件的元件封装列出。

（2）元件

列出该库文件中所有符合屏蔽栏设定条件的元件封装名称，并注明其焊盘数、图元数等基本属性。双击元件封装名，工作区将显示该封装，并弹出如图 10.3 所示“PCB 库元件”对话框，在该对话框中可以修改元件封装的名称和高度。高度是供 3D 显示时使用的。

在“元件”区域右击，弹出如图 10.4 所示快捷菜单。通过该菜单可以新建空白元件、编辑元件属性、复制或粘贴选定元件，或更新开放 PCB 的元件封装。其中复制/粘贴命令可用于选中的多个封装，不仅仅库内部可以执行复制/粘贴操作，还可以从 PCB 复制/粘贴到库，在 PCB 库之间执行复制/粘贴操作。

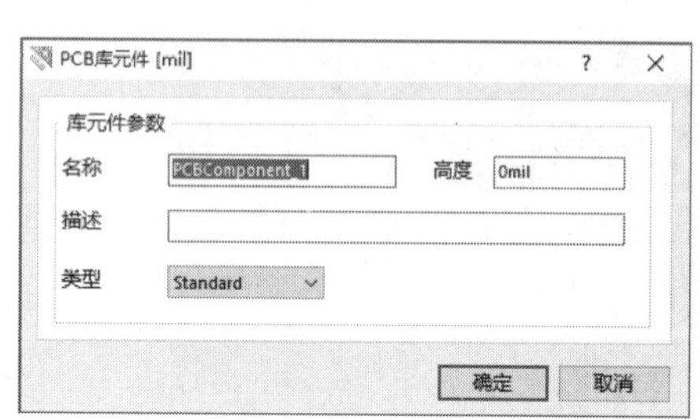

图 10.3 “PCB 库元件”对话框

图 10.4 快捷菜单

（3）元器件元素

列出属于当前选中元器件的元素。单击列表中的元素，在设计窗口中加亮显示。选中元素的加亮显示方式取决于面板顶部的选项。启用 Mask 后，只有选中的元素正常显示，其他元素将显示灰色。单击工作空间右下角的“清除”按钮或 PCB Library 面板顶部“清除”按钮将删除过滤器并恢复显示。在“元器件元素”区域右击可控制其中列出的元素类型。

（4）封装模型显示区

位于“元器件元素”区域下方的灰色区域。该区有一个选择框，选择框选中哪一部分，设计窗口就显示该部分，选择框的大小可以调节。

知识 4 保存元件封装库

执行菜单栏中的“文件”→“另存为”命令，弹出保存文件对话框。在该对话框中选择合适的路径，并将库文件更名为 MyPcblib.PcbLib，即可同时完成对元件封装库的重命名和保存。

工作页

实训 创建元件封装库操作

1. 元件封装库的创建

创建元件封装库，以自己的姓名命名，并保存在 D 盘根目录下。写出具体操作步骤填于表 10.1 中。

表 10.1 操作步骤

创建元件封装库步骤	保存封装库步骤

2. 收获和体会

将创建元件封装库操作后的收获和体会写在下面空格中。

收获和体会：

3. 工作评价

把创建元件封装库操作后的工作评价填写在表 10.2 中。

表 10.2 工作评价表

评定人	工作评价	等级	评定签名
自己评			
同学评			
老师评			
综合评定等级			

________年________月________日

任务二 使用向导创建元件封装

情 景

对于标准的PCB元件封装，Altium Designer 17 提供了“PCB元器件封装向导”，由用户在一系列对话框中输入参数，根据这些参数自动创建元件封装。

讲解与演示

知识 1 使用向导创建元件封装过程

使用向导创建元件封装

下面讲述使用向导创建DIP-16封装的操作步骤。

第1步，执行“工具”→“元器件向导”命令，或者直接在PCB Library面板内右击“元件”区域，选择“元件向导”命令，启动元件封装向导，如图10.5所示。

第2步，单击“下一步”按钮，弹出“器件图案”对话框，如图10.6所示。

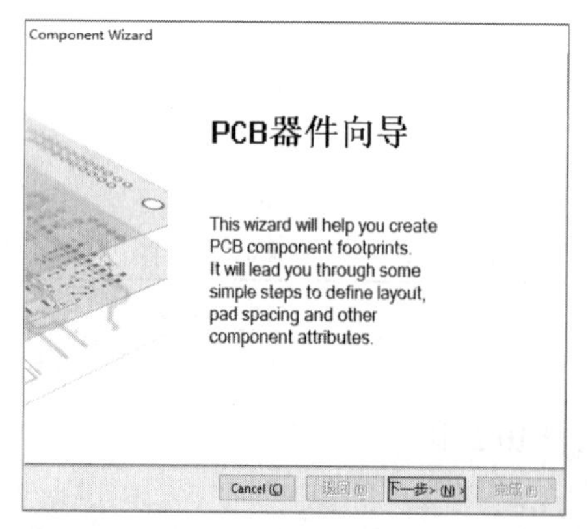

图 10.5 “PCB器件向导”对话框

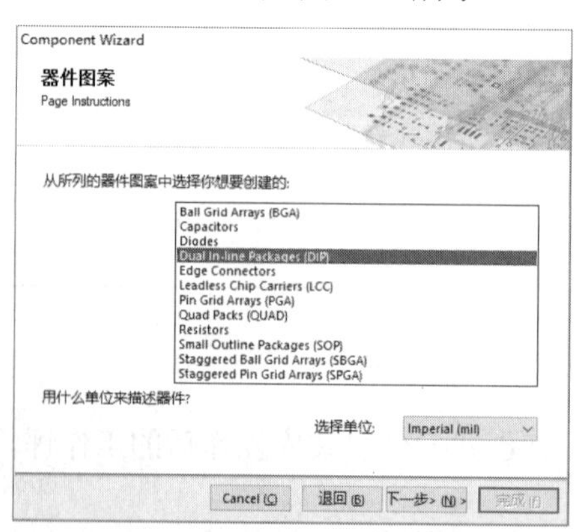

图 10.6 “器件图案”对话框

在该对话框中，列出了12种元件封装，用户可以从中选择需要的一种封装形式。同时还可以选择度量单位，即 Imperial（英制，mil）和 Metric（公制，mm），系统默认设置为英制。

第 3 步，选择 Dual In-line Packages (DIP)模板，使用英制度量单位。

第 4 步，单击“下一步”按钮，弹出焊盘尺寸对话框，如图 10.7 所示。单击尺寸标注数字，进入编辑状态，输入数值即可定义焊盘尺寸。本例中设置轮廓焊盘的长度为 100mil，宽为 60mil，内轮廓大小设为 30mil。

第 5 步，单击“下一步”按钮，弹出焊盘布局设置对话框，如图 10.8 所示。本例中采用默认设置，第一脚为方形，其余脚为圆形，焊盘水平间距设为 600mil，列间距均设为 100mil。

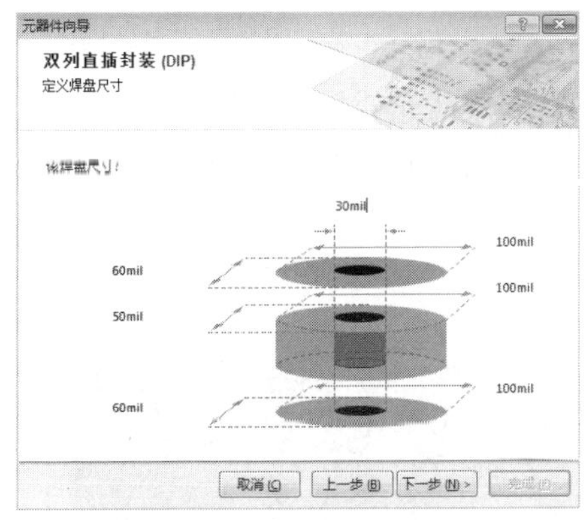

图 10.7　焊盘尺寸对话框

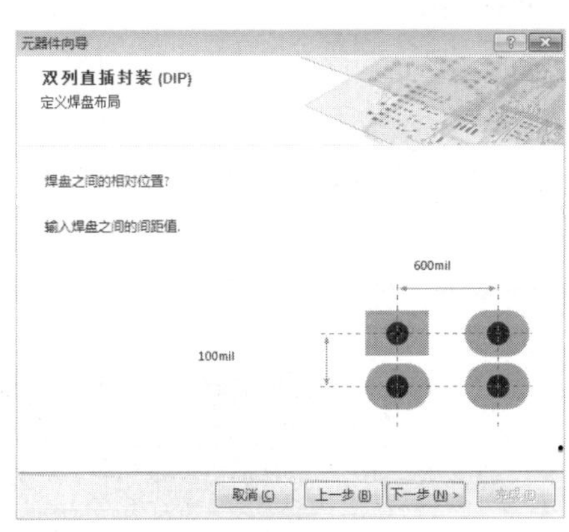

图 10.8　焊盘布局设置对话框

第 6 步，单击“下一步”按钮，弹出定义外框宽度对话框，如图 10.9 所示。根据元件外形尺寸大小，设置合适的轮廓线宽度。本例中选择默认值 10mil。

第 7 步，单击“下一步”按钮，弹出设置焊盘数目对话框，如图 10.10 所示。本例中输入 16。

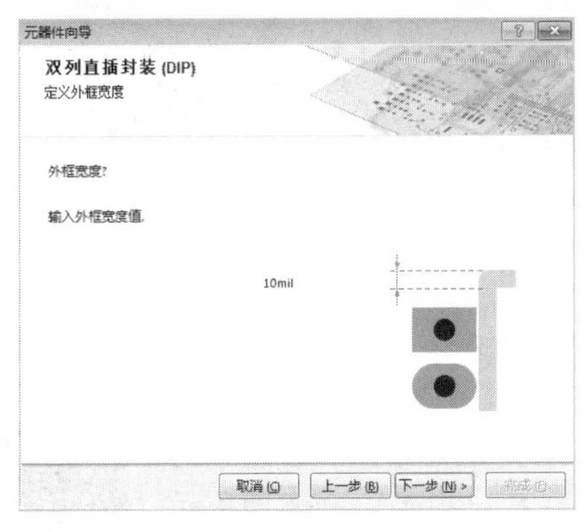

图 10.9　定义外框宽度对话框

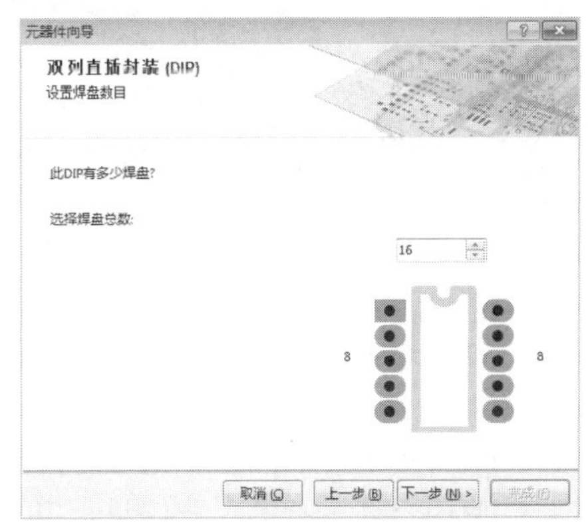

图 10.10　设置焊盘数目对话框

第 8 步，单击“下一步”按钮，弹出设置元器件名称对话框，如图 10.11 所示。默认的元器件名为“DIP16”，现把它修改为“DIP-16”。

第 9 步，单击“下一步”按钮，弹出元件封装向导完成对话框，如图 10.12 所示。

图 10.11　设置元器件名称对话框

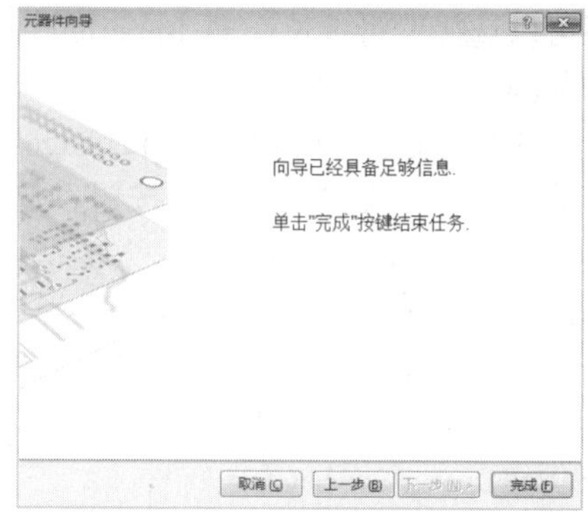

图 10.12　元器件向导完成对话框

第 10 步，单击“完成”按钮，退出封装向导，完成新元件封装的创建。

完成的 DIP-16 元件封装出现在 PCB 库编辑面板的元件列表中，并在工作区内显示封装图形，如图 10.13 所示。最后执行存储命令将新创建的元件封装及元件库保存。

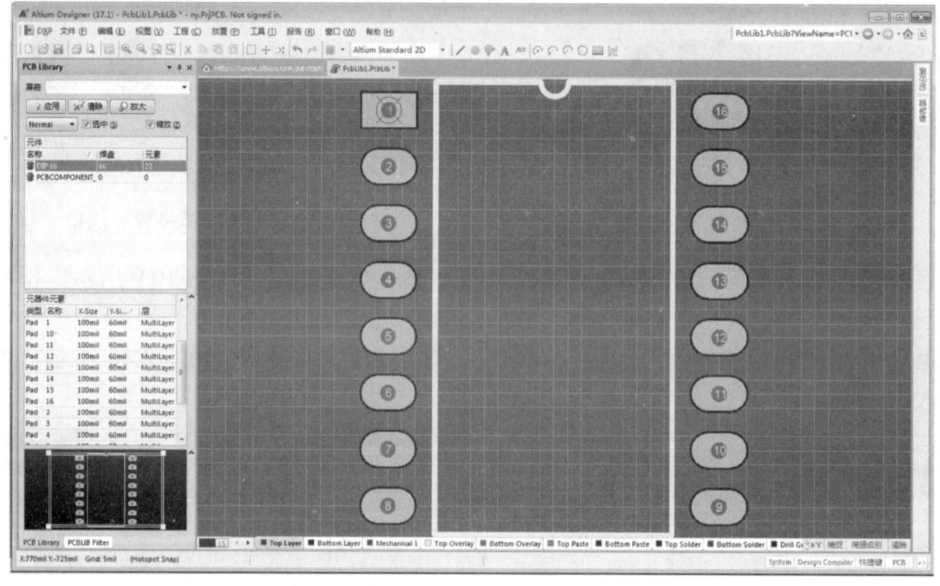

图 10.13　完成新元件封装 DIP-16 的创建

知识 2　IPC Compliant Footprint Wizard（IPC 兼容封装向导）创建 3D 元件封装

创建 3D 元件封装

IPC Compliant Footprint Wizard 不参考封装尺寸，而是根据 IPC 发布的算法直接使用器件本身的尺寸信息。IPC Compliant Footprint Wizard 使用元器件的真实尺寸作为输入参数，该向导基于 IPC-7351 规则使用标准的 Altium Designer 对象（如焊盘、线路）来生成封装。

第 1 步，单击菜单栏中的“工具”→“IPC Compliant Footprint Wizard”命令，系统进入如图 10.14 所示 IPC Compliant Footprint Wizard 对话框。

第 2 步，单击 Next 按钮，进入元件封装类型选择界面，如图 10.15 所示。在此选择 SOIC 封装类型。

第 3 步，单击 Next 按钮，进入 IPC 模型外形总体尺寸设定界面。选择默认参数，如图 10.16 所示。

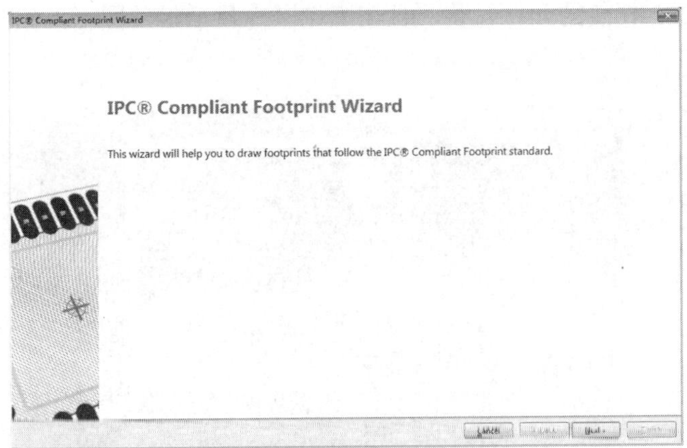

图 10.14　IPC Compliant Footprint Wizard 对话框

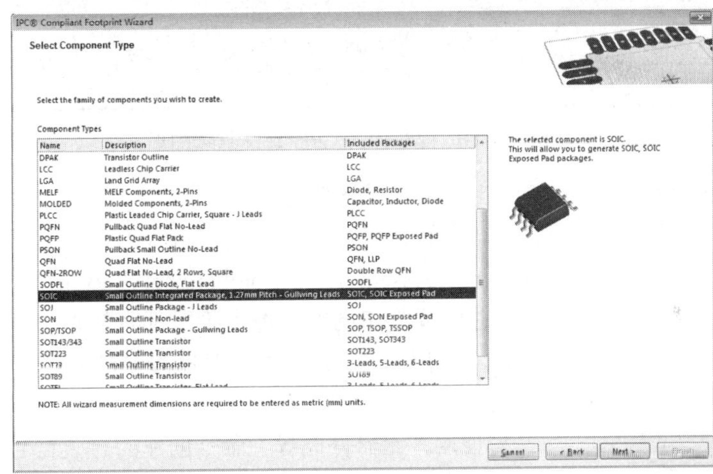

图 10.15　元件封装类型选择界面

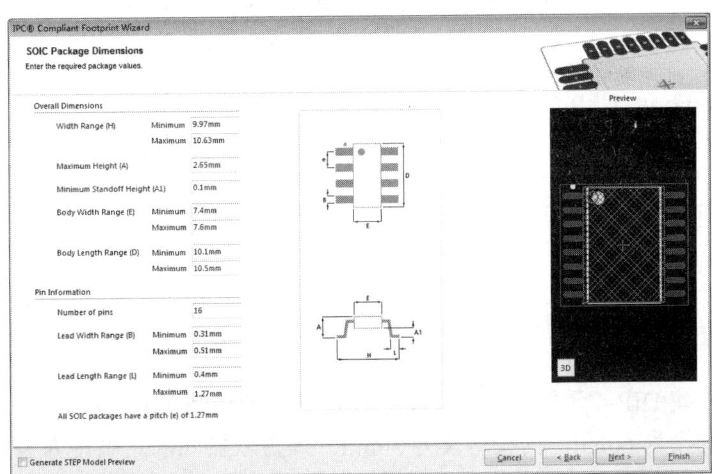

图 10.16　尺寸设定界面

第 4 步，根据提示，输入实际元件的参数，在每一个弹出的对话框中单击 Next 按钮，即可建立该元件的封装。在此始终采用默认值，最终制作完成默认名称为 SOIC127P1030X265-16N 的元件封装，且在工作区内显示封装图形，如图 10.17 所示。

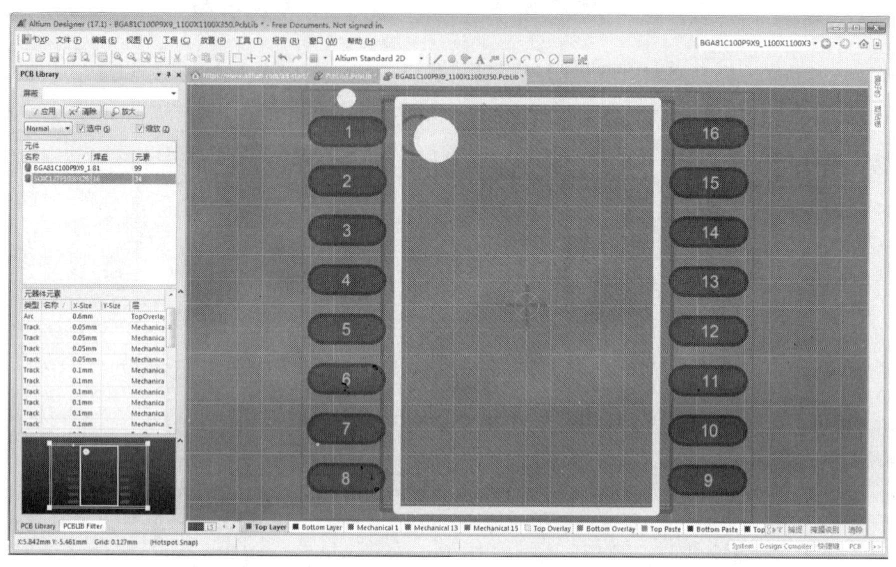

图 10.17 SOIC127P1030X265-16N 封装图形

IPC Compliant Footprint Wizard 还包括以下功能。

1）整体封装尺寸、管脚信息、空间、阻焊层和公差在输入后都能立即看到。

2）输入机械尺寸，如 Courtyard、Assembly 和 Components Body 信息。

3）向导可以重新进入，以便进行浏览和调整。每个阶段都有封装预览。

4）在任何一个界面都可以单击 Finish 按钮，生成当前预览封装。

图 10.18 三维 IPC 模型

与使用“元器件向导”命令创建的封装符号相比，IPC 模型不单单是线条与焊盘组成的平面符号，而是实体与焊盘组成的三维模型。在键盘中输入“3”，切换到三维界面，按住 Shift +右键，可旋转视图中的对象，将模型旋转到适当位置。图 10.17 所示封装可显示成如图 10.18 所示的三维 IPC 模型。

工作页

实训 创建元件封装

1. 创建 DIP-4 元件封装

使用向导创建 DIP-4 元件封装，并将创建步骤简要填写于表 10.3 中。

焊盘外径均设为 60mil，内径均设为 30mil。焊盘双排间的距离设为 300mil。

表 10.3　操作步骤

创建元件封装库步骤	创建元件封装步骤	DIP-4 封装外形

2. 创建 BGA 封装

使用 IPC Compliant Footprint Wizard 创建一个 BGA 封装。均采用默认参数，名称为 BGA81C100P9X9_1100X1100X350，并将创建步骤简要填写于表 10.4 中。

表 10.4　操作步骤

创建一个 BGA 封装步骤	BGA 封装外形

3. 添加封装 DIP-14

为项目五中创建的 74LS08 添加封装 DIP-14，并将操作步骤填于表 10.5 中。

表 10.5　操作步骤

添加封装 DIP-14 步骤	DIP-14 封装外形

4. 收获和体会

将创建元件封装后的收获和体会写在下面空格中。

收获和体会：

5. 工作评价

将创建元件封装工作评价填写在表 10.6 中。

表 10.6　工作评价表

评定人	工作评价	等级	评定签名
自己评			
同学评			
老师评			
综合评定等级			

________年________月________日

拓　展

拓展　为原理图元件添加 PCB 封装

拓展部分详细内容，可从网站 www.abook.cn 下载学习。

任务三　手工创建元件封装

情　景

使用向导创建元件封装常用于元件管脚排列规则的情况。随着电子工艺的进步，出现了很多具有不规则管脚排列的封装形式，或者设计了一个最新的电子元件，不能单纯使用向导完成，这时就要根据元件的实际参数手工创建元件封装。

手工创建元件封装，需要用直线或曲线绘制元件的外形轮廓，然后添加焊盘来形成管脚连接。元件封装的参数可以放在 PCB 的任意工作层上，但元件的轮廓只能放置在顶层丝印层（Top Overlay），焊盘放置在 Multilayer 层（对于直插元件）或顶层信号层（对于贴片元件）。在 PCB 上放置元件时，元件管脚的各个部分将分别放置到预先定义的图层上。

下面通过创建一个晶体管封装的实例，来说明创建元件封装的操作步骤。

讲解与演示

知识 1　设置元件封装参数

当新建一个 PCB 元件封装库后，一般需要先设置一些基本参数，如度量单位、过孔的内孔层等。现在打开任务一中创建的元件封装库“MyPcblib.PcbLib”进行参数设置。

1. 设置板面参数

执行“工具”→“器件库选项”命令，弹出“板级选项”对话框，如图 10.19 所示。在该对话框中可以设置度量单位、捕捉选项、图纸大小等属性。在此设置度量单位为

Metric（公制），左下角的单位变为“mm”，选中“捕捉到栅格”复选框。

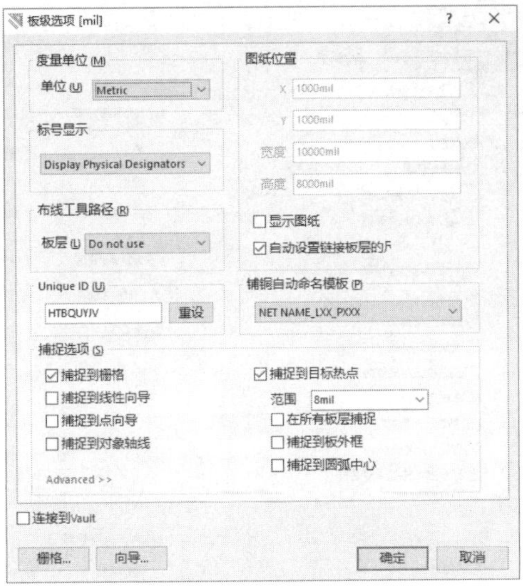

图 10.19 “板级选项”对话框

2. 设置板层

执行“设计”→“板层和颜色”命令，弹出“视图配置”对话框，如图 10.20 所示。在此选择默认设置。

3. 设置系统参数

执行“工具”→“优先选项”命令，弹出“优选项”对话框，如图 10.21 所示。在此选择默认设置。

图 10.20 “视图配置”对话框

图 10.21 “优选项”对话框

知识 2 手工创建元件封装过程

手工创建元件封装

第 1 步，执行“工具”→“新的空元件”命令，在 PCB Library 面板的元件封装列表中出现一个新的 PCBCOMPONENT_1 空元件。

第 2 步，双击该元件，弹出“PCB 库元件”对话框，在该对话框名称栏输入 BCY-W3，如图 10.22 所示，单击“确定”按钮。

图 10.22 “PCB 库元件”对话框

第 3 步，设置元件的参考点为坐标原点。

元件封装在被导入 PCB 设计图的过程中，它原有的坐标也被导入，所以在元件封装库中，所有的元件封装都以原点为中心放置，导入 PCB 图以后也必然在原点附近。如此设置就不会发生有个别的元件脱离大部分元件的情况，使设计者忽略了该元件，从而在设计中发生错误。设计者也可执行“编辑”→“跳转”→“新位置”命令，在弹出的“新位置”对话框中输入坐标数值。

如果原点不可见，在“视图配置”对话框中，选择“视图选项”选项卡中的“原点标记”选项。

第 4 步，执行“工具”→“器件库选项”命令，在“板级选项”对话框中设置度量单位为 Metric（公制），查看屏幕左下方的坐标状态，确定坐标单位从 mil 转换到 mm。

第 5 步，单击工作区下方多维层 Multi-Layer 标签，将此层设置为当前工作层。

第 6 步，执行“放置”→“焊盘”命令，光标变成十字状。

第 7 步，按 Tab 键，弹出如图 10.23 所示界面，对焊盘进行属性设置。

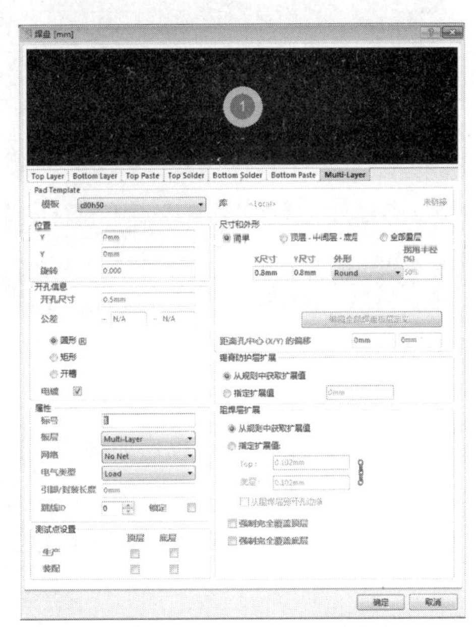

图 10.23 “焊盘”属性对话框

“位置”区域设置坐标“X:0,Y:0”；“开孔信息”区域设置“开孔尺寸”为 0.5mm，选中“圆形”单选按钮；“属性”区域的“标号”文本框中输入焊盘序号为 1，“板层”下拉列表框中选择 Multi-Layer（多层）；“尺寸和外形”区域设置 X 尺寸为 0.8mm，Y 尺寸为 0.8 mm，“外形”选择 Round（圆形），其他设置默认值。

第 8 步，单击“确定”按钮，建立第一个圆形焊盘。

第 9 步，利用状态栏显示坐标，将第一个焊盘拖到原点（X:0,Y:0）位置，单击或按 Enter 键放置。

第 10 步，放置完第一个焊盘后，光标处自动出现第二个焊盘，根据晶体管的管脚距离，将第二个焊盘放到(X:-1.27mm,Y:0)处，第三个焊盘放到(X:1.27mm,Y:0)处，焊盘参数与第一个焊盘相同。焊盘标号系统会分别自动增加一个单位。

第 11 步，放置完毕，右击或按 Esc 键退出焊盘放置模式。

第 12 步，单击设计窗口下方的 Top Overlay，设置为当前层。

第 13 步，执行“放置”→“圆弧（中心）”命令，或选取绘图工具中的“中心法放置圆弧”，光标变成十字状。

第 14 步，以中间的焊盘为中心，画一段圆弧。

第 15 步，执行“放置”→“线条”命令或选中画线工具。在焊盘下方画一直线，与圆弧构成封闭图形，如图 10.24 所示，即为完成的晶体管封装。

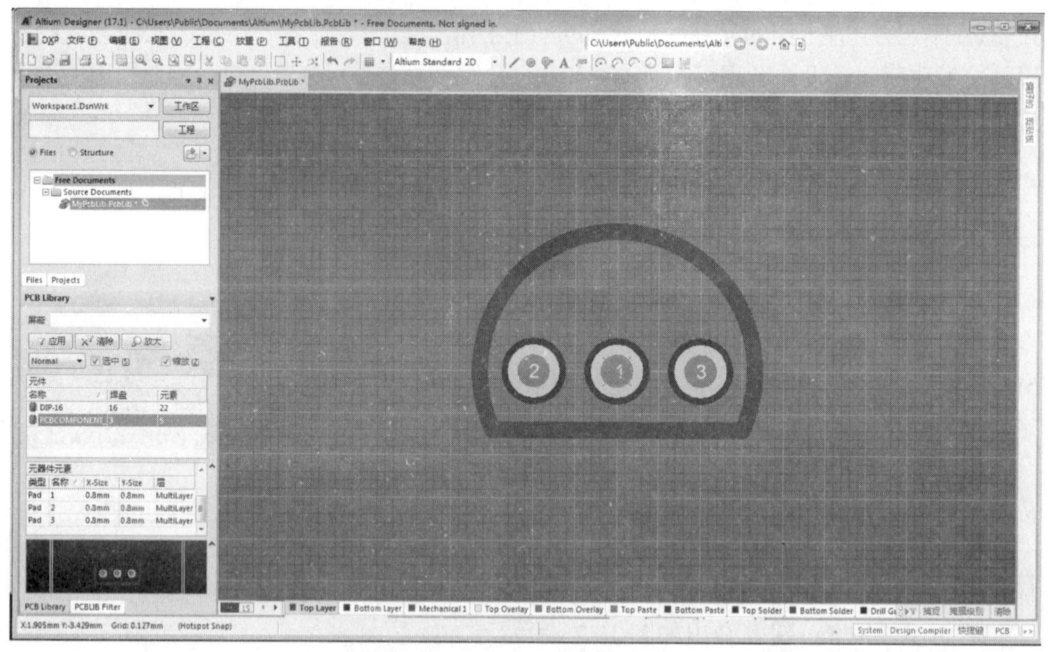

图 10.24 完成的晶体管封装

最后保存该封装，以后如果调入该封装所在的库文件，该封装就可以用了。

但是手工绘制的方法容易出错，工作量大，尤其是在绘制不规则 BGA 封装时，芯片有上百个管脚，手工绘制的方法实际上是不现实的。

工作页

实训 手工创建元件封装操作

1. 手工创建 DIP4 元件封装的步骤

手工创建 DIP4 元件封装，把创建步骤简要填写于表 10.7 中。焊盘外径均设为 60mil，内径均设为 30mil。焊盘双排间的距离设为 300mil。

表 10.7 操作步骤

参数设置步骤	手工放置元件步骤	保存封装步骤	DIP4 外形

2. 收获和体会

将手工创建元件封装操作后的收获和体会写在下面空格中。

收获和体会：

3. 工作评价

把手工创建元件封装操作的工作评价填写在表 10.8 中。

表 10.8　工作评价表

评定人	工作评价	等级	评定签名
自己评			
同学评			
老师评			
综合评定等级			

＿＿＿＿＿年＿＿＿＿＿月＿＿＿＿＿日

拓　展

拓展　编辑已有封装创建新元件封装

拓展部分详细内容，可从网站 www.abook.cn 下载学习。

任务四　添加元件的三维模型信息

情　景

电子元件现阶段正进入以新型电子元件为主体的新一代元件时代，未来的生产发展趋势是制作工艺精密化、流程自动化。鉴于目前使用的元件的密度和复杂度，PCB 设计人员必须考虑元件水平间隙之外的其他设计需求，如元件高度的限制、多个元件空间叠放的情况等，也就是三维空间模型。Altium Designer 的三维模型可视化功能就是为这些不同的需求而研发的。元件的三维模型比二维模型更接近于实体，另外，三维模型还能优化元件的布局，检查元件焊盘设计是否合理，为设计提供便利。

讲解与演示

知识 1　手工放置三维模型

手工放置三维模型

三维模型既可以用 2D 模型方式放置，也可以用 3D 模型方式放置。下面以任务二创建的 DIP-16 为例，讲述如何手工放置三维模型。

1．添加 DIP-16 封装的三维模型

第 1 步，在 PCB Library 面板双击 DIP-16，打开“PCB 库元件”对话框，在“高度”文本框中输入适当的高度数值，此处设置 200mil，如图 10.25 所示。

图 10.25　设置元件封装高度

三维模型高度值能够体现元件的真实高度，因此尽量使用元器件制造商提供的元件尺寸信息。

第 2 步，执行“放置”→“3D 元件体”命令，弹出“3D 体”对话框，如图 10.26 所示。

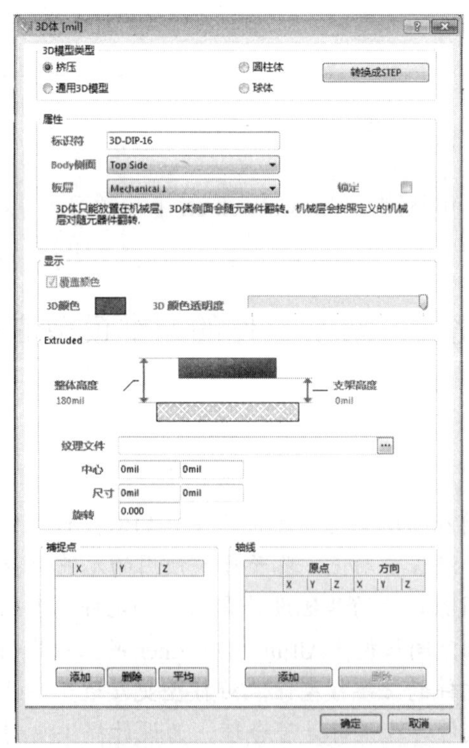

图 10.26　“3D 体”对话框

第 3 步，在该对话框的“3D 模型类型”区域中选中“挤压”单选按钮。

第 4 步，在“属性”区域的“标识符”中定义该三维模型名称，如此处定义为

“3D-DIP-16”，在“Body 侧面”下拉列表中选择 Top Side，该选项将决定三维模型垂直投影到电路板的哪一面。

第 5 步，在“显示”区域设置“3D 颜色”，可以自行选择适当的颜色，此处选择默认灰色和默认透明度。

第 6 步，设置“整体高度”为 180mil，“支架高度”为 0mil。其他参数默认。

设计时可以为那些穿透电路板的部分（如管脚）设置负的支架高度，设计规则检查不会检查支架高度。

第 7 步，设置完毕，单击“确定”按钮，关闭“3D 体”对话框，进入放置模式。在 2D 模式下，光标为十字准线；在 3D 模式下，光标为橙色锥形。

第 8 步，移动光标到适当位置，单击选定三维模型的起始点，连续单击选定若干个顶点，组成一个代表三维模型形状的多边形。

第 9 步，选定好最后一个点，右击或按 Esc 键退出放置模式，系统自动连接起始点和终点，形成闭环多边形，如图 10.27 所示。

定义形状时，按 Shift+Space 组合键可以轮流切换线路转角模式，可用的模式有任意角、45°、45°圆弧、90°和 90°圆弧 5 种。按 Shift+句号组合键和 Space+逗号组合键可以改变圆弧半径，按 Space 键可以选定转角方向。

当选定一个扩展三维模型时，每一个顶点都会显示成控制点，可以进行位置调整。当光标移动到目标三维模型，变为双向箭头时，单击可以拖动该模型，在拖动过程中还可以旋转或翻动三维模型，编辑三维模型形状。

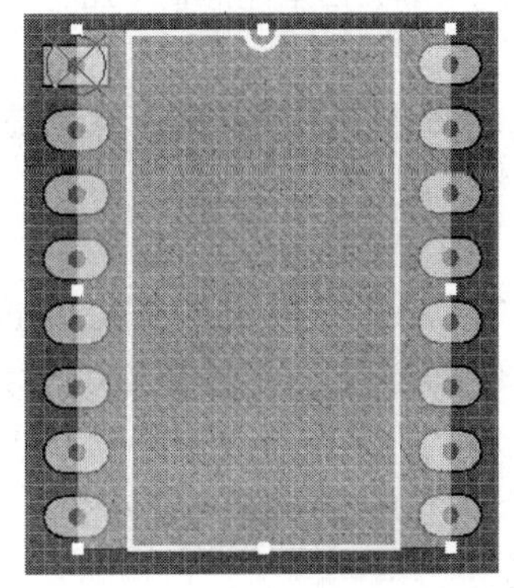

图 10.27 带三维模型的 DIP-16 封装

2. 创建 DIP-16 管脚的三维模型

第 1 步，执行“放置”→“3D 元件体”命令，弹出“3D 体”对话框，“模型类型”和“属性”区域设置同上。

第 2 步，设置“整体高度”为 100mil，“支架高度”为-35mil，“3D 颜色”选择淡黄色（颜色编号为 219）。

第 3 步，单击“确定”按钮，关闭“3D 体”对话框，进入放置模式。

第 4 步，按 PgUp 键，将第一个管脚放大到足够大，在第一个管脚的孔内放一个小的封闭的正方形。

第 5 步，依次在其他 15 个管脚的孔内放置同样大小的封闭正方形。可以采用复制和粘贴命令将第一个管脚中的小正方形粘贴到其他管脚的孔内。

管脚的三维模型创建完毕。

3. 为 DIP-16 封装创建管脚标识 1 的小圆

第 1 步，执行“放置”→“3D 元件体”命令，弹出“3D 体”对话框，在“模型类型”区域中选中“圆柱体”单选按钮。

第 2 步，设置圆参数“半径”为 20mil，高度为 181mil，“支架高度”为 0mil，“3D 颜色”为淡黄色（颜色编号为 219）。

第 3 步，设置完毕，单击“确定”按钮，光标处出现一个小方框，放到焊盘 1 附近。

图 10.28　DIP-16 三维模型

第 4 步，单击“取消”按钮或按 Esc 键退出放置状态。

至此，为 DIP-16 手工添加三维模型完成，设计者可以随时按 3 键进入 3D 显示模式查看三维模型。按 Shift+右键旋转可以得到手工放置的 DIP-16 三维模型封装，如图 10.28 所示。该三维模型封装包括 18 个三维模型对象：轮廓主体、16 个管脚和一个标识管脚 1 的圆点。最后保存 PCB 库。

查看三维模型时按的“3”键必须是主键盘上的数字 3，而不能是数字键盘上的数字 3。

知识 2　交互式创建三维模型

交互式创建三维模型

下面介绍用交互式方式创建晶体管封装 TO-205AF 的三维模型。

1. 复制已有封装

TO-205AF 封装在 Miscellaneous Devices.Pcblib 库内，设计者可以将已有封装复制到自己的 PCB 库中，并对封装命名和修改以满足特定的需求。

第 1 步，执行“文件”→“新的”→“PCB”命令，创建一个 PCB 文件。

第 2 步，执行“放置”→“器件”命令，弹出“放置元件”对话框，如图 10.29 所示。

第 3 步，在该对话框中，放置类型选择“封装”。在“元件详情”区域的“封装”中输入“TO-205AF”，设置完毕，单击“确定”按钮。

第 4 步，光标上带了一个封装模型，单击放置，如图 10.30 所示。

图 10.29　“放置元件”对话框

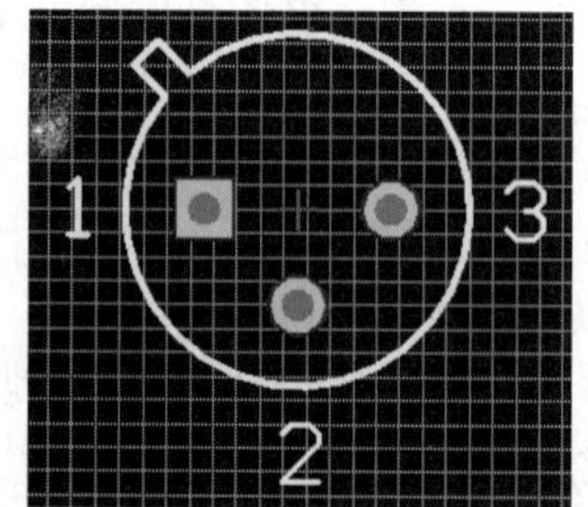

图 10.30　“TO-205AF”封装模型

第 5 步，右击，返回“放置元件”对话框，单击“取消”按钮退出该对话框。

第 6 步，选中放置的封装模型，右击，在弹出的快捷菜单中选择“复制”命令。

第 7 步，执行“文件”→“新的”→“库”→“PCB 库”命令，打开一个 PCB 库文件，或者直接打开任务二中的 Mypcblib.PcbLib。

第 8 步，在 PCB Library 面板的“元件”区域右击，弹出快捷菜单，如图 10.31 所示。

第 9 步，在图示菜单中选择 Paste 1 Components，器件 TO-205AF 封装即被复制到当前库中。

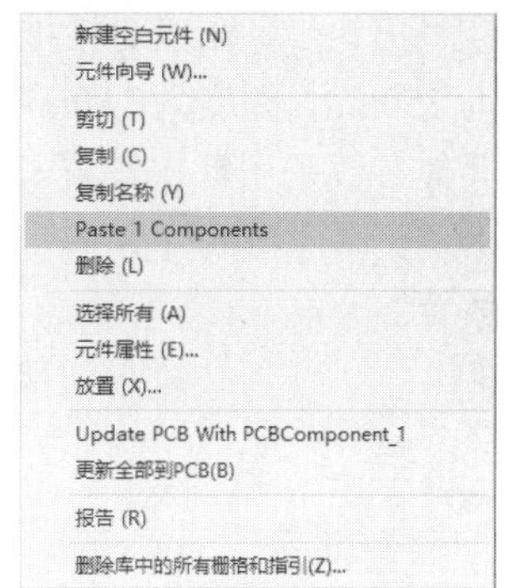

图 10.31 粘贴已有封装

2. 交互式创建三维模型

已有 TO-205AF 封装复制到目标封装库中且已被激活。接下来讲述创建该封装三维模型的具体步骤。

第 1 步，执行“工具”→“Manage 3D Bodies for Current Component”命令，弹出“元件体管理器 for component: TO-205AF”对话框，如图 10.32 所示。

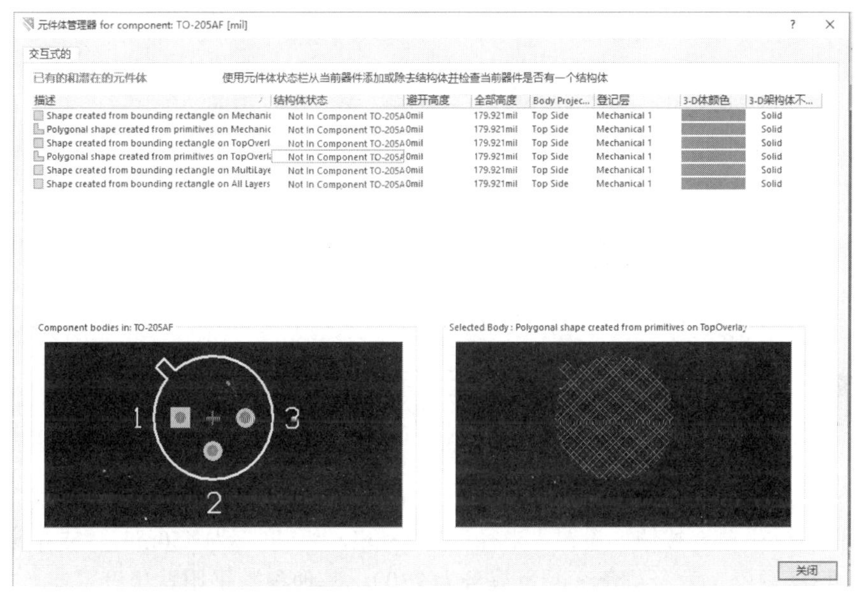

图 10.32 “元件体管理器 for component: TO-205AF”对话框

第 2 步，在该对话框中，用交互式方式，根据封装轮廓建立一个基础性的三维模型对象。

在“描述”列依次选择查看形状，选择列表中第 4 个选项 Polygonal shape created from primitives on TopOverlay；该选项所在行位置单击“结构体状态”列的 Not In Component TO-205AF，图像显示区域右侧的图像添加到左侧；“全部高度”设置为合适的值，如 50mil；“3-D 体颜色”设置为合适的颜色，如灰色（颜色编号 220）；其他均选择默认值。

第 3 步，设置完毕，单击“关闭”按钮，元件上面显示三维模型形状，如图 10.33 所示。

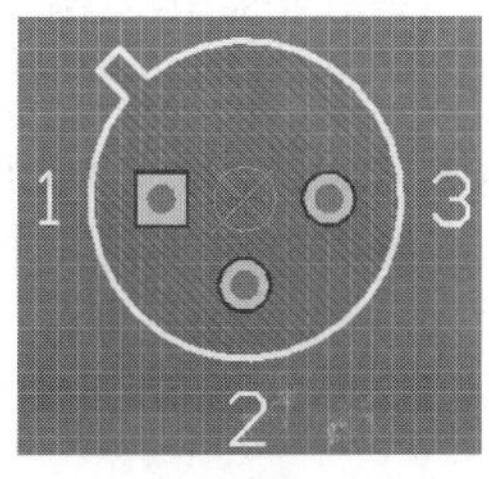

图 10.33 添加了三维模型的 TO-205AF 2D 封装

第 4 步，建立一个代表三维模型的外围，通过放置圆柱体来实现。执行“放置”→“3D 元件体”命令，弹出“3D 体”对话框，如图 10.34 所示。

第 5 步，在该对话框的“3D 模型类型”区域选中“圆柱体”单选按钮；设置“半径”为 150mil，高度为 180mil，“支架高度”为 50mil，“3D 颜色”为灰色（颜色编号为 220），其他参数采用默认设置。

第 6 步，设置完毕，单击“确定”按钮。光标处出现一个方框，移动到圆心处单击放置。

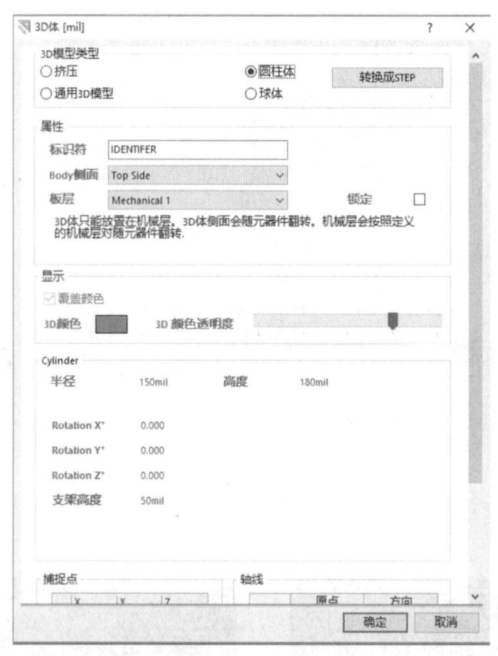

图 10.34　定义三维模型参数

第 7 步，设置三个管脚的三维模型对象。在“3D 体”对话框的“3D 模型类型”区域选中“圆柱体”单选按钮；设置“半径”为 15mil，“高度”为 450mil，“支架高度”为 -450mil，“3D 颜色”为金黄色（颜色编号为 230），其他参数采用默认设置。

图 10.35　TO-205AF 3D 模型

第 8 步，设置完毕，单击“确定”按钮，光标处出现一个方框，移动到焊盘 1 处单击放置。

第 9 步，重新弹出“3D 体”对话框，分别把小方框放置在焊盘 2、3 处。

第 10 步，单击“取消”按钮或按 Esc 键退出放置状态。

交互式创建 TO-205AF 封装的 3D 模型如图 10.35 所示，该模型包含 5 个三维模型对象：1 个交互式方式创建的基础性三维模型对象、1 个代表外围的三维模型对象和 3 个管脚的三维模型对象。

工作页

实训 添加三维模型

1. 手工添加三维模型

为 74LS08 手工添加 DIP-14 封装的三维模型，并将操作步骤填于表 10.9 中。

表 10.9 操作步骤

添加 DIP-14 三维模型操作步骤	DIP-14 三维模型

2. 用交互式方式添加三维模型

用交互式方式添加晶体管封装 TO-18 的三维模型，并将操作步骤填于表 10.10 中。

表 10.10 操作步骤

创建封装 TO-18 三维模型操作步骤	TO-18 三维模型

3. 收获和体会

将添加三维模型后的收获和体会写在下面空格中。

收获和体会：

4. 工作评价

把添加三维模型工作评价填写在表 10.11 中。

表 10.11 工作评价表

评定人	工作评价	等级	评定签名
自己评			
同学评			
老师评			
综合评定等级			

________年________月________日

拓 展

拓展 检查元件封装并生成报表

拓展部分详细内容，可从网站 www.abook.cn 下载学习。

任务五 创建元件封装库和集成元件库

情 景

在原理图编辑状态下可以建立原理图库，在 PCB 编辑状态下，同样可以建立元件封装库。在设计 PCB 需调用元件时，能够同时调用元件的原理图符号、PCB 封装。

讲解与演示

知识 1 创建元件封装库

创建元件封装库

元件封装库是指按照某个工程电路图上的元件生成一个元件封装库。下面以“小信号.PcbDoc”为例，讲述在 PCB 编辑状态下创建元件封装库的步骤。

第 1 步，执行“文件”→“打开”命令，打开“小信号.PcbDoc”项目文件。

第 2 步，在 PCB 编辑器中，执行“设计”→“生成 PCB 库”命令。

第 3 步，执行命令后，系统自动生成相应的“小信号.PCBLib” PCB 库文件，并切换到元件封装编辑器中，元件库封装管理器中的“元件”区域列出了该工程中包含的元件封装，如图 10.36 所示。

第 4 步，执行“文件”→“保存”命令，将生成的库文件保存。

至此，完成了一个元件封装库的建立。

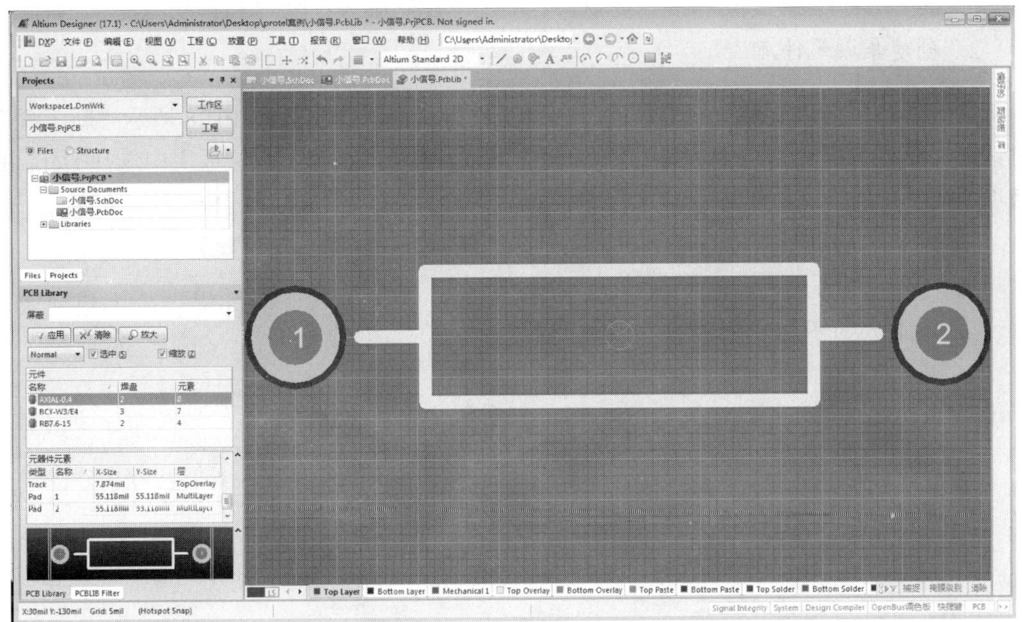

图 10.36　生成的元件封装库

知识 2　创建集成元件库

创建集成元件库

集成元件库中包括了元件的各种模型。例如，元件的符号模型、PCB 封装模型、仿真模型以及信号完整性分析模型等。集成库的管理模式给元件库的加载、网络表的导入以及原理图与 PCB 之间的同步更新带来了方便。下面讲述如何创建集成元件库。

1. 准备原理图库和 PCB 库

集成元件库中需要包含元件的原理图符号和 PCB 封装符号，所以首先需要建立或在已有的元件库中找到相应的库符号。以工程项目“小信号.PrjPCB”为例，利用该工程的原理图和 PCB 文件作为数据源，生成原理图库和 PCB 封装库。

第 1 步，执行“文件”→“打开”命令，打开“小信号. PrjPCB”工程文件。

第 2 步，打开原理图文件“小信号.SchDoc”。

第 3 步，在原理图编辑器中，执行“设计”→“生成原理图库”命令，弹出如图 10.37 所示的 Information 对话框，其中汇报了所创建的原理图库文件。

第 4 步，单击 OK 按钮，系统自动生成“小信号.SCHLIB”原理图库文件，并将其保存。

第 5 步，打开 PCB 文件“小信号.PCBDoc”。在 PCB 编辑器中，执行“设计”→“生成 PCB 库”命令，系统自动生成相应的“小信号.PCBLib”PCB 封装库文件，并将其保存。

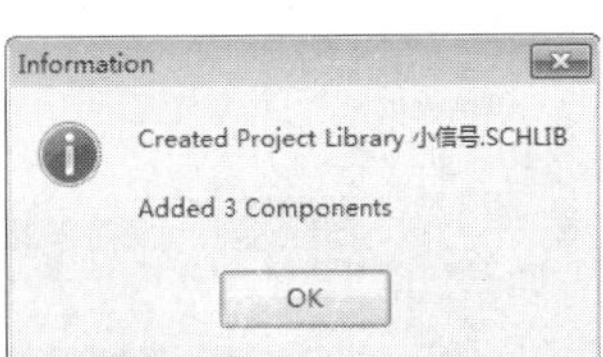

图 10.37　Information 对话框

2. 创建集成元件库

第 1 步，执行“文件”→“新的”→“工程”命令，弹出如图 10.38 所示“新工程”对话框，在“工程类别”中选择 Integrated Library 选项，在“工程模板”中选择 Default 选项，在“位置”文本框中选择文件路径。

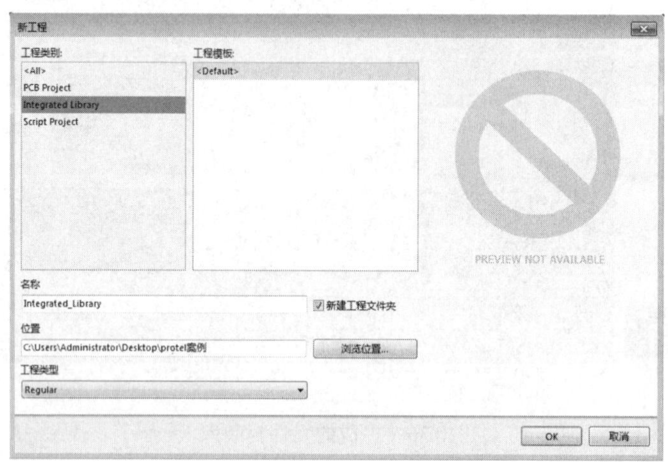

图 10.38 “新工程”对话框

第 2 步，设置完成后，单击 OK 按钮，系统自动新建一个集成库文件包 Integrated_Library.LibPkg。

集成元件库扩展名为.IntLib，这里的是.LibPkg，称为集成库文件包，完成元件各种模型的添加以及编辑后，即可生成.IntLib 格式的集成元件库。

第 3 步，在 Projects 面板中，右击 Integrated_Library.LibPkg，执行“保存工程为”命令，将其保存为“小信号.LibPkg”。

第 4 步，添加原理图库源文件。在 Projects 面板中，右击“小信号.LibPkg”，执行“添加已有文档到工程”命令。在弹出的选择文件对话框中，打开“小信号.SCHLIB”，则该文件自动添加到“小信号.LibPkg”集成文件包中。

第 5 步，添加 PCB 元件封装库。用同样方法，将对应的 PCB 封装库文件“小信号.PcbLib”也添加到“小信号.LibPkg”集成文件包中。完成后的 Projects 面板如图 10.39 所示。

图 10.39 完成后的 Projects 面板

3. 生成集成元件库

第 1 步，执行“工程”→“Compile Integrated Library 小信号.LibPkg”命令，编译该集成元件包。编译后系统将自动激活“库”面板，可以在该面板最上面的下拉列表中看到编译后的集成库文件“小信号.LibPkg”，如图 10.40 所示。

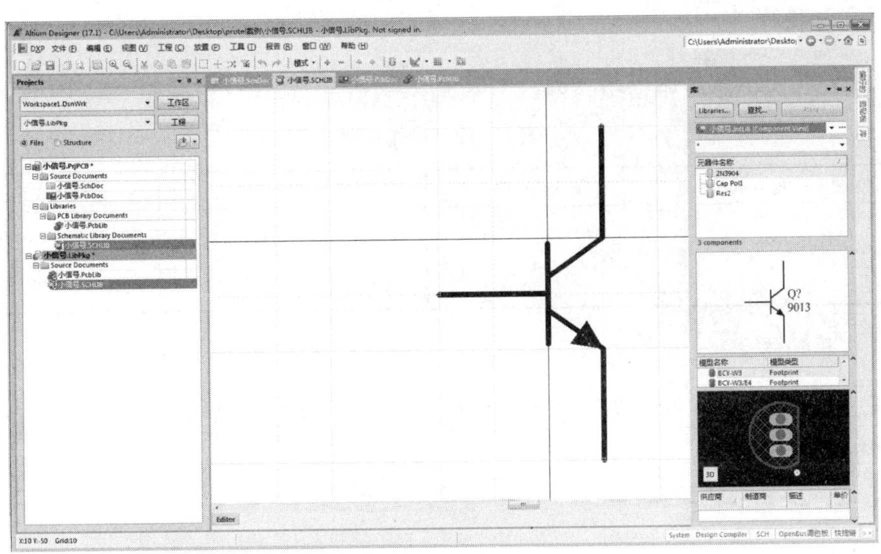

图 10.40　生成集成库并加入到当前库中

第 2 步，打开 Messages 面板，将显示一些错误和警告的提示，如图 10.41 所示。这表明还有部分原理图文件没有找到匹配的元件封装或信号完整性等模型文件。根据提示信息，进行修改。

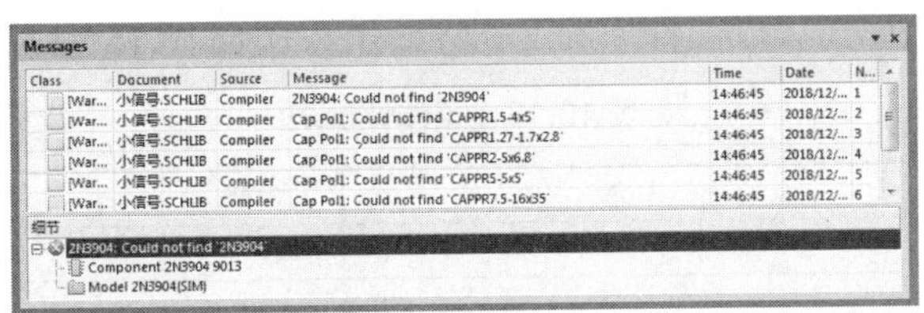

图 10.41　“Messages”面板

第 3 步，修改完毕后，单击菜单栏中的“工程”→“Recompile Integrated Library 小信号.LibPkg”命令，对集成库文件再次编译，以检查是否还有错误信息。

第 4 步，不断重复上述操作，直至编译无误，就完成了一个集成元件库的创建。

至此，我们已经学会了建立电路原理图库文件、PCB 库文件和集成库文件。

工作页

实训　生成集成元件库

1. 回答问题

创建元件封装库的步骤有哪些？

____

____

____

2. 实际操作

以图 9.57 所示振荡器电路为例，生成集成元件库并把操作步骤填于表 10.12 中。

表 10.12 操作步骤

准备原理图库和 PCB 库	创建集成元件库	添加元件模型	生成集成元件库

3. 收获和体会

将创建元件封装库和集成元件库后的收获和体会写在下面空格中。

收获和体会：

4. 工作评价

将创建元件封装库和集成元件库的工作评价填写在表 10.13 中。

表 10.13 工作评价表

评定人	工作评价	等级	评定签名
自己评			
同学评			
老师评			
综合评定等级			

________年________月________日

拓 展

拓展 导入 Protel 99SE 中的库文件生成集成库

拓展部分详细内容，可从网站 www.abook.cn 下载学习。

任务六 综 合 实 例

情 景

PCB 设计到此为止，即使电路图中有集成库中没有的元件，或者没有的元件封装，设计者也可以自行解决。但自制元件或元件封装又是如何应用到具体的电路中去，设计者还是有点模糊。下面以如图 10.42 所示“正弦波电路”的 PCB 设计为例，进一步巩固 PCB 设计的流程和具体操作步骤。

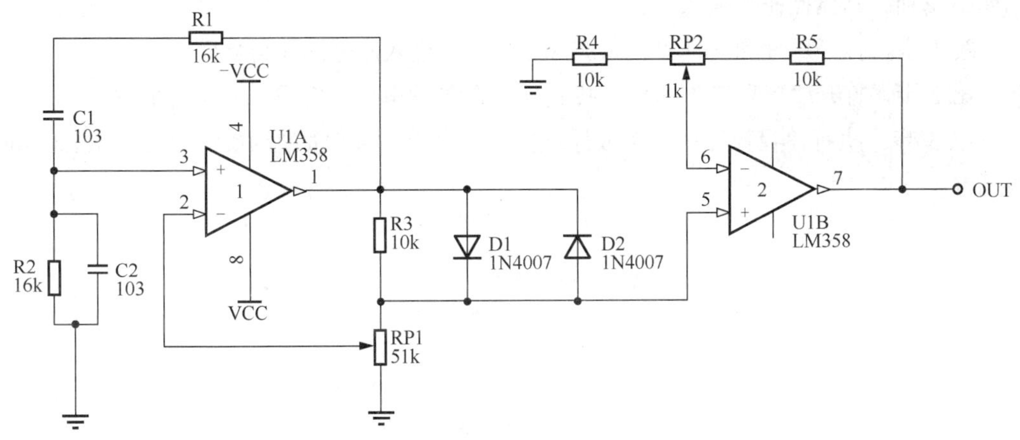

图 10.42　正弦波电路

PCB 设计的具体要求如下。

1）双面板。

2）在机械层绘制电路板的物理边界，尺寸不大于 2400mil×1800mil。

3）信号线宽 10mil，电源线宽 30mil，接地线宽 50mil。

电路图中各元器件的相关属性如表 10.14 所示。

表 10.14　电路图元件相关属性

元件名	元件标识符	元件注释	元件封装
电阻	R1～R2、R3～R5	16k、10k	AXIAL-0.4
电容	C1～C2	103	RAD-0.3
二极管	D1～D2	1N4007	DIO10.46-5.3×2.8
电位器	RP1～RP2（自制）	51k、1k	自制
集成块	U1、U2	LM358	751-02

注：LM358 在元件库 Motorola Amplifier Operational Amplifier.IntLib 中。

讲解与演示

知识 1　创建工程文件与自制原理图符号

创建工程文件与自制原理图符号

1. 创建工程及相关文件

在 E 盘根目录下建立一个名为“正弦波电路”的文件夹。

所有文件均保存在“正弦波电路”文件夹中。

新建一个名为“正弦波.PrjPcb”的工程文件。

新建一个名为“正弦波.SchDoc”的原理图文件。

2. 原理图符号的制作

本例中需要自制的原理图符号是电位器，其余的都可在 Altium Designer 17 软件自带的库中找到。具体操作步骤如下。

第 1 步，打开原理图文件“正弦波.SchDoc”，进入原理图编辑界面。

第 2 步，打开“库”工作面板，找到软件自带的电位器符号，并进行放置。

第 3 步，执行“设计”→“生成原理图库”命令，弹出如图 10.43 所示 Information 对话框。

图 10.43 Information 对话框

第 4 步，单击 OK 按钮，系统自动生成与该原理同名的原理图库文件“正弦波.SCHLIB”。

第 5 步，单击原理图库面板 SCH Library 的元件项，元件编辑区显示电位器原理图符号，如图 10.44 所示。

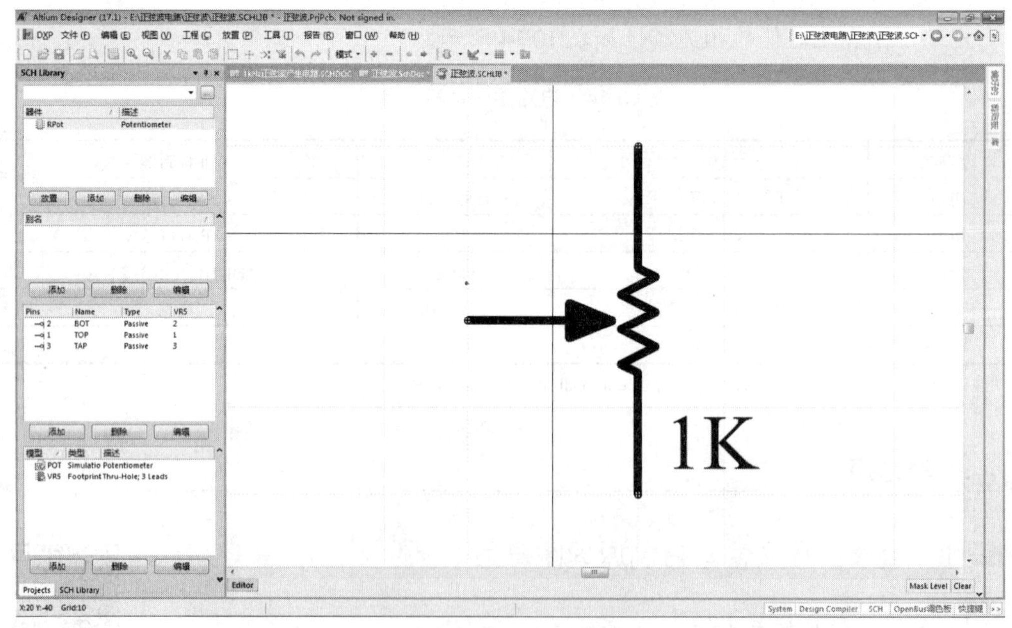

图 10.44 自带的电位器符号

第 6 步，对该原理图符号进行编辑。删除曲线部分以矩形框代替。最终得到如图 10.45 所示的电位器符号。

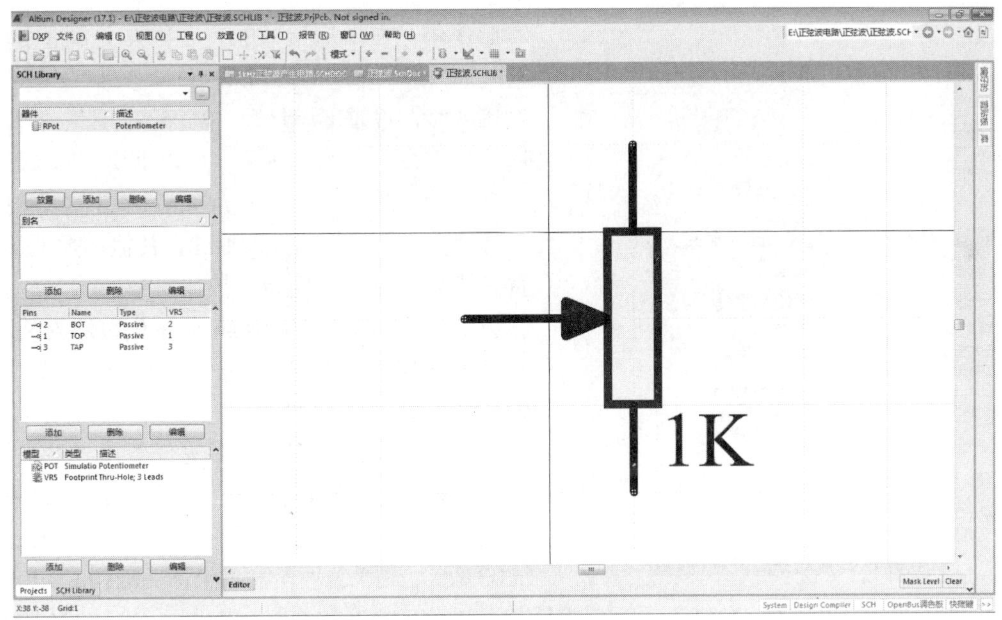

图 10.45　编辑后的电位器符号

放置矩形前，执行“工具”→“文档选项”命令，弹出“原理图库选项”对话框，在“栅格”选项中设置“捕捉”为 1。矩形属性设置“填充色”为“透明”，“边缘宽”为 Small。

第 7 步，执行“文件”→“另存为”命令，保存该元件库。

此时若在原理图库工作面板“器件”区域单击“放置”按钮，系统会自动转换到原理图编辑界面，单击即可放置该元件符号。

知识 2　自制元件封装

电位器封装要求：元件封装名称为 RP，焊盘直径 60mil；孔径 32mil；1 号焊盘为方形，2 号、3 号焊盘为圆形。其余尺寸及相关要求参照图 10.46。具体操作步骤如下。

第 1 步，创建 PCB 库文件并重名为“正弦波.PCBLIB”，使其成为当前编辑文件，打开 PCB Library 工作面板，其中已包含一个名为 PCBCOMPONENT_1 待编辑元件。

第 2 步，光标指向 PCB Library 工作面板中的元件名称，执行“工具”→“元件属性”命令，弹出如图 10.47 所示的“PCB 库元件”对话框。

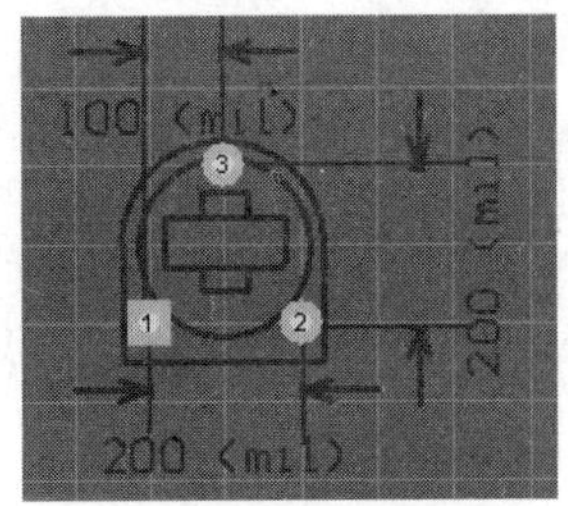

图 10.46　电位器封装

图 10.47　“PCB 库元件”对话框

图 10.48 “板级选项”对话框

第 3 步，在该对话框的“名称”文本框中输入 RP，单击“确定”按钮。

第 4 步，设置环境参数。执行“工具”→“器件库选项”命令，弹出如图 10.48 所示“板级选项”对话框，设置度量单位为“Imperial”，“捕捉到目标热点”的“范围”为 1mil，其他参数默认。设置完毕后，单击“确定”按钮。

第 5 步，绘制如图 10.46 所示电位器封装。Multi-Layer 层放置焊盘，Top Overlay 层放置圆、圆弧、线条等。

绘制封装外形具体步骤参见任务三“手工创建元件封装”。以下坐标位置作为参考：

坐标（X:0,Y:0）放置 1 号焊盘，坐标（X:200,Y:0）放置 2 号焊盘，坐标（X:100,Y:200）放置 3 号焊盘；以坐标（X:100,Y:100）为圆心，110mil 为半径画圆；以坐标（X:100,Y:100）为圆心，150mil 为半径画半圆；外部左下角顶点坐标（X:−50,Y:−50），右下角顶点坐标（X:250,Y:−50）；内部水平方向矩形四个顶点坐标分别为（X:25,Y:125）、（X:25,Y:75）、（X:175,Y:75）和（X:175,Y:125）；与水平方向相接小矩形上部分两顶点坐标为（X:65,Y:155）和（X:135,Y:155）；下部分两顶点坐标为（X:65,Y:45）和（X:135,Y:45）。

绘制完成的自制元件电位器封装 RP 在 PCB Library 工作面板和工作窗口中显示，如图 10.49 所示。

第 6 步，执行“文件”→“另存为”命令，保存该元件封装。

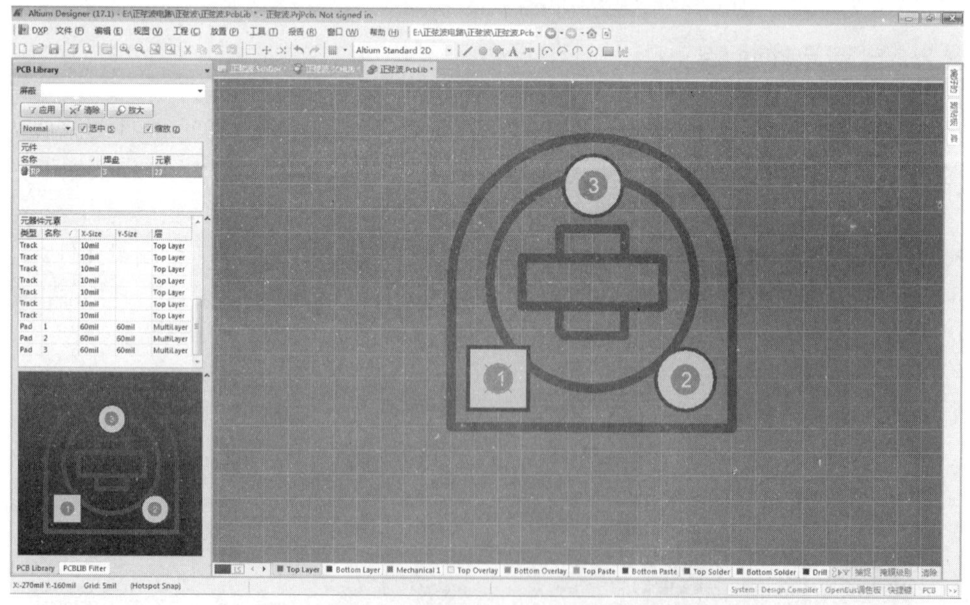

图 10.49 自制元件电位器封装 RP

知识 3　添加元件封装

自制元件添加元件封装的方法和查找方法类似，具体操作步骤如下。

第 1 步，打开原理图库文件“正弦波.SchLib”，同时打开原理图库工作面板。

第 2 步，双击该面板器件栏名称，弹出 Library Component Properties（库元件属性）对话框，如图 10.50 所示。在该对话框的 Default Designator 文本框中输入“RP？”，在 Symbol Reference 栏中输入“RP”。

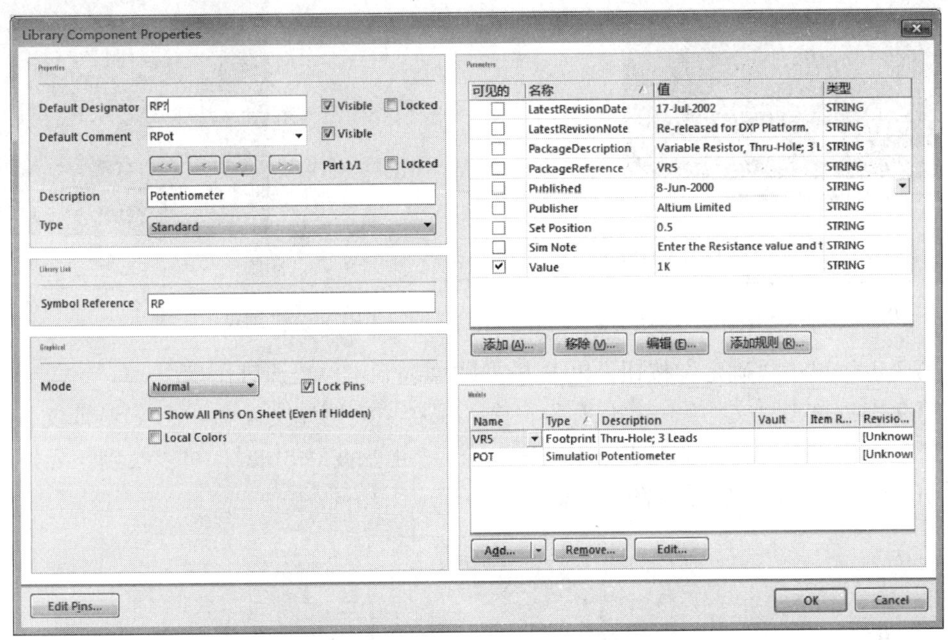

图 10.50　Library Component Properties 对话框

第 3 步，单击右下角 Models（模型）区域 Remove（删除）按钮，弹出如图 10.51 所示的 Confirm Delete Model（确认删除模型）对话框。

第 4 步，单击 Yes 按钮，原有的 Footprint（封装）VR5 被删除。

第 5 步，单击 Add（添加）按钮，弹出如图 10.52 所示的“添加新模型”对话框。在该对话框的下拉列表中选择模型种类 Footprint。

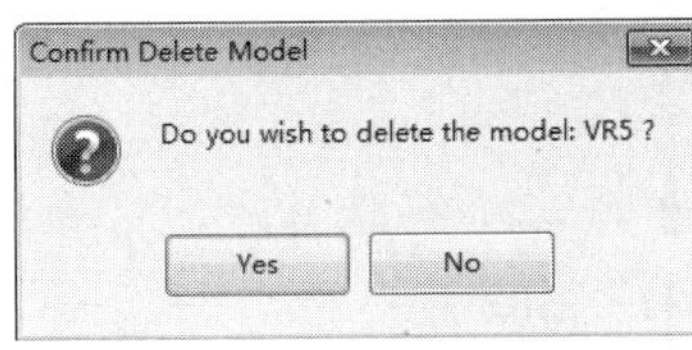

图 10.51　确认删除模型对话框

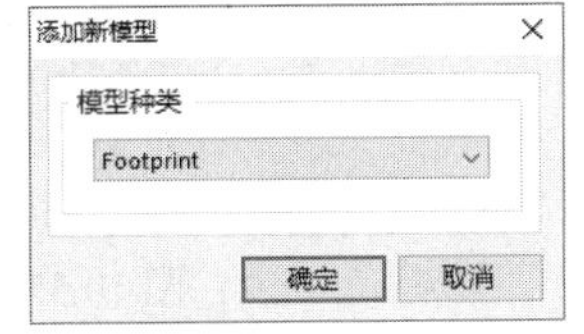

图 10.52　“添加新模型”对话框

第 6 步，单击“确定”按钮，弹出“PCB 模型”对话框，在“名称”栏输入 RP，“选择的封装”区域出现自制的电位器封装，如图 10.53 所示。

第 7 步，若图 10.53 未显示对应元件封装，则单击“浏览”按钮，弹出如图 10.54 所示的“浏览库”对话框。

图 10.53 “PCB 模型”对话框

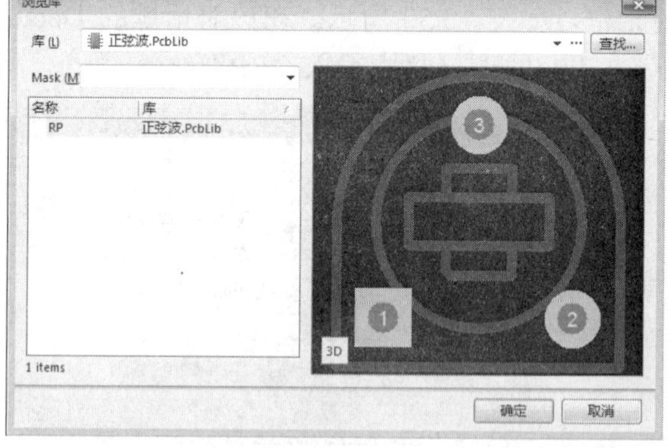

图 10.54 “浏览库”对话框

第 8 步，单击“确定”按钮，PCB 模型即添加到电位器原理图库中。

第 9 步，单击“文件”→“保存”命令，保存原理图库文件和 PCB 封装库文件。

此时，在“库”面板中有“正弦波.SchLib”“正弦波.PcbLib”，可以找到该元件 RP，如图 10.55 所示。在绘制原理图时与自带元件库应用相同。

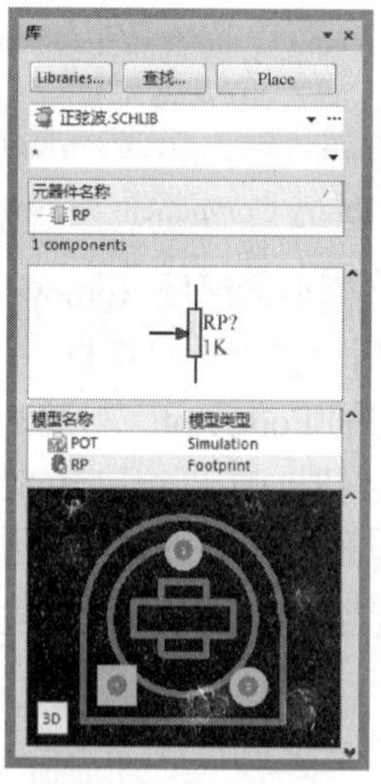

图 10.55 “库”面板中显示自制元件 RP

知识 4 绘制原理图

绘制原理图

第 1 步，打开名为“正弦波.SchDoc”的原理图文件。

第 2 步，设置环境参数。根据实际需要设置图纸的大小、方向、标题栏、颜色、字体及格点，在此为默认状态。

第 3 步，放置元件及设置属性。按表 10.14 所示的元件属性要求放置元件。自制元件电位器的放置在原理图库编辑界面，打开原理图库面板，在如图 10.55 所示工作面板中单击元件区域的 Place 按钮，即自动转到原理图编辑界面放置电位器，属性设置同其他元件。

第 4 步，放置导线、电源/接地组件和输出字符串 OUT。结果电路如图 10.42 所示。

知识 5　PCB 双面板的设计

PCB 设计及报表输出

1. 使用 PCB 向导创建 PCB 文件

第 1 步，单击工作区右下角 system 按钮，在弹出的快捷菜单中选择 Files 项，打开 Files 面板。

第 2 步，在 Files 面板“根据模板新建”区域，单击 PCB Board Wizard 选项，打开“PCB 板向导”对话框。

第 3 步，在向导中“选择板详细文件”对话框自定义 PCB 规格为 2400mil×1800mil，在“选择元件和布线工艺”对话框中选择“通孔器件”，在“临近焊盘间的走线数量”对话框中选择“两条走线”。其他采用默认参数。

第 4 步，完成 PCB 文件创建后，另存文件名为“正弦波.PcbDoc”。

第 5 步，执行“设计”→“Import Changs From 正弦波电路.PrjPCB”命令，或在原理图编辑器中，执行“设计”→“Update PCB Document 正弦波电路.PcbDoc”命令，弹出如图 10.56 所示“工程变更指令”对话框，在该对话框中单击“验证变更”按钮，再单击“执行变更”按钮，将网络表和元件封装添加到 PCB 编辑器中。

第 6 步，网络表和元件封装加载完毕，单击“关闭”按钮。

图 10.56　“工程变更指令”对话框

如果“工程变更指令”存在错误，或没有装载元件封装库，则装载都不会成功。

2. 导线宽度设置

正弦波电路中要求信号线宽 10mil，电源线宽 30mil，接地线宽 50mil，所以应新增 3

个布线规则对应 VCC、-VCC、GND，默认设置即为信号线宽。

第 1 步，执行“设计”→“规则”命令，弹出“PCB 规则及约束编辑器”对话框，如图 10.57 所示。

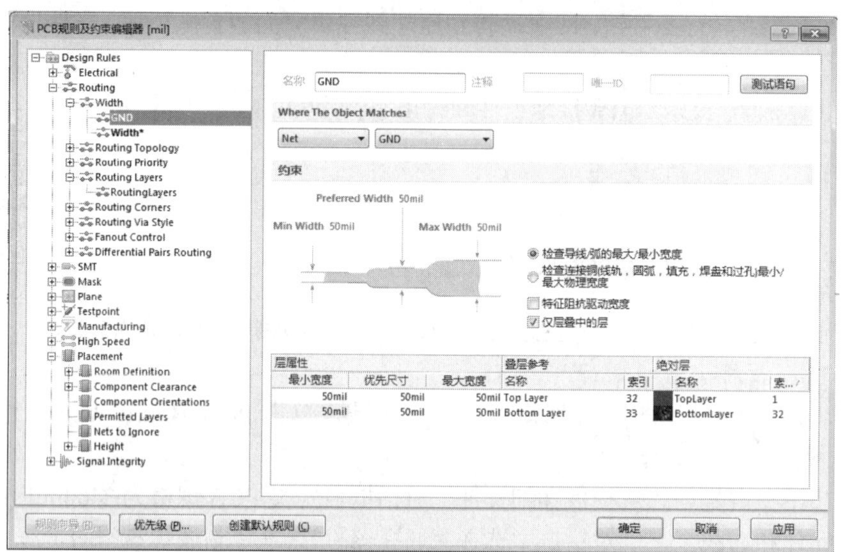

图 10.57　新规则的设置

第 2 步，在该对话框左侧单击“Design Rules”→“Routing”→“Width”，选中 Width 并右击，在弹出的快捷菜单中执行“新规则”命令，系统自动增加一个名为 Width_1 的规则。

第 3 步，单击 Width_1，对话框右侧显示布线规则设置，如图 10.57 所示。

第 4 步，将该对话框右上侧“名称”栏的 Width_1 改为 GND，在 Where The Object Matches 下面 All 右侧单击下三角按钮，选择网络 Net，然后在右侧下拉菜单中选择 GND。

第 5 步，将“约束”特性中宽度 Max Width、Preferred Width 和 Min Width 修改为 50mil，左下角“优先级”打开设置为最高权限。

第 6 步，单击“应用”按钮，设置完成。

第 7 步，单击“确定”按钮，退出对话框。

同理，再新建另两个-VCC 和 VCC 规则，线宽均为 30mil。

系统默认为双面板，因此板层设置不必修改。

3. 布局布线

第 1 步，执行“工具”→“器件摆放”→“按照 Room 排列”命令，光标变成十字状。

第 2 步，将光标移到 Room 区域内任意位置单击，系统自动将元件在该 Room 中排列。

第 3 步，调整 Room 区域大小，匹配电路板边界。

第 4 步，布局完毕，手工调整后的 PCB 布局如图 10.58 所示。

如果原来定义的 PCB 形状过大，可以执行“设计”→“板子形状”→“按照选择对象定义”命令，重新定义 PCB 的形状。重新定义后，PCB 的形状如图 10.58 所示。

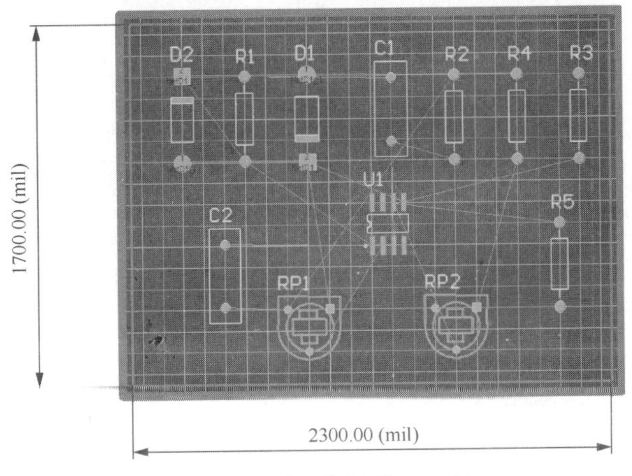

图 10.58 手工布局后 PCB 图

第 5 步，执行“布线”→“自动布线”→“全部”命令，系统弹出“Situs 布线策略”对话框。

第 6 步，在“布线策略”栏内，选择 Default 2 Layer Board（默认双面板）的布线策略，然后单击 Route All 按钮，系统开始执行自动布线。

第 7 步，执行“自动布线”→“全部对象”命令，系统进行自动布线，布线结果如图 10.59 所示。

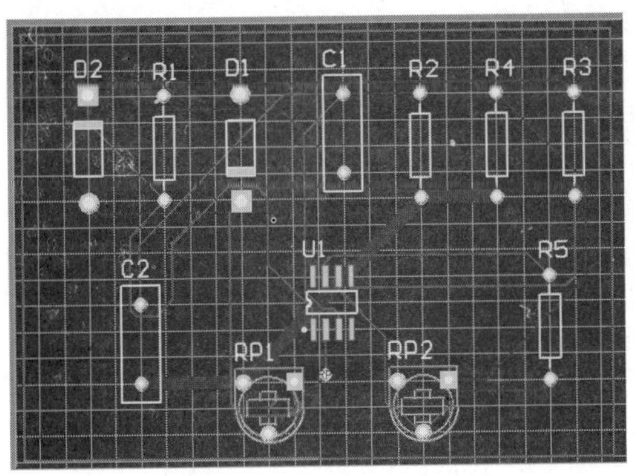

图 10.59 “正弦波电路”PCB 双面板设计结果

知识 6 报表输出

1. 生成网络表

执行“设计”→“文件的网络表”→“Protel”命令，产生原理图网络表文件“正弦波.NET”，并存放在当前工程下的 Generated\Netlist Files 文件夹中，双击打开该文件，如图 10.60 所示。

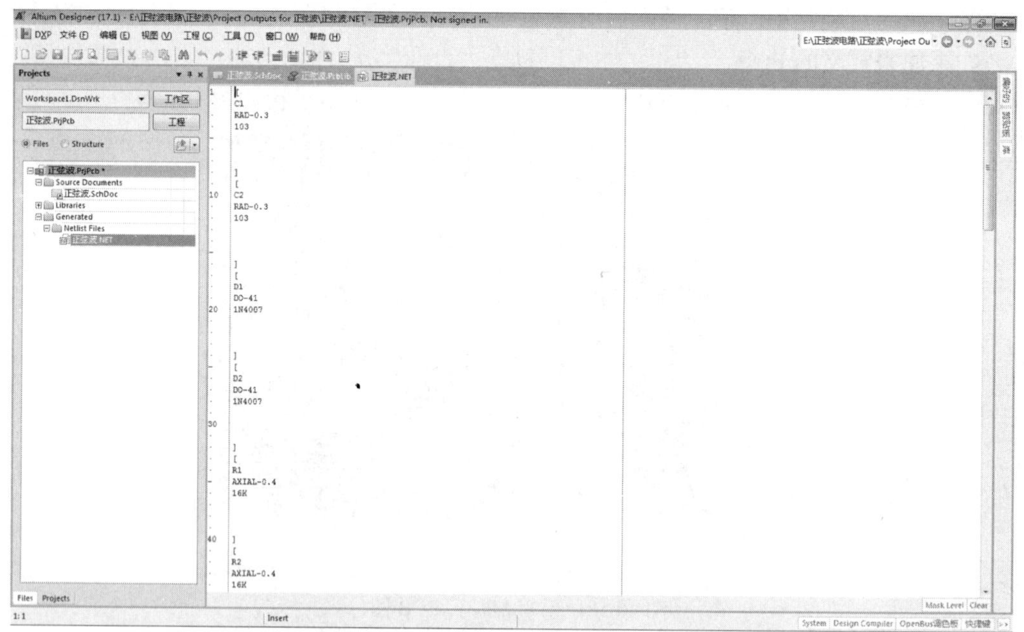

图 10.60 网络表

2. 生成简单元件报表

执行“报告”→“Simple BOM”（简单 BOM 表）命令，则系统同时产生两个文件“正弦波.BOM”和“正弦波.CSV”，并存放在当前工程下的 Generated\Text Documents 文件夹中，图 10.61 所示为当前打开的“正弦波.BOM”文件。

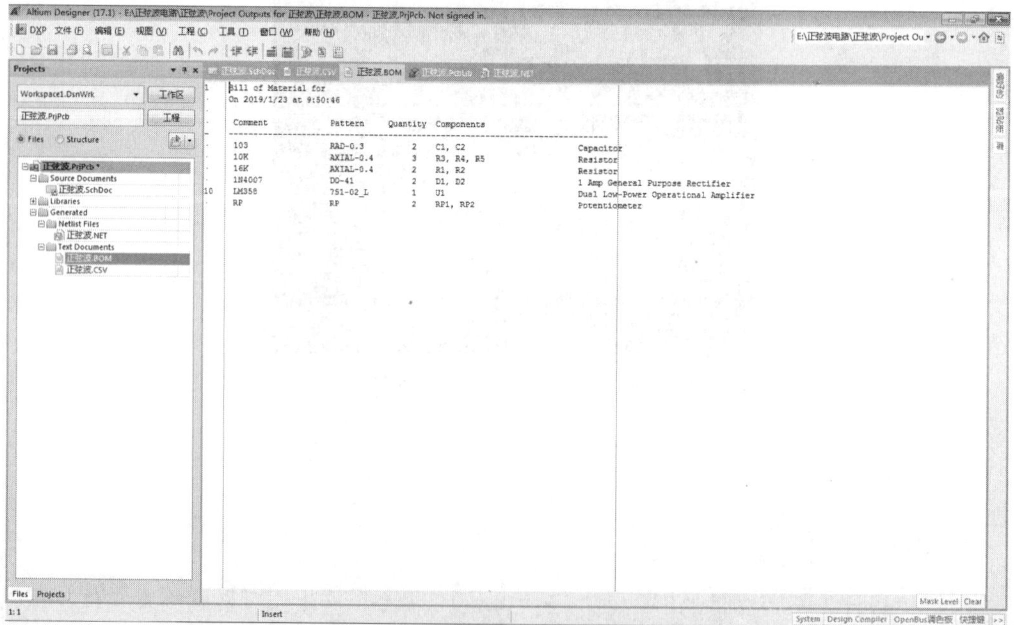

图 10.61 简单元件报表

3. 生成元件清单报表

第 1 步，在原理图窗口，执行“报告”→“Bill of Material”命令，系统弹出如图 10.62 所示元件清单报表窗口。

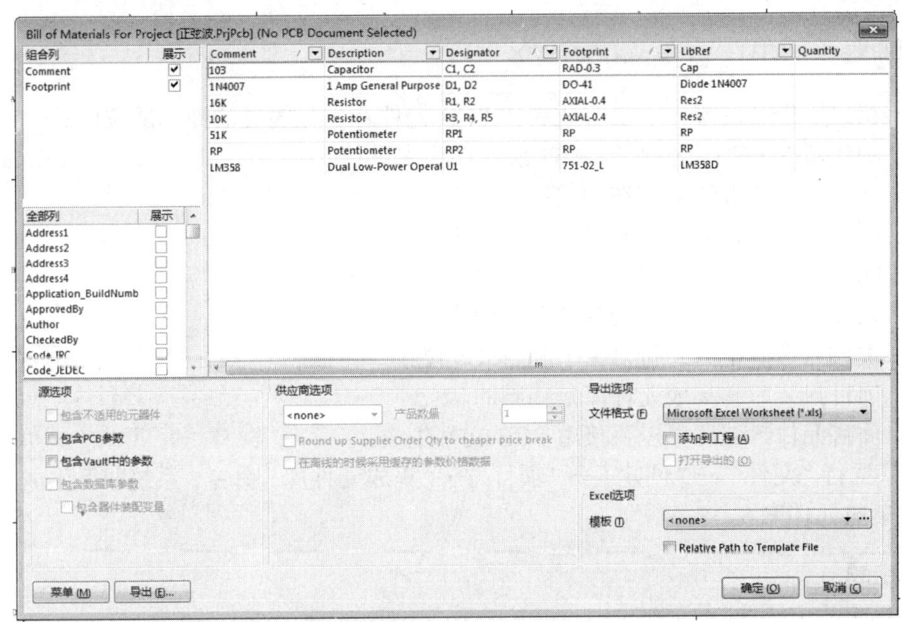

图 10.62 元件清单报表

第 2 步，单击图 10.62 左下方的“导出”按钮，选择导出路径“E:\正弦波电路”，保存文件类型默认为 Excel 格式的元件报表文件正弦波.xls，单击“确定”按钮，导出如图 10.63 所示的报表。

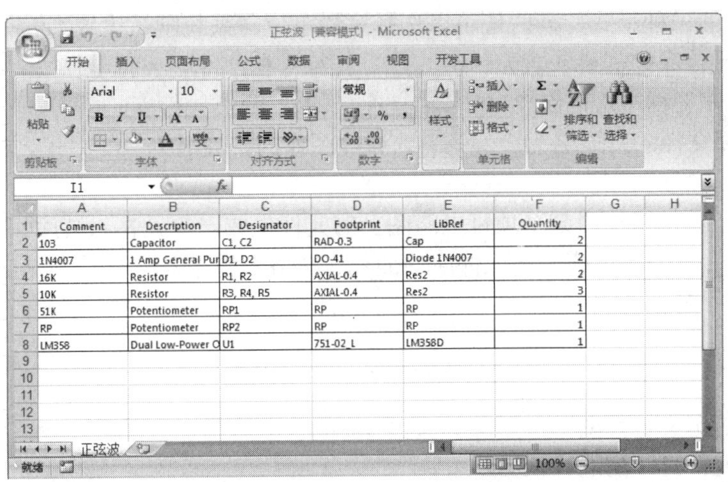

图 10.63 Excel 格式元件报表

思考与练习

一、判断题（对的打“√”，错的打“×”）

1. 相比于借助向导，手工方式制作 PCB 元件有更强的灵活性和适应性。（　　）
2. 制作新的 PCB 元件必须在 PCB 元件库中进行。（　　）
3. 绘制元件轮廓线应该在顶层进行。（　　）
4. 不规则管脚排列的封装只能采用手工创建。（　　）
5. DIP16 和 DIP4 的管脚数不同，封装形式相同。（　　）
6. 元件封装可以由已有的封装改编而成。（　　）
7. 集成元件库中只有符号模型和封装模型。（　　）
8. 项目封装库和集成元件库是相同的。（　　）
9. 项目元件封装库可以直接由 PCB 文件生成。（　　）
10. 执行“文件”→“创建”→“项目”→“集成元件库”命令，系统即可生成.IntLib 格式的集成元件库。（　　）

二、填空题

1. PCB 元件库的扩展名为________。
2. 用鼠标左键________焊盘，可以打开“焊盘”属性设置面板。
3. 焊盘的基本属性有________、________和________。
4. 创建封装的方法常有________和________两种。
5. PCB 元件向导的“元件模式”对话框中，列出了________种元件封装，用户可以从中选择需要的一种形式。同时还可以选择度量单位，系统默认设置为________。
6. 集成元件库中需要包含元件的________符号和________符号。
7. 在 PCB 工程中可以包含________与________两类元件库。
8. 集成库文件的扩展名为________，原理图库的扩展名为________，封装库的扩展名为________。
9. ________是指按照某个项目电路图上的元件生成一个元件封装库。
10. ________的管理模式给元件库的加载、网络表的导入以及原理图与 PCB 之间的同步更新带来了方便。

三、简答题

1. 封装的定义是什么？
2. 简述元件封装的选择依据。
3. 如何启动绘制封装的界面？
4. 简述手工创建元件封装的步骤。
5. 简述创建 PCB 封装库的基本步骤。
6. 简述创建元件集成库的步骤。

四、操作题

1．新建一个名称为“Test”封装库，并在该封装库中新建一个名为 DIODE 的二极管封装、删除新建封装库时库产生的元件封装。操作结果如图 10.64 所示。

焊盘属性：直径 1.8mm，两焊盘间距 10.16mm，线属性：线宽为 0.254mm，所在层为 TOP Overlay。操作结果如图 10.65 所示。

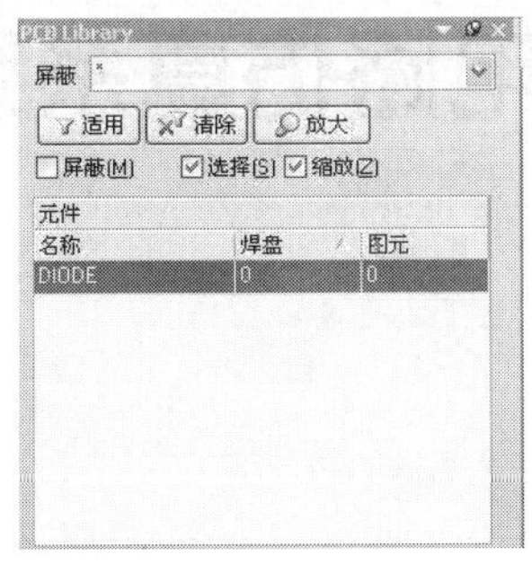

图 10.64 第 1 题图（一）

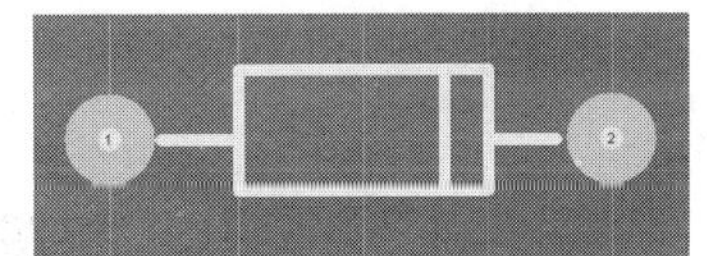

图 10.65 第 1 题图（二）

2．使用向导创建图 10.31 所示元件封装，然后再修改成图 10.30 所示封装形式。写出操作步骤。

3．设计如图 10.66 所示电路的 PCB，写出具体操作步骤。

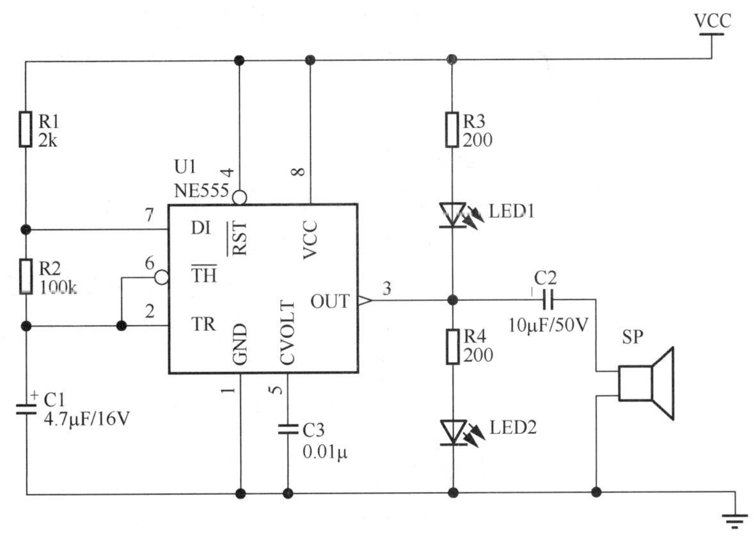

图 10.66 第 3 题图

设计要求如下。

1）双面板，电路板的尺寸为 2000mil×1800mil。

2）电源地线宽度为 50mil，VCC 宽度为 30，一般布线宽度为 20mil。

3）NE555 为自制元件，使用向导创建元件封装 DIP8。

项目十一

电路仿真系统

学习目标

本项目主要讲述 Altium Designer 17 的电路原理图仿真，并通过实例对具体的电路图仿真过程作详细的讲解。了解电路仿真的具体流程；掌握常用参数的设置；熟练运用 Aultium Designer 的仿真功能，有效地对电路图进行仿真；熟练掌握仿真方法，清楚各种仿真模式所分析的内容和输出结果的意义。

知识目标

- 了解电路仿真的基本知识。
- 理解仿真设计过程。
- 熟悉仿真激励源的放置及属性设置。
- 掌握常用仿真方法及仿真分析的参数设置。
- 了解特殊仿真元件的参数设置。

技能目标

- 能对常用电路进行仿真。

任务一 电路仿真基本知识

情 景

电路仿真，就是直接利用 Aultium Designer 软件自身所提供的功能和环境，对自己设计电路的实际运行情况进行模拟的过程。如果掌握了电路仿真的一般步骤，在制作 PCB 之前，对原理图进行仿真，借助电路仿真结果，尽早发现设计电路的缺陷，明确系统的性能指标并据此对各项参数进行适当地调整，将节省大量的人力和物力，从而提高设计效率。

讲解与演示

知识 1 电路仿真的设计过程

电路仿真的设计过程及相关功能要求如下。

第 1 步，装载与电路仿真相关的元件库。

第 2 步，放置仿真元件。电路仿真时使用的元件必须具有仿真属性。

第 3 步，绘制仿真电路图。根据具体电路的设计要求，使用原理图编辑器及具有仿真属性的元件所绘制而成的电路原理图。

第 4 步，添加仿真电源和激励源。用于模拟实际电路中的激励信号。

第 5 步，设置仿真节点及电路的初始状态。

第 6 步，对仿真电路原理图进行 ERC 检查，以纠正错误。

第 7 步，设置仿真分析的参数。不同的仿真方式有不同的参数设定，应根据具体的电路要求来选择设置仿真方式。

第 8 步，运行电路仿真得到仿真结果。仿真结果一般以波形的形式给出，不仅局限于电压信号，每个元件的电流及功耗波形都可以在仿真结果中观察。

第 9 步，修改仿真参数或更换元件，重复第 5～8 步，直至得到满意结果。

知识 2 仿真元件库

绘制仿真原理图时，添加的元件一定要有仿真模型，这就需要仿真元件库。仿真元件库存放在 AD17\Library\Simulation 文件夹中，其中包含了 Simulation Math Function.IntLib（仿真数学功能元件库）、Simulation Sources.IntLib（仿真信号源元件库）、Simulation Special Function.IntLib（仿真特殊功能元件库）、Simulation Transmission Line.IntLib（信号仿真传输线元件库）和 Simulation Pspice Function.IntLib（仿真 Pspice 功能元件库）。仿真元件库图标如图 11.1 所示，使用步骤如下所述。

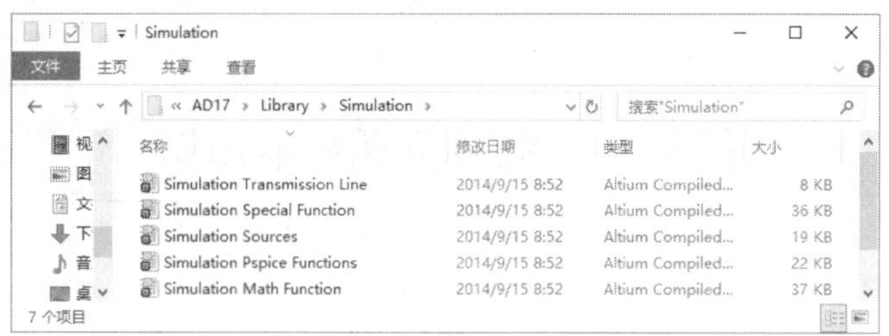

图 11.1 仿真元件库图标

第 1 步，将图 11.1 中任一仿真元件库（如 Simulation Sources.IntLib）复制到任意文件夹（以避免破坏原仿真库）并双击打开，Altium Designer 软件启动，并弹出如图 11.2 所示“解压源文件或安装”对话框。

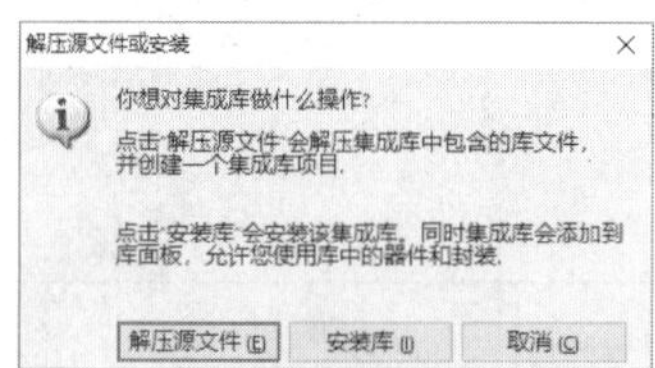

图 11.2 “解压源文件或安装”对话框

第 2 步，单击“解压源文件”按钮，弹出如图 11.3 所示窗口，并自动打开 SCH Library（元件库）面板，在此可查看仿真库内有哪些仿真元件。

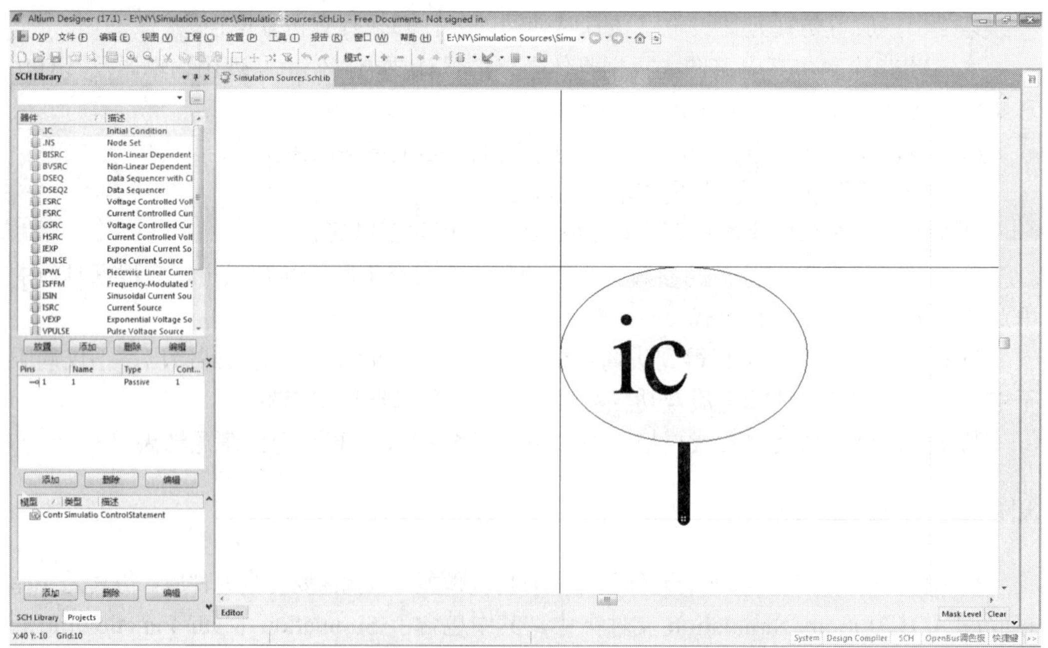

图 11.3 仿真信号源元件库（Simulation Sources.IntLib）

第 3 步，单击器件区域的“放置”按钮，系统自动跳转到原理图编辑环境，建立一个默认名为 Sheet1.SchDoc 的原理图文件，光标上带有一个仿真元件，单击可放置该仿真元件，如图 11.4 所示。

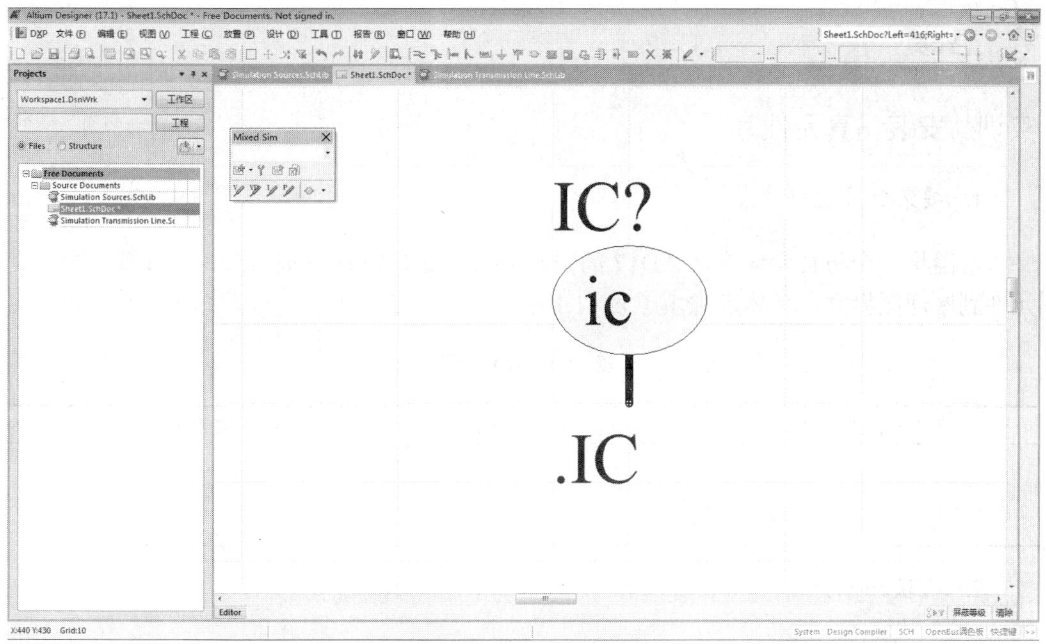

图 11.4　放置仿真元件

知识 3　添加仿真元件库

添加仿真元件库

添加仿真元件库，可以在图 11.2 中单击“安装库”按钮，也可以采用添加元件库的方法，具体步骤如下。

第 1 步，在原理图编辑环境下，打开“库”面板。

第 2 步，单击“库”面板左上角 Library 按钮，弹出如图 11.5 所示“可用库”对话框。

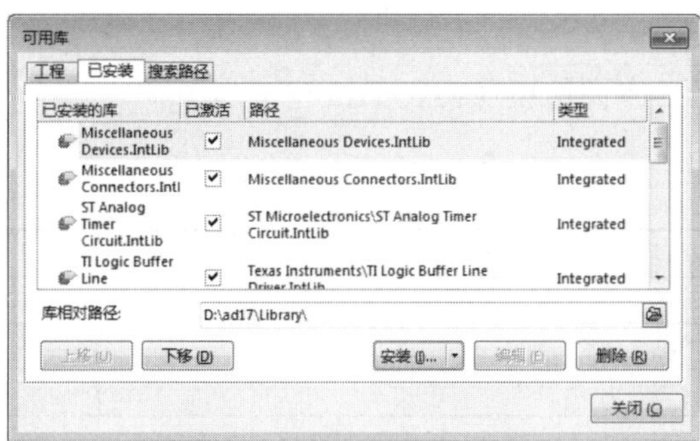

图 11.5　“可用库”对话框

第 3 步，单击“安装”按钮，选择“从文件中安装”。

第 4 步，选择库路径，找到安装目录 AD17\Library\Simulation 下的仿真元件库文件。

第 5 步，单击“打开”按钮，就可以方便地将需要的仿真元件库添加到列表中。

工作页

实训　安装仿真元件库

1. 安装仿真元件库

写出将 5 个仿真元件库从 AD17 的安装目录下复制到 D 盘根目录，并放置三个仿真元件到原理图界面，具体步骤填于表 11.1 中。

表 11.1　操作步骤

复制仿真元件库过程	任意三个仿真元件	安装仿真信号源元件库步骤

2. 收获和体会

将安装仿真元件库后的收获和体会写在下面空格中。

收获和体会：

3. 工作评价

把安装仿真元件库工作评价填写在表 11.2 中。

表 11.2　工作评价表

评定人	工作评价	等级	评定签名
自己评			
同学评			
老师评			
综合评定等级			

＿＿＿＿年＿＿＿＿月＿＿＿＿日

拓　展

拓展　其他仿真元件库

拓展部分详细内容，可从网站 www.abook.cn 下载学习。

任务二 放置电源及仿真激励源

情 景

Altium Designer 17 的 Simulation Sources.IntLib（仿真信号源库）中共有 23 个仿真元件，为仿真电路提供电源、激励源和初始条件设置等功能。

仿真激励源就是仿真时输入到仿真电路中的测试信号，根据这些测试信号通过仿真电路后的输出波形，判断仿真电路中的参数设置是否合理。在使用时，均被默认为理想的激励源，即电压源内阻为零，电流源内阻为无穷大。

讲解与演示

知识 1 常用仿真激励源符号

常用的电源与仿真激励源有如下几种。

1. 直流电压/电流源

直流电压源 VSRC 和直流电流源 ISRC，用来为仿真电路提供一个恒定的电压或电流信号，符号形式如图 11.6 所示。

图 11.6 直流电压/电流源符号

直流电压/电流源通常在仿真电路通电时，或者需要为仿真电路输入一个阶跃激励信号时使用，以便观测电路中某一节点的瞬态响应波形。VSRC 和 VSRC2 的区别在于 VSRC2 只有一个正极管脚，没有负极管脚。

2. 正弦信号激励源

正弦信号激励源包括正弦电压源 VSIN 和正弦电流源 ISIN，用来为仿真电路提供正弦电压和正弦电流，符号形式如图 11.7 所示。

3. 周期脉冲源

周期脉冲源包括电压周期脉冲源 VPULSE 和电流周期脉冲源 IPULSE，用来创建周期性的连续脉冲激励，其中脉冲电压激励源在电路的瞬态特性分析中应用较多。两种激励源的符号形式如图 11.8 所示。

图 11.7 正弦电压/电流源符号　　图 11.8 脉冲电压/电流源符号

4. 分段线性激励源

分段线性激励源包括分段线性电压源 VPWL 和分段线性电流源 IPWL，可以创建任意形状的波形，符号形式如图 11.9 所示。分段线性激励源所提供的激励信号由若干条相连的直线组成，是一种不规则的信号激励源。

5. 指数激励源

指数激励源包括指数激励电压源 VEXP 和指数激励电流源 IEXP，符号形式如图 11.10 所示，通过这些激励源可创建带有指数上升沿和下降沿的脉冲波形。通常用于高频电路的仿真分析，两者所产生的波形形式是一样的。

图 11.9 分段线性电压/电流源符号　　图 11.10 指数激励电压/电流源符号

6. 单频调频激励源

单频调频激励源包括单频调频电流源 ISFFM 和单频调频电压源 VSFFM，符号形式如图 11.11 所示，通过单频调频可创建单频调频波。

图 11.11 单频调频电压/电流源符号

知识 2 激励源仿真参数设置

电源与仿真激励源设置仿真参数的步骤都是相同的，只是具体设置内容不同。现以直流电压源为例说明激励源的参数设置步骤。

第 1 步，双击新添加的仿真直流电压源，弹出 Properties for Schematic Component in Sheet（元件属性）对话框，如图 11.12 所示。

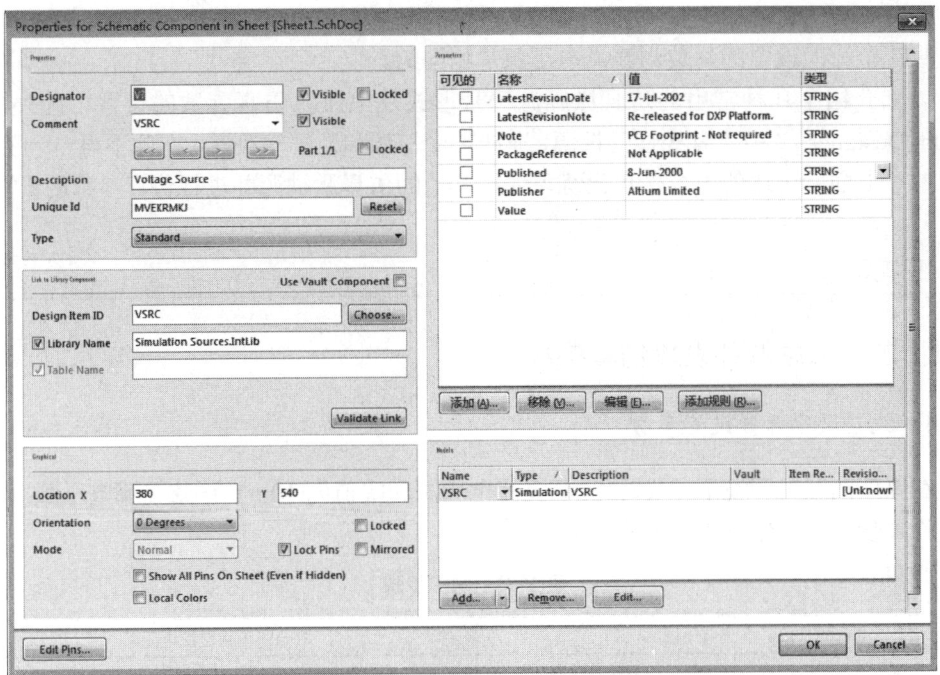

图 11.12　Properties for Schematic Component in Sheet 对话框

第 2 步，在该对话框中，双击右下角区域 Type（类型）列的 Simulation（仿真）选项。

第 3 步，弹出如图 11.13 所示的 Sim Model-Voltage Source/DC Source（仿真模型-电压源/直流源）对话框。

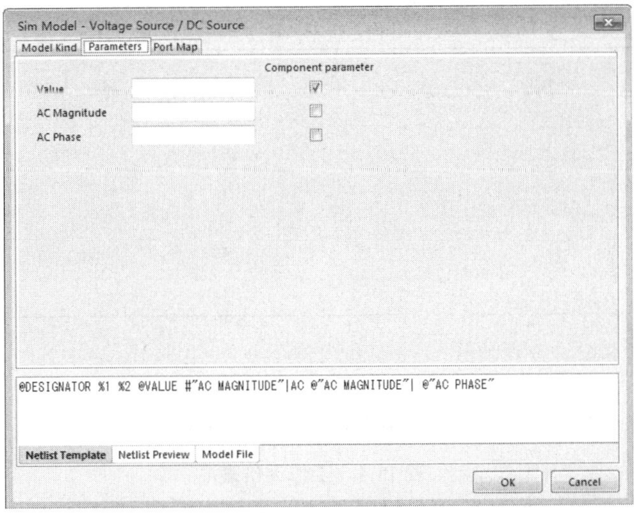

图 11.13　Sim Model-Voltage Source/DC Source 对话框

通过该对话框可以查看并修改仿真模型。选择 Parameters（参数）选项卡，各项参数的具体含义如下。

Value（值）：直流电源电压值。

AC Magnitude（交流幅度）：交流小信号分析的电压幅度。

AC Phase（交流相位）：交流小信号分析的相位值。

直流电流源设置的参数与直流电压源是相同的。

以上介绍了几种常用的仿真激励源符号形式及电压源仿真参数的设置。此外，在 Altium Designer 17 中还有线性受控源、非线性受控源和数据序列等，在此不再一一赘述。可以参照上面所讲述的内容，自己练习使用其他的仿真激励源并进行仿真参数的设置。

工作页

实训 放置激励源并设置仿真参数

1. 放置激励源并设置参数

在原理图编辑环境下，放置+12V 直流电压源和幅值为 10mV 正弦交流电压源，将放置并设置参数的操作过程填于表 11.3 中。

表 11.3 操作步骤

+12V 直流电压源		10mV 正弦交流电压源	
放置步骤	设置仿真参数	放置步骤	设置仿真参数

2. 收获和体会

将放置激励源并设置仿真参数后的收获和体会写在下面空格中。

收获和体会：

3. 工作评价

把放置激励源并设置仿真参数工作评价填写在表 11.4 中。

表 11.4 工作评价表

评定人	工作评价	等级	评定签名
自己评			
同学评			
老师评			
综合评定等级			

__________年__________月__________日

拓　展

拓展　仿真方式

拓展部分详细内容，可从网站 www.abook.cn 下载学习。

任务三　仿真分析的参数设置

情　景

完成电路的编辑后，在仿真之前，要选择对电路进行哪种分析，设置收集的变量数据，以及设置显示哪些变量的波形。在电路仿真中，选择合适的仿真方式并对相应的参数进行合理的设置，是仿真能够正确运行并获得良好仿真效果的关键保证。

下面以电子技术基础中的脉冲电路多谐振荡器，项目九思考与练习中设计的 PCB 为例，来讲述仿真分析的参数设置。

讲解与演示

知识 1　仿真分析设置界面

仿真分析设置

第 1 步，在原理图编辑环境下，绘制如图 11.14 所示仿真电路原理图。绘制方法与原理图相同。

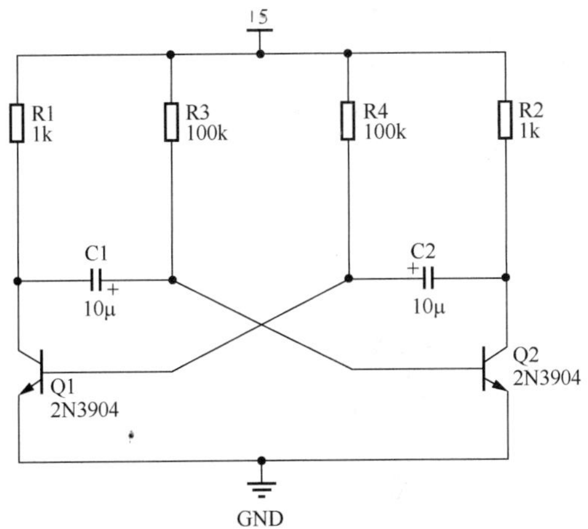

图 11.14　仿真电路原理图

第 2 步，双击 Q1，弹出 Properties for Schematic Component in Sheet（元件属性）对话框，如图 11.15 所示。

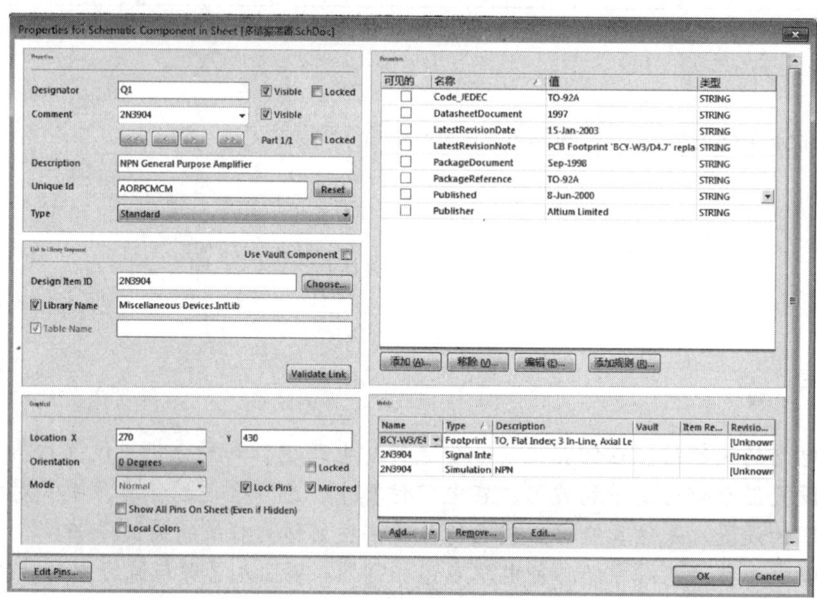

图 11.15　Properties for Schematic Component in Sheet 对话框

第 3 步，在该对话框中，查看右下角区域的 Type 列，是否有 Simulation 仿真模型。

第 4 步，检查电阻、电容是否具有仿真模型。

仿真模型的查看，也可在放置仿真元件时，按 Tab 键完成。

第 5 步，执行“设计”→“仿真”→“Mixed Sim”命令，弹出 Analyses Setup（分析设置）对话框，如图 11.16 所示。

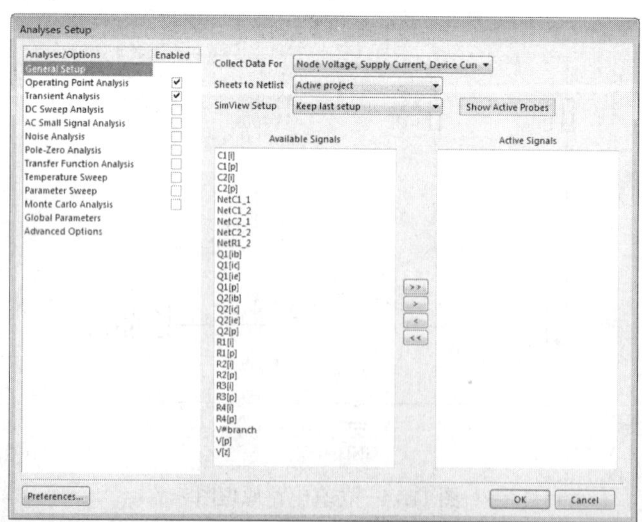

图 11.16　Analyses Setup 对话框

在该对话框 Analyses/Options（分析/选项）列表框中列出了所有的分析选项，包括各种具体的仿真方式。选中一个分析选项，对话框的右侧即显示与该选项对应的具体设置内容。系统的默认选项为 General Setup（常规设置）。

知识 2 常规参数的设置

常规参数的具体设置内容有以下几项。

1）Collect Date For（为了收集数据）：该下拉列表框用于设置仿真程序需要计算的数据类型。

① Node Voltage：节点电压。

② Supply Current：提供电源电流。

③ Device Current：流过元件的电流。

④ Device Power：在元件上消耗的功率。

⑤ Subcircuit VARS：支路端电压与支路电流。

⑥ Active Signals/Probe：仅计算“活动信号”列表框中列出的信号。

仿真程序在计算上述这些数据时要占用很长的时间，因此，在进行电路仿真时，只观测电路中节点的一些关键信号波形。

单击右侧的 Collect Date For 下拉列表框，系统弹出几种需要计算的数据组合，可以根据具体仿真的要求加以选择。系统默认 Node Voltage，Supply Current，Device Current and Power。一般设置为 Active Signals/Probe，这样一方面可以灵活选择所要观测的信号，另一方面也减少了仿真的计算量，提高了效率。

2）Sheet to Netlist（网表薄片）：该下拉列表框用于设置仿真程序作用的范围。

① Active sheet（活动图纸）：当前的电路仿真原理图。

② Active project（活动工程）：当前的整个工程。

3）Sim View Setup（仿真视图设置）：该下拉列表框用于设置仿真结果的显示内容。

① Keep last setup（保持上一次设置）：按照上一次仿真操作的设置在仿真结果图中显示信号波形，忽略 Active signals 栏中所列出的信号。

② Show active signals（显示活动信号）：按照 Active signals 栏中所列出的信号，在仿真结果图中进行显示。一般选择该选项。

4）Available Signals（可用的信号）：该列表框中列出了所有可供选择的观测信号，具体内容随着 Collect Date For 列表框的设置变化而变化，即对于不同的数据组合，可以观测的信号是不同的。

5）Active Signals（活动信号）：该列表框列出了仿真程序运行结束后，能够立刻在仿真结果图中显示的信号。

在 Available Signals 中选中某一个需要显示的信号后，双击或单击 > 按钮可以将该信号加入到 Active Signals 列表框，以便在仿真结果图中显示；双击或单击 < 按钮可以将 Active Signals 列表框中某个不需要显示的信号移回 Available Signals。单击 >> 或 << 按钮可以完成全部信号的添加或删除。

知识 3　放置激励源与测试点

1. 放置激励源

第 1 步，单击“视图”→“工具栏”，在弹出的菜单中选中 Mixed Sim。

第 2 步，弹出 Mixed Sim 工具栏，单击按钮，打开如图 11.17 所示的仿真电源工具栏。

第 3 步，单击工具栏中直流+5V 电源符号，光标变成十字状并附着一个电源符号。

第 4 步，移动光标到合适位置，单击放置如图 11.18 所示电源仿真符号，此时光标仍处于放置状态，右击退出。

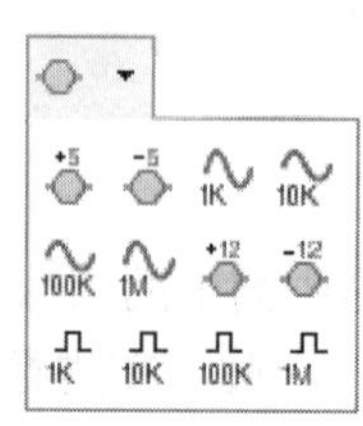

图 11.17　仿真电源工具栏

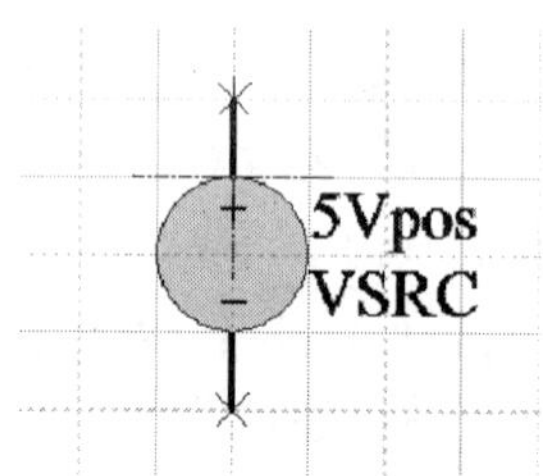

图 11.18　“+5V”直流电源

第 5 步，放置完毕后，双击电源符号，弹出 Properties for Schematic Component in Sheet（元件属性）对话框，如图 11.19 所示，设置 Designator 为“V”；Comment 为“=Value”；Value 的值为“+5”。

第 6 步，设置完成后，单击 OK 按钮。

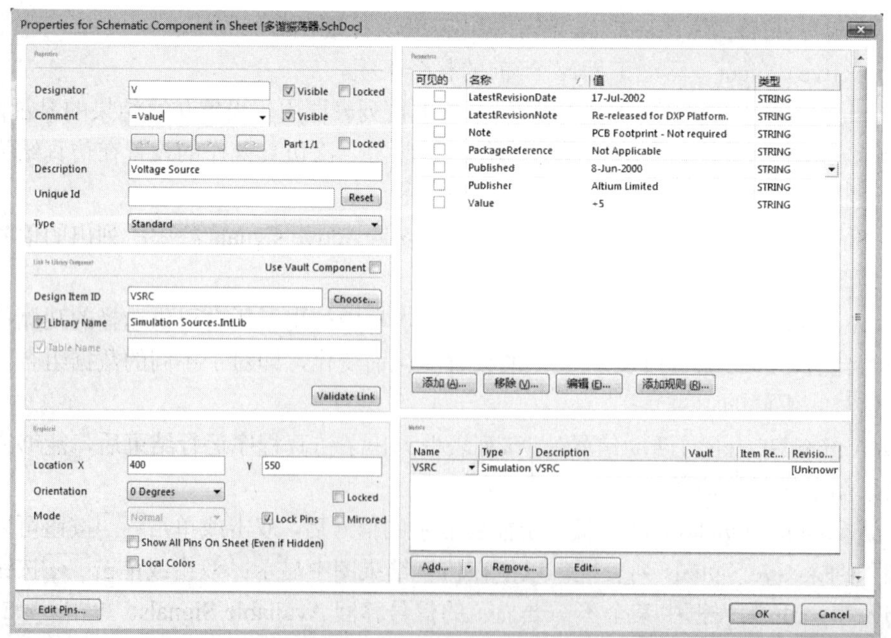

图 11.19　Properties for Schematic Component in Sheet 对话框

第 7 步，用导线连接电路，如图 11.20 所示。

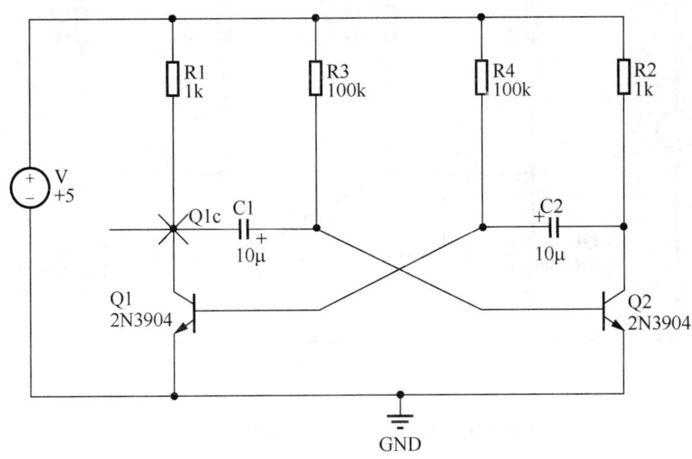

图 11.20 放置激励源仿真原理图

2. 放置测试点

为了获得测试仿真信息，必须在指定位置放置节点网络标签。在此设置两个晶体管的基极和集电极为测试点。

第 1 步，执行“放置”→“网络标签”命令，光标变成十字状并附着一个网络标签。

第 2 步，按 Tab 键，弹出“网络标签”对话框，在“网络”中输入“Q1c”，如图 11.21 所示。

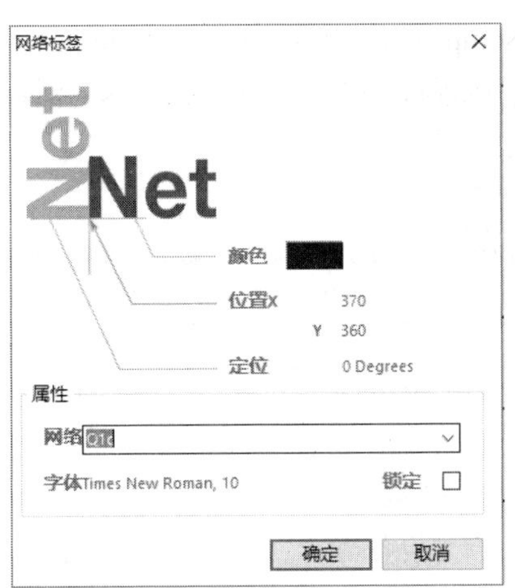

图 11.21 “网络标签”对话框

第 3 步，移动光标到 Q1 集电极合适位置，当出现如图 11.20 所示红色“×”标记时，表明电气连接成功，单击放置。

第 4 步，依次放置 Q1b、Q2b 和 Q2c。

放置完毕后，电路如图 11.22 所示。

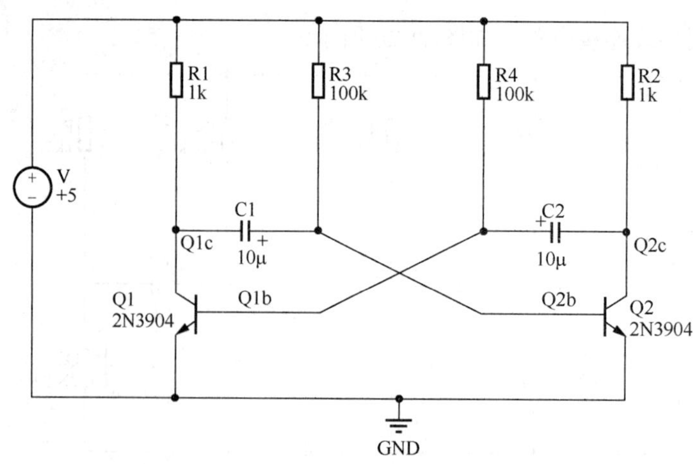

图 11.22 设置完成的仿真电路原理图

知识 4 仿真器的设置与运行

第 1 步，执行“设计”→“仿真”→“Mixed Sim”命令，弹出 Analyses Setup（Mixed Sim）（分析设置）对话框。

第 2 步，在 Collect Data For 下拉列表框中选择 Node Voltage，Supply Current，Device Current and Power，定义仿真运行期间计算的数据类型，在 Sheets to Netlist（图纸到网络表）下拉列表框中选择 Active sheet；在 Sim View Setup 下拉列表框中选择 Show active signals。

第 3 步，选中 General Setup 选项，双击 Available Signals（可用信号）列表框的 Q1b、Q1c、Q2b 和 Q2c，将它们添加到右侧的 Active Signals（活动信号）列表框，如图 11.23 所示。

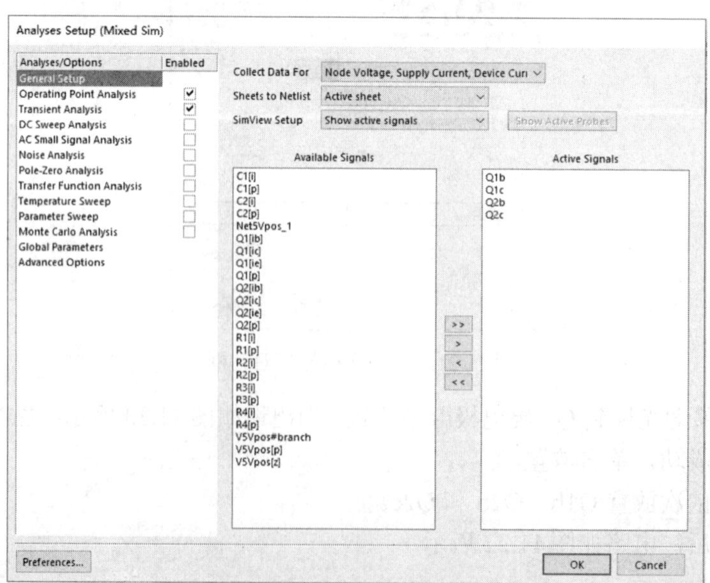

图 11.23 常规参数设置

第 4 步，选中 Operating Point Analysis（静态工作点分析）和 Transient Analysis（瞬态分析）复选框。

第 5 步，单击 Transient Analysis，激活该选项，右侧显示瞬态分析参数设置，如图 11.24 所示。

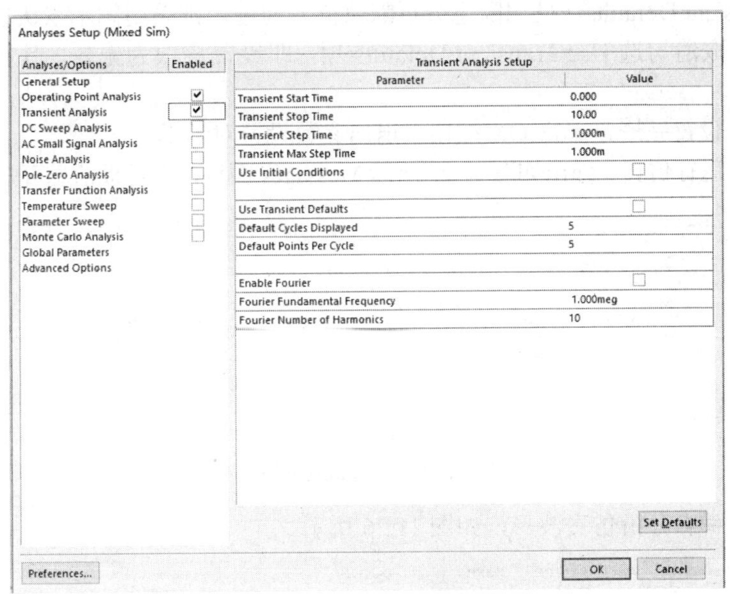

图 11.24　瞬态分析参数设置

Transient Analysis Setup 列表中共有 11 个参数，具体含义及设置如下所述。

1）Transient Start Time：瞬态分析的起始时间。通常设置为 0。

2）Transient Stop Time：瞬态分析的终止时间。需要根据具体的电路进行调整。设置太小，只显示一部分波形，不能作为仿真分析的依据。设置太大，则有用的信息会被压缩在一小段区间内，同样不利于分析。

3）Transient Step Time：瞬态分析的时间步长。同样需要根据具体电路调整。设置太小，仿真程序的计算量会很大，运行时间过长。设置太大，则仿真结果粗糙，无法反映信号的细微变化，不利于分析。

4）Transient Max Step Time：瞬态分析的最大时间步长。通常与时间步长相同。

5）Use Initial Conditions：电路仿真的初始状态。选中该复选框，仿真开始时将调用设置的电路初始参数。

6）Use Transient Defaults：系统默认的瞬态分析设置。选中该复选框，则所有的参数选项颜色都将变成灰色，不再允许修改。

7）Default Cycles Displayed：默认显示的波形周期数。

8）Default Points Per Cycle：默认的每周期仿真点数。

9）Enable Fourier：傅里叶分析有效。该选项用于设置电路仿真时，是否进行傅里叶分析。

10）Fourier Fundamental Frequency：设置傅里叶分析中的基波频率。

11）Fourier Number of Harmonics：设置傅里叶分析的谐波次数。通常使用系统默认值 10。

单击 Set Default 按钮，可以将所有参数恢复为默认值。

Use Initial Conditions（使用初始条件）勾选，仿真时调用系统设置的电路初始参数。

Use Transient Defaults（使用瞬态分析默认值）勾选，则采用图示默认参数。

第 6 步，取消勾选 Use Transient Defaults 项，即设置该项为无效。具体参数设置如图 11.24 所示。

第 7 步，设置完毕，单击 OK 按钮，退出参数设置对话框。

第 8 步，运行仿真，弹出如图 11.25 所示 Messages 面板，由面板信息可知，仿真成功。

Messages

Class	Document	Source	Message	Time	Date	No.
[Info]	多谐振荡器....	Compiler	Compile successful, no errors found.	23:46:33	2018/12/21	1
[Start...		Output ...	Start Output Generation At 23:46:48 On 2018/12/21	23:46:48	2018/12/21	2
[Out...		Output ...	Name: Mixed Sim Type: AdvSimNetlist From: Proj...	23:46:48	2018/12/21	3
[Hint]	多谐振荡器....	AdvSim	Q1 - Model found in: D:\AD17\Library\Miscellaneo...	23:46:48	2018/12/21	4
[Gen...		Output ...	多谐振荡器.nsx	23:46:48	2018/12/21	5
[Finis...		Output ...	Finished Output Generation At 23:46:48 On 2018/...	23:46:48	2018/12/21	6

图 11.25 Messages 面板

第 9 步，瞬态分析仿真波形，如图 11.26 所示。

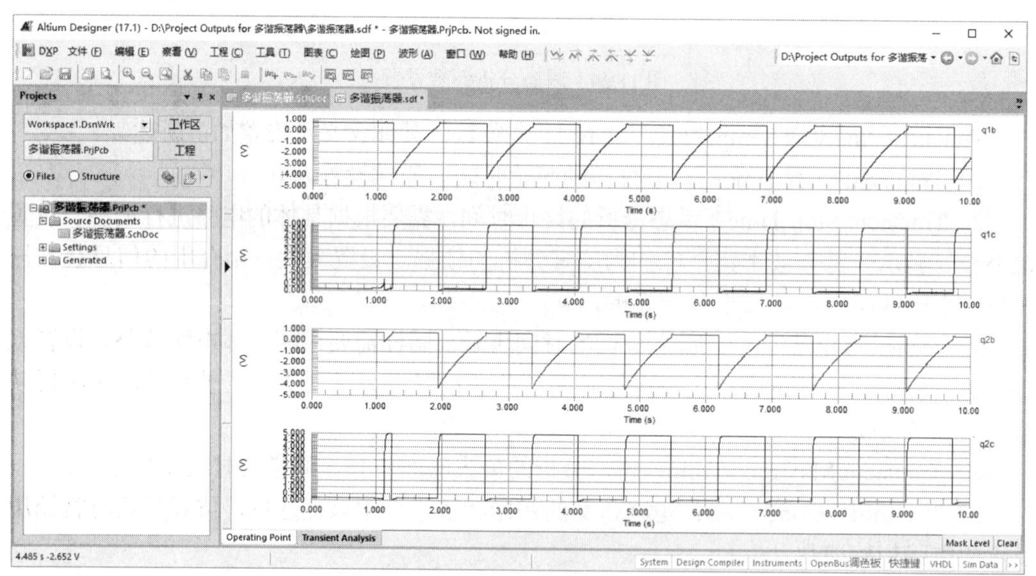

图 11.26 电路仿真输出波形

一般来说，仿真方式的设置包含两部分，一是各种仿真都需要的通用参数设置，二是具体的仿真方式所需要的特定参数设置，两者缺一不可。

知识 5 信号仿真分析

信号仿真分析

多谐振荡器电路是一种无稳态电路。它在接通电源以后，不需要外加触发信号，电路状态就能自动地不断翻转，输出矩形脉冲电压信号。由于矩形脉冲中的谐波分量很多，因此这种电路称为多谐振荡器。

1. 多谐振荡器工作原理分析

多谐振荡器接通电源以后，由于两个放大器的电路参数总存在微小差别，所以Q1、Q2的导通程度不可能完全一样。假定Q1的导通能力稍强一些，则由于正反馈，Q1饱和，Q2截止。Q1c突变到接近于零，进入第一个暂稳态，C1充电，C2放电。当Q2b随着C1充电而升高到+0.7V时，Q2开始导通，通过正反馈使Q1截止，Q2饱和，进入第二个暂稳态，C2充电，C1放电。如此不断循环往复，便形成了自激振荡。

忽略基极导通电压降，输出电压幅值Vc1=Vc2约为电源电压值5V。当R3=R4=R，C1=C2=C时，振荡信号周期：T=1.4RC=1.4×100k×10μF=1.4s。

2. 仿真波形分析

使用仿真器测量光标测量多谐振荡器周期的步骤如下。

第1步，选中波形q1c，移动光标到图11.26所示波形右侧q1c名称所在处，当光标形状变成“小手”时，右击弹出如图11.27所示的测量光标选择菜单。

第2步，在弹出的菜单中选择Cursor A单击，再选择Cursor B单击，波形两侧出现如图11.28所示测量光标。

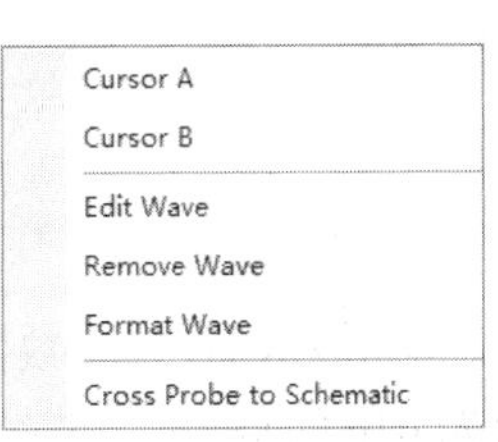

图11.27 测量光标选择菜单

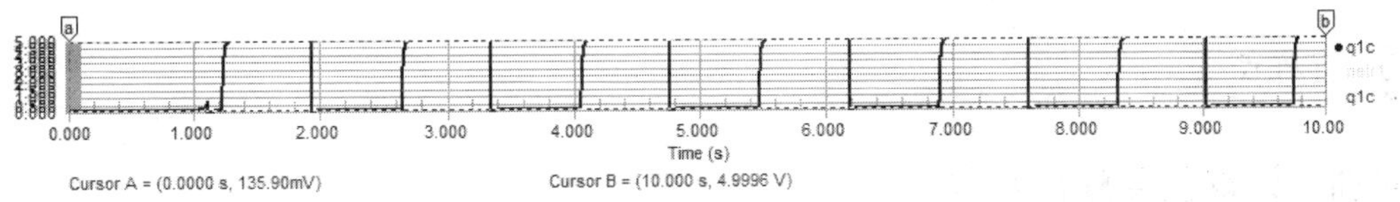

图11.28 放置测量光标

第3步，移动光标到测量光标处，当光标形状变成双向箭头时，拖动测量光标分别放在相邻波峰（或波谷）处，如图11.29所示。由波形下方的测量光标数据计算信号qc1的周期，T=4.7530−3.3477=1.4053s。

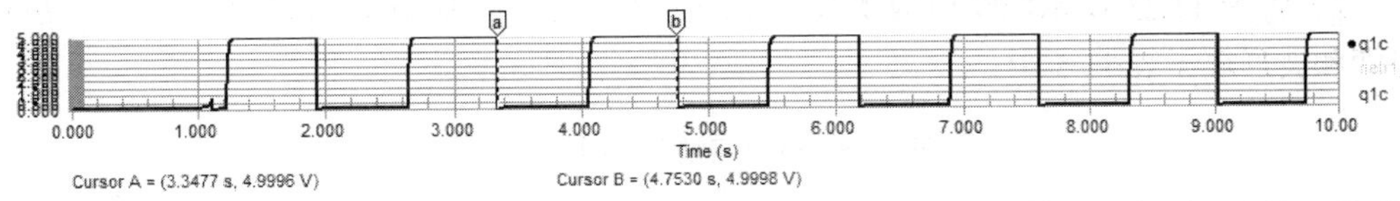

图11.29 测量光标测量周期

第4步，在如图11.26所示“多谐振荡器.sdf”文件窗口，单击右下角“Sim Data”标签。

第5步，弹出“Sim Data”面板，如图11.30所示。面板中Source Data（源数据）包括三个部分：Wave Name（波形名）、Measurement Cursors（测量光标）和Waveform Measurements（波形数据显示）。

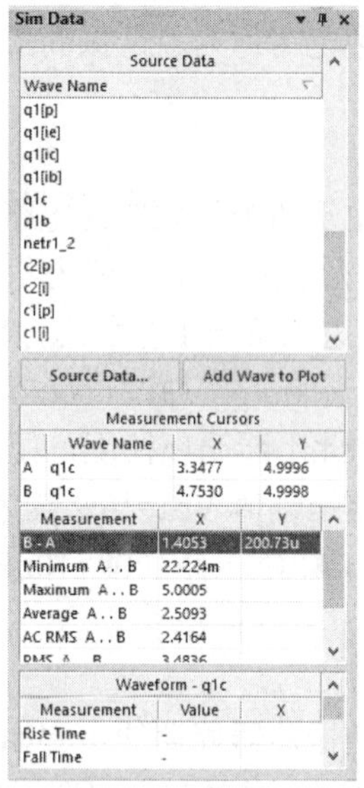

图 11.30 Sim Data 面板

第 6 步，在仿真数据面板内的 Measurement Cursors 区域显示了 B-A 的值，X=1.4053s，即为 q1c 的周期，同时可知幅值为 4.9996（8）V。

由此可见，仿真结果与理论值基本相同。

工作页

实训 设置仿真分析参数

1. *仿真分析的参数设置*

1）将图 11.23 所示多谐振荡器的电容改为 20μ，然后进行瞬态特性分析，写出操作步骤和波形填于表 11.5 中。

2）将图 11.23 所示电路电阻 R3、R4 均改为 20k，再进行瞬态特性分析，写出操作步骤和波形填于表 11.5 中。

表 11.5 瞬态特性分析操作步骤

C1=C2=20μ		R3=R4=20k	
瞬态分析操作步骤	输出集电极波形	瞬态分析操作步骤	输出集电极波形

2. *收获和体会*

将设置仿真分析参数后的收获和体会写在下面空格中。

收获和体会：

3. 工作评价

把设置仿真分析参数工作评价填写在表 11.6 中。

表 11.6 工作评价表

评定人	工作评价	等级	评定签名
自己评			
同学评			
老师评			
综合评定等级			

_________年_________月_________日

拓 展

拓展 特殊仿真元件的参数设置

拓展部分详细内容，可从网站 www.abook.cn 下载学习。

任务四 仿 真 实 例

情 景

设计要求：

本例要求完成模拟电子电路中阻容耦合两级放大电路的绘制，对电路的静态工作点、交流小信号和参数扫描进行仿真。在完成仿真生成波形后，还要对产生的波形进行分析和测量，计算放大电路的放大倍数。

讲解与演示

知识 1 绘制仿真电路原理图

绘制仿真电路原理图

1. 创建工程

第 1 步，在 E 盘根目录下建立一个文件夹，命名为“两级放大电路”，以下创建的文件均保存在该文件夹内。

第 2 步，执行“文件”→“新的”→“工程”命令，创建一个工程文件“两级放大电路.PrjPCB”。

第 3 步，执行“文件”→“新的”→“原理图”命令，创建一个原理图文件“两级放大电路.SchDoc”。

2. 绘制仿真原理图

第 1 步，打开“两级放大电路.SchDoc”文件，在“库”面板中选择 Miscellaneous Devices.IntLib 库，放置晶体管、电阻、电容等元器件，注意必须有仿真模型。

第 2 步，按如图 11.31 所示电路的参数进行属性设置。

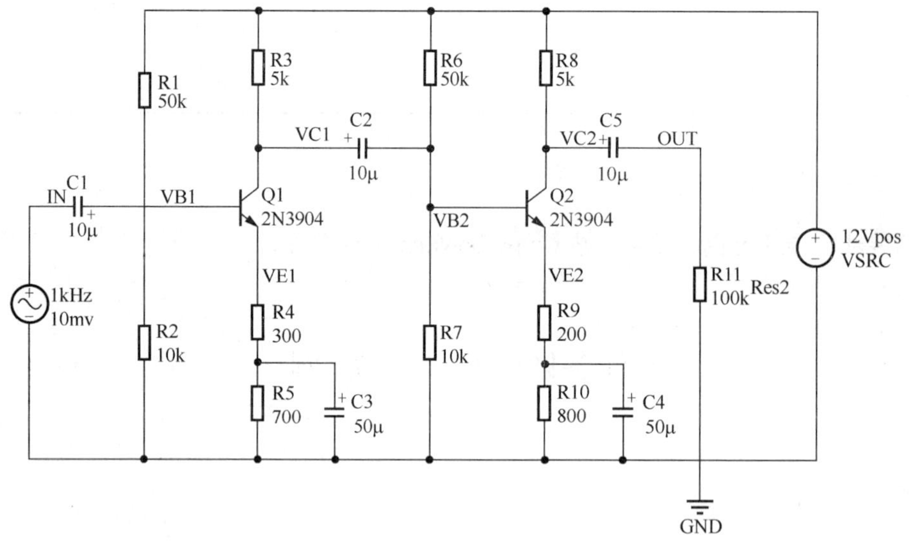

图 11.31 两级放大电路仿真原理图

第 3 步，执行“放置”→“电源端口”命令，放置接地，“样式”为 Power Ground。

3. 添加仿真激励源

第 1 步，执行“视图”→“工具栏”→“Mixed Sim”命令，弹出如图 11.32 所示 Mixed Sim 工具栏。

第 2 步，单击该工具栏中的 符号，弹出如图 11.33 所示仿真激励源符号。

第 3 步，单击直流电压仿真电源“ ”，拖动到合适位置单击放置。

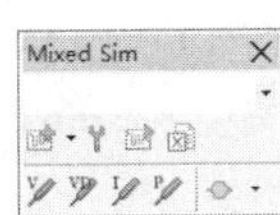

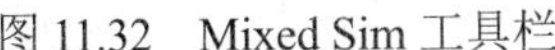

图 11.32 Mixed Sim 工具栏

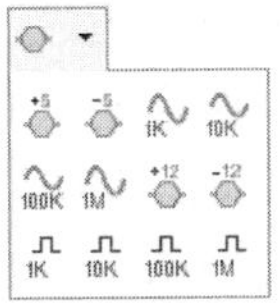

图 11.33 仿真激励源符号

第 4 步，光标仍处于放置状态，右击退出放置状态。

第 5 步，选择图中 1K 正弦波符号 单击，光标上浮动着一个正弦波电压源。

第 6 步，按 Tab 键，弹出 Properties for Schematic Component in Sheet 对话框，如图 11.34 所示。

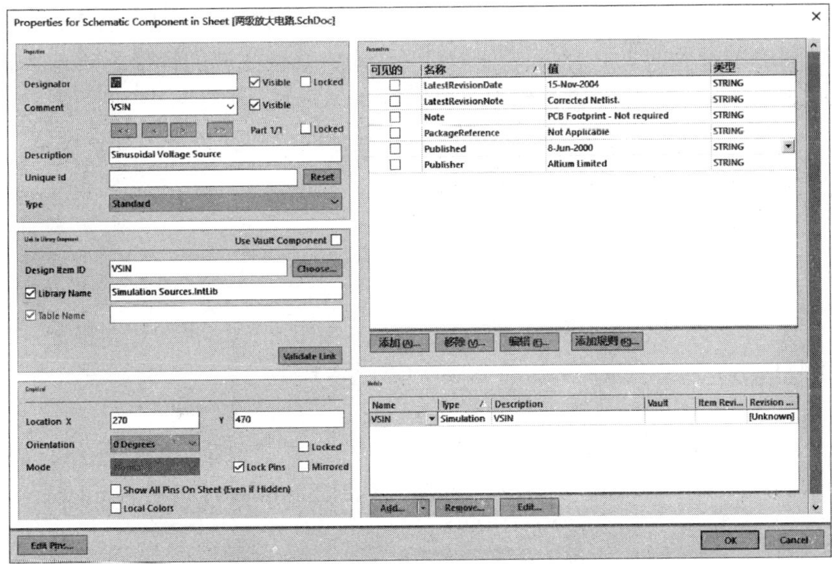

图 11.34 Properties for Schematic Component in Sheet 对话框

第 7 步，单击对话框右下角区域 Type 列中的 Edit，弹出 Sim Model-Voltage Source/Sinusoidal 对话框，选择 Parameters 选项卡，如图 11.35 所示。

Sim Model - Voltage Source / Sinusoidal

Model Kind | Parameters | Port Map

		Component parameter
DC Magnitude	0	☐
AC Magnitude	1	☐
AC Phase	0	☐
Offset	0	☐
Amplitude	10mv	☑
Frequency	1KHz	☐
Delay	0	☐
Damping Factor	0	☐
Phase	0	☐

@DESIGNATOR %1 %2 ?"DC MAGNITUDE"|DC @"DC MAGNITUDE"| SIN(?OFFSET/&OFFSET//0/ ?AMPLITUDE/&A

Netlist Template | Netlist Preview | Model File

OK | Cancel

图 11.35 Sim Model-Voltage Source/Sinusoidal 对话框

各项参数的具体含义如下。

DC Magnitude（直流电压）：正弦信号的直流参数，通常设置为“0”。

AC Magnitude（交流电压）：交流小信号分析的电压值，通常设置为“1”，如果不进行交流小信号分析，可以设置为任意值。

AC Phase（交流相位）：交流小信号分析的电压初始相位值，通常设置为“0”。

Offset（偏移）：正弦波信号上叠加的直流分量，即幅值偏移量。

Amplitude（幅值）：正弦波信号的幅值设置。

Frequency（频率）：正弦波信号的频率设置。

Delay（延时）：正弦波信号初始的延时时间设置。

Damping Factor（阻尼因子）：正弦波信号的阻尼因子设置，影响正弦波信号幅值的变化。设置为正值时，正弦波的幅值将随时间的增长而衰减。设置为负值时，正弦波的幅值则随时间的增长而增长。若设置为“0”，则意味着正弦波的幅值不随时间而变化。

Phase（相位）：正弦波信号的初始相位设置。

第 8 步，此处正弦波的幅值设为 10mV，并进行勾选，其他采用默认设置。

第 9 步，设置完毕，单击 OK 按钮。

第 10 步，根据图 11.31 所示电路连接导线。

4．放置测试点

执行“放置”→“网络标签”命令，在输入、输出和晶体管的三个极分别放置网络标签 IN、OUT、VB1、VC1、VE1、VB2、VC2 和 VE2。

网络标签必须放置在元件的管脚外端或导线上，也就是在出现红色“×”形标记时单击，否则在仿真时 Analyses Setup 对话框的 Available Signals 列表框内将不显示，使仿真出错。

至此，仿真的准备工作全部就绪，可以进行仿真了。

知识 2　常规设置（General Setup）

常规设置和瞬态分析设置

第 1 步，执行“设计”→“仿真”→“Mixed Sim”命令，或单击工具栏按钮，弹出如图 11.36 所示仿真分析设置对话框。

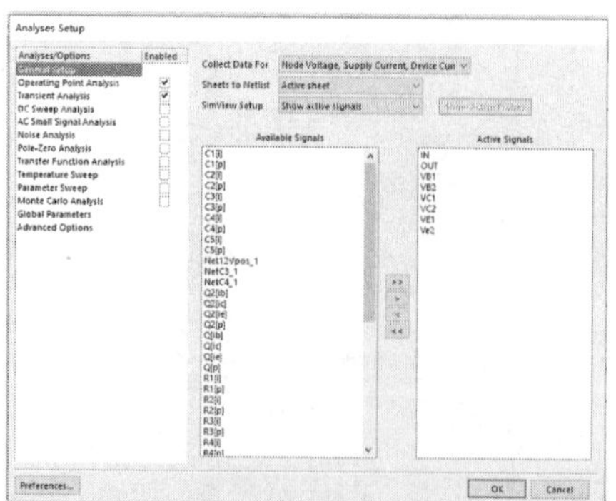

图 11.36　仿真分析设置对话框

第 2 步，在对话框右侧 Collect Data For 下拉列表框中选择 Node Voltage，Supply Current，Devices Current and Power；在 Sheets to Netlist 下拉列表框中选择 Active sheet；在 SimView Setup 下拉列表框中选择 Show active signals。

第 3 步，选中 Operating Point Analysis 复选框。

静态工作点分析通常用于对放大电路进行静态分析。当放大器处于输入信号为零的状态时，电路中各点的状态就是电路的静态工作点。最典型的是放大器的直流偏置参数。进行静态工作点分析的时候，不需要设置参数。

第 4 步，选中 General Setup 选项，同时选中 Available Signals 区域的 IN、OUT、VB1、VC1、VE1、VB2、VC2 和 VE2 双击，它们即被添加到 Active Signals 列表框内，最终设置结果如图 11.36 所示。

知识 3　瞬态分析（Transient Analysis）设置

瞬态分析用于分析仿真电路中工作点信号随时间变化的情况。进行瞬态分析之前，设计者需要设置瞬态分析的起始时间和终止时间、仿真时间的步长等参数。

第 1 步，执行“设计”→“仿真”→“Mixed Sim”命令，或单击工具栏按钮，弹出仿真分析设置对话框。

第 2 步，选中 Transient Analysis 选项后 Enabled 复选框，并单击 Transient Analysis 激活该选项，在对话框右侧显示 Transient Analysis Setup（瞬态分析参数设置），如图 11.37 所示。

第 3 步，选中 Use Transient Defaults（使用瞬态分析默认值）复选框。因此例中正弦波信号频率为 1kHz，默认设置是合理的，不需要另行设置。

第 4 步，设置结束，单击 OK 按钮，退出瞬态分析对话框。

第 5 步，运行电路仿真，系统进行直流工作点分析和瞬态分析，仿真波形如图 11.38 和图 11.39 所示。

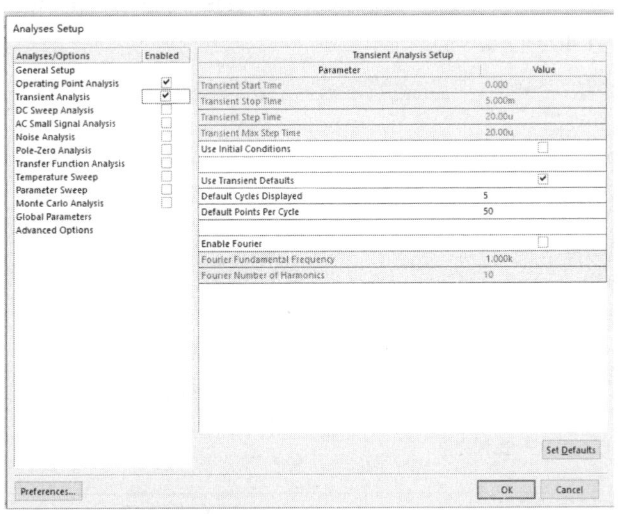

图 11.37　Transient Analysis Setup 界面

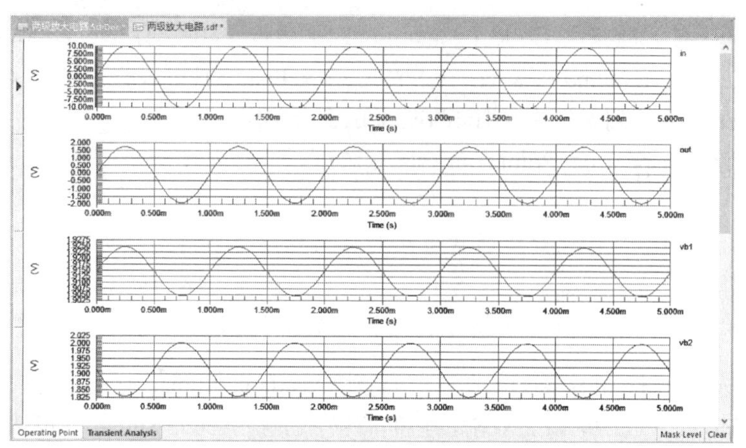

图 11.38 仿真波形（1）

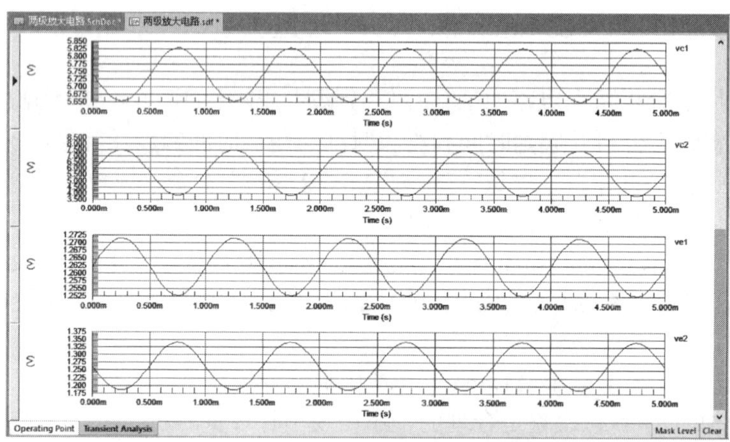

图 11.39 仿真波形（2）

第 6 步，在仿真波形窗口的下面有两个标签，可以选择查看直流工作点分析结果（Operating Point）和瞬态分析结果（Transient Analysis）。单击 Operating Point，得到静态工作点参数，如图 11.40 所示。

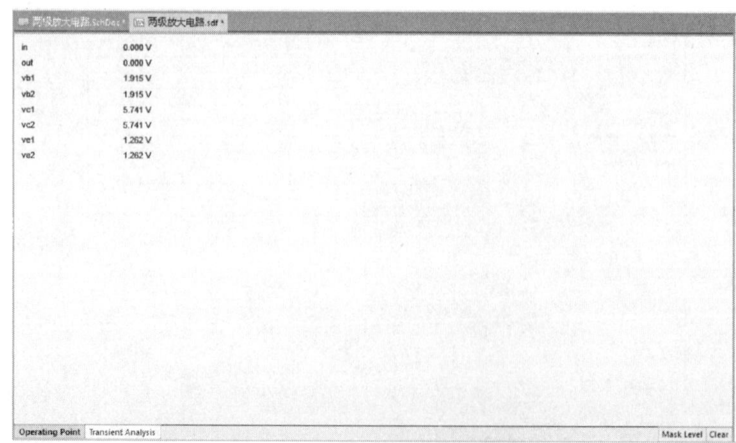

图 11.40 静态工作点参数

仿真波形分析的步骤如下。

1）输入波形 in 为正弦波，直流量为零，最大值（波峰）为 10mV，最小值（波谷）为-10mV，如图 11.38 所示总共显示 5 周，总时间 5ms，即周期为 1ms，频率为 1kHz，与设置的幅值 10mV，频率 1kHz 相符。其他波形周期均相同。

2）输出波形 out 为正弦波，直流量为零，最大值和最小值基本相同。分别为正负 1.8V 左右。可以通过测量光标 Cursor 对仿真波形进行精确测量。鼠标放在右侧“out”上，当鼠标变成“小手”形状时右击，在弹出的菜单中单击 Cursor A，再单击 Cursor B，然后分别移动 Cursor A 和 Cursor B 至波峰和波谷处，如图 11.41 所示。在波形下方和左侧 Sim Data 面板出现相应参数。

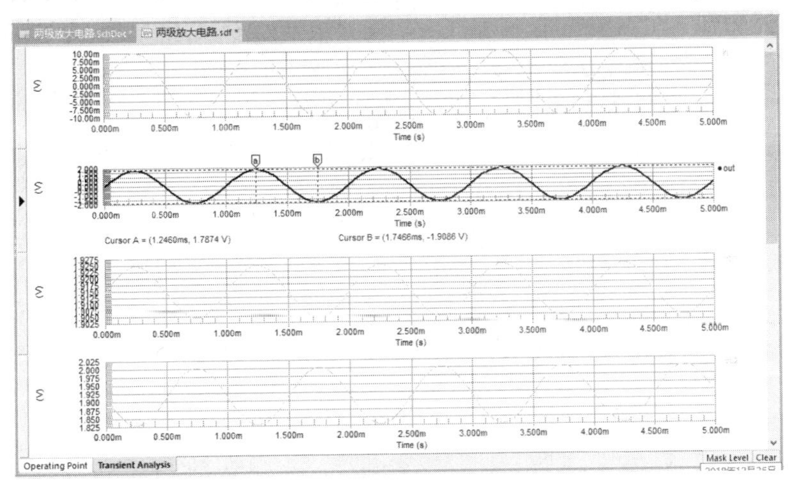

图 11.41　测量输出电压值

波形下方 Cursor A=（1.2460ms，1.7874V）和 Cursor B=（1.7466ms，-1.9086V）与 Sim Data 面板区域 Measurement Cursors 的 Wave Name 中 A、B 点的 X、Y 对应，X 值为测量点的时间（单位为 ms），Y 值为测量点的电压值（单位为 V）。A、B 两点间时间差 B-A=1.7466-1.2460=0.5006ms，电压差 Ub-Ua=-1.9086-1.7874=-3.696V。此结果见 Measurement 栏 B-A 的 X、Y 数值，X 值为半周，Y 值为输出电压峰峰值。由此可得该放大电路电压放大倍数为 Av=Uout/Uin=3.696V/20mV=184.8。

3）波形相位关系：输入波形与 vb1 同相，经过第一级放大电路，波形 vc1 与 vb1 反相，ve1 与 vb1 同相。C2 耦合后 vc1 与 vb2 同相，再经过第二级放大电路。vc2 与 vb2 反相，ve2 与 vb2 同相，最后输出电压 out 与输入电压 in 同相。

4）电压的交直流性质：输入波形为正弦波交流信号，经电容 C1，加到 V1 基极，Vb1 波形既有交流，又有直流，整个波形在零线以上，最小值由波形图可见约为 1.8V。信号经 V1 放大后，Vc1 也是既有交流又有直流，最小值约为 5.7V。Ve1、Vb2、Vc2 和 Ve2 也均为交直流叠加而成，输出电压经电容隔直通交滤去了直流，成为直流量为零的正弦波交流电。

5）静态工作点：静态工作点数值如图 11.40 所示。输入输出信号静态数值为 0，是纯交流信号。静态工作点电压 Vb1=1.915V，Vc1=5.741V，基极 B 与发射极 E 间电压约为 0.7V，集电极 C 与发射极 E 间电压约为 4.5V。与波形图相互印证，说明静态工作点设置恰当，输出不失真波形。

知识 4 交流小信号分析

交流小信号分析

交流小信号分析（AC Small Signal Analysis）用于对系统的交流特性进行分析，在频域响应方面显示系统的性能。通过设置交流信号分析的频率范围，系统将显示该频率范围内的增益。

第 1 步，执行“设计”→“仿真”→“Mixed Sim”命令，或单击工具栏按钮，弹出 Analyses Setup 对话框。

第 2 步，选中 General Setup 选项，同时选中 Available Signals 区域的 IN 和 OUT 双击，将它们添加到 Active Signals 列表框内，设置结果如图 11.42 所示。

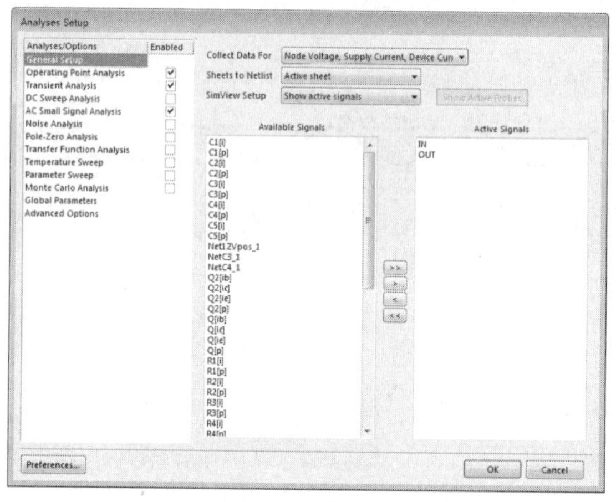

图 11.42 常规参数设置

第 3 步，在该对话框中，激活左侧 AC Small Signal Analysis 选项，设置如图 11.43 所示的交流小信号分析参数。各项参数的含义如下。

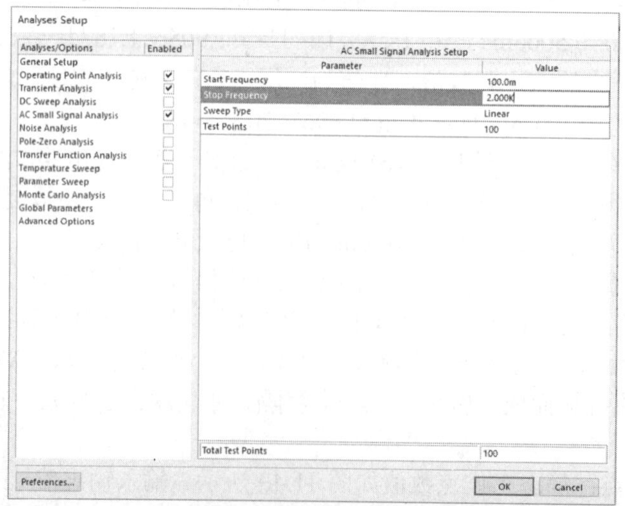

图 11.43 交流小信号分析参数设置

Start Frequency：用于设置进行交流小信号分析的起始频率，在此设置 0.1Hz（图中表示为 100.0m）。

Stop Frequency：用于设置进行交流小信号分析的终止频率，在此设置 2kHz。

Sweep Type：用于设置交流小信号分析的频率扫描方式，系统提供了 3 种频率扫描方式，其中 Linear 表示对频率进行线性扫描，Decade 表示采用 10 的指数方式进行扫描，Octave 表示采用 8 的指数方式进行扫描。在此选择 Linear（线性）。

Test Points：表示进行测试的点数。在此选择默认数值 100。

Total Test Points：表示总的测试点数。在此选择默认数值 100。

第 4 步，设置完毕，单击 OK 按钮，进行交流小信号分析，仿真波形如图 11.44 所示。该波形反映了输出端电压的频率特性。

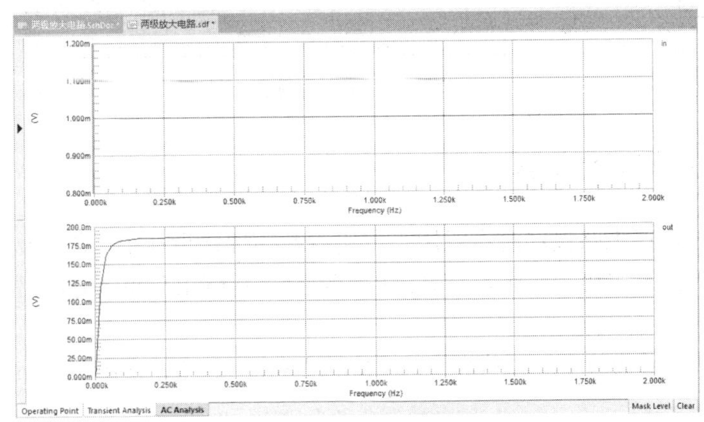

图 11.44　交流小信号分析仿真波形

第 5 步，选中 Sim Data 面板 Source Data 区域 Wave Name 中的输入信号 in，单击 Add Wave to Plot 按钮。

第 6 步，光标移到波形右侧名称处，当光标形状变成小手时右击，弹出如图 11.45 所示波形操作菜单。

第 7 步，选择菜单 Edit Wave 项，弹出如图 11.46 所示 Edit Waveform（编辑波形）对话框。

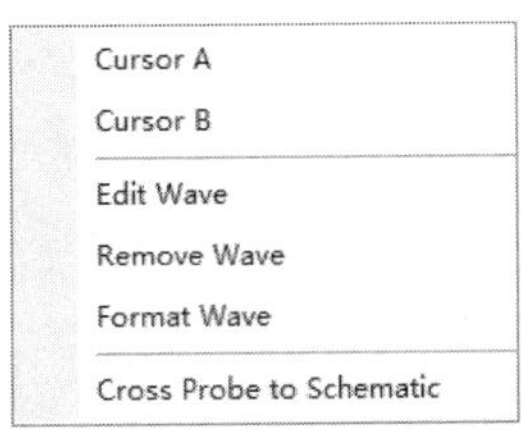

图 11.45　波形操作菜单

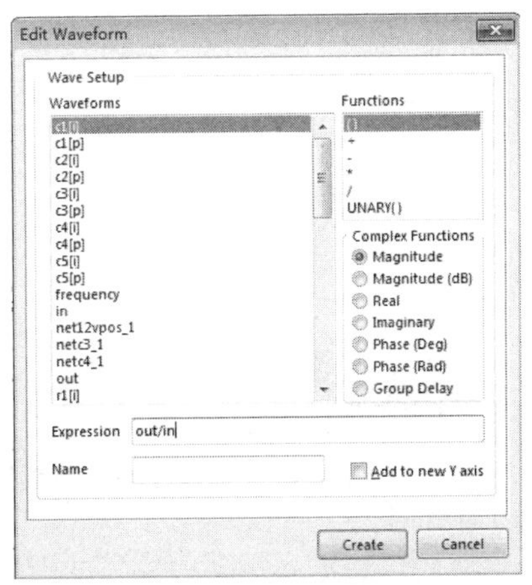

图 11.46　Edit Waveform 对话框

第 8 步，在该对话框中，在 Expression 栏输入 out/in，单击 Create 按钮，结果如图 11.47 所示。

由图示大致可以读出，在 1kHz 处该放大电路的电压放大倍数约为 185。

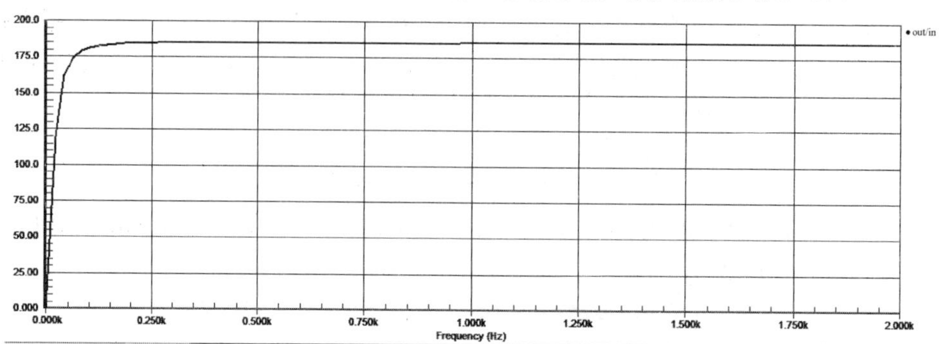

图 11.47　输出端电压频率特性

知识 5　参数扫描分析仿真

参数扫描分析
仿真

参数扫描分析在电路设计时可以用于电路参数的优化设计中，寻找最佳的设计参数。下面以电阻 R6 作为参数扫描的对象，观察 R6 变化对输出波形的影响。

第 1 步，执行“设计”→“仿真”→“Mixed Sim”命令，弹出 Analyses Setup 对话框。

第 2 步，在该对话框中，激活输出信号 OUT，如图 11.48 所示。

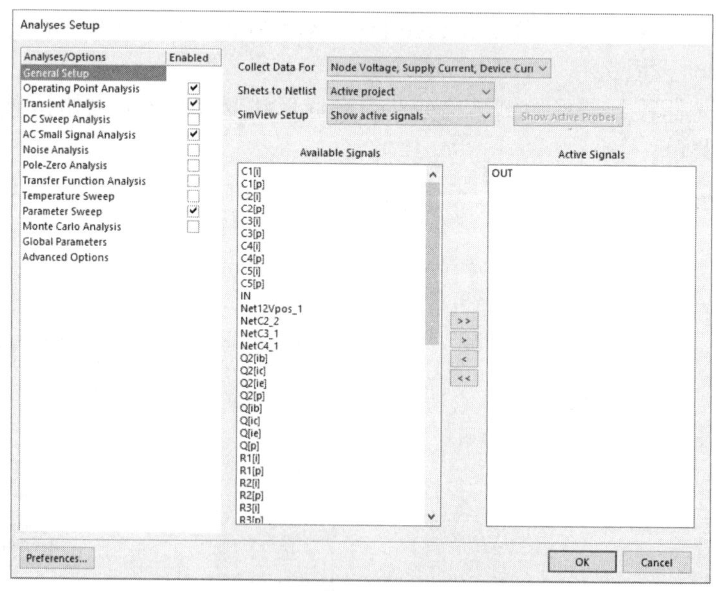

图 11.48　参数扫描分析的常规设置

第 3 步，选中 Parameter Sweep 选项后的 Enabled 复选框并单击，进行参数扫描分析设置，如图 11.49 所示。

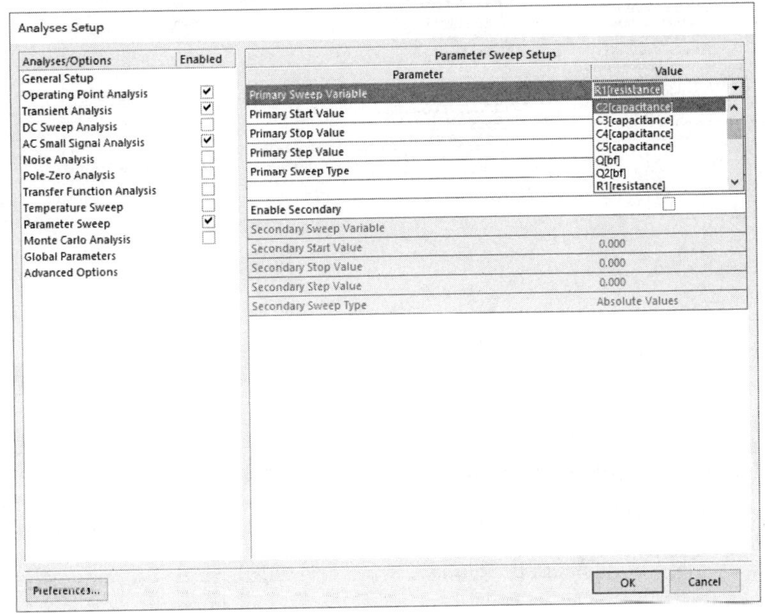

图 11.49 参数扫描对象设置

在进行电参数扫描分析时，必须同时选中瞬态分析、交流小信号分析。因为电参数扫描分析总是依赖于其他类型的分析而存在，它只是一种控制方法，控制系统改变电参数的值来分析电路的某些性能，以达到最优化设计。

第 4 步，单击参数设置第一栏右侧下三角按钮，如图 11.49 所示。选电阻 R6 作为参数扫描的对象，按表 11.7 设置 R6 的值。

表 11.7 参数扫描分析的参数设置

参数	含义	设置值
Primary Sweep Variable	扫描的第一参数	R6（电阻值）
Primary Start Value	扫描的初始值	30k
Primary End Value	扫描的终止值	150k
Primary Step Value	扫描的步长	40k
Primary Sweep Type	扫描的类型	Absolute（绝对值）

第 5 步，设置好后，参数扫描分析仿真参数对话框如图 11.50 所示。

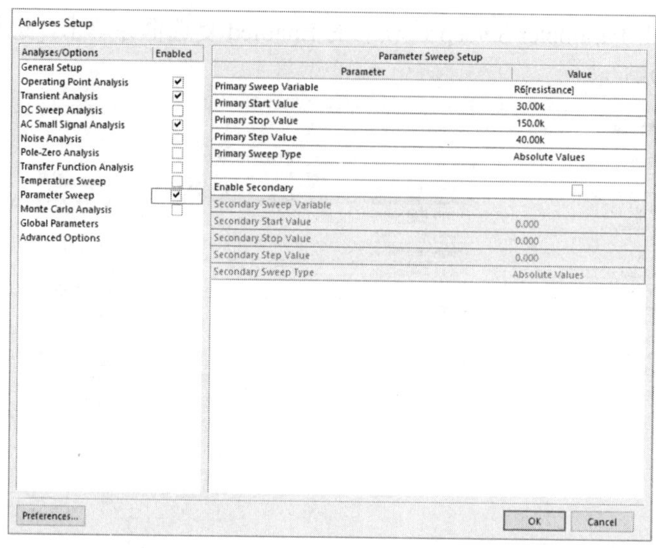

图 11.50 参数扫描分析仿真参数设置对话框

第 6 步，单击“OK”按钮，运行参数扫描分析。仿真结果如图 11.51 所示。

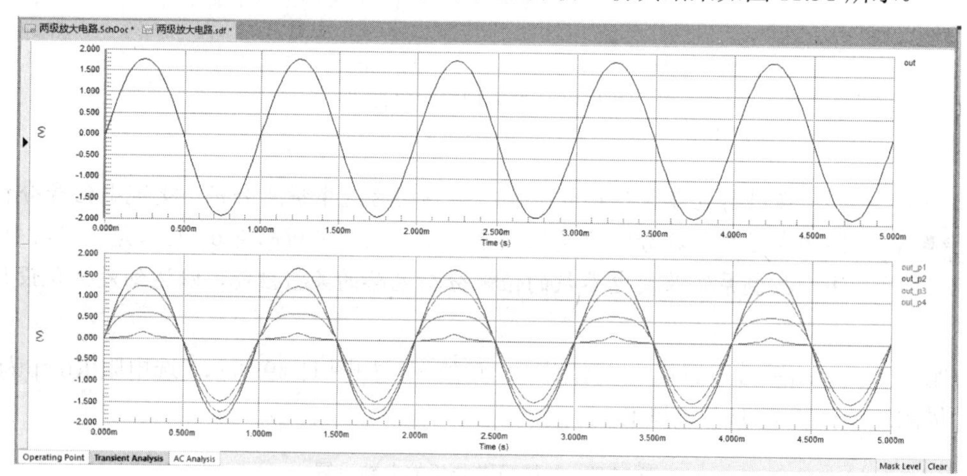

图 11.51 参数扫描分析仿真波形

系统在仿真时，自动改变被扫描的电参数的值，并进行重复分析，从而得到不同参数条件下电路的输入输出关系。

图 11.51 所示上面的波形为 R6=70k 时输出信号 out 的仿真波形。下面的波形从上到下 out_p1、out_p2、out_p3 和 out_p4，分别代表 R6=30k、R6=70k、R6=110k 和 R6=150k 时的输出信号 out 的仿真波形。由波形图可以看出，当 R6 阻值较小时，输出波形出现饱和失真，当 R6 阻值增加到适当值时，电路可实现无失真放大功能，当 R6 值继续增大时，会出现截止失真。因此常利用参数扫描分析来确定某一元件在电路中工作的最佳参数。

如果要进行多参数的扫描分析，可以选中图中的 Enable Secondary 复选框，这时，其下面又会出现与上面一样的参数，用于输入第二个扫描的参数及其设置。这时仿真重复的次数为两个参数分别扫描时扫描次数的乘积。一次最多可以对两个电参数进行扫描分析。

工作页

实训 放大电路仿真

1. 放大电路仿真

如图 11.52 所示放大电路，VCC 是+12V 直流电压源，其他参数及设置见图示。要求将下列进行仿真的操作步骤填于表 11.8 中。

1）绘制仿真原理图，放置激励源和测试点。

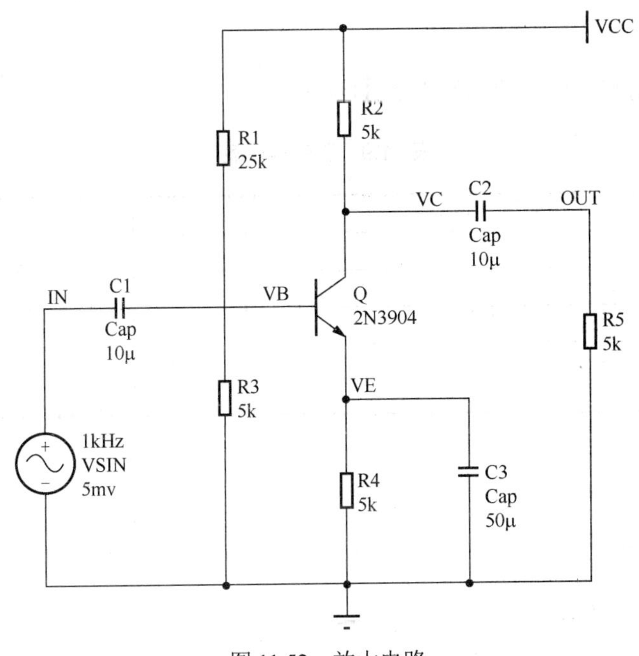

图 11.52 放大电路

表 11.8 放大电路仿真操作步骤

放置激励源和测试点	设置常规参数	瞬态分析	交流小信号分析	参数扫描分析

2）设置常规参数（General），进行静态分析。

3）瞬态分析设置，输出仿真波形。

4）设置交流小信号分析（AC Small Signal），计算电路的放大倍数。

5）以 R1 作为参数扫描对象，进行参数扫描分析仿真。

2. 收获和体会

将进行放大电路仿真操作后的收获和体会写在下面空格中。

收获和体会：

3. 工作评价

将放大电路仿真工作评价填写在表 11.9 中。

表 11.9 工作评价表

评定人	工作评价	等级	评定签名
自己评			
同学评			
老师评			
综合评定等级			

__________年__________月__________日

拓 展

拓展 信号完整性概述

拓展部分详细内容，可从网站 www.abook.cn 下载学习。

一、判断题（对的打“√”，错的打“×”）

1．电路仿真时使用的元件必须具有仿真属性。 （ ）

2．仿真激励源就是仿真时输出到仿真电路中的测试信号。 （ ）

3．不同的仿真方式有不同的参数设定，应根据具体的电路要求来选择设置仿真方式。 （ ）

4．VSRC 和 VSRC2 的区别在于 VSRC 只有一个正极管脚，没有负极管脚。 （ ）

5．指数激励源可创建带有指数上升沿和下降沿的脉冲波形。（　　）

6．周期脉冲源是一种不规则的信号激励源。（　　）

7．电源与仿真激励源设置仿真参数的步骤都是相同的，只是具体设置内容不同。（　　）

8．直流电流源设置的参数与直流电压源是不同的。（　　）

9．选中每个分析选项，对话框的左侧即显示与选项相对应的具体设置内容。（　　）

10．在进行电路仿真时，只观测电路中节点的一些关键信号波形。（　　）

二、填空题

1．绘制仿真原理图时，添加的元件一定要有________模型。

2．仿真结果一般以________的形式给出。

3．仿真激励源在使用时，均被默认为理想的激励源，即电压源内阻为________，电流源内阻为________。

4．一般来说，仿真方式的设置包含两部分，一是各种仿真都需要的________参数设置，二是具体的仿真方式所需要的________参数设置，两者缺一不可。

5．________用于分析仿真电路中工作点信号随时间变化的情况。

6．________分析用于对系统的交流特性进行分析，在频域响应方面显示系统的性能。

7．________分析在电路设计时可以用于电路参数的优化设计中，寻找最佳的设计参数。

8．使用仿真器________测量仿真波形的周期。

9．为了获得测试仿真信息，必须在指定位置放置节点________。

10．瞬态分析的起始时间通常设置为________。

三、综合练习题

1．完成如图 11.53 所示仿真电路原理图的绘制并进行瞬态分析。图中正弦信号源频率为 60Hz，幅值为 2V。

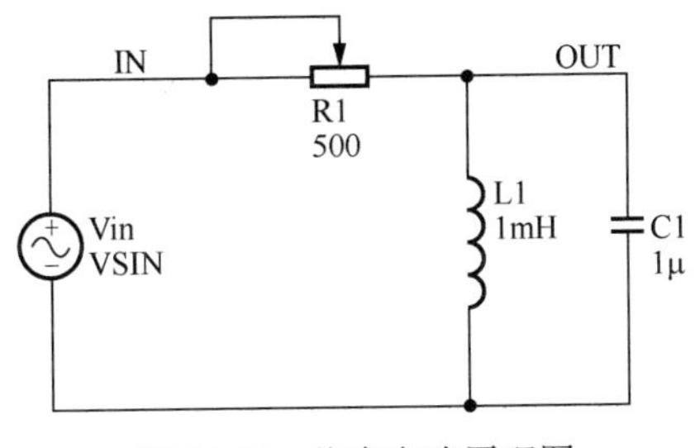

图 11.53　仿真电路原理图

2．图 11.54 所示为有源低通滤波电路。设计要求如下。

1）绘制仿真原理图。

2）放置仿真激励源。+12V、−12V 电压源；周期脉冲电压源 VPULSE，频率为 1kHz、幅度为 1V 的方波。

3）放置网络标签 IN、OUT，执行“工程”→“Compile”命令，如果有错，修正错误，直到原理图无误。

4）一般设置（General Setup）。在分析设置对话框的 Active Signals 区域添加 IN、OUT。

5）瞬态特性分析（Transient Analysis）。

6）交流小信号分析（AC Small Signal Analysis）。

7）参数扫描分析（Parameter Sweep）。选电阻 R4 作为参数扫描对象，按初始值 10k，终止值 50k，步长 10k 设置。

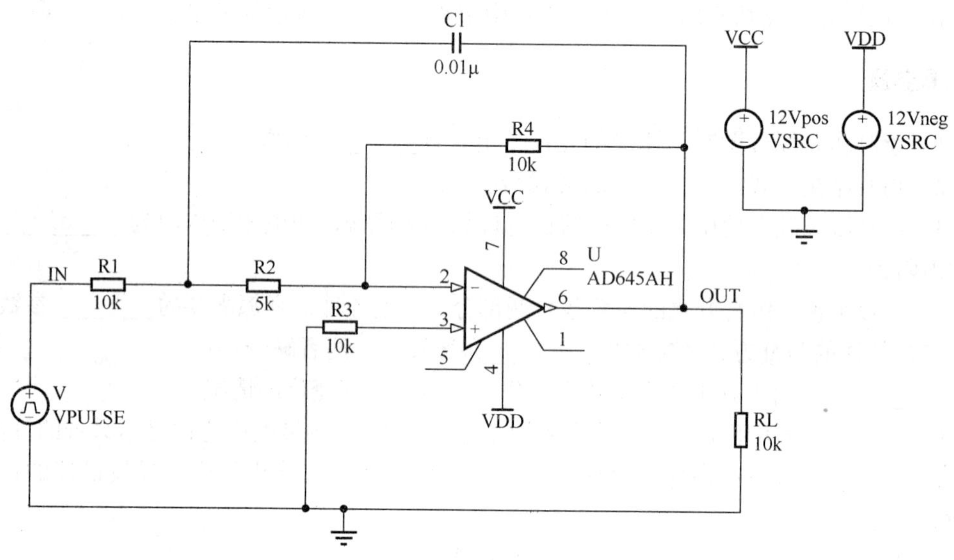

图 11.54　有源低通滤波电路

参 考 文 献

陈雅萍，2017．电子 CAD——项目式教学[M]．北京：高等教育出版社．

林凤涛，贾雪艳，2017．Protel DXP 2004 基础实例教程[M]．北京：人民邮电出版社．

三维书屋工作室，2016．Altium Designer 16 中文版标准实例教程[M]．北京：机械工业出版社．

天工在线，2018．Altium Designer 17 电路设计与仿真从入门到精通[M]．北京：中国水利水电出版社．

王静，2018．Altium Designer 17 电路设计案例教程[M]．北京：中国水利水电出版社．

许向荣，张涵，闫法义，2014．Protel DXP 2004 原理与 PCB 设计[M]．北京：清华大学出版社．